普通高等教育规划教材

理论力学

主　编　王青春
副主编　钱双彬　祝乐梅　王国安
参　编　方秀珍　刘玉丽　武　颖　刘美龄

机械工业出版社

本书从工程实际问题出发，阐述本课程的基本理论知识。在编写过程中，特别注意理论的介绍和结论的应用与工程实践相结合。全书除绪论外共3篇17章。第1篇为静力学，包括静力学的基本概念和物体的受力分析、平面汇交力系、平面力偶系、平面任意力系、空间力系与重心、摩擦。第2篇为运动学，包括点的运动学、刚体的基本运动、点的合成运动、刚体的平面运动。第3篇为动力学，包括动力学基本方程、动量定理、动量矩定理、动能定理、动静法、虚位移原理、机械振动基础。

本书可作为高等学校工科土木工程、机械工程、采矿工程、材料成形及控制工程等各专业的“理论力学”课程教材，也可供有关工程技术人员参考。鉴于目前各专业“理论力学”课程所安排的学时不同，任课教师可根据教学时数及后续专业课程的教学需要对本书内容做适当的取舍。

图书在版编目（CIP）数据

理论力学/王青春主编. —北京：机械工业出版社，2017.1（2022.1重印）
普通高等教育规划教材
ISBN 978-7-111-54518-7

Ⅰ.①理… Ⅱ.①王… Ⅲ.①理论力学-高等学校-教材
Ⅳ.①O31

中国版本图书馆CIP数据核字（2016）第186992号

机械工业出版社（北京市百万庄大街22号 邮政编码100037）
策划编辑：林 辉 责任编辑：林 辉 李 乐
责任校对：刘怡丹 封面设计：马精明
责任印制：郜 敏
北京富资园科技发展有限公司印刷
2022年1月第1版第2次印刷
169mm×239mm · 20.5印张 · 415千字
3001—3500册
标准书号：ISBN 978-7-111-54518-7
定价：39.80元

电话服务 网络服务
客服电话：010-88361066 机 工 官 网：www.cmpbook.com
010-88379833 机 工 官 博：weibo.com/cmp1952
010-68326294 金 书 网：www.golden-book.com
封底无防伪标均为盗版 机工教育服务网：www.cmpedu.com

“理论力学”课程是高等工科院校中普遍开设的一门学科基础课，是后续力学课程和其他相关专业课程的基础课程。在我国高等教育的发展与改革中，学校的层次和类型不断增加。不同学校和专业对“理论力学”课程提出了不同的要求，而“理论力学”课程的学时也有所减少。同时，随着高等教育的普及和高校的扩招，学生的情况也有所变化。而教材是保证和提高教学质量的重要支柱和基础，在当前培养应用型人才中起到重要的作用。但是，适合新建本科应用型人才培养的优秀教材还很少。目前，教材建设中存在着很多问题，如大而全、难而偏，对新建本科院校来说，存在起点较高、难度较大、内容较多，对学生的既往知识与后续学习能力的要求苛刻，这与应用型目标的定位有较大差距，难以适应一般院校的实际教学需要，与新建本科院校日益强化学生实践能力的培养要求相矛盾。因此，我校力学教研室充分吸收已有的优秀教材的改革成果，并结合实际教学经验，认真研讨教学内容和课程体系，组织学术水平高、教学经验丰富、实践能力强的教师编写本教材，以满足应用型人才培养的需要。

本书在保证传统教学体系相对稳定的前提下，力求做到：理论分析严密、逻辑性强，在概念的引出、理论的叙述及结论的应用中特别注意与工程实际的结合与联系；在例题的分析及解题过程中突出解题思路、方法、步骤与技巧，注意理论在题目中的应用并对重要的概念进行深入的研究和讨论。为便于学生学习，本书每章都有重点和难点介绍。

全书除绪论外共3篇17章。第1篇为静力学，包括静力学的基本概念和物体的受力分析、平面汇交力系、平面力偶系、平面任意力系、空间力系与重心、摩擦。第2篇为运动学，包括点的运动学、刚体的基本运动、点的合成运动、刚体的平面运动。第3篇为动力学，包括动力学基本方程、动量定理、动量矩定理、动能定理、动静法、虚位移原理、机械振动基础。为了帮助学生深刻理解概念，大部分章有思考题，其中汇集了编者在长期教学中遇到的学生容易误解的问题；并精选了习题，题量适中，类型较全。

本书可作为高等学校工科各专业的理论力学课程教材，也可供有关工程技术人员参考。鉴于目前各专业理论力学学时的不同，任课教师可根据教学时数及后续专业课程的教学需要对本书内容做适当的取舍。

本书主编王青春，副主编钱双彬、祝乐梅和王国安。参加本书编写工作的人员均是工作在力学教学第一线的教师，他们具有丰富的教学经验，长期致力于教学改革。其中静力学引言、第1、5、6、13章及各篇引言由王青春编写；第2、3、4章由钱双彬编写；第7、8、14章由王国安编写；第9章由方秀珍编写；第10、11、12章由刘玉丽编写；第15、16、17章由祝乐梅编写；绪论由武颖和刘美龄编写。全书由主编王青春统稿。

本书是华北科技学院力学教研室十余年教学改革与课程建设的成果反映，又是编者们长期教学经验的积累和结晶，并在编写过程中，参考吸收了许多国内外力学名著的思想和内容，非常感谢众多专家学者的精彩成果。

由于编者水平有限，书中难免有疏漏与欠妥之处，恳请广大读者批评指正。

编　者

目录

第2篇 运 动 学

第3篇 动 力 学

绪论

1. 理论力学研究的对象和内容

理论力学是研究物体机械运动一般规律的科学。所谓机械运动就是物体空间位置随时间而变化，是人们生活、生产中最常见的一种运动，是物质各种运动形式中最简单的一种。但热运动、电磁运动、化学反应、生命过程等都不属于机械运动。

在培养应用型人才的高等工科学校里，“理论力学”课程是一门理论性较强的技术基础课，它在经典力学的范围内研究宏观物体机械运动的普遍规律及其在一般工程中的应用。

经典力学是一门成熟的科学，它的基本定律由伽利略提出，并由牛顿精确地归纳为完备的形式。实践证明，经典力学的定律具有极其广泛的适用性。只是到 19 世纪末，物理学上的一些重大新成就揭示出经典力学不适用于物体接近光速时的运动，从而在 20 世纪初出现了较经典力学更为精确的相对论力学。但是，在一般工程技术中宏观物体的速度远小于光速，因此这里所遇到的力学问题仍宜采用经典力学来研究。理论力学研究的是这种运动中最一般、最普遍的规律，是各门力学分支的基础。

理论力学包括静力学、运动学、动力学三个主要部分。静力学　研究物体在力系作用下平衡的规律。运动学　只从几何角度来研究物体的运动而不考虑引起运动的原因，如轨迹、速度、加速度等，不涉及作用于物体上的力。动力学　研究物体运动与作用力之间的关系。

理论力学的系统知识以及运用这些知识分析问题、解决问题的能力，是学习一系列后继课程，如材料力学、机械原理、机械设计等课程的重要基础。这个基础也是一般工程技术人员掌握科技新成就并从事更深入的研究工作所需要的。学生在学习本课程时，务必重视理论与实践相结合的原则。同时，要结合理论力学的学科特点，注意培养辩证唯物主义世界观。

2. 理论力学研究的方法

（1）通过观察和实验，分析、归纳总结出力学最基本的规律　力学基本概念的形成和基本定律的建立是以对自然界的直接观察以及从生活、生产中的直接经验作为出发点的。以后，系统地组织实验，成为研究工作的重要一环。在了解事物和现象的内部联系后，就需要而且可能撇开次要的东西抽象出最主要的特征来加以研究，这种方法称为抽象化方法。

(2) 通过抽象化方法建立力学模型，形成概念　通过抽象化方法，使我们得以建立物质对象的一些初步近似的模型。例如，撇开物体的变形，就得到刚体的概念；撇开物体的尺寸大小，就得到质点的概念。

(3) 经过逻辑推理和数学演绎，建立理论体系　当问题在所采取的简化条件解决后，可以重新考虑那些在初步近似中舍掉的因素，建立起更接近真实的模型，以便做更深入的研究。以后通过分析、综合、归纳，找出了力学现象的普遍规律性，从而建立起一些最基本的公理（或定律、原理）。

建立起力学公理后，就可据此通过推理而得出反映力学现象规律性各个侧面的定理和各种适用于特殊情形的推论。当然，在推理过程中往往需要引入一些新概念，这些概念反映了人们对事物本质的新的认识。

理论力学里的推理工作广泛地利用数学这种有效工具。这就是数学演绎的方法，它有助于我们更深入地理解力学规律的实质，从而发掘出隐藏其间的内在联系。与此同时，数学还是计算的手段，它是力学走向工程应用所不可缺少的。

因此，计算技术对力学的应用有着十分巨大的作用。在今天计算机的时代，由于计算技术的巨大威力，使得有可能解决越来越复杂的力学问题。显然，力学不只单方面地受惠于数学，它反过来也对数学的发展有很大的促进。

(4) 将理论用于实践，又在实践中验证和发展理论　实践是认识的唯一目的，同时又是认识的唯一标准。任何科学理论，包括力学，都必须在其指导实践的过程中加以验证。只有当它足够精确地符合客观实际时，才能被认为正确可靠，也只有这样的理论才有实际意义。从实践到理论是认识的一个飞跃，而从理论到实践则更是重要的一个飞跃。

这样，理论力学的研究方法概括起来就是从生动的直观到抽象的思维，并从抽象的思维返回到实践的认识真理、认识客观现实的辩证途径。

3. 学习理论力学的目的

(1) 工科专业一般都要接触机械运动问题　有些问题要用理论力学知识来解决，或联合其他专业知识共同解决。所以，学习理论力学是为工程实践打基础。

(2) 理论力学是一些工程专业课的基础　例如，材料力学、机械原理、机械零件、结构力学、弹性力学、塑性力学、流体力学、飞行力学、振动力学、断裂力学、生物力学，以及许多专业课，而随着现代技术的发展，力学已渗入生物力学等其他科学。

理论力学研究方法与许多学科的研究方法有不少相同之处。因此，掌握这些方法对其他课程的学习有很多好处，并为以后解决生产实际问题、从事科学研究工作打下基础。

4. 力学发展史简明要点

力学是最早产生并获得发展的科学之一。早在叙述我国古代伟大学者墨子

（生卒年不详）学说的《墨经》里就有关于力学原理的记载，如“秤”的原理。古希腊学者亚里士多德（公元前384—公元前322年）也曾作过有关力学的研究。杰出的古希腊学者阿基米德（约公元前287—公元前212年）总结了古代的静力学知识，奠定了静力学的基础。在他的物理学方面的著作中给出了杠杆平衡问题的正确解答，还有平行力合成、分解的理论以及重心等学说。此后，直到14世纪的漫长时期中，由于封建与神权的统治，生产力受到束缚，一切科学（包括力学）都陷于停顿状态。

15世纪后半期，欧洲进入了文艺复兴时期。当时由于商业资本的兴起，手工业、城市建筑、航海造船和军事技术等各方面所提出的许多迫切问题，激励了科学的迅速发展。多才多艺和学识渊博的意大利艺术家、物理学家和工程师达·芬奇（1452—1519年）就是这个时代的杰出代表。他曾作过有关新型城市建设的工程设计，还研究过物体沿斜面的运动和滑动摩擦。

不久以后波兰学者哥白尼（1473—1543年）在总结前人天文观察的基础上，创造了宇宙的太阳中心学说。这学说推翻了托勒密的陈旧的地球中心学说，引起了人们宇宙观的根本变革，严重地打击了神权统治，从此自然科学便开始从神权中解放出来。开普勒（1571—1630年）根据哥白尼学说及大量的天文观测，发现了行星运动三定律。这些定律是后来牛顿发现万有引力定律的基础。

意大利学者伽利略（1564—1642年）首先在力学中应用了有计划的科学实验，创立了科学的研究方法。他根据实验明确地提出了惯性定律的内容，得出了真空中落体运动的正确结论，引进了加速度的概念并解决了真空弹道问题。他把抛射体的运动看成是水平匀速运动和铅直匀变速运动的合成，由此可以看到力的独立作用定律的萌芽。伽利略的工作开辟了科学史上的新时代，他对奠定动力学基础做出了卓越的贡献。

由伽利略开始的动力学奠基工作，经过法国学者笛卡尔（1596—1650年）、荷兰学者惠更斯（1629—1695年）等人的努力，后来由英国的物理学家、数学家牛顿（1643—1727年）完成；牛顿在其名著《自然哲学的数学原理》（1687年）中完备地建立了经典力学的基本定律，并从这些定律出发，将动力学理论做了系统的叙述。牛顿运动定律是经典力学的基础，为了建立质量的概念，牛顿曾利用单摆做过大量的精密实验。他还把关于“力”的各个分散、互相矛盾的概念统一起来，加以普遍化，从而建立了力的科学概念。牛顿发现了万有引力定律，这个定律后来给天体力学的发展奠定了基础。牛顿解决了许多新的数学和力学的问题，创立了物体在阻尼介质中运动的理论。

在力学史上，17世纪被看成是动力学的奠基时期，与此同时，在17世纪到19世纪初，静力学也获得了进一步的成熟。曾由达·芬奇研究过的力平行四边形定律经过荷兰学者斯蒂文（1548—1620年）、德国学者罗伯威尔（1602—1675年）的工作最后形成。达·芬奇引入的力矩概念，经法国学者伐里农（1654—1722年）发展，最后形成完整的力矩定理。法国学者潘索（1777—1859年）创立了完整的力偶理论，他制定了静力学的现代形式，他还使力学中的几何方法得到了巨大的进展。

18世纪转入动力学的发展时期。德国学者莱布尼茨（1646—1716年）与牛顿彼此独立地发明了微积分原理，对18世纪力学朝着分析方向的发展提供了基础。瑞士学者约翰·伯努利（1667—1748年）最先提出了以普遍形式表示的静力学基本原理，即虚位移原理。数学力学家欧拉（1707—1783年）首先把牛顿第二定律表示为分析形式，并开始建立刚体动力学理论，他所导出的理想流体动力学基本方程奠定了流体力学的基础。不久，法国学者达朗贝尔（1717—1783年）给出了一个解决动力学问题的普遍原理，即所谓达朗贝尔原理，从而奠定了非自由质点动力学的基础。此后，法国数学家、力学家拉格朗日（1736—1813年）等人奠定并发展了分析力学。

拉格朗日于1783年发表的《分析力学》一书是牛顿以来力学发展的新的里程碑。从而建立了拉格朗日力学体系。后来，英国学者哈密顿（1805—1865年）又建立了哈密顿力学。

19世纪初到19世纪中叶，因大量使用机器而引进的效率问题，促进"功"的概念形成。"能"的概念也逐渐在物理学、工程学中普遍形成。在这时期发现了能量守恒和转化定律，这个定律不仅对技术应用有着特别重大的意义，而且在力学和其他科学之间，在物质运动的各种形式之间，起了沟通作用，使力学的发展在许多方面和物理学紧密地交织在一起。

由于机器的大量使用，技术的迅速进步，促使了工程力学的形成和发展。相应地，力学的几何方法也获得了很大的发展和应用。

在19世纪，先后形成了一系列力学专门学科，如图解力学、机器与机构理论、振动理论。运动学成为理论力学的一个独立部分也是在这个时期形成的。

20世纪以来，与航空工业及其他技术的发展紧密相关，力学的许多专门分支如弹塑性理论、流体与气体动力学、非线性振动理论、自动控制、运动稳定性理论、陀螺仪理论、变质量力学和飞行力学等各方面都取得了迅速发展和巨大成就。特别是20世纪中叶以后，航天工程的兴起又向力学提出了许多新的极为复杂的理论和技术问题。依靠电子数字计算机的协助，已解决了宇宙火箭的发射、人造卫星、航天飞机的轨道计算、稳定性与控制等一系列重大问题。所有这些都充分说明了现代力学的高度发展水平。

20世纪的特点是出现了大批新的边缘学科，力学正在越来越多地渗入到其他有关学科中。由于生产需要的促进和研究手段的改善，力学的模型也越来越复杂，能够更全面地考虑各种物理因素，并进行更为复杂的实验、计算等的综合研究。这样，力学的领域还在继续扩大，形成了一系列新的力学学科，如化学流体力学、电磁流体力学、物理力学、生物力学，以及系统力学等。力学的发展史内容极为丰富，更详细的叙述，可参阅有关力学史的专门著作。

第1篇

静力学

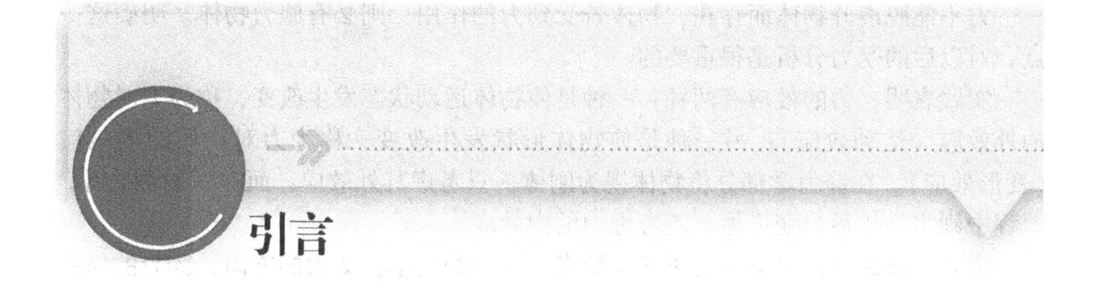

引言

静力学是研究物体在力系作用下平衡条件的科学。

在实际问题中，力学的研究对象（物体）往往是十分复杂的，因此在研究问题时，需要抓住那些带有本质性的主要因素，而略去影响不大的次要因素，引入一些理想化的模型来代替实际的物体，这个理想化的模型就是力学模型。理论力学中的力学模型有质点、质点系、刚体和刚体系。

静力学研究的物体只限于刚体，又称刚体静力学。所谓**刚体**就是指物体在力的作用下，其内部任意两点之间的距离始终保持不变。它是一个理想化的力学模型，这种模型使问题的研究得以简化。

应该指出，是否可将所研究的物体抽象为刚体，取决于所研究问题的内容和条件。当变形这一因素在所研究的问题中不起主要作用时，可将物体视为刚体；当变形这一因素在所研究的问题中起主要作用时，就必须采用另一种模型——**变形体**。变形体力学问题将用材料力学进行研究。

实际物体在力的作用下，都会产生不同程度的变形。但是，这些微小的变形，对研究物体的平衡问题不起主要作用，可以略去不计，这样可使问题的研究大为简化。

所谓**质点**，是指具有一定质量但其形状、大小可以忽略不计的物体。是否可将所研究的物体视为质点，也取决于所研究问题的内容与条件。如在研究行星绕太阳的运动时，行星和它的运动范围相比是很小的，可将其视为质点；而在研究行星的自转时，就不能将其视为质点了。

所谓**质点系**，是指由有限或无限个有一定联系的质点组成的质点系统。如果质点系中质点的距离保持不变，则这种质点系称为不变质点系。刚体就是由无限个质点组成的不变质点系。由若干个有一定联系的刚体组成的系统称为**物体系统**（简称为物系）。

力是物体间相互的机械作用，这种作用使物体的机械运动状态发生改变。力是人们从长期的生产实践中抽象而得到的一个科学概念。例如，当人们用手拿、举、抓、掷物体时，由于肌肉收缩逐渐产生了对力的感性认识。随着生产的发展，人们逐渐认识到，物体运动状态及形状的改变，都是其他物体对其施加作用的结果。这样，由感性到理性建立了力的概念。

力不能脱离开物体而存在，物体若受到力的作用，则必有施力物体。明确这一点，对以后的受力分析是很重要的。

实践表明，**力的效应**有两种：一种是使物体运动状态发生改变，称为力对物体的外效应（运动效应）；另一种是使物体形状发生改变，称为力对物体的内效应（变形效应）。在静力学部分将物体视为刚体，只考虑其外效应；而在“材料力学”课程中则将物体视为变形体，需考虑力的内效应。

力对物体的作用效果决定于三个要素：①力的大小；②力的方向；③力的作用点。可用一个矢量表示力，常用**黑体字母 $\boldsymbol{F}$ 表示力的矢量，普通字母 F 表示力的大小**，如图 0-1 所示。

矢量的模——力的大小；

矢量的方向——力的方向；

矢量的始端（或终端）——力的作用点。

在国际单位制中，力的单位是牛顿（N）或千牛顿（kN）。

依据力的作用范围可将力分为集中力和分布力。

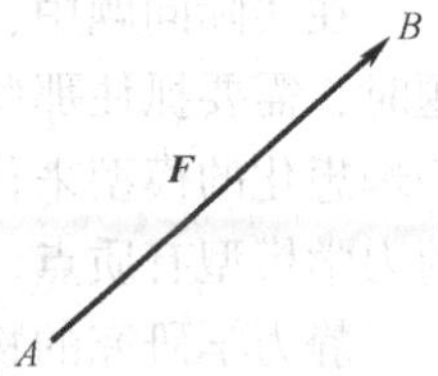

B
F
A

图 0-1 力

（1）**集中力（集中载荷）** 当力的作用面面积相对于结构或构件尺寸很小时，可视为作用于结构或构件某一点的力，称其为集中力。例如，汽车通过轮胎作用在桥面上的力可视为集中力，如图 0-2 所示。

（2）**分布力（分布载荷）** 分布于物体上某一范围内的力称为分布力。分布力用载荷集度 q 来表示。在一定体积范围内分布的力称为体分布力，其单位为 N/m^3；在一定面积范围内分布的力称为面分布力，其单位为 N/m^2。工程设计中，常将体、面分布力简化为连续分布在某一段长度范围内的力，称为线分布力，其单位为 N/m。例如，桥面板作用在钢梁上的力可视为分布力，如图 0-3 所示。

力系是指作用于物体上的一群力。

平衡是指物体相对于惯性参考系（如地面）保持静止或做匀速直线运动。例如，桥梁、房屋、机床床身、匀速直线飞行的飞机等。平衡是物体运动的一种特殊形式。

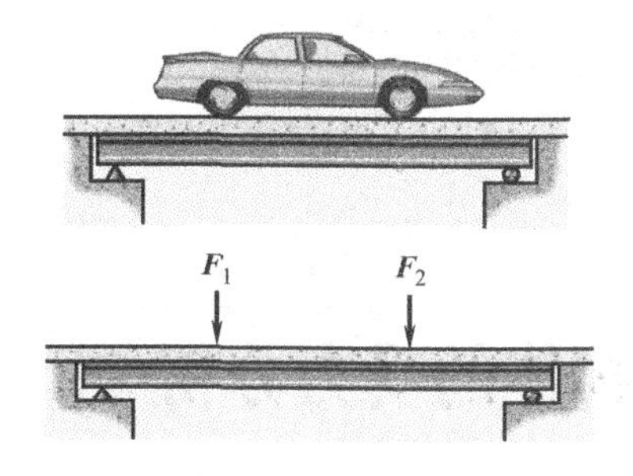

图 0-2 集中力

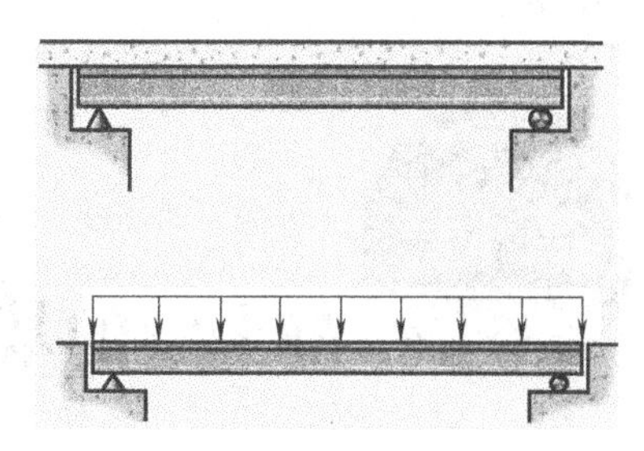

图 0-3 分布力

如果物体在一个力系作用下处于平衡状态，则该力系称为平衡力系，该力系中任意一力对其他各力的合力来说都称为平衡力。

合力是指如果一个力与一个力系等效，则称这个力为该力系的合力，而该力系中的每个力称为合力的分力。

在静力学中主要研究以下三个问题：

（1）物体的受力分析　分析物体共受几个力作用，每个力的大小、方向和作用线的位置。

（2）力系的等效替换　如果作用在物体上的两个力系的作用效果是相同的，则这两个力系互称为**等效力系**。用一个简单力系等效地替换一个复杂力系的过程称为力系的简化。力系简化的目的是简化物体受力情况，以便于进一步分析和研究。研究力系的等效替换并不限于分析静力学，它也是动力学的分析基础。

（3）建立各种力系的平衡条件，求解平衡问题　刚体处于平衡状态时，作用于刚体上的力系应满足的条件称为力系的平衡条件。满足平衡条件的力系称为**平衡力系**。力系平衡条件在工程上有着特别重要的意义，是设计结构、构件和零件的力学基础。

静力学的基本概念和物体的受力分析

1.1 导学

本章将阐述静力学公理及其推理，并介绍工程中常见的几种约束及其性质，同时介绍简单物体系统的受力分析和受力图的绘制。

1.2 静力学公理

为研究力学的简化和平衡条件，首先研究两个力的合成和平衡，以及两个物体间的相互作用等最基本的力学规律。这些规律是人们在长期的实践中总结出来并经实践反复验证，符合客观实际，被称为静力学公理。

公理1 二力平衡条件

作用在刚体上的两个力，使刚体保持平衡的充分和必要条件是这两个力的大小相等、方向相反，且在同一直线上，如图1-1a所示。用公式表述为 $\boldsymbol{F}_1 = -\boldsymbol{F}_2$。

这个公理是作用于刚体上的最简单的力系平衡时所必须满足的条件，但对变形体是必要条件，并非充分条件。例如，图1-1b所示的软绳，在一对等值反向的拉力作用下可以平衡，但若受一对等值反向的压力作用，则不能平衡。

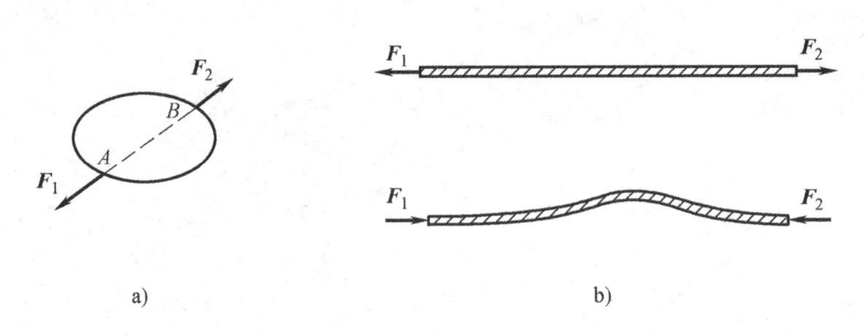

图1-1 二力平衡示意

由公理1可知，若某构件受力平衡，自重不计，当只在两点受力时，则这两个力必等值、反向、共线。这类构件称为**二力构件**。例如，图1-2所示三铰拱桥，各拱自重不计，在力$\boldsymbol{F}$作用下，拱BC为二力构件。

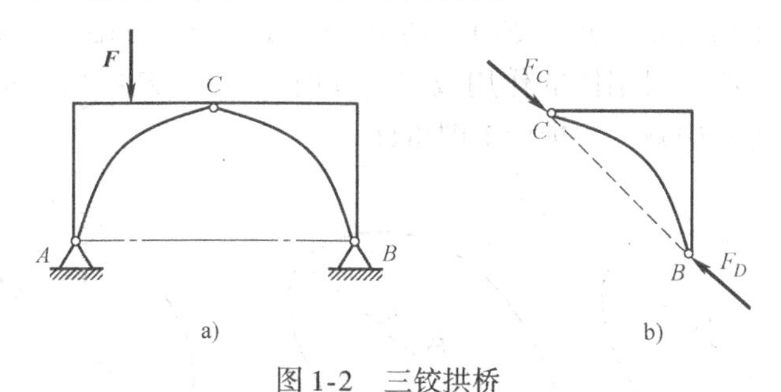

图1-2　三铰拱桥

公理2　力的平行四边形法则

作用在物体上同一点的两个力可以合成为一个力，此合力的作用点也在该点，此合力的大小和方向由这两个力为边构成的平行四边形的对角线确定。

设在物体的A点作用有力$\boldsymbol{F}_1$和$\boldsymbol{F}_2$，如图1-3a所示，则它们的合力矢等于这两个分力矢的矢量和，即

$$\boldsymbol{F}=\boldsymbol{F}_1+\boldsymbol{F}_2$$

合力也可用力的三角形确定，两分力首尾相接，合力沿反方向构成封闭边。如图1-3b所示。这种求合力的方法称为**力三角形法则**。但应注意，这一方法只能用来求合力的大小和方向，力三角形中各力矢量的起点（或终点）并不表示力的作用点。

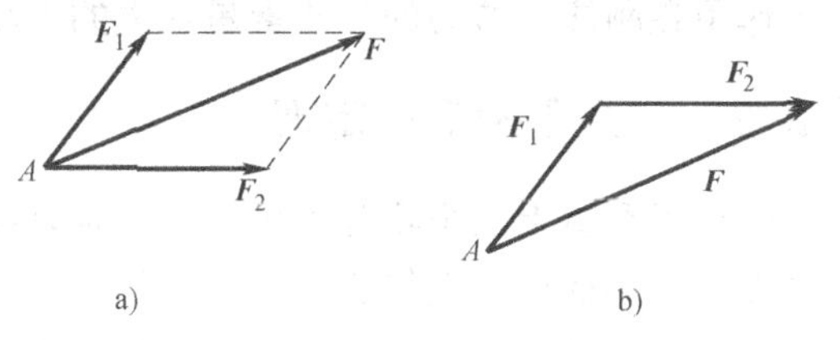

图1-3　平行四边形法则

两个共点的力可以合成为一个合力，反过来，一个的合力也可以按公理3分解为两个分力。但如果不附加任何条件，将有无穷多组解。在工程上，常将力沿指定方向分解为两个互相垂直的分力。

这个公理表明了最简单力系的简化规律，它是复杂力系简化的基础。

公理3　加减平衡力系公理

在已知力系上加上或减去任意的平衡力系，并不改变原力系对刚体的作用。

这个公理是研究力系等效变换的重要依据。

根据上述公理可以导出下列推论：

推论1　力的可传性

作用于刚体上某点的力，可以沿着它的作用线移到刚体内任意一点，并不改变

该力对刚体的作用。

证明：设刚体上 A 点作用一力 $\boldsymbol{F}$，如图 1-4a 所示，现在其作用线上任取一点 B，在 B 点加一平衡力系（$\boldsymbol{F}_1$、$\boldsymbol{F}_2$），使 $\boldsymbol{F}_1=-\boldsymbol{F}_2=\boldsymbol{F}$，如图 1-4b 所示。根据公理 3，这样做并不改变对刚体的作用效果。此时，$\boldsymbol{F}_2$ 与 $\boldsymbol{F}$ 组成一平衡力系，根据公理 3，将其从力系中减去，推论 1 即得证。

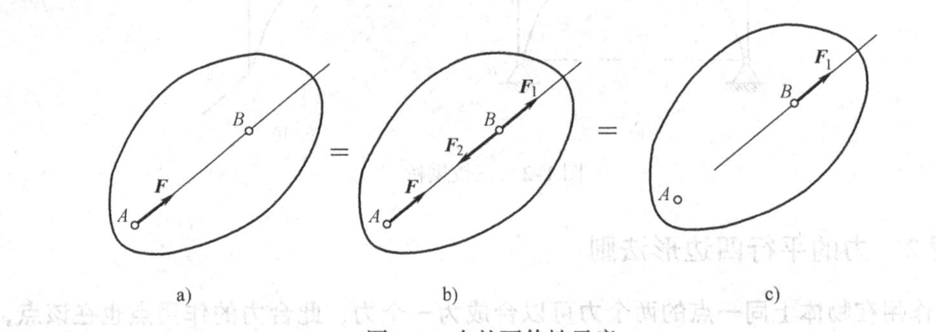

图 1-4　力的可传性示意

可见，作用于刚体上的力可以沿着作用线移动，这种矢量称为**滑动矢量**。

实践证明：力可沿它的作用线向前或向后移动，而刚体运动状态不因力沿力的作用线前后移动而变，即作用在刚体上的力产生的力学效果，仅由力的量值与作用线的位置与方向决定。

作用在刚体上的力的三要素是：力的大小、方向、作用线。

推论 2　三力平衡汇交定理

作用于刚体上三个相互平衡的力，若其中两个力的作用线汇交于一点，则此三力必在同一平面内，且第三个力的作用线通过汇交点。

证明：如图 1-5 所示，已知刚体上三个相互平衡的力 $\boldsymbol{F}_1$、$\boldsymbol{F}_2$、$\boldsymbol{F}_3$，力 $\boldsymbol{F}_1$、$\boldsymbol{F}_2$ 汇交于点 O。

先将 $\boldsymbol{F}_1$、$\boldsymbol{F}_2$ 移至汇交于点 O，合成得合力 $\boldsymbol{F}_{12}$，则 $\boldsymbol{F}_3$ 应与 $\boldsymbol{F}_{12}$ 平衡，这两个力必共线，所以三力 $\boldsymbol{F}_1$、$\boldsymbol{F}_2$、$\boldsymbol{F}_3$ 必共面，并汇交于点 O。

公理 4　作用和反作用定律

作用力和反作用力总是同时存在，两力的大小相等、方向相反，沿着同一直线，分别作用在两个相互作用的物体上。

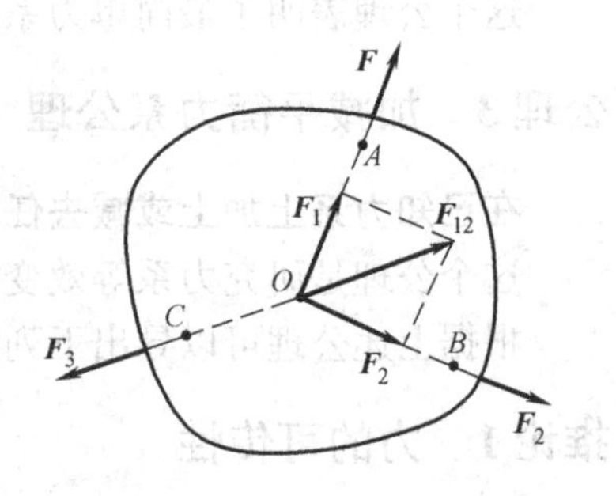

图 1-5　三力平衡汇交定理示意

这个公理概括了物体间相互作用的关系，表明作用力和反作用力总是成对出现的。如图 1-6 所示，人推车力为 $\boldsymbol{F}$，车对人也有一个反向的推力 $\boldsymbol{F}'$，两者是作用和反作用关系，作用力和反作用力用同一字母表示，但其中之一，在字母的右上方加“′”。

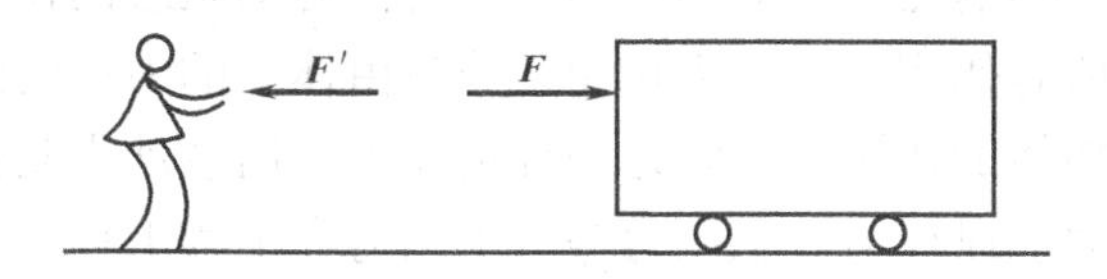

图 1-6　作用和反作用示意

必须注意，作用力和反作用力分别作用在两个物体上，因此，不能认为作用力与反作用力相互平衡。

公理 5　刚化原理

变形体在某一力系作用下处于平衡，如将此变形体刚化为刚体，其平衡状态保持不变。

如图 1-7a 所示，如果系统在两个力作用下处于平衡，那么若使弹簧刚度系数 $k \to +\infty$，也就是将弹簧换成刚性杆，如图 1-7b 所示，系统仍然可以保持平衡。但反之不成立。公理 5 说明，刚体的平衡条件，只是变形体平衡的必要条件，而不是充分条件。这个公理提供了把变形体看作刚体模型的条件。

静力学全部理论都可以由上述五个公理推证得到。

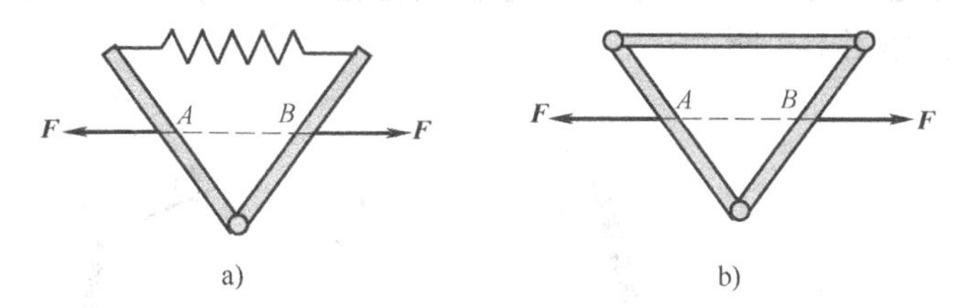

图 1-7　刚化原理示意

1.3　常见的约束类型及其约束力

在机械和工程结构中，每一构件都根据工作需要，以一定的方式与周围构件联系着，其运动也受到一定限制。例如，支承在墙上或柱子上的梁掉不下来、人坐在椅子上也摔不下来、火车只能沿轨道行驶、电动机转子受轴承的限制、只能绕轴线转动、重物被钢索吊住而不能下落等，这种联系限制了构件间的相对位移和相对运动。**这种位移受到限制的物体称为非自由体**。还有一种物体在空间的位移不受任何限制，如飞行的飞机、气球、炮弹和火箭等。**这种位移不受任何限制的物体称为自由体**。

对非自由体的某些位移起限制作用的周围物体称为**约束**。铁轨对于机车、轴承对于电动机转子、绳索对于绳索悬挂的灯、墙或柱子对于支承在墙上或柱子上的梁、椅子对于坐在椅子上的人而言，都是约束。

约束限制非自由体的运动，能够起到改变物体运动状态的作用。从力学角度来看，约束对非自由体有作用力。约束作用在非自由体上的力称为**约束力**，简称为**反力**。约束对被约束物体的作用力，它是一种被动力。而主动力是使物体运动或有运动趋势的力，如重力、风压力、土压力等。主动力在工程上称为**载荷**。主动力通常是已知的，而约束力则是未知的。

约束力的方向必与该约束所阻碍的运动方向相反。作用点一般在约束与非自由体的接触处。若非自由体是刚体，则只需确定约束力的作用线即可。这是确定约束力方向的基本原则。由此，可以确定约束力的方向或作用线的位置。约束力的大小是未知的，应由平衡条件求出。

即约束力三要素：①作用点：在相互接触处；②方向：与约束所能阻止的物体的运动方向相反；③大小：不能事先知道，由主动力确定。

下面介绍几种常见的约束类型和确定约束力的方法。

1. 由柔软的绳索、链条、胶带构成的约束

如图 1-8 所示，起重机吊起重物，重物除了受重力 $\boldsymbol{W}$ 作用外，还受到钢丝绳拉力 $\boldsymbol{F}_{T1}$、$\boldsymbol{F}_{T2}$ 作用。由于这类约束所能承受的只是拉力，所以它们对物体的约束力也只可能是拉力，方向沿自身的轴线背离物体。

链条或胶带也都是只能受拉力。当它们绕在轮子上时，对轮子的约束力沿着轮缘的切向方向，如图 1-9 所示。

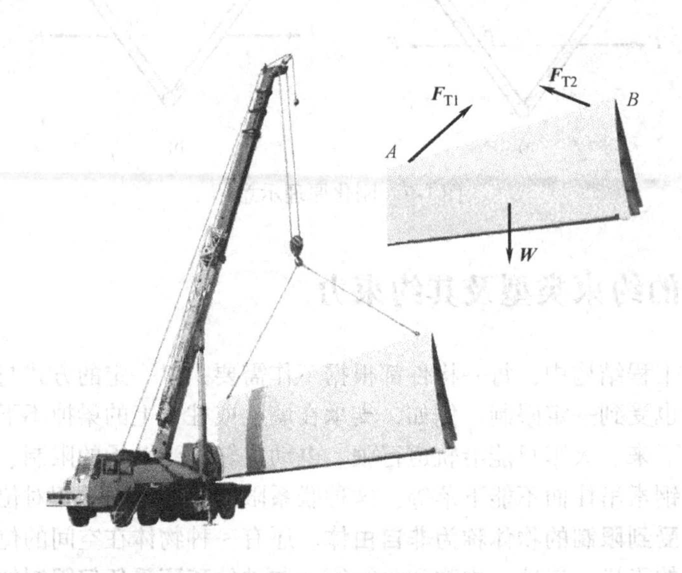

图 1-8 柔索约束

2. 具有光滑接触表面的约束

两物体直接接触，不计接触处摩擦而构成的约束。这种约束只能限制接触面法线方向并指向约束内部的位移。因此，约束力作用在接触面处，沿接触面的法线方向，指向受力物体。这种约束称为法向反力，一般以 $\boldsymbol{F}_N$ 表示，有时也用 $\boldsymbol{F}$ 表示。例如，支持物体的固定面（见图1-10a、b）啮合齿轮的齿面等（见图1-10c、d），当不计摩擦时，都属于这类约束。

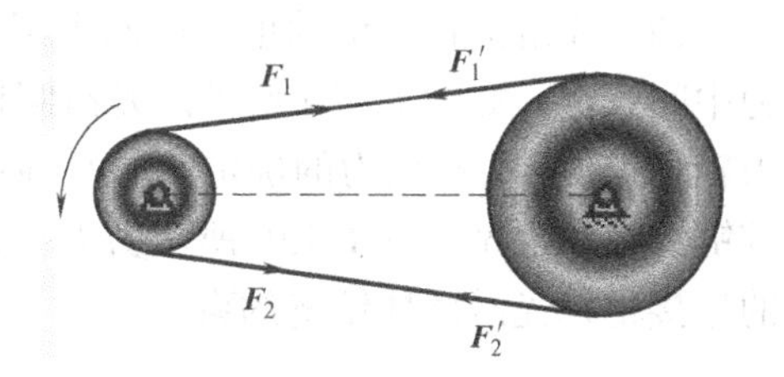

图1-9　胶带受力

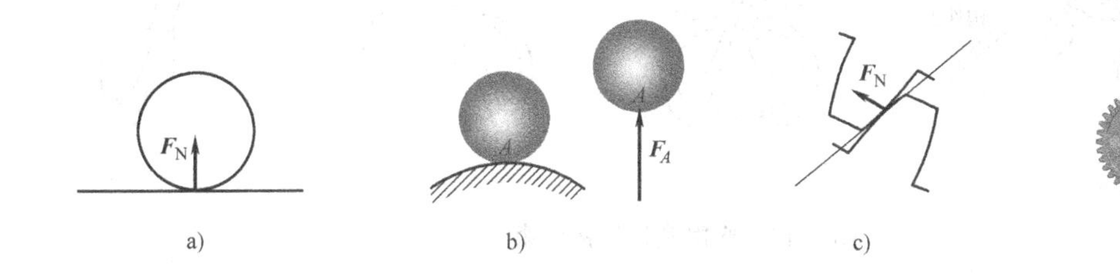

图1-10　光滑接触表面的约束

3. 光滑铰链约束

两个构件钻有同样大小的圆孔，并用与圆孔直径相同的光滑销钉连接而构成的约束。销钉与圆孔的接触面一般情况下可认为是光滑的，它限制物体沿圆柱销的任意径向运动，而不能限制绕圆柱销轴线的转动和平行圆柱销轴线方向的移动。这类约束有向心轴承、光滑圆柱铰链约束和固定铰支座约束等。

（1）向心轴承（径向轴承）　如图1-11a所示，轴在轴承孔内，轴为非自由体，轴承孔为约束。不计摩擦时，轴与孔的接触为光滑接触约束，约束力作用在接触点 A，沿公法线方向指向轴心。但由于 A 点不定，故它的方向不能确定，但它的作用线必垂直于轴线并通过轴心。通常把这样的约束力用两个未知的正交分量 $\boldsymbol{F}_{Ax}$、$\boldsymbol{F}_{Ay}$ 来表示，如图1-11所示。

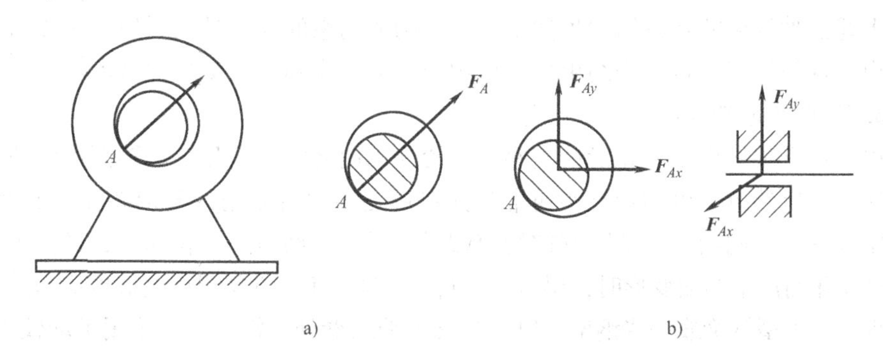

图1-11　向心轴承（径向轴承）

（2）光滑圆柱铰链约束　由两个穿孔的构件及圆柱销钉组成的光滑圆柱铰链称为中间铰链，如图 1-12a 所示。光滑圆柱铰链为孔、轴配合问题，这类约束与向心力轴承类似，故约束力的确定与向心轴承相同，可用两个正交分力表示。光滑圆柱铰链约束较常见，图 1-12b 所示剪刀便是光滑圆柱铰链约束，起重机悬臂与机座间的连接也是光滑圆柱铰链约束。

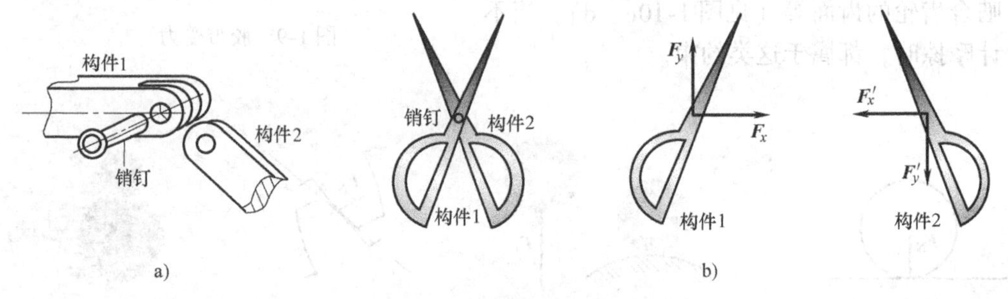

图 1-12　光滑圆柱铰链约束

（3）固定铰支座约束　固定铰支座约束可认为是圆柱铰链约束的演变形式，两个构件中有一个固定在地面或机架上，其结构简图如图 1-13b 所示。这种约束的约束力的作用线也不能预先确定，可以用大小未知的两个垂直分力表示铰链结构中的两个构件。固定铰支座及其约束力分别如图 1-13a、c 所示。

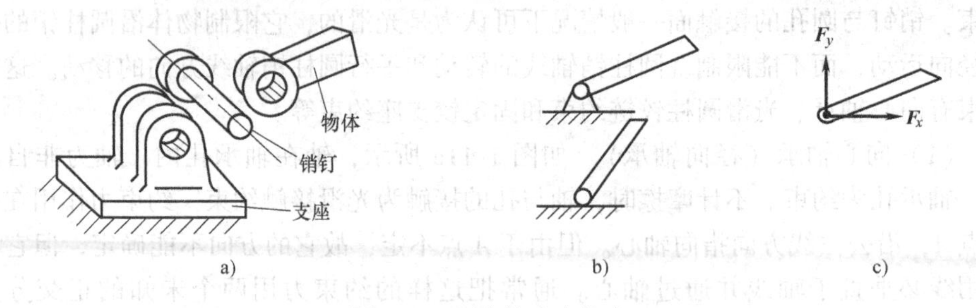

图 1-13　固定铰支座约束

上述三种约束的具体结构虽然不同，但构成约束的性质是相同的，一般通称铰链约束。这类约束的特点是约束力一般用两个大小未知的正交分力来表示。

4. 可动铰支座约束（滚动支座）

可动铰支座约束是在光滑铰支座与光滑支承面之间装上几个辊轴而构成的，又称为滚动支座约束。可动铰支座通常与固定铰支座配对使用，分别装在梁的两端。与固定铰支座不同的是它不限制被约束端沿支承面切线方向的位移。这样，当梁由于温度变化而产生伸缩变形时，梁端可以自由移动，不会在梁内引起温度应力。在实际工程中，大型钢梁或一些钢架桥以及立交桥伸缩缝处，常把一端采用可动铰支座。其作用是：当因热胀冷缩而长度稍有变化时，可动铰支座相应地沿支承面滑动，从而避免温度变化引起的不良后果，其结构图如图 1-14a 所示。由于这种约束只限制垂直于支承面方向的运动，所以，其约束力沿滚轮支承面接触处的公法线方向，即垂直于支承面，指向物体。可动铰支座结构简图和受力简图如图 1-14b、c、d 所示。

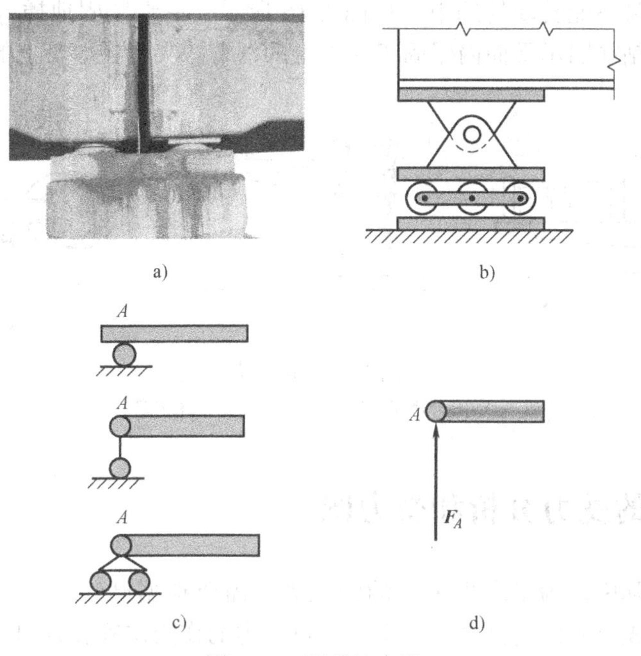

a)　b)　c)　d)

图 1-14　可动铰支座

5. 空间球形铰链约束

球形铰链的结构如图 1-15a 所示，通常是将构件的一端制成球形，置于另一构件或基础的球窝中，其作用是限制被约束体在空间的移动，但不限制其转动，如电视机、收音机天线与机体的连接等都是球形铰链约束。球形铰链约束限制杆件端点沿各个方向的移动，但不限制其绕球心转动。所以，忽略摩擦，约束力总是通过球心和接触点，但方向不能预先确定，是一个空间法向力，可用图 1-15b 所示的三个相互正交的分力 $\boldsymbol{F}_{Ax}$、$\boldsymbol{F}_{Ay}$、$\boldsymbol{F}_{Az}$ 表示。

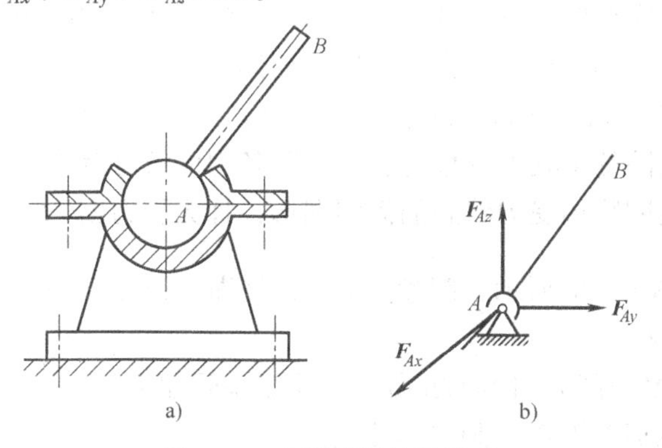

a)　b)

图 1-15　空间球形铰链约束

以上只介绍了几种常见约束，工程中约束的类型远不止这些，有的约束比较复杂，分析时需加以抽象、简化。例如，固定端约束，它是工程实际中使物体的一端既不能移动，又不能转动的约束。如图 1-16 所示，一端紧固地插入刚性墙内的阳台挑梁、摇臂钻在图示平面内紧固于立柱上的摇臂、夹紧在卡盘上的工件均为固定端约束。

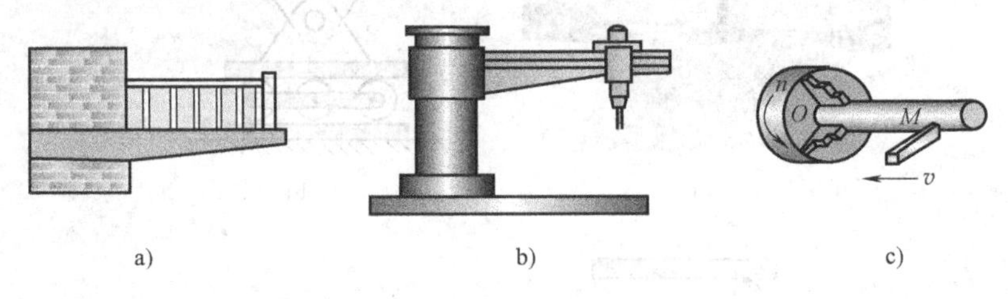

图 1-16　固定端

a）阳台挑梁　b）摇臂钻　c）车床卡盘

1.4　物体的受力分析和受力图

在工程实际中，为了求出未知的约束力，需要根据已知力，应用平衡条件求解。为此，首先要确定构件受了几个力，每个力的作用位置和方向。为了清晰地表示物体的受力情况，将所研究的物体或物体系统从与其联系的周围物体或约束中分离出来，并单独画出它的简图，分析它受几个力作用，确定每个力的作用位置和力的作用方向，这一过程称为物体的受力分析。

受力分析一直是理论力学学习的重点和难点。根据题设、公理、推理和约束的性质尽可能地将研究对象上的受力信息（力的类型：集中力、分布力、力偶（第2章学习），方向，作用线/点）明确化，并把它们以简图的形式表示出来。

物体的受力分析过程包括如下两个主要步骤：

（1）确定研究对象，取出分离体　待分析的某物体或物体系统称为研究对象。明确研究对象后，需要解除它受到的全部约束，将其从周围的物体或约束中分离出来，单独画出相应简图，这个步骤称为取分离体。

（2）画受力图，画主动力和约束力　在分离体图上，画出研究对象所受的全部主动力和所有去除约束处的约束力，并标明各力的符号及受力位置符号。

这样得到的表明物体受力状态的简明图形，称为**受力图**。

例 1-1　如图 1-17a 所示，圆盘重力 P，被绳子拉住，并放在光滑的曲面上，试画圆盘的受力图。

解： 圆盘的受力图如图 1-17b 所示，绘制步骤如下：

1）取圆盘为研究对象，画出其简图。

2）画出主动力$\boldsymbol{P}$，其上只有一重力为主动力，作用点在圆心，方向沿着铅垂方向。

3）画约束力。约束力有两个，一个力为曲面的支持力$\boldsymbol{F}_{\mathrm{N}}$，作用点在圆盘和曲面的接触点$C$，方向沿着曲面的公法线方向，指向圆盘；另一个力为绳子的拉力$\boldsymbol{F}_{\mathrm{T}}$，作用点在绳子和圆盘的接触点$B$，作用线沿着绳子方向，背离圆盘。三个力作用线汇交于A点。

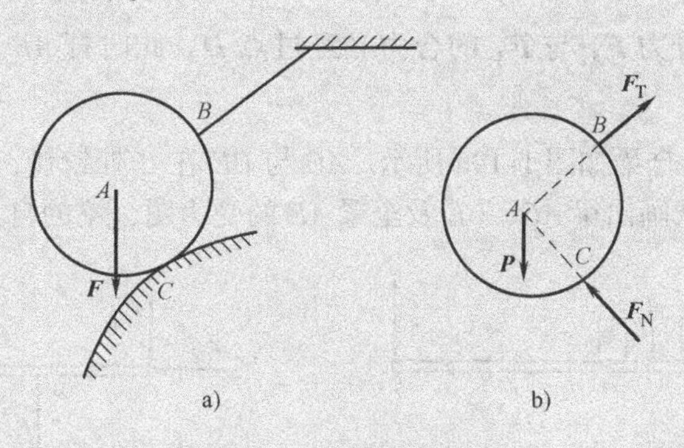

图1-17 圆盘的受力图

例1-2 如图1-18a所示结构，直杆AB和曲杆BC在B处铰接，直杆AB受力$\boldsymbol{F}$作用，若不计两杆的自重和摩擦，试画出各杆的受力图。

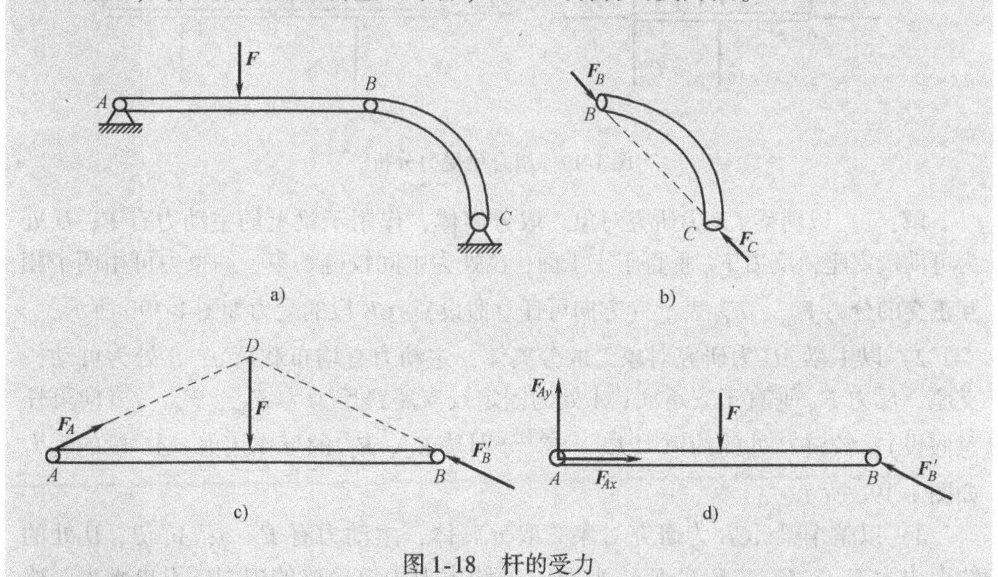

图1-18 杆的受力

解：画受力图时先分析受力简单的构件，如二力构件。如图1-18a所示，曲杆BC为二力构件，先选取它为研究对象比较合适，具体解题步骤为：

1）以曲杆BC为研究对象，它没有受到主动力的作用，而是两端受到两个销钉的约束力的作用，所以为二力构件，其两端所受到的约束力$\boldsymbol{F}_B$、$\boldsymbol{F}_C$，必经过B、

C 两点，二力构件上的两个力方向必须相反，两个力画成拉和压都可以。曲杆 BC 的受力图如图 1-18b 所示。

2）再以直杆 AB 为研究对象，先画主动力 $\boldsymbol{F}$，B 处受到曲杆的反作用力 $\boldsymbol{F}'_B$ 的作用，方向与 $\boldsymbol{F}_B$ 相反；A 处为固定铰支座约束，由三力平衡汇交定理知，其约束力 $\boldsymbol{F}_A$，必过 $\boldsymbol{F}_B$ 与 $\boldsymbol{F}$ 的交点 D，其受力图如图 1-18c 所示。

注意：A 处约束力也可用其两正交分力 $\boldsymbol{F}_{Ax}$、$\boldsymbol{F}_{Ay}$ 表示，以后通过平衡方程可以证明，两正交分力 $\boldsymbol{F}_{Ax}$ 与 $\boldsymbol{F}_{Ay}$ 的合力必经过点 D，此时杆 AB 的受力图如图 1-18d 所示。

例 1-3 某组合梁如图 1-19a 所示。AC 与 CE 在 C 处铰接，并支承在 A、B、D 三个支座上，试画出梁 AC、CE 及全梁 AE 的受力图，梁的自重忽略不计。

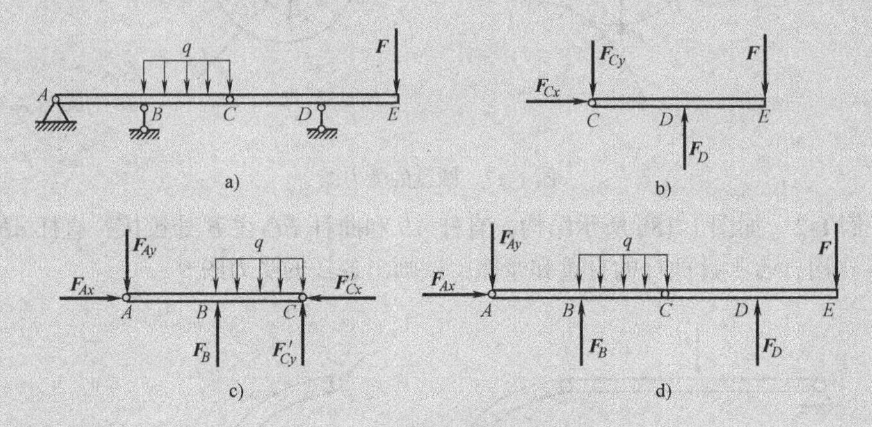

图 1-19 组合梁受力分析

解：1）以辅梁 CE 为研究对象。取分离体，作用于梁上的主动力有 $\boldsymbol{F}$；D 处为可动铰支座，反力 $\boldsymbol{F}_D$ 垂直于支承面；C 处为中间铰链约束，约束力可用两个相互正交的分力 $\boldsymbol{F}_{Cx}$、$\boldsymbol{F}_{Cy}$ 表示（方向可任意假设）。CE 段的受力如图 1-19b 所示。

2）以主梁 AC 为研究对象。取分离体，主动力有均布载荷 q；B 处为可动铰支座，反力 $\boldsymbol{F}_B$ 垂直于支承面；A 处为固定铰支座，反力为 $\boldsymbol{F}_{Ax}$、$\boldsymbol{F}_{Ay}$（方向可任意假设），铰链 C 处的约束力 $\boldsymbol{F}'_{Cx}$、$\boldsymbol{F}'_{Cy}$ 分别是 $\boldsymbol{F}_{Cx}$、$\boldsymbol{F}_{Cy}$ 的反作用力。AC 段的受力如图 1-19c 所示。

3）以整个梁 ACE 为研究对象。取分离体，主动力有 $\boldsymbol{F}$、q；A、B、D 处的约束力为 $\boldsymbol{F}_{Ax}$、$\boldsymbol{F}_{Ay}$、$\boldsymbol{F}_B$、$\boldsymbol{F}_D$，此时 C 处约束力为组合梁的内力，不再画出。梁 ACE 的受力如图 1-19d 所示。要注意整个梁在 A、B、D 处约束力方向要与图 1-19b、c 中的方向协调一致。

注意：1）受力图只画研究对象的简图和所受的全部力。

2）每画一力都要有依据，不多不漏。

3）不要画错力的方向，反力要和约束性质相符。

4）当分析两物体间的相互作用力时，要注意检查这些力的箭头是否符合作用力与反作用力的关系。

5）当研究系统平衡时，在受力图上只画出外部物体对研究对象的作用力（外力），不画成对出现的内力。

对任何实际问题进行力学分析、计算时，都需要将实际问题抽象成力学模型，然后进行分析计算。这一环节直接影响计算过程和计算结果。

建立力学模型时，要抓住主要因素，究其本质，忽略次要的方面，可以从体系的简化、节点的简化、支座的简化以及载荷的简化四个方面来进行。

图1-20a所示为一装配式钢筋混凝土门式刚架，两个人字形构件是预制的，将构件插入杯口基础后，四周缝隙用沥青麻刀填实，允许柱脚在杯口内有微小的转动。因此，在计算简图中，柱脚A和B可设为铰支座，在中间结点C，用合页式的铰将两个构件连接，至于结点D和E则可取为刚结点。计算简图如图1-20b所示。这种结构叫做三铰刚架。

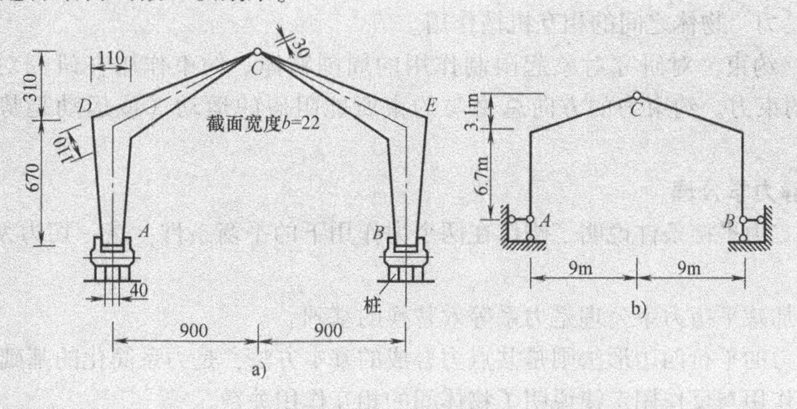

图1-20　三铰刚架

例1-4　图1-21a所示为桥式起重机，试对其横梁AB进行受力分析。

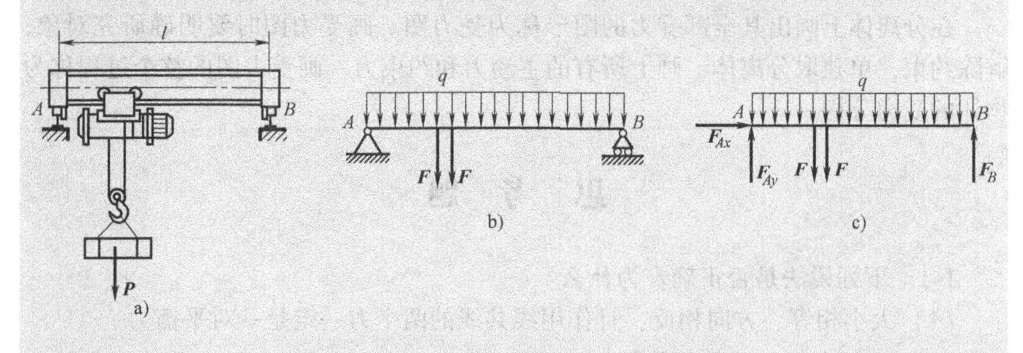

图1-21　桥式起重机的受力分析

解：1）首先将桥式起重机的进行力学模型的简化。如图1-21b所示，画横梁AB的轴线代替梁，它的A和B支座可以简化为铰支座，这样的梁称为简支梁。考虑自重的影响，梁上有分布载荷q的作用。除此之外，还受到起重机及重物施加给横梁的力，简化为两个$\boldsymbol{F}$，合值为$\boldsymbol{P}$。

2）取梁AB进行受力分析并画受力图。如图1-21c所示，取AB为研究对象，属于单个构件，取其为分离体。主动力有分布力q和起重机及重物施加在AB上的两个力$\boldsymbol{F}$。

小　结

1. 静力学的基本概念

（1）平衡　物体相对于地面保持静止或做匀速直线运动的状态。

（2）刚体　在外力作用下大小和形状都不改变的物体，是一种理想化的力学模型。

（3）力　物体之间的相互机械作用。

（4）约束　对研究对象起限制作用的周围物体。约束作用在研究对象上的力称为约束力。约束力的方向总是与约束所能阻碍的运动（或运动趋势）方向相反。

2. 静力学公理

1）二力平衡条件说明了刚体在两个力作用下的平衡条件，是一切力系平衡的基础。

2）加减平衡力系公理是力系等效替换的基础。

3）力的平行四边形法则是共点力合成的基本方法，是力系简化的基础。

4）作用与反作用定律说明了物体间的相互作用关系。

5）刚化原理提供了把变形体视为刚体模型的条件。

3. 物体受力分析与受力图

在分离体上画出其全部受力的图形称为受力图。画受力图时要明确研究对象，解除约束，单独取分离体，画上所有的主动力和约束力。画受力图的整个过程称为物体的受力分析。

思　考　题

1-1　下列说法是否正确？为什么？

（1）大小相等、方向相反，且作用线共线的两个力一定是一对平衡力。

（2）分力的大小一定小于合力。

（3）凡不计自重的杆都是二力杆。

（4）凡两端用铰链连接的杆都是二力杆。

1-2　“二力平衡条件”和“作用与反作用定律”都说二力等值、反向、共线，试问二者有何区别？

1-3　什么是二力杆？二力杆的受力与构件的形状有无关系？找出图1-22a、b中的二力构件。

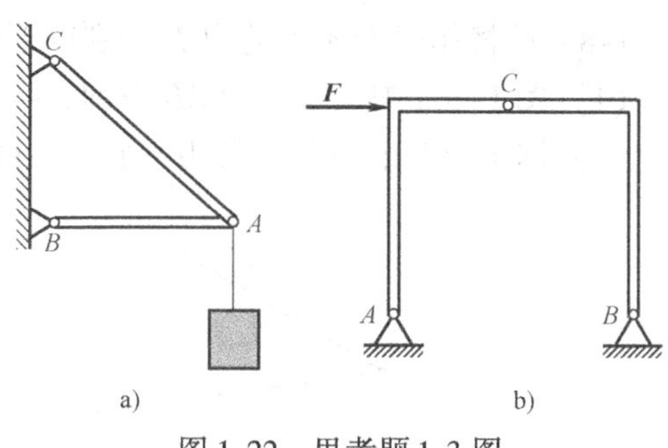

图1-22　思考题1-3图

1-4　图1-23所示四种情况，力 $\boldsymbol{F}$ 对刚体的作用效果是否相同？

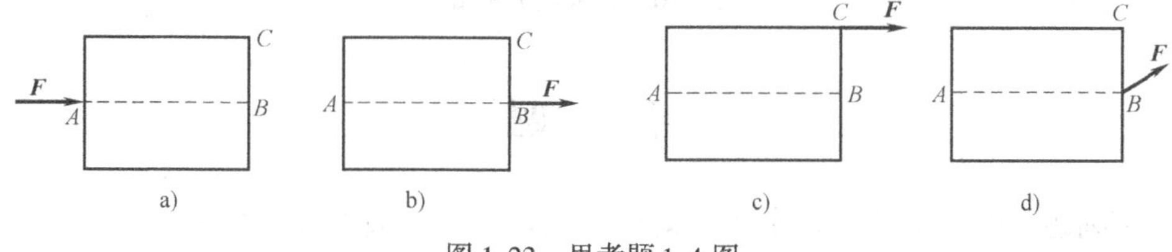

图1-23　思考题1-4图

1-5　按力的可传性原理，将作用于构件 AC 上的力 $\boldsymbol{F}$ 沿其作用线移至构件 BC 上，如图1-24所示，下列说法正确吗？（　　）

A. 当以 ACB 整体为研究对象列平衡方程时可用。

B. 分别以 AC、BC 为研究对象列平衡方程时可用。

C. 无论研究对象如何，列平衡方程时都无影响。

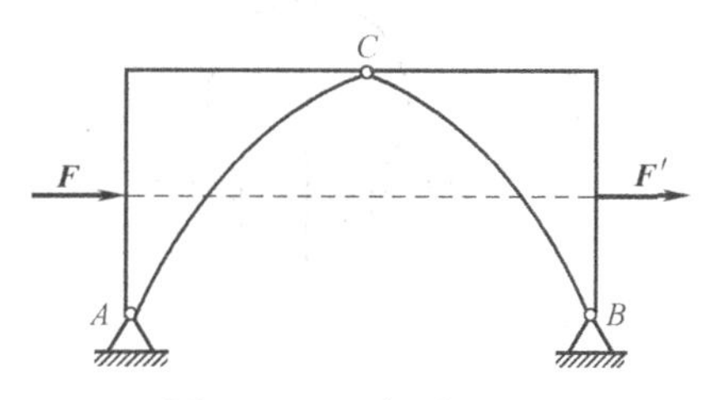

图1-24　思考题1-5图

1-6　如果作用于刚体上的三个力汇交于一点，该刚体是否一定平衡？

1-7　如图1-25所示，三个平行四边形，各力的作用点都在 A 点。试问各图中力 $\boldsymbol{F}_R$ 各代表什么力学意义？

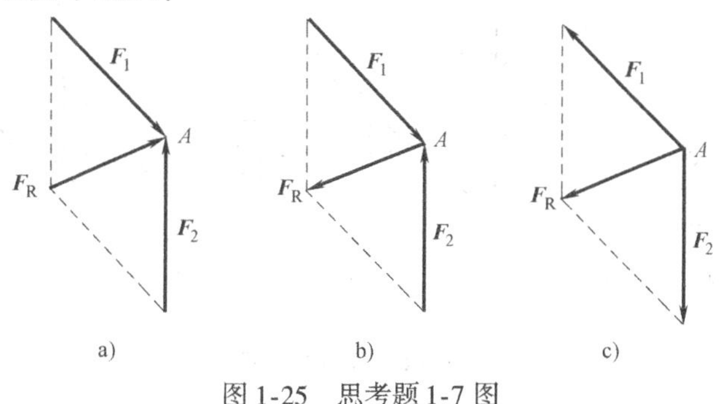

图1-25　思考题1-7图

1-8　试将作用于 A 点的力 $\boldsymbol{F}$ 分别以下述条件分解为两个力：

（1）图 1-26a 中一分力沿 AB 方向，且两分力大小相等。

（2）图 1-26b 中一分力与 MN 平行，且另一分力数值为最小。

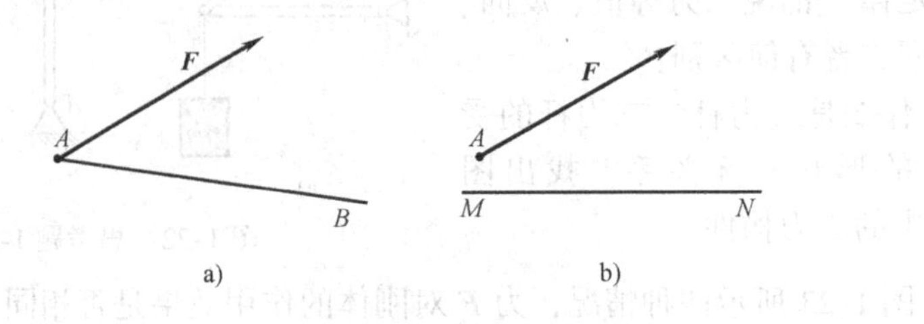

图 1-26　思考题 1-8 图

习　　题

下列题目中凡未标出重力的物体其自重不计，各处均为光滑接触。

1-1　画出图 1-27 所示各球体的受力图。

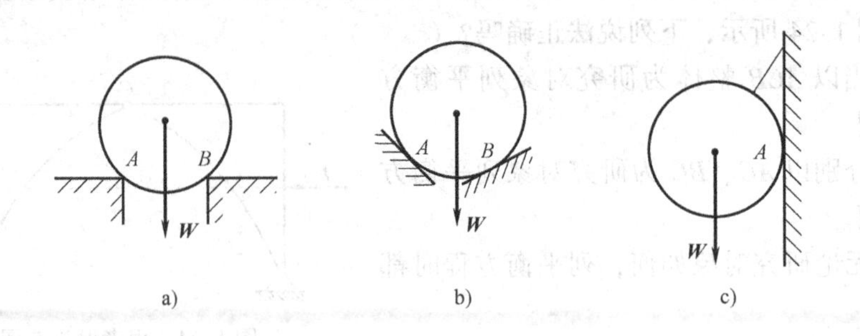

图 1-27　习题 1-1 图

1-2　画出图 1-28 中各个物体的受力图。

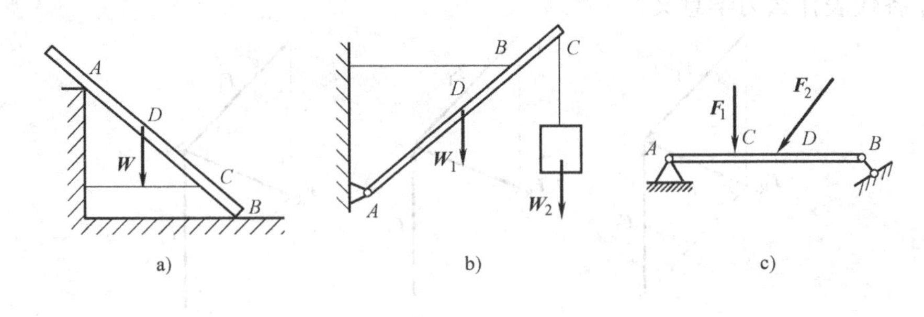

图 1-28　习题 1-2 图

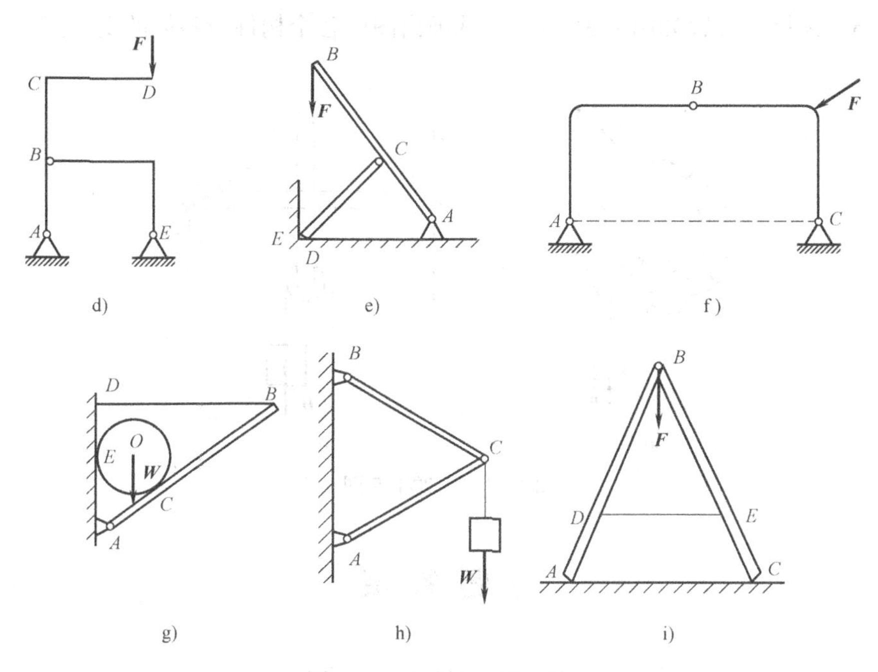

图1-28 习题1-2图（续）

1-3 画出图1-29所示组合梁中各段梁及整体的受力图。

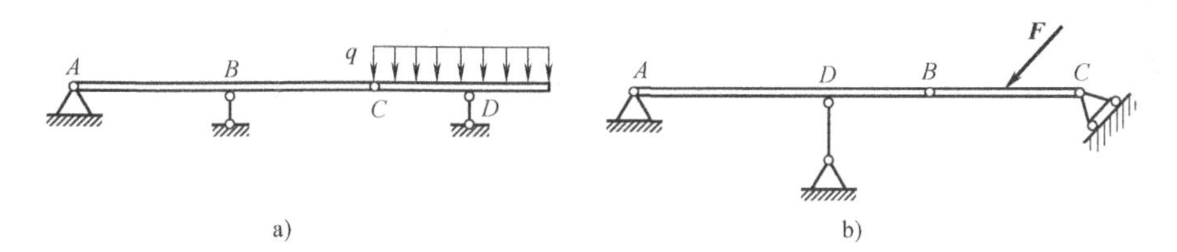

图1-29 习题1-3图

1-4 某塔竖起过程如图1-30所示，下端搁置在刚性基础上，C 处系以钢丝绳并用绞盘拉住，上端 B 处也系以钢丝绳，并通过定滑轮连接到卷扬机 E 上，设塔重为 $\boldsymbol{W}$，试画出塔的受力图。

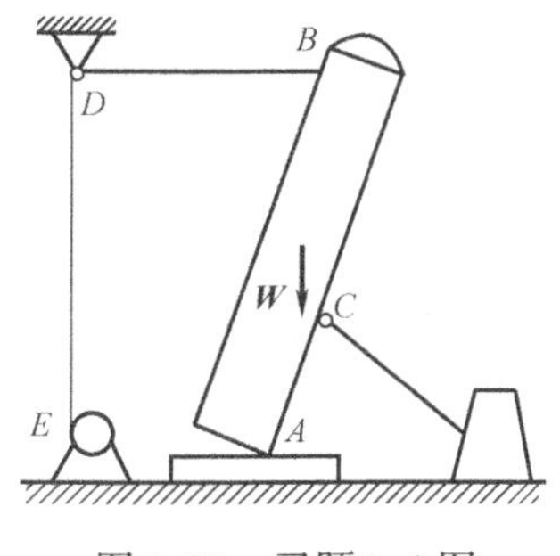

图1-30 习题1-4图

1-5 某提升装置如图 1-31 所示，试画出图中各个构件及整体的受力图。

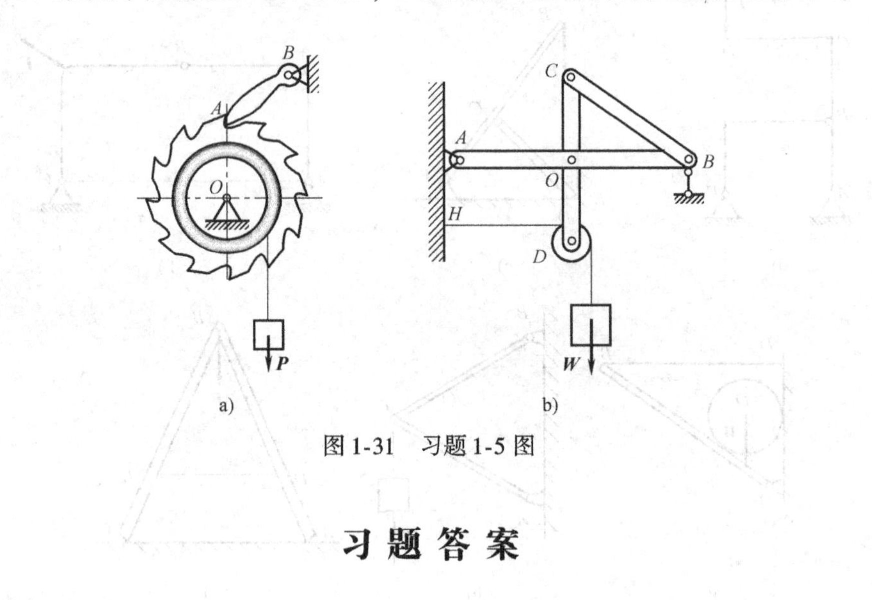

图 1-31 习题 1-5 图

习 题 答 案

略。

第2章 平面汇交力系

2.1 导学

当力系中各力都处于同一平面时，称该力系为**平面力系**。平面力系又可分为平面汇交力系、平面力偶系、平面平行力系、平面任意力系等。其中平面汇交力系和平面力偶系是两种最简单的力系，称为基本力系。后续研究将表明任何复杂的平面力系都可以简化为一个平面汇交力系和一个平面力偶系，因此研究这两种基本力系是研究复杂力系的基础。本章主要介绍平面汇交力系的合成和平衡问题，重点是应用平面汇交力系的平衡方程求解工程实际问题的未知力的大小。

平面汇交力系是指各力的作用线都在同一平面内且汇交于一点的力系。

2.2 平面汇交力系合成与平衡的几何法

2.2.1 平面汇交力系合成的几何法（力多边形法则）

如图2-1a所示，设一刚体受到平面汇交力系$\boldsymbol{F}_1$、$\boldsymbol{F}_2$、$\boldsymbol{F}_3$、$\boldsymbol{F}_4$的作用，各力作用线汇交于点A，根据力的可传性原理，可将各力沿其作用线移至汇交点A。

第一种方法：可根据力的平行四边形法则，逐步两两合成各力，最后求得一个通过汇交点A的合力$\boldsymbol{F}_R$。

第二种方法：任取一点a，先作力三角形求出$\boldsymbol{F}_1$与$\boldsymbol{F}_2$的合力大小与方向$\boldsymbol{F}_{R1}$，再作力三角形合成$\boldsymbol{F}_{R1}$与$\boldsymbol{F}_3$得$\boldsymbol{F}_{R2}$，最后合成$\boldsymbol{F}_{R2}$与$\boldsymbol{F}_4$得$\boldsymbol{F}_R$，如图2-1b所示。多边形$abcde$称为此平面汇交力系的力多边形，矢量$\overrightarrow{ae}$称此力多边形的封闭边。封闭边矢量$\overrightarrow{ae}$即表示此平面汇交力系合力$\boldsymbol{F}_R$的大小与方向（即合力矢），而合力的作用线仍应通过原汇交点A，如图2-1a所示的$\boldsymbol{F}_R$。

必须注意，此力多边形的矢序法则为：各分力的矢量沿着环绕力多边形边界的同一方向首尾相接。由此组成的力多边形$abcde$有一缺口，故称为不封闭的力多边形，而合力矢则应沿相反方向连接此缺口，构成力多边形的封闭边。多边形法则是一般矢量相加（几何和）的几何解释。根据矢量相加的交换律，任意变换各分力矢的作图次序，可得形状不同的力多边形，但其合力矢仍然不变，如图 2-1c 所示。

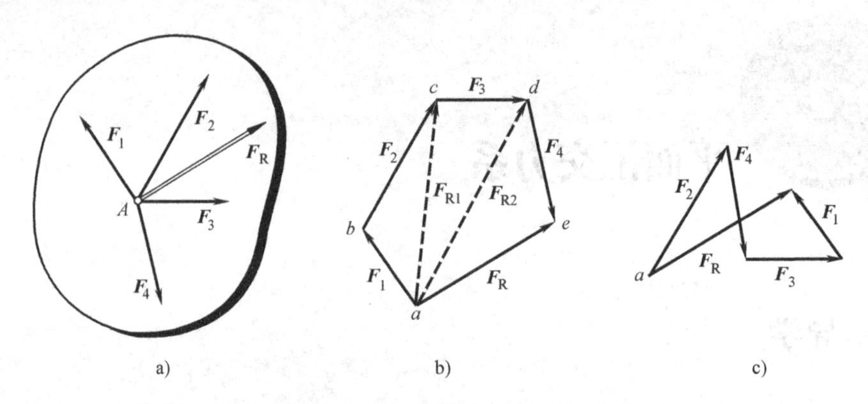

图 2-1 平面汇交力系合成的几何法

总之，平面汇交力系可简化为一合力，其合力的大小与方向等于各分力的矢量和（几何和），合力的作用线通过汇交点。设平面汇交力系包含 n 个力，以 $\boldsymbol{F}_{\mathrm{R}}$ 表示它们的合力矢，则有

$$\boldsymbol{F}_{\mathrm{R}}=\boldsymbol{F}_1+\boldsymbol{F}_2+\cdots+\boldsymbol{F}_n=\sum_{i=1}^{n}\boldsymbol{F}_i \tag{2-1}$$

合力 $\boldsymbol{F}_{\mathrm{R}}$ 对刚体的作用与原力系对该刚体的作用等效。**如果一力与某一力系等效，则称此力为该力系的合力。**

如力系中各力的作用线都沿同一直线，则称此力系为共线力系，它是平面汇交力系的特殊情况，它的力多边形在同一直线上。若沿直线的某一指向为正，相反为负，则力系合力的大小与方向决定于各分力的代数和，即

$$\boldsymbol{F}_{\mathrm{R}}=\sum_{i=1}^{n}\boldsymbol{F}_i \tag{2-2}$$

2.2.2 平面汇交力系平衡的几何条件

由于平面汇交力系可用其合力来代替，显然，平面汇交力系平衡的必要和充分条件是：该力系的合力等于零。如用矢量等式表示，即

$$\sum_{i=1}^{n}\boldsymbol{F}_i=\boldsymbol{0} \tag{2-3}$$

在平衡情形下，力多边形中最后一个力的终点与第一个力的起点重合，此时的力多边形称为封闭的力多边形。于是，**平面汇交力系平衡的必要和充分条件是：该力系的力多边形自行封闭。这就是平面汇交力系平衡的几何条件。**

求解平面汇交力系的平衡问题时可用图解法，即按比例先画出封闭的力多边形，然后，用尺和量角器在图上量得所要求的未知量；也可根据图形的几何关系，

用三角函数公式计算出所要求的未知量，这种解题方法称为几何法。

例2-1　如图2-2a所示，支架的横梁 AB 与斜杆 DC 以铰链 C 相连接，并各以铰链 A、D 连接于铅直墙上。已知 $AC=CB$；杆 DC 与水平线成45°角；载荷 $F=10kN$，作用于 B 处。梁和杆的重力忽略不计，求铰链 A 的约束力和杆 DC 所受的力。

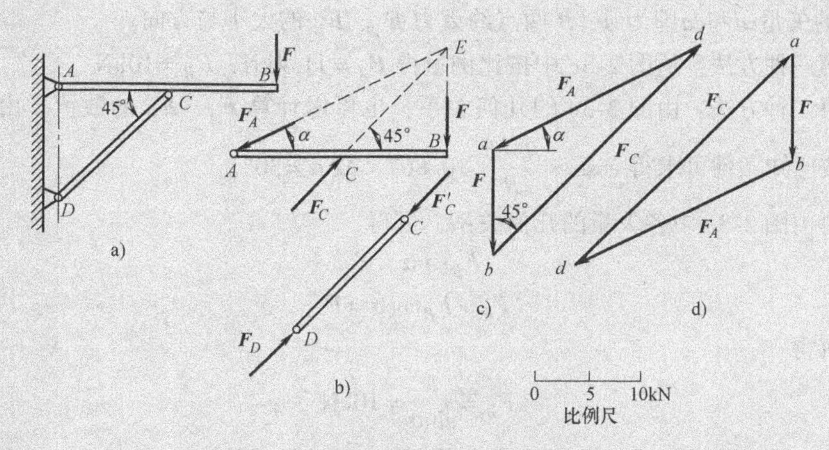

图2-2　支架结构及其受力分析

解：选取横梁 AB 为研究对象，其受力分析如图2-2b所示。

根据平面汇交力系平衡的几何条件，这三个力应组成一封闭的力三角形。按照图中力的比例尺，先画出已知力 $\overrightarrow{ab}=\boldsymbol{F}$，再由点 a 作直线平行于 AE，由点 b 作直线平行 CE，这两直线相交于点 d，如图2-2c所示。由于力三角形 abd 封闭，则可确定 $\boldsymbol{F}_C$ 和 $\boldsymbol{F}_A$ 的指向。

在力三角形中，线段 bd 和 da 分别表示力 $\boldsymbol{F}_C$ 和 $\boldsymbol{F}_A$ 的大小，量出它们的长度，按比例换算得

$$F_C=28.3\text{kN}$$

$$F_A=22.4\text{kN}$$

根据作用力和反作用力的关系，作用于杆 DC 的 C 端的力 $\boldsymbol{F}'_C$ 与 $\boldsymbol{F}_C$ 的大小相等、方向相反。由此可知杆 DC 受压力，如图2-2b所示。

注意：此题所作封闭力三角形也可以如图2-2d所示，同样可求得力 $\boldsymbol{F}_C$ 和 $\boldsymbol{F}_A$，且结果相同。

例2-2　如图2-3a所示，压路碾子的自重 $P=20kN$，半径 $R=0.6m$，障碍物高 $h=0.08m$。碾子中心 O 处作用一水平拉力 $\boldsymbol{F}$。

试求：（1）当水平拉力 $F=5kN$ 时，碾子对地面及障碍物的压力；

（2）欲将碾子拉过障碍物，水平拉力至少应为多大？

(3) 力 $\boldsymbol{F}$ 沿什么方向拉动碾子最省力，此时力 $\boldsymbol{F}$ 为多大。

解：(1) 选取碾子为研究对象，其受力分析如图 2-3b 所示，各力组成平面汇交力系。根据平衡的几何条件，力 $\boldsymbol{P}$、$\boldsymbol{F}$、$\boldsymbol{F}_A$ 与 $\boldsymbol{F}_B$ 应组成封闭的力多边形。按比例先画已知力矢 $\boldsymbol{P}$ 与 $\boldsymbol{F}$ 如图 2-3c 所示，再从 a、c 两点分别作平行于 $\boldsymbol{F}_B$、$\boldsymbol{F}_A$ 的平行线，相交于点 d。将各力矢首尾相接，组成封闭的力多边形，则图 2-3c 中的矢量 $\overrightarrow{cd}$ 和 $\overrightarrow{da}$ 即为 A、B 两点约束力 $\boldsymbol{F}_A$、$\boldsymbol{F}_B$ 的大小与方向。

第一种方法：从图 2-3c 中按比例量得 $F_A = 11.4\text{kN}$，$F_B = 10\text{kN}$

第二种方法：由图 2-3c 的几何关系，也可以计算 F_A、F_B 的数值。由图 2-3a，按已知条件可求得 $\cos\alpha = \dfrac{R-h}{R} = 0.867$，故 $\alpha = 30°$。

再由图 2-3c 中各矢量的几何关系，可得

$$F_B \sin\alpha = F$$

$$F_A + F_B \cos\alpha = P$$

解得

$$F_B = \frac{F}{\sin\alpha} = 10\text{kN}$$

$$F_A = P - F_B \cos\alpha = 11.34\text{kN}$$

根据作用与反作用关系，碾子对地面及障碍物的压力分别等于 11.34kN 和 10kN。

(2) 碾子能越过障碍物的力学条件是 $F_A = 0$，因此，碾子刚刚离开地面时，其封闭的力三角形如图 2-3d 所示。由几何关系，此时水平拉力

$$F = P\tan\alpha = 11.55\text{kN}$$

此时 B 处的约束力

$$F_B = \frac{P}{\cos\alpha} = 23.09\text{kN}$$

(3) 从图 2-3d 中可以清楚地看到，当拉力与 $\boldsymbol{F}_B$ 垂直时，拉动碾子的力为最小，即

$$F_{\min} = P\sin\alpha = 10\text{kN}$$

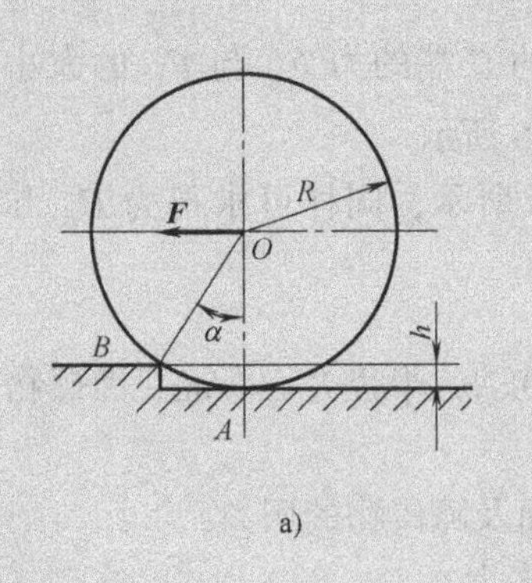

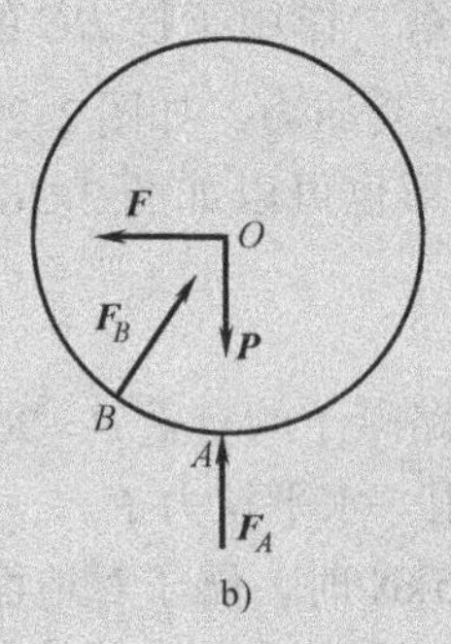

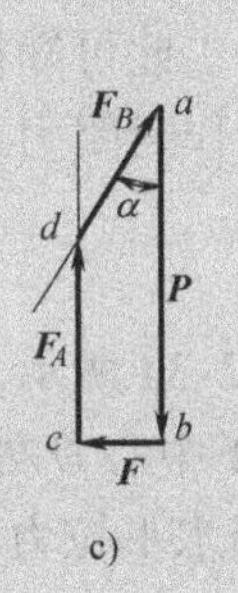

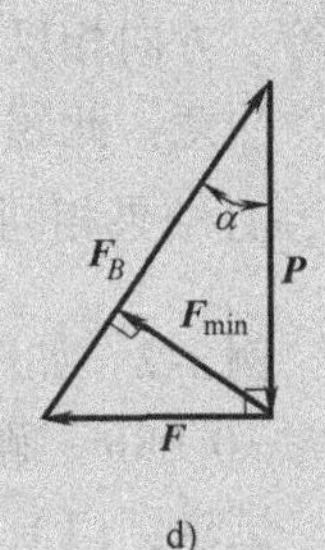

图 2-3 碾子及其受力分析

由此例题可以看出，用几何法解题时，各力之间的关系很清楚，一目了然。

通过例2-1和例2-2，可知几何法解题的主要步骤如下：

1）选取研究对象。

2）画受力图。在研究对象上，画出它所受的全部已知力和未知力（包括约束力）。若某个约束力的作用线不能根据约束特性直接确定（如铰链），而物体又只受三个力作用，则可根据三力平衡汇交定理确定该力的作用线。

3）做力三角形或力多边形。选择适当的比例尺，做出该力系的封闭力三角形或封闭力多边形。必须注意，作图时总是从已知力开始。根据矢序法则和封闭特点，就可以确定未知力的指向。

4）求出未知量。用比例尺和量角器在图上量出未知量，或者用三角函数公式计算出来即可。

2.3　平面汇交力系合成与平衡的解析法

2.3.1　平面汇交力系的合力

解析法是通过力矢在坐标轴上的投影来分析力系的合成与平衡的。

力在某坐标轴上的投影，等于该力的大小乘以力与投影轴正向间夹角的余弦。力在轴上的投影为代数量，当力与投影轴间夹角为锐角时，其值为正；当夹角为钝角时，其值为负。

如图2-4a所示，F_R 在 x、y 轴上的投影分别为

$$F_{Rx}=F_R\cos\alpha, F_{Ry}=F_R\cos\beta \tag{2-4}$$

此时，力矢 $\boldsymbol{F}_R$ 的解析表达式为

$$\boldsymbol{F}_R=F_{Rx}\boldsymbol{i}+F_{Ry}\boldsymbol{j} \tag{2-5}$$

式中，$\boldsymbol{i}$、$\boldsymbol{j}$ 分别为沿坐标轴 x、y 正向的单位矢量。

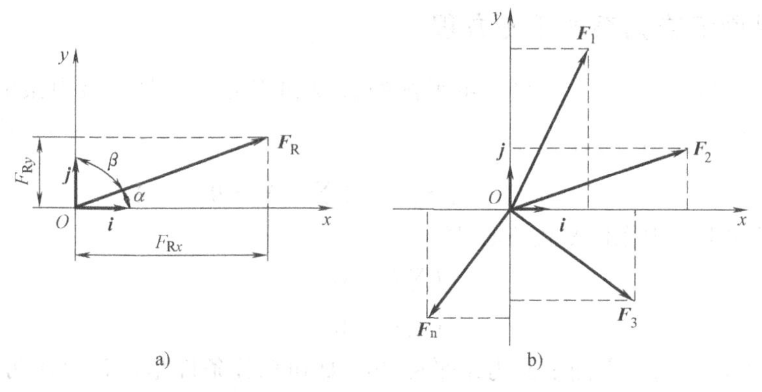

图2-4　力矢在坐标轴上的投影

设由 n 个力组成的平面汇交力系作用于一个刚体上，以汇交点 O 作为坐标原点，建立直角坐标系 Oxy，如图 2-4b 所示。若此汇交力系的合力为 F_R，则根据**合矢量投影定理：合矢量在某一轴上的投影等于各分矢量在同一轴上投影的代数和**，可得

$$\begin{cases} F_{Rx} = F_{1x} + F_{2x} + \cdots + F_{nx} = \sum F_x \\ F_{Ry} = F_{1y} + F_{2y} + \cdots + F_{ny} = \sum F_y \end{cases} \tag{2-6}$$

式中，F_{1x} 和 F_{1y}、F_{2x} 和 F_{2y}、…、F_{nx} 和 F_{ny} 分别为各分力在 x 轴和 y 轴上的投影。

合力矢的大小和方向余弦分别为

$$\begin{cases} F_R = \sqrt{F_{Rx}^2 + F_{Ry}^2} = \sqrt{(\sum F_x)^2 + (\sum F_y)^2} \\ \cos\langle \boldsymbol{F}_R, \boldsymbol{i} \rangle = \dfrac{F_{Rx}}{F_R} = \dfrac{\sum F_x}{F_R}, \cos\langle \boldsymbol{F}_R, \boldsymbol{i} \rangle = \dfrac{F_{Ry}}{F_R} = \dfrac{\sum F_y}{F_R} \end{cases} \tag{2-7}$$

例 2-3 求图 2-5 所示平面汇交力系的合力。

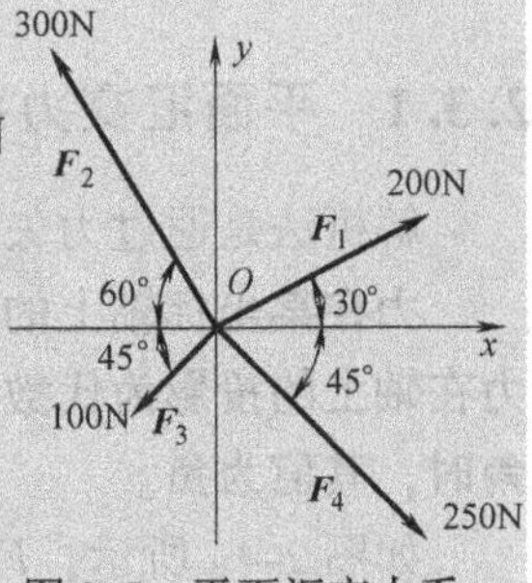

解：用式（2-6）和式（2-7）进行计算，得

$$F_{Rx} = \sum F_x = F_1\cos30° - F_2\cos60° - F_3\cos45° + F_4\cos45° = 129.3\text{N}$$

$$F_{Ry} = \sum F_y = F_1\cos60° + F_2\cos30° - F_3\cos45° - F_4\cos45° = 112.3\text{N}$$

$$F_R = \sqrt{F_{Rx}^2 + F_{Ry}^2} = \sqrt{129.3^2 + 112.3^2} = 171.3\text{N}$$

$$\cos\alpha = \frac{F_{Rx}}{F_R} = \frac{129.3}{171.3} = 0.7548, \cos\beta = \frac{F_{Ry}}{F_R} = \frac{112.3}{171.3} = 0.6556$$

图 2-5 平面汇交力系

则合力 $\boldsymbol{F}_R$ 与 x、y 轴夹角分别为

$$\alpha = 40.99°, \beta = 49.01°$$

合力 $\boldsymbol{F}_R$ 的作用线通过汇交点 O。

2.3.2 平面汇交力系的平衡方程

由式（2-3）知，平面汇交力系平衡的必要和充分条件是：该力系的合力 $\boldsymbol{F}_R$ 等于零。由式（2-7）应有

$$F_R = \sqrt{(\sum F_x)^2 + (\sum F_y)^2} = 0$$

则得平面汇交力系的平衡方程为

$$\begin{cases} \sum F_x = 0 \\ \sum F_y = 0 \end{cases} \tag{2-8}$$

式（2-8）说明，平面汇交力系平衡的必要和充分条件是：各力在两个坐标轴上投影的代数和分别等于零。

例 2-4　如图 2-6a 所示，重物 $P=20\text{kN}$，用钢丝绳挂在支架的滑轮 B 上，钢丝绳的另一端缠绕在绞车 D 上。杆 AB 与 BC 铰接，并以铰链 A、C 与墙连接。如两杆和滑轮的自重不计，并忽略摩擦和滑轮的大小，试求平衡时杆 AB 和 BC 所受的力。

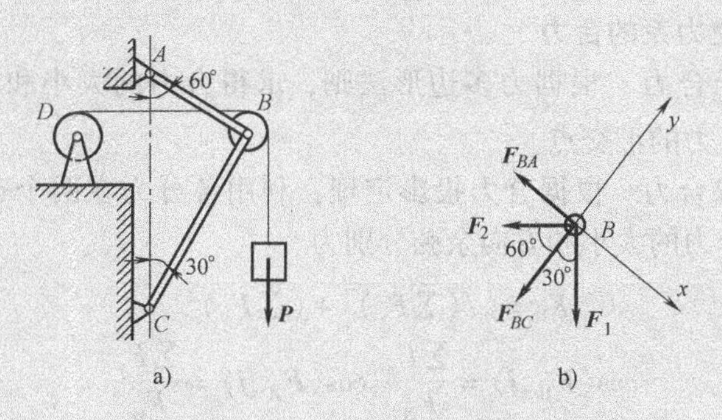

图 2-6　支架起重结构及滑轮 B 受力图

解：选取滑轮 B 为研究对象，其受力分析如图 2-6b 所示，建立如图所示平面直角坐标系 Bxy，列平衡方程如下：

$$\sum F_x=0,\ -F_{BA}+F_1\cos60°-F_2\cos30°=0$$

$$\sum F_y=0,\ -F_{BC}-F_1\cos30°-F_2\cos60°=0$$

将 $F_1=F_2=P=20\text{kN}$ 代入上述方程解之得

$$F_{BA}=-7.321\text{kN}$$

$$F_{BC}=-27.32\text{kN}$$

负值表示该力的实际方向与图中力的假设方向相反，即为压力。

说明：

1）二力构件一般不作为研究对象，其内力一般假设其所受的力为拉力，求解后若为正值，表明实际受力为拉力，若为负值，则表明实际受力为压力。

2）此处滑轮因不计尺寸故可视为销钉，对于销钉若其上所受的集中力（或表现为集中力形式的其他构件）不多于 2 个，则销钉一般不作为研究对象；若其上所受的集中力（或表现为集中力形式的其他构件）多于 2 个，则销钉一般要作为研究对象或与其他构件结合作为研究对象。

3）绳（柔索类）轮（滑轮类）在一起，绳轮不分，从绳处切开，做此处理后有益于选取研究对象。

小　　结

1. 力在坐标轴上的投影

力在某轴上的投影等于力的大小乘以力与该轴的正向间夹角的余弦。

2. 合力投影定理

合力在任一轴上的投影，等于它的各分力在同一轴上投影的代数和。

$$F_{Rx} = F_{1x} + F_{2x} + \cdots + F_{nx} = \sum F_x$$
$$F_{Ry} = F_{1y} + F_{2y} + \cdots + F_{ny} = \sum F_y$$

3. 求平面汇交力系的合力

（1）几何法求合力　根据力多边形法则，求得合力的大小和方向 $\boldsymbol{F}_R = \sum \boldsymbol{F}$，合力作用线通过各力的汇交点。

（2）解析法求合力　根据合力投影定理，利用各分力在两个正交轴上的投影的代数和，求得合力的大小和方向余弦分别为

$$F_R = \sqrt{(\sum F_x)^2 + (\sum F_y)^2}$$
$$\cos\langle \boldsymbol{F}_R, \boldsymbol{i} \rangle = \frac{\sum F_x}{F_R}, \cos\langle \boldsymbol{F}_R, \boldsymbol{j} \rangle = \frac{\sum F_y}{F_R}$$

合力作用线通过各力的汇交点。

4. 平面汇交力系的平衡条件

（1）平衡的必要和充分条件　平面汇交力系的合力为零，即

$$\boldsymbol{F}_R = \sum \boldsymbol{F} = \boldsymbol{0}$$

（2）平衡的几何条件　平面汇交力系的力多边形自行封闭。

（3）平衡的解析条件　平面汇交力系的各分力在两个坐标轴上投影的代数和分别等于零，即 $\sum F_x = 0$，$\sum F_y = 0$。

思　考　题

2-1　合力是否一定比分力大？

2-2　若平面汇交力系的各力在任意两个互不平行的轴上投影的代数和均为零，试说明该力系一定平衡。

2-3　作用于一个物体的三个力汇交于一点，此力系是否为平衡力系？

2-4　若两个力在同一轴上的投影相等，则这两个力是否一定相等？若两个力的大小相等，则它们在同一轴上的投影是否一定相等？

习　题

1. 是非题

2-1　一个力在任意轴上投影的大小一定小于或等于该力的模，而沿该轴的分力的大小则可能大于该力的模。（　）

2-2　平面汇交力系平衡时，力多边形各力应首尾相接，但在作图时力的顺序可以不同。（　）

2-3 若平面汇交力系构成首尾相接、封闭的力多边形，则合力必然为零。（　）

2-4 用解析法求平面汇交力系的合力时，若选用不同的直角坐标系，则所求得的合力不同。（　）

2. 计算题

2-5 铆接薄板在孔心 A、B 和 C 处受三力作用，如图 2-7 所示。$F_1=100\text{N}$，沿铅直方向；$F_3=50\text{N}$，沿水平方向，并通过点 A；$F_2=50\text{N}$，力的作用线也通过点 A，尺寸如图所示。求此力系的合力。

2-6 如图 2-8 所示，固定在墙壁上的圆环受三条绳索的拉力作用，力 $\boldsymbol{F}_1$ 沿水平方向，力 $\boldsymbol{F}_3$ 沿铅直方向，力 $\boldsymbol{F}_2$ 与水平线成 40° 角。三力的大小分别为 $F_1=2000\text{N}$，$F_2=2500\text{N}$，$F_3=1500\text{N}$。求三力的合力。

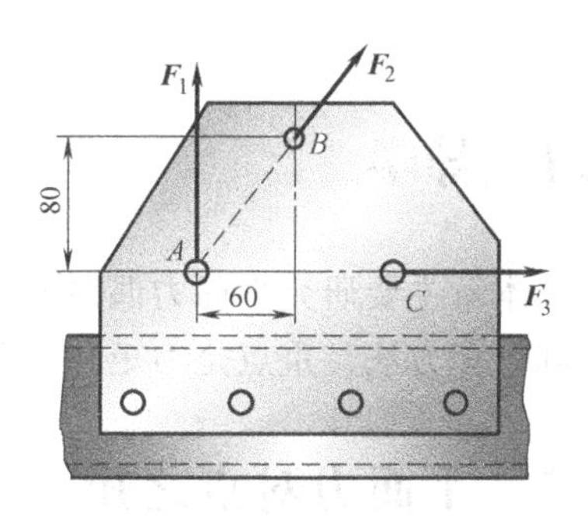

图 2-7　习题 2-5 图

2-7 物体重 $P=20\text{kN}$，用绳子挂在支架的滑轮 B 上，绳子的另一端接在绞车 D 上，如图 2-9 所示。转动绞车，物体便能升起。设滑轮的大小、AB 与 CB 杆自重及摩擦略去不计，A、B、C 三处均为铰链连接。当物体处于平衡状态时，试求拉杆 AB 和支杆 CB 所受的力。

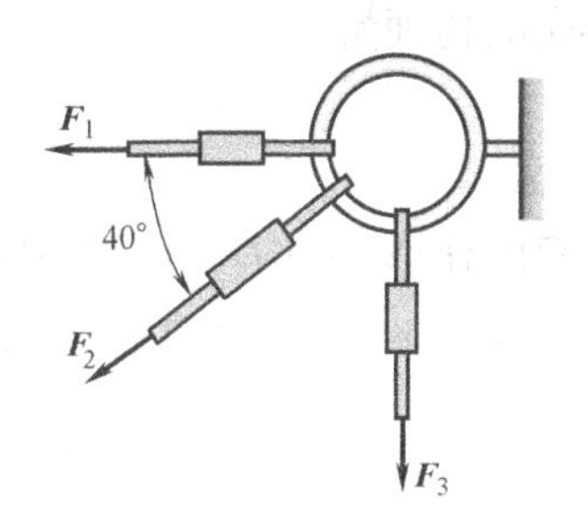

图 2-8　习题 2-6 图

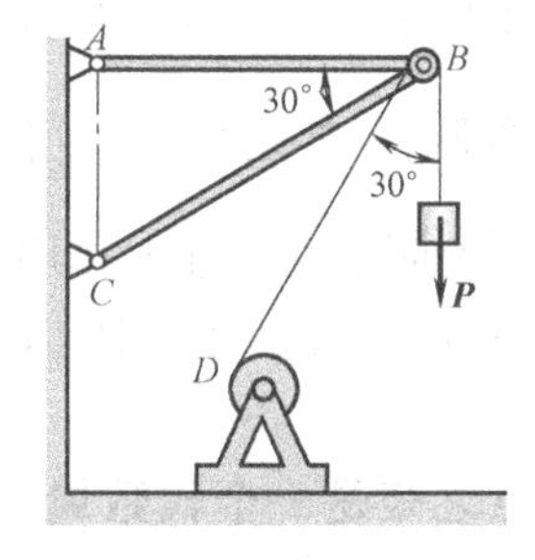

图 2-9　习题 2-7 图

习题答案

1. 是非题

2-1 对　　2-2 对　　2-3 对　　2-4 错

2. 计算题

2-5 $F_R=161.2\text{N}$，$\langle \boldsymbol{F}_R, \boldsymbol{F}_1 \rangle = 29°44'$

2-6 $F_R=5000\text{N}$，$\langle \boldsymbol{F}_R, \boldsymbol{F}_1 \rangle = 38°28'$

2-7 $F_{AB}=54.64\text{kN}$（拉），$F_{CB}=74.64\text{kN}$（压）

第3章 平面力偶系

3.1 导学

本章主要研究平面力偶系的合成和平衡条件，讨论平面力对点之矩及力偶的性质和计算方法，重点是力矩和力偶的性质。

3.2 平面力对点之矩

力对刚体的作用效应使刚体的运动状态发生改变（包括移动与转动），其中力对刚体的移动效应可用力矢来度量；而力对刚体的转动效应可用力对点的矩（简称力矩）来度量，即力矩是度量力对刚体转动效应的物理量。

3.2.1 力对点之矩（力矩）

如图3-1所示，平面上作用一力 $\boldsymbol{F}$，在同平面内任取一点 O，点 O 称为**矩心**，点 O 到力的作用线的垂直距离 h 称为**力臂**，则在平面问题中力对点之矩的定义如下：

力对点之矩是一个代数量，它的绝对值等于力的大小与力臂的乘积，它的正负可按下面方法确定：力使物体绕矩心逆时针转向转动时为正，反之为负。

图3-1 力对点之矩

用记号 $M_O(\boldsymbol{F})$ 表示力 $\boldsymbol{F}$ 对于点 O 的矩，则其计算公式为

$$M_O(\boldsymbol{F}) = \pm Fh \qquad (3\text{-}1a)$$

由图3-1容易看出，力 $\boldsymbol{F}$ 对点 O 的矩的大小也可用 $\triangle OAB$ 面积的两倍表示，即

$$M_O(\boldsymbol{F}) = \pm 2S_{\triangle OAB} \qquad (3\text{-}1b)$$

显然，当力的作用线通过矩心，即力臂等于零时，它对矩心的力矩等于零。力矩的常用单位是N·m或kN·m。

如以 $\boldsymbol{r}$ 表示由点 O 到 A 的矢径（见图3-1），由矢量积定义，$\boldsymbol{r}\times\boldsymbol{F}$ 的大小就是 $\triangle OAB$ 面积的两倍。由此可见，此矢量积的模 $|\boldsymbol{r}\times\boldsymbol{F}|$ 应等于力 $\boldsymbol{F}$ 对点 O 的矩的大小，其指向与力矩的转向符合**右手法则**。

3.2.2　合力矩定理

合力矩定理：平面汇交力系的合力对于平面内任一点之矩等于所有各分力对于该点之矩的代数和。

证明：如图3-2所示，$\boldsymbol{r}$ 为矩心 O 到汇交点 A 的矢径，$\boldsymbol{F}_{\mathrm{R}}$ 为平面汇交力系 $\boldsymbol{F}_1$、$\boldsymbol{F}_2$…、$\boldsymbol{F}_n$ 的合力，即

$$\boldsymbol{F}_{\mathrm{R}}=\boldsymbol{F}_1+\boldsymbol{F}_2+\cdots+\boldsymbol{F}_n$$

用 $\boldsymbol{r}$ 对上式两端作矢量积，有

$$\boldsymbol{r}\times\boldsymbol{F}_{\mathrm{R}}=\boldsymbol{r}\times\boldsymbol{F}_1+\boldsymbol{r}\times\boldsymbol{F}_2+\cdots+\boldsymbol{r}\times\boldsymbol{F}_n$$

由于力 $\boldsymbol{F}_1$、$\boldsymbol{F}_2$、…、$\boldsymbol{F}_n$ 与点 O 共面，上式各矢量积平行，故上式矢量和可按代数和计算。而各矢量积的大小就是力对点 O 之矩，于是合力矩定理得证，即

$$M_O(\boldsymbol{F}_{\mathrm{R}})=M_O(\boldsymbol{F}_1)+M_O(\boldsymbol{F}_2)+\cdots+M_O(\boldsymbol{F}_n)=\sum M_O(\boldsymbol{F}_i) \tag{3-2}$$

按力系等效概念，式（3-2）易于理解，且式（3-2）适用于任何有合力存在的力系。

3.2.3　力矩与合力矩的解析表达式

如图3-3所示，已知力 $\boldsymbol{F}$，作用点 A（x，y）及其夹角 α。欲求力 $\boldsymbol{F}$ 对坐标原点 O 之矩，可按式（3-2），通过其分力 $\boldsymbol{F}_x$ 与 $\boldsymbol{F}_y$ 对点 O 之矩而得到，即

$$M_O(\boldsymbol{F})=M_O(\boldsymbol{F}_y)+M_O(\boldsymbol{F}_x)=xF\sin\alpha-yF\cos\alpha$$

或

$$M_O(\boldsymbol{F})=xF_y-yF_x \tag{3-3}$$

式（3-3）即为平面内力矩的解析表达式。

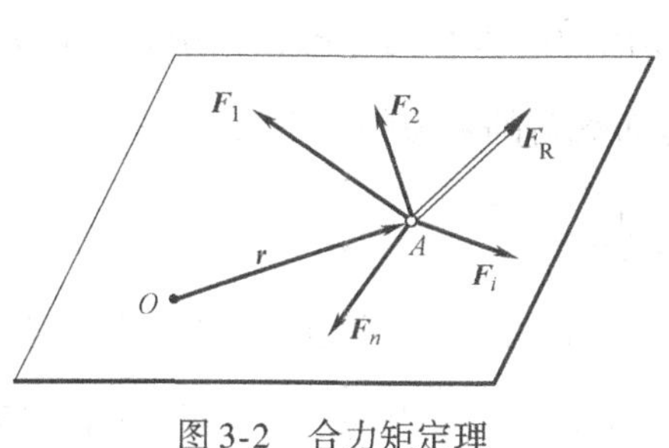

图3-2　合力矩定理

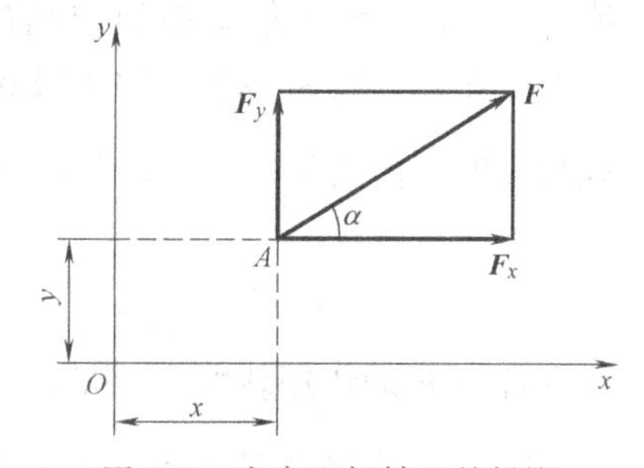

图3-3　力在坐标轴上的投影

说明：x、y 为力 $\boldsymbol{F}$ 作用点的坐标；F_x、F_y 为力 $\boldsymbol{F}$ 在 x、y 轴上的投影；计算时应注意使用它们的代数量代入。

若将式（3-3）代入式（3-2），即可得合力 $\boldsymbol{F}_{\mathrm{R}}$ 对坐标原点 O 之矩的解析表达式，即

$$M_O(\boldsymbol{F}_\mathrm{R}) = \sum(x_iF_{iy} - y_iF_{ix}) \tag{3-4}$$

例 3-1 图 3-4a 所示圆柱直齿轮，受到啮合力 $\boldsymbol{F}_\mathrm{n}$ 的作用。设 $F_\mathrm{n} = 1200\mathrm{N}$。压力角 $\alpha = 30°$，齿轮的节圆（啮合圆）的半径 $r = 80\mathrm{mm}$，试计算力 $\boldsymbol{F}_\mathrm{n}$ 对于轴心 O 的力矩。

解法 1：如图 3-4a 所示，直接按力矩的定义计算力 $\boldsymbol{F}_\mathrm{n}$ 对点 O 的矩

$M_O(\boldsymbol{F}_\mathrm{n}) = F_\mathrm{n} \cdot h = F_\mathrm{n} r\cos\alpha = 1200\mathrm{N} \times 80\mathrm{mm} \times \cos30° = 83136\mathrm{N \cdot mm} = 83136\mathrm{N \cdot m}$

解法 2：如图 3-4b 所示，利用合力矩定理计算力 $\boldsymbol{F}_\mathrm{n}$ 对点 O 的矩

$$M_O(\boldsymbol{F}_\mathrm{n}) = M_O(\boldsymbol{F}) + M_O(\boldsymbol{F}_\mathrm{r}) = M_O(\boldsymbol{F}) = F_\mathrm{n}\cos\alpha \cdot r = 1200\mathrm{N} \times \cos30° \times 80\mathrm{mm}$$
$$= 83136\mathrm{N \cdot mm} = 83.136\mathrm{N \cdot m}$$

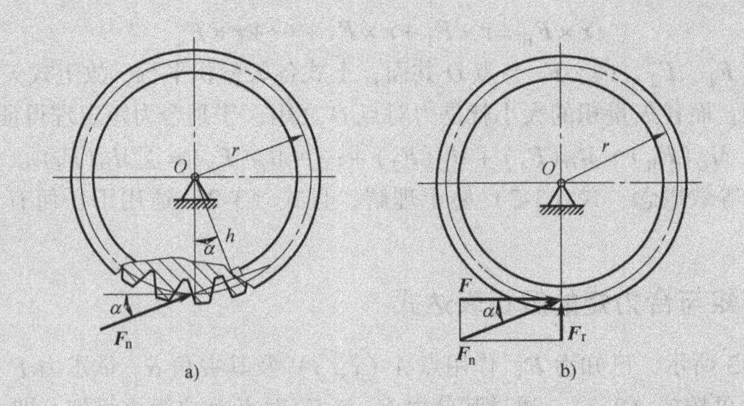

图 3-4 圆柱直齿轮

例 3-2 如图 3-5 所示，简支梁 AB 长 l，受三角形分布载荷作用，载荷的最大值为 q。试求其合力作用线的位置。

解：在梁上距 A 端为 x 的微段 $\mathrm{d}x$ 上，作用力的大小为 $q'\mathrm{d}x$，其中 q' 为该处的载荷强度。由图可知，$q' = \dfrac{x}{l}q$。因此，分布载荷的合力的大小为

$$F = \int_0^l q'\mathrm{d}x = \frac{1}{2}ql$$

设合力 $\boldsymbol{F}$ 的作用线距 A 端的距离为 h，在微段 $\mathrm{d}x$ 上的作用力对点 A 的矩为 $q'\mathrm{d}x \cdot x$，全部载荷对点 A 的矩的代数和可用积分求出为 $\dfrac{1}{3}ql^2$，根据合力矩定理则有 $h = \dfrac{2}{3}l$

计算结果说明：合力大小等于三角形线分布载荷的面积，合力作用线通过该三角形的几何中心。

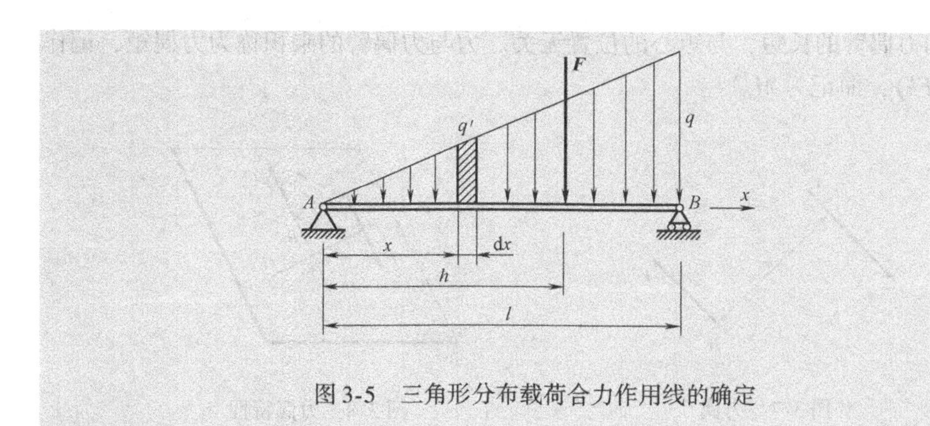

图 3-5 三角形分布载荷合力作用线的确定

3.3 平面力偶系

3.3.1 力偶与力偶矩

实践中，我们常常见到汽车驾驶员用双手转动方向盘（见图 3-6a）、电动机的定子磁场对转子作用电磁力使之旋转（见图 3-6b）、钳工用丝锥攻螺纹等。在方向盘、电动机转子、丝锥等物体上，都作用了成对的等值、反向且不共线的平行力。等值反向平行力的矢量和显然等于零，但是由于它们不共线而不能相互平衡，它们能使物体改变转动状态。**这种由两个大小相等、方向相反且不共线的平行力组成的力系，称为力偶**。如图 3-7 所示，力 F 和 F' 组成一个力偶，记作（$\boldsymbol{F}$，$\boldsymbol{F}'$）。力偶的两力之间的垂直距离 d 称为**力偶臂**，力偶所在的平面称为**力偶作用面**。

力偶不能合成为一个力，或用一个力来等效替换；力偶也不能用一个力来平衡。因此，力和力偶是静力学的两个基本要素。

力偶是由两个力组成的特殊力系，它的作用只改变物体的转动状态。因此，力偶对物体的转动效应，可用力偶矩来度量，即用力偶的两个力对其作用面内某点的矩的代数和来度量。

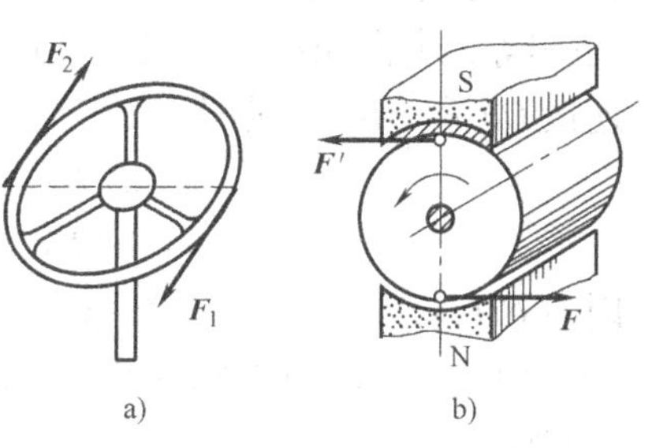

图 3-6 力偶实例

设有力偶（$\boldsymbol{F}$，$\boldsymbol{F}'$），其力偶臂为 d，如图 3-8 所示。力偶对任意选取的点 O 的矩为 $M_O(\boldsymbol{F}, \boldsymbol{F}')$，则 $M_O(\boldsymbol{F}, \boldsymbol{F}') = M_O(\boldsymbol{F}) + M_O(\boldsymbol{F}') = F \cdot aO + F' \cdot bO = F(aO - bO) = Fd$

由此可知，力偶的作用效应决定于力

的大小和力偶臂的长短，与矩心的位置无关。力与力偶臂的乘积称为力偶矩，记作 M （$\boldsymbol{F}$, $\boldsymbol{F}'$），简记为 M。

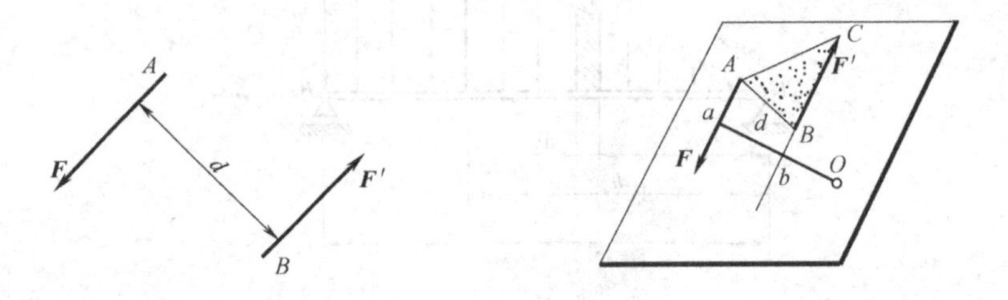

图 3-7　力偶　　　　图 3-8　力偶特性

力偶在平面内的转向不同，其作用效应也不相同。因此，平面力偶对物体的作用效应，由以下两个因素决定：力偶矩的大小；力偶在作用平面内的转向。

因此力偶矩可视为代数量，即

$$M = \pm Fd \tag{3-5a}$$

于是可得结论：**力偶矩是一个代数量，其绝对值等于力的大小与力偶臂的乘积，正负号表示力偶的转向（一般以逆时针转向为正，反之则为负）**。力偶矩的单位与力矩相同。

由图 3-8 可见，力偶矩也可用三角形面积表示，即

$$M = \pm 2S_{\triangle ABC} \tag{3-5b}$$

3.3.2　同平面内力偶的等效定理

定理　在同平面内的两个力偶，如果力偶矩相等，则两力偶彼此等效。

证明：如图 3-9 所示，设在同平面内有两个力偶（$\boldsymbol{F}_O$, $\boldsymbol{F}'_O$）和（$\boldsymbol{F}$, $\boldsymbol{F}'$）作用，它们的力偶矩相等，且力的作用线分别交于点 A 和 B，现证明这两个力偶是等效的。将力 $\boldsymbol{F}_O$ 和 $\boldsymbol{F}'_O$ 分别沿它们的作用线移到点 A 和 B；然后分别沿连线 AB 和力偶（$\boldsymbol{F}$, $\boldsymbol{F}'$）的两力的作用线方向分解，得到 $\boldsymbol{F}_1$、$\boldsymbol{F}_2$ 和 $\boldsymbol{F}'_1$、$\boldsymbol{F}'_2$ 四个力，显然，这四个力与原力偶（$\boldsymbol{F}_0$, $\boldsymbol{F}'_0$）等效。由于两个力平行四边形全等，于是力 $\boldsymbol{F}'_1$ 与 $\boldsymbol{F}_1$ 大小相等，方向相反，并且共线，是一对平衡力，可以除去；剩下的两个力 $\boldsymbol{F}_2$ 与 $\boldsymbol{F}'_2$ 大小相等，方向相反，组成一个新力偶（$\boldsymbol{F}_2$, $\boldsymbol{F}'_2$），并与原力偶（$\boldsymbol{F}_O$, $\boldsymbol{F}'_O$）等效。连接 CB 和 DB。根据式（3-5b）计算力偶矩，有

$$M(\boldsymbol{F}_O,\boldsymbol{F}'_O) = -2S_{\triangle ACB}$$
$$M(\boldsymbol{F}_2,\boldsymbol{F}'_2) = -2S_{\triangle ADB}$$

因为 CD 平行 AB，$\triangle ACB$ 和 $\triangle ADB$ 同底等高，面积相等，于是得 $M(\boldsymbol{F}_O, \boldsymbol{F}'_O) = M$（$\boldsymbol{F}_2$, $\boldsymbol{F}'_2$）即力偶（$\boldsymbol{F}_O$, $\boldsymbol{F}'_O$）与（$\boldsymbol{F}_2$, $\boldsymbol{F}'_2$）等效时，它们的力偶矩相等。由假设知

$$M(\boldsymbol{F}_O,\boldsymbol{F}'_O) = M(\boldsymbol{F},\boldsymbol{F}')$$

因此有

$$M(\boldsymbol{F}_2,\boldsymbol{F}_2')=M(\boldsymbol{F},\boldsymbol{F}')$$

由图可见，力偶（$\boldsymbol{F}_2$，$\boldsymbol{F}_2'$）和（$\boldsymbol{F}$，$\boldsymbol{F}'$）有相等的力偶臂 d 和相同的转向，于是得

$$\boldsymbol{F}_2=\boldsymbol{F},\boldsymbol{F}_2'=\boldsymbol{F}'$$

可见力偶（$\boldsymbol{F}_2$，$\boldsymbol{F}_2'$）与（$\boldsymbol{F}$，$\boldsymbol{F}'$）完全相等。又因为力偶（$\boldsymbol{F}_2$，$\boldsymbol{F}_2'$）与（$\boldsymbol{F}_O$，$\boldsymbol{F}_O'$）等效，所以力偶（$\boldsymbol{F}$，$\boldsymbol{F}'$）与（$\boldsymbol{F}_O$，$\boldsymbol{F}_O'$）等效。于是定理得到证明。

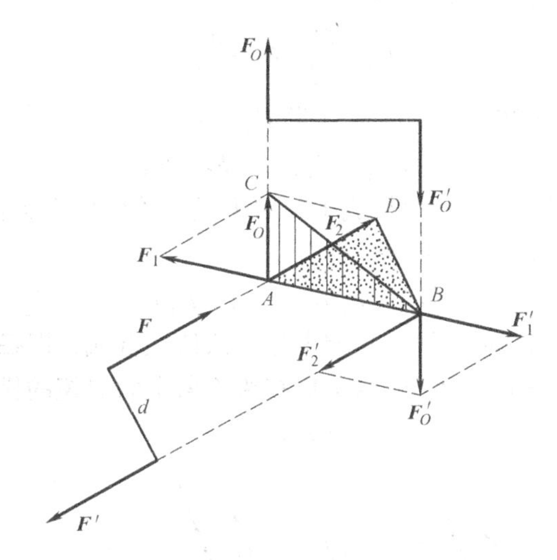

图 3-9　力偶等效

上述定理给出了在同一平面内力偶等效的条件。由此可得如下两个推论：

推论 1　任一力偶可以在它的作用面内任意移转，而不改变它对刚体的作用。因此，力偶对刚体的作用与力偶在其作用面内的位置无关。

推论 2　只要保持力偶矩的大小和力偶的转向不变，可以同时改变力偶中力的大小和力偶臂的长短，而不改变力偶对刚体的作用。

由此可见，力偶的力偶臂和力的大小都不是力偶的特征量，只有力偶矩是力偶作用的唯一量度。常用图 3-10 所示的符号表示力偶，其中 M 为力偶的矩。

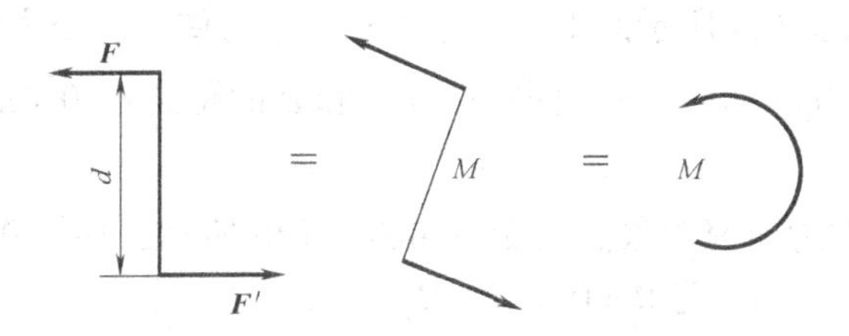

图 3-10　力偶表示

3.3.3 平面力偶系的合成和平衡条件

（1）平面力偶系的合成　设在同一平面内有两个力偶（$\boldsymbol{F}_1$，$\boldsymbol{F}_1'$）和（$\boldsymbol{F}_2$，$\boldsymbol{F}_2'$），它们的力偶臂分别为 d_1 和 d_2，如图 3-11a 所示。这两个力偶的矩分别为 M_1 和 M_2，求它们的合成结果。为此，在保持力偶矩不变的情况下，同时改变这两个力偶的力的大小和力偶臂的长短，使它们具有相同的力偶臂 d，并将它们在平面内移转，使力的作用线重合，如图 3-11b 所示。于是得到与原力偶等效的两个新力偶（$\boldsymbol{F}_3$，$\boldsymbol{F}_3'$）和（$\boldsymbol{F}_4$，$\boldsymbol{F}_4'$）。$\boldsymbol{F}_3$ 和 $\boldsymbol{F}_4$ 的大小为

$$F_3 = \frac{M_1}{d}, F_4 = \frac{M_2}{d}$$

分别将作用在点 A 和 B 的力合成（设 $\boldsymbol{F}_3 > \boldsymbol{F}_4$），得

$$F = F_3 - F_4, F' = F_3' - F_4'$$

由于 F 与 F' 是相等的，所以构成了与原力偶系等效的合力偶（$\boldsymbol{F}$，$\boldsymbol{F}'$），如图 3-11c 所示，以 M 表示合力偶的矩，则有

$$M = Fd = (F_3 - F_4)d = F_3 d - F_4 d = M_1 - M_2$$

如果有两个以上的力偶，可以按照上述方法依次合成，即**在同一个平面内的任意多个力偶可合成为一个力偶，该合力偶矩等于各个力偶矩的代数和。**

$$M = \sum M_i \tag{3-6}$$

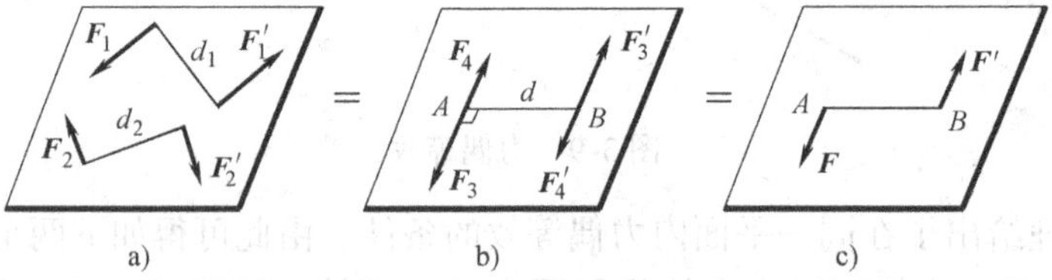

图 3-11　力偶合成示意图

（2）平面力偶系的平衡条件　由合成结果可知，力偶系平衡时，其合力偶的矩等于零。因此，平面力偶系平衡的必要和充分条件是：所有各力偶矩的代数和等于零，即

$$\sum M_i = 0 \tag{3-7}$$

例 3-3　如图 3-12a 所示的工件上作用有三个力偶，三个力偶的矩分别为 $M_1 = M_2 = 10\mathrm{N \cdot m}$，$M_3 = 20\mathrm{N \cdot m}$；固定螺柱 A 和 B 的距离 $l = 0.4\mathrm{m}$。求两个光滑螺柱所受的水平力。

解：选取工件为研究对象。其受力如图 3-12b 所示，列平衡方程如下

$$\sum M = 0, F_A l - M_1 - M_2 - M_3 = 0$$

将已知数据代入解之得　$F_A = 100\mathrm{N}$

因为 F_A 是正值，故所假设的方向是正确的，而螺柱 A、B 所受的力则应与 $\boldsymbol{F}_A$、$\boldsymbol{F}_B$ 大小相等，方向相反。

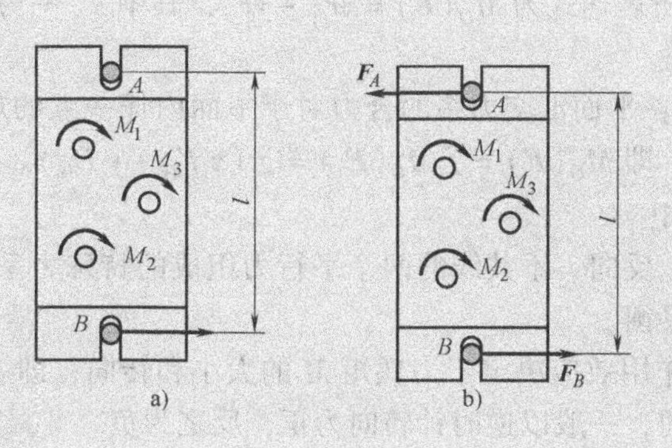

图 3-12　工件及其受力图

例 3-4　求图 3-13a 所示两铰刚架 A、B 处的约束力。

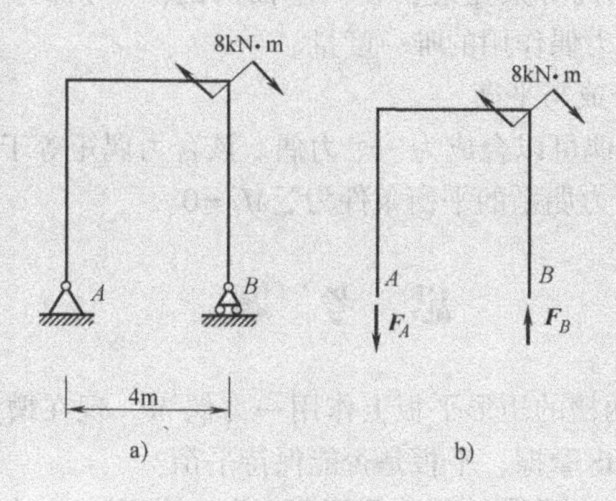

图 3-13　两铰刚架及其受力图

解：选取刚架为研究对象，其受力如图 3-13b 所示，列平衡方程如下

$$\sum M = 0, F_A \times 4\text{m} - 8\text{kN} \cdot \text{m} = 0$$

解之得　$F_A = 2\text{kN}$

因 A、B 处约束力共同构成一对反力偶与主动力偶相平衡，根据力偶性质知两处的约束力均为 2kN。

小　　结

1. 平面内的力对点 O 之矩是代数量，记为 $M_O(\boldsymbol{F})$

$$M_O(\boldsymbol{F}) = \pm Fh = \pm 2S_{\triangle OAB}$$

式中，F 为力的大小；h 为力臂；$\triangle ABO$ 为力矢 AB 与矩心 O 组成三角形的面积。

力矩一般以逆时针转向为正，反之为负。

2. 力偶矩的解析表达式为 $M_O(\boldsymbol{F}) = xF_y - yF_x$，其中 x、y 为力作用点的坐标，F_x、F_y 为力的投影。

3. 合力矩定理：平面汇交力系的合力对于平面内任一点的矩等于所有各力对该点的矩的代数和，即 $M_O(\boldsymbol{F}) = \sum M_O(\boldsymbol{F}_i) = \sum(x_iF_{iy} - y_iF_{ix})$。

4. 力偶和力偶矩

力偶是由等值、反向、不共线的两个平行力组成的特殊力系。力偶没有合力，也不能用一个力来平衡。

力偶对物体的作用效应决定于力偶矩 M 的大小和转向，即 $M = \pm Fd$，式中正负号表示力偶的转向，一般以逆时针转向为正，反之为负。

力偶在任一轴上的投影等于零，它对平面内任一点的矩等于力偶矩，力偶矩与矩心的位置无关。

5. 同一平面内力偶的等效定理：在同平面内的两个力偶，如果力偶矩相等，则彼此等效。力偶矩是力偶作用的唯一度量。

6. 平面力偶系的合成与平衡

同一平面内几个力偶可以合成为一个力偶。该合力偶矩等于各分力偶矩的代数和，即 $M = \sum M_i$。平面力偶系的平衡条件为 $\sum M_i = 0$。

思　考　题

3-1　带有不平行两槽的矩形平板上作用一力偶 M。现在槽内插入两个固定于地面的销钉，如果不考虑摩擦，平板是否能保持平衡？

3-2　有一带有四个光滑槽的正方形平板，其上作用一个力偶矩为 M 的力偶。欲使平板保持平衡，可用两个固定销钉插入槽内，应插入哪两个槽内？

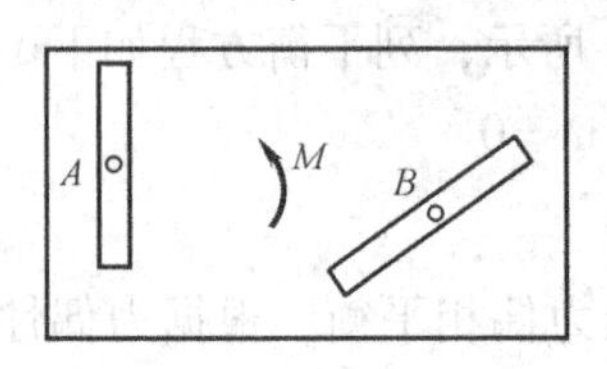

图 3-14　思考题 3-1 图

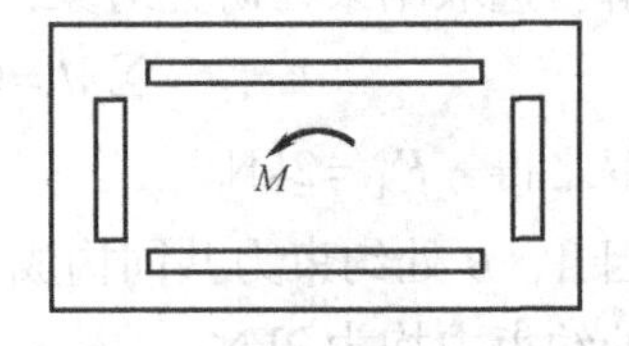

图 3-15　思考题 3-2 图

习　　题

1. 是非题

3-1　力矩与力偶矩的单位相同，常用的单位为 N · m，kN · m 等。　　(　　)

3-2　只要两个力大小相等、方向相反，该两力就组成一力偶。　（　）

3-3　同一个平面内的两个力偶，只要它们的力偶矩相等，这两个力偶就一定等效。　（　）

3-4　只要平面力偶的力偶矩保持不变，可将力偶的力和力偶臂做相应的改变，而不影响其对刚体的效应。　（　）

3-5　力偶只能使刚体转动，而不能使刚体移动。　（　）

3-6　力偶中的两个力对于任一点之矩恒等于其力偶矩，而与矩心的位置无关。　（　）

2. 选择题

3-7　作用在一个刚体上的两个力 $\boldsymbol{F}_A$、$\boldsymbol{F}_B$，满足 $\boldsymbol{F}_A=-\boldsymbol{F}_B$ 的条件，则该二力可能是（　）。

A. 作用力和反作用力或一对平衡的力；　B. 一对平衡的力或一个力偶；

C. 一对平衡的力或一个力和一个力偶；　D. 作用力和反作用力或一个力偶。

3-8　在图3-16所示结构中，如果将作用于构件 AC 上的矩为 M 的力偶搬移到构件 BC 上，则 A、B、C 三处约束力的大小（　）。

A. 都不变；

B. A、B 处约束力不变，C 处约束力改变；

C. 都改变；

D. A、B 处约束力改变，C 处约束力不变。

3-9　杆 AB 和 CD 的自重不计，且在 C 处光滑接触，若作用在 AB 杆上的力偶的矩为 M_1，则欲使系统保持平衡，作用在 CD 杆上的力偶的矩 M_2 的转向如图3-17所示，其值为（　）

A. $M_2=M_1$；　B. $M_2=4M_1/3$；　C. $M_2=2M_1$。

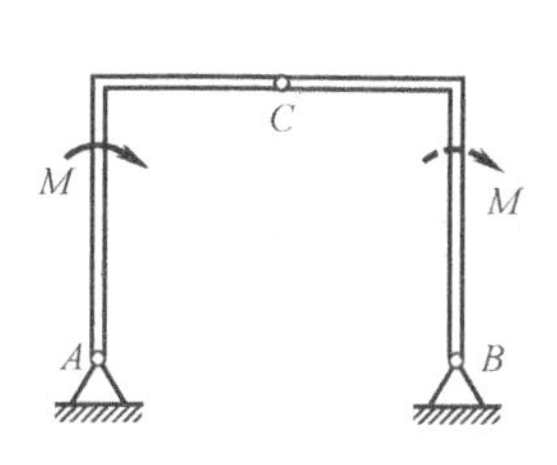

图3-16　习题3-8图

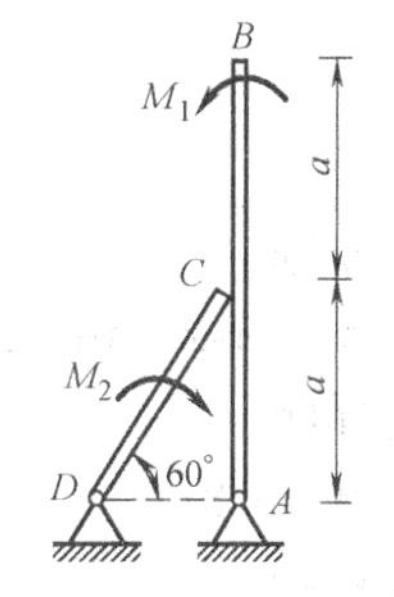

图3-17　习题3-9图

3. 计算题

3-10　直角弯杆 $ABCD$ 与直杆 DE 及 EC 铰接，如图3-18所示，作用在杆 DE 上力偶的力偶矩 $M=40\text{kN}\cdot\text{m}$，不计各构件自重，不考虑摩擦，尺寸如图所示。求支座 A、B 处的约束力及杆 EC 的受力。

3-11 在图3-19所示结构中，各构件的自重略去不计。在构件 AB 上作用一力偶矩为 M 的力偶，求支座 A 和 C 的约束力。

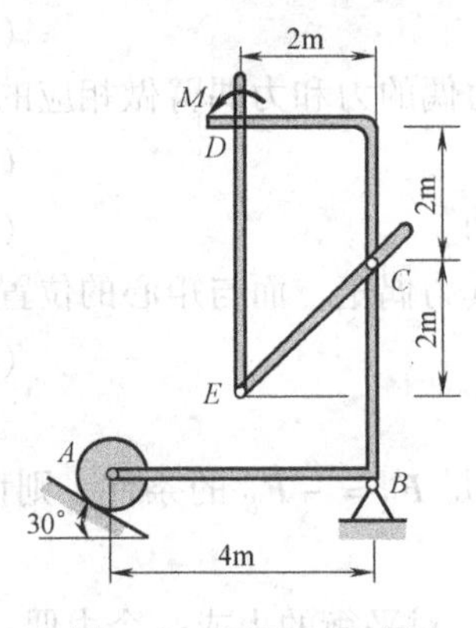

图3-18 习题3-10图

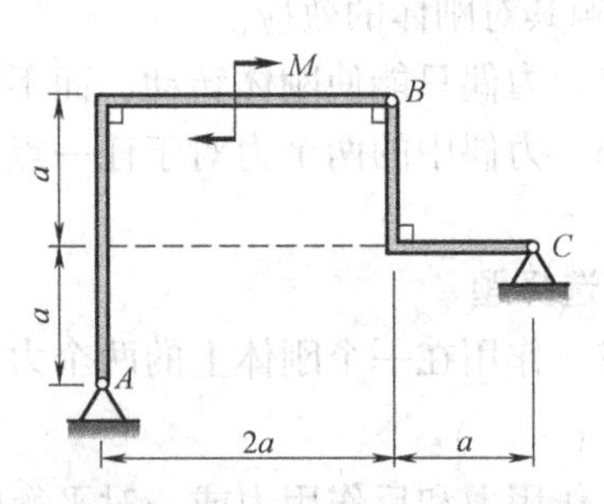

图3-19 习题3-11图

3-12 在图3-20所示结构中，各构件的自重略去不计，在构件 BC 上作用一力偶矩为 M 的力偶，各尺寸如图所示。求支座 A 的约束力。

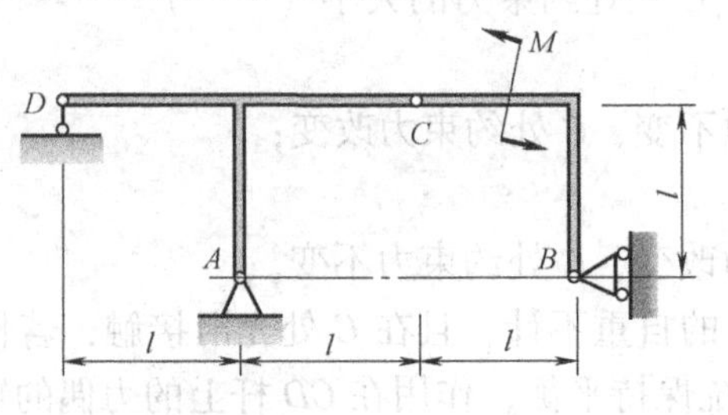

图3-20 习题3-12图

习题答案

1. 是非题

3-1 对 3-2 错 3-3 对 3-4 对 3-5 对 3-6 对

2. 选择题

3-7 B 3-8 C 3-9 A

3. 计算题

3-10 $F_A = \dfrac{20\sqrt{3}}{3}\text{kN}$（↓），$F_B = \dfrac{20\sqrt{3}}{3}\text{kN}$（↑），$F_{EC} = 10\sqrt{2}\text{kN}$（压）

3-11 $F_A = F_C = \dfrac{M}{2\sqrt{2}a}$

3-12 $F_A = \sqrt{2}\dfrac{M}{l}$（↓）

第4章 平面任意力系

4.1 导学

由于工程中许多力学问题可以直接化为平面任意力系进行研究，所以本章内容是静力学中的重点内容之一。本章主要用解析法研究平面任意力系的合成和平衡问题，讨论平面任意力系的合成结果和平面任意力系的平衡条件。本章的重点是如何应用平面任意力系的平衡方程求解工程中的力学问题。

4.2 平面任意力系向一点的简化

工程中经常遇到平面任意力系的问题，即作用在物体上的力的作用线都分布在同一平面内（或近似地分布在同一平面内），并呈任意分布的力系。当物体所受的力都对称于某一平面时，也可将它视作平面任意力系问题。

4.2.1 力的平移定理

定理　可以把作用在刚体上点 A 的力 $\boldsymbol{F}$ 平行移到任一点 B，但必须同时附加一个力偶，这个附加力偶的矩等于原来的力 $\boldsymbol{F}$ 对新作用点 B 的矩。

证明：图 4-1a 所示中的力 $\boldsymbol{F}$ 作用于刚体的点 A。在刚体上任取一点 B，并在点 B 加上两个等值反向的力 $\boldsymbol{F}'$和 $\boldsymbol{F}''$，使它们与力 $\boldsymbol{F}$ 平行，且 $\boldsymbol{F}'=\boldsymbol{F}''$，如图 4-1b 所示。显然，三个力 $\boldsymbol{F}$、$\boldsymbol{F}'$、$\boldsymbol{F}''$组成的新力系与原来的一个力 $\boldsymbol{F}$ 等效。但是，这三个力可看做是一个作用在点 B 的力 $\boldsymbol{F}'$和一个力偶（$\boldsymbol{F}$，$\boldsymbol{F}''$）。这样，就把作用于点 A 的力 $\boldsymbol{F}$ 平移到另一点 B，但同时附加上一个相应的力偶，这个力偶称为附加力偶（见图 4-1c）。显然，附加力偶的矩为

$$M=Fd$$

其中 d 为附加力偶的力偶臂，也就是点 B 到力 $\boldsymbol{F}$ 的作用线的垂距，因此 Fd 也等于力 $\boldsymbol{F}$ 对点 B 的矩 $M_B(\boldsymbol{F})$，也即 $M=M_B(\boldsymbol{F})$。

反过来，根据力的平移定理，也可以将平面内的一个力和一个力偶用作用在平面内另一点的力来等效替换。

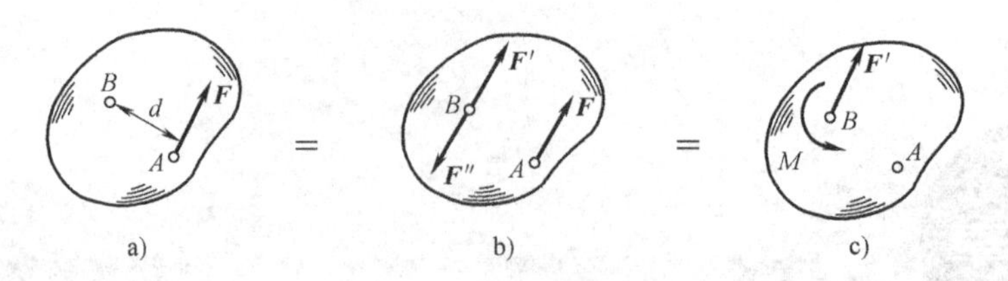

图 4-1　力的平移

力的平移定理不仅是力系向一点简化的依据，而且可用来解释一些实际问题。例如，攻螺纹时必须用两手握扳手，而且用力要相等。为什么不允许用一只手扳动扳手呢（见图 4-2a）？因为作用在扳手 AB 一端的力 $\boldsymbol{F}$，与作用在点 C 的一个力 $\boldsymbol{F}'$ 和一个矩为 M 的力偶（见图 4-2b）等效。这个力偶使丝锥转动，而这个力 $\boldsymbol{F}'$ 却往往使攻螺纹不正，甚至折断丝锥。

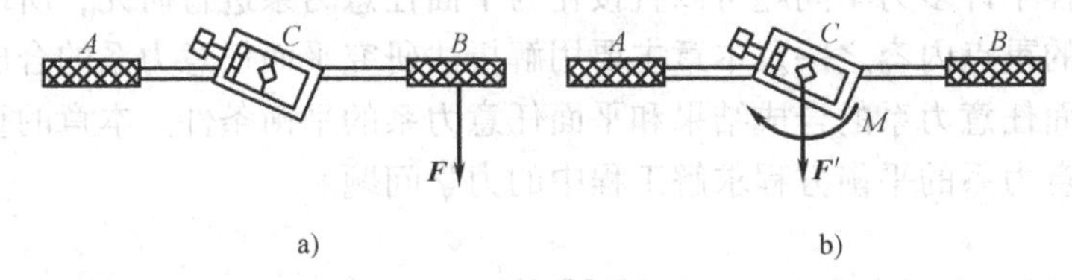

图 4-2　攻螺纹

4.2.2　平面任意力系向作用面内一点简化（主矢和主矩）

为了具体说明力系向一点简化的方法和结果，设想物体上只作用有三个力 $\boldsymbol{F}_1$、$\boldsymbol{F}_2$、$\boldsymbol{F}_3$ 组成的平面任意力系，如图 4-3a 所示。在平面内任取一点 O，称为简化中心；应用力的平移定理，把各力都平移到点 O。这样，得到作用于点 O 的力 $\boldsymbol{F}_1'$、$\boldsymbol{F}_2'$、$\boldsymbol{F}_3'$，以及相应的附加力偶，其矩分别为 M_1、M_2 和 M_3，如图 4-3b 所示。这些力偶作用在同一平面内，它们的矩分别等于力 $\boldsymbol{F}_1$、$\boldsymbol{F}_2$、$\boldsymbol{F}_3$ 对点 O 的矩，即

$$M_1 = M_O(\boldsymbol{F}_1)$$
$$M_2 = M_O(\boldsymbol{F}_2)$$
$$M_3 = M_O(\boldsymbol{F}_3)$$

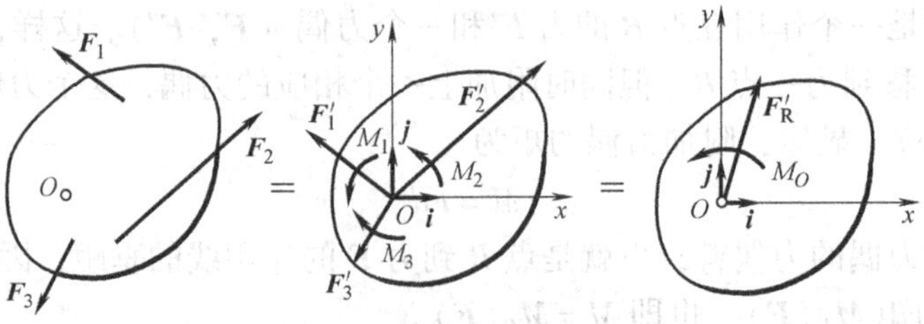

a)　　b)　　c)

图 4-3　平面任意力系简化

这样平面任意力系分解成了两个简单力系：平面汇交力系和平面力偶系。然后再分别合成这两个力系。平面汇交力系 $\boldsymbol{F}_1'$、$\boldsymbol{F}_2'$、$\boldsymbol{F}_3'$均可合成为作用线通过点 O 的一个力 $\boldsymbol{F}_R'$，如图4-3c 所示。因为各力矢 $\boldsymbol{F}_1'$、$\boldsymbol{F}_2'$、$\boldsymbol{F}_3'$分别与原力矢 $\boldsymbol{F}_1$、$\boldsymbol{F}_2$、$\boldsymbol{F}_3$ 相等，所以 $\boldsymbol{F}_R' = \boldsymbol{F}_1' + \boldsymbol{F}_2' + \boldsymbol{F}_3' = \boldsymbol{F}_1 + \boldsymbol{F}_2 + \boldsymbol{F}_3$，即力矢 $\boldsymbol{F}_R'$等于原来各力的矢量和。

矩为 M_1、M_2、M_3 的平面力偶系可合成为一个力偶，这个力偶的矩 M_O 等于各附加力偶矩的代数和。由于附加力偶矩等于力对简化中心的矩，所以

$$M_O = M_1 + M_2 + M_3 = M_O(\boldsymbol{F}_1) + M_O(\boldsymbol{F}_2) + M_O(\boldsymbol{F}_3)$$

即这个力偶的矩等于原来各力对点 O 的矩的代数和。

对于力的数目为 n 的平面任意力系，不难推广为

$$\boldsymbol{F}_R' = \sum \boldsymbol{F}_i \tag{4-1}$$

$$M_O = \sum M_O(\boldsymbol{F}_i) \tag{4-2}$$

平面任意力系中所有各力的矢量和 $\boldsymbol{F}_R'$称为该力系的主矢；而这些力对于任选简化中心 O 的矩的代数和 M_O 称为该力系对于简化中心的主矩。

上面所得结果可归纳如下：

在一般情形下，平面任意力系向作用面内任选一点 O 简化，可得一个力和一个力偶，这个力等于该力系的主矢，作用线通过简化中心 O，这个力偶的矩等于该力系对于点 O 的主矩。

由于主矢等于各力的矢量和，所以，它与简化中心的选择无关。而主矩等于各力对简化中心的矩的代数和，当取不同的点为简化中心时，各力的力臂将有改变，各力对简化中心的矩也有改变，所以在一般情况下主矩与简化中心的选择有关。故说到主矩时，必须指出是力系对于哪一点的主矩。

如图4-3 所示，取坐标系 Oxy，$\boldsymbol{i}$、$\boldsymbol{j}$ 为沿 x、y 轴的单位矢量，则力系主矢的解析表达式为

$$\boldsymbol{F}_R' = \boldsymbol{F}_{Rx}' + \boldsymbol{F}_{Ry}' = \sum F_x \boldsymbol{i} + \sum F_y \boldsymbol{j} \tag{4-3}$$

于是主矢 $\boldsymbol{F}_R'$的大小和方向余弦分别为

$$F_R' = \sqrt{(\sum F_x)^2 + (\sum F_y)^2},\ \cos <\boldsymbol{F}_R', \boldsymbol{i}> = \frac{\sum F_x}{F_R'},\ \cos <\boldsymbol{F}_R', \boldsymbol{j}> = \frac{\sum F_y}{F_R'}$$

力系对点 O 的主矩的解析表达式为

$$M_O = \sum M_O(\boldsymbol{F}_i) = \sum (x_i F_{iy} - y_i F_{ix}) \tag{4-4}$$

式中，x_i、y_i 为力 $\boldsymbol{F}_i$ 作用点的坐标。

现利用力系向一点简化的方法，分析固定端（插入端）支座的约束力。

如图4-4a、b 所示，车刀和工件分别夹持在刀架和卡盘上固定不动，这种约束称为固定端或插入端支座，其简图如图4-4c 所示。

固定端支座对物体的作用，是在接触面上作用了一群约束力。在平面问题中，这些力为一平面任意力系，如图4-5a 所示。将这群力向作用平面内点 A 简化得到一个力和一个力偶，如图4-5b 所示。一般情况下这个力的大小和方向均为未知量。

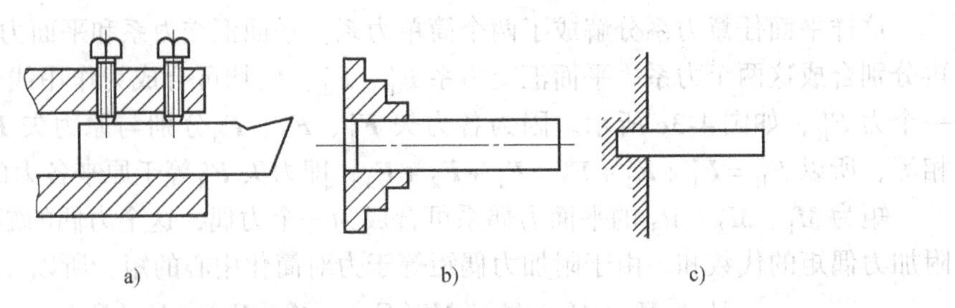

图 4-4 固定端（插入端）

可用两个未知分力来代替。因此，在平面力系情况下，固定端 A 处的约束反作用可简化为如图 4-5c 所示两个约束反力 $\boldsymbol{F}_{Ax}$、$\boldsymbol{F}_{Ay}$ 和一个矩为 M_A 的约束力偶。

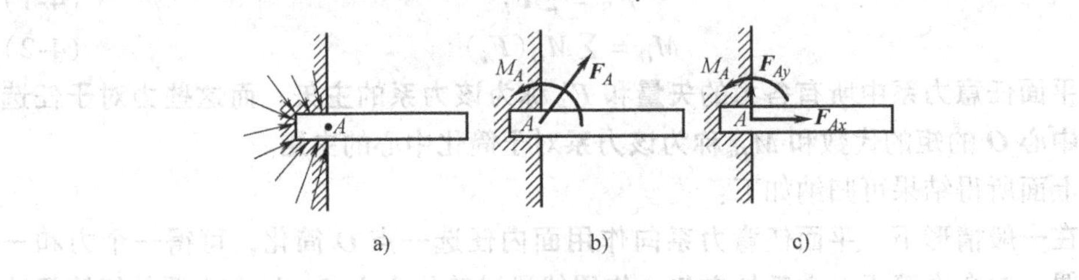

图 4-5 固定端的约束力

比较固定端支座与固定铰链支座的约束性质可见，固定端支座除了限制物体在水平方向和铅直方向移动外，还能限制物体在平面内转动。因此，除了约束力 $\boldsymbol{F}_{Ax}$、$\boldsymbol{F}_{Ay}$ 外，还有矩为 M_A 的约束力偶。而固定铰链支座没有约束力偶，因为它不能限制物体在平面内转动。

工程中，固定端支座是一种常见的约束，除前面介绍的刀架、卡盘外，还有插入地基中的电线杆以及悬臂梁等。

4.2.3 平面任意力系的简化结果分析

平面任意力系向作用面内一点简化的结果，可能有四种情况，即：① $\boldsymbol{F}'_{\mathrm{R}}=\boldsymbol{0}$，$M_O\neq0$；② $\boldsymbol{F}'_{\mathrm{R}}\neq\boldsymbol{0}$，$M_O=\boldsymbol{0}$；③ $\boldsymbol{F}'_{\mathrm{R}}\neq\boldsymbol{0}$，$M_O\neq0$；④ $\boldsymbol{F}'_{\mathrm{R}}=\boldsymbol{0}$，$M_O=0$。下面针对这几种情况做近一步分析讨论。

1. 平面任意力系简化为一个力偶的情形

如果力系的主矢等于零，而力系对于简化中心的主矩不等于零，即

$$\boldsymbol{F}'_{\mathrm{R}}=\boldsymbol{0},M_O\neq0$$

在这种情形下，作用于简化中心 O 的力 $\boldsymbol{F}'_1$，$\boldsymbol{F}'_2$，…，$\boldsymbol{F}'_n$ 相互平衡。但是，附加的力偶系并不平衡，可合成为一个力偶，即与原力系等效的合力偶。合力偶的矩为

$$M_O=\sum M_O(\boldsymbol{F}_i)$$

因为力偶对于平面内任意一点的矩都相同，因此当力系合成为一个力偶时，主矩与简化中心的选择无关。

2. 平面任意力系简化为一个合力的情形·合力矩定理

如果平面力系向点 O 简化的结果为主矢不等于零，主矩等于零，即

$$\boldsymbol{F}'_{\mathrm{R}} \neq \boldsymbol{0}, M_O = 0$$

此时附加力偶系互相平衡，只有一个与原力系等效的力 $\boldsymbol{F}'_{\mathrm{R}}$。显然，$\boldsymbol{F}'_{\mathrm{R}}$就是原力系的合力，而合力的作用线恰好通过选定的简化中心 O。

3. 平面任意力系简化为一个主矢和一个主矩的情形

如果平面力系向点 O 简化的结果是主矢和主矩都不等于零，如图 4-6a 所示，即

$$\boldsymbol{F}'_{\mathrm{R}} \neq \boldsymbol{0}, M_O \neq 0$$

现将矩为 M_O 的力偶用两个力 $\boldsymbol{F}_{\mathrm{R}}$ 和 $\boldsymbol{F}''_{\mathrm{R}}$表示，并令 $\boldsymbol{F}'_{\mathrm{R}} = -\boldsymbol{F}''_{\mathrm{R}}$（见图4-6b）。再去掉平衡力系（$\boldsymbol{F}'_{\mathrm{R}}$、$\boldsymbol{F}''_{\mathrm{R}}$），于是就将作用于点 O 的力 $\boldsymbol{F}'_{\mathrm{R}}$和力偶（$\boldsymbol{F}_{\mathrm{R}}$、$\boldsymbol{F}''_{\mathrm{R}}$）合成为一个作用在点 O'的力 $\boldsymbol{F}_{\mathrm{R}}$，如图 4-6c 所示。

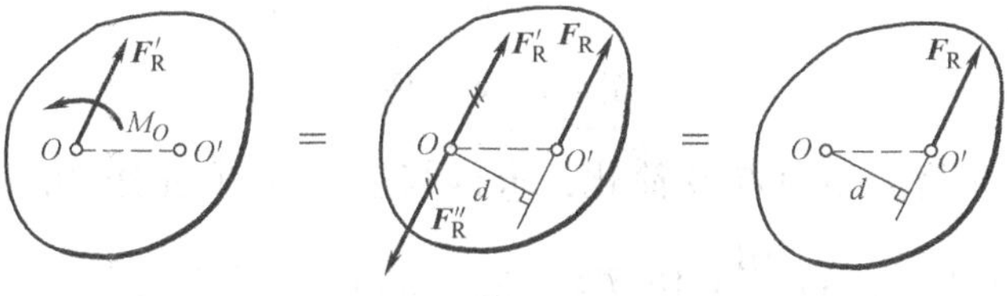

a)　　b)　　c)

图 4-6　力和力偶简化为合力

这个力 $\boldsymbol{F}_{\mathrm{R}}$ 就是原力系的合力。合力矢等于主矢；合力的作用线在点 O 的哪一侧，需根据主矢和主矩的方向确定；合力作用线到点 O 的距离 d 可按下式计算

$$d = \frac{M_O}{F_{\mathrm{R}}}$$

下面证明平面任意力系的合力矩定理。由图 4-6b 易见，合力 $\boldsymbol{F}_{\mathrm{R}}$ 对点 O 的矩为

$$M_O(\boldsymbol{F}_{\mathrm{R}}) = F_{\mathrm{R}} d = M_O$$

由式（4-2）有

$$M_O = \sum M_O(\boldsymbol{F}_i)$$

所以得证

$$M_O(\boldsymbol{F}_{\mathrm{R}}) = \sum M_O(\boldsymbol{F}_i) \tag{4-5}$$

由于简化中心 O 是任意选取的，故式（4-5）有普遍意义，称其为合力矩定理，可叙述如下：**平面任意力系的合力对作用面内任一点的矩等于力系中各力对同一点的矩的代数和。**

4. 平面任意力系平衡的情形

如果力系的主矢、主矩均等于零，即

$$\boldsymbol{F}'_{\mathrm{R}} = \boldsymbol{0}, M_O = 0$$

则原力系平衡，这种情形将在下节详细讨论。

例 4-1 重力坝受力情形如图 4-7a 所示。设 $P_1=450\text{kN}$，$P_2=200\text{kN}$，$F_1=300\text{kN}$，$F_2=70\text{kN}$。求：（1）力系的合力 $\boldsymbol{F}_\text{R}$ 的大小和方向余弦；（2）合力与基线 OA 的交点到点 O 的距离 x；（3）合力作用线方程。

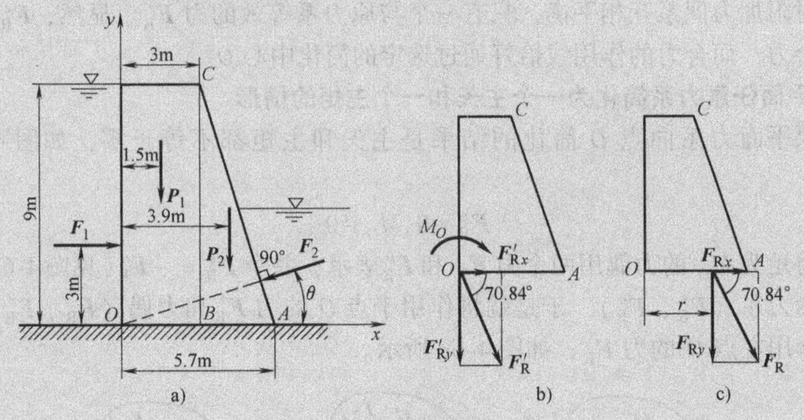

图 4-7 重力坝

解：（1）先将力系向点 O 简化，求得其主矢 $\boldsymbol{F}'_\text{R}$ 和主矩 M_O（见图 4-7b）。由图知 $\theta=\angle ACB=\arctan\dfrac{AB}{CB}=16.7°$

主矢 $\boldsymbol{F}'_\text{R}$ 在 x、y 轴上的投影为

$$F'_{\text{R}x}=\sum F_x=F_1-F_2\cos\theta=232.9\text{kN}$$

$$F'_{\text{R}y}=\sum F_y=-P_1-P_2-F_2\sin\theta=-670.1\text{kN}$$

主矢 $\boldsymbol{F}'_\text{R}$ 的大小为

$$F'_\text{R}=\sqrt{(\sum F_x)^2+(\sum F_y)^2}=709.4\text{kN}$$

主矢 $\boldsymbol{F}'_\text{R}$ 的方向余弦为

$$\cos<\boldsymbol{F}'_\text{R},\boldsymbol{i}>=\frac{\sum F_x}{F'_\text{R}}=0.3283$$

$$\cos<\boldsymbol{F}'_\text{R},\boldsymbol{j}>=\frac{\sum F_y}{F'_\text{R}}=-0.9446$$

则有

$$<\boldsymbol{F}'_\text{R},\boldsymbol{i}>=\pm70.84°$$

$$<\boldsymbol{F}'_\text{R},\boldsymbol{j}>=180°\pm19.16°$$

故主矢 $\boldsymbol{F}'_\text{R}$ 在第四象限内，与 x 轴的夹角为 $-70.48°$，力系对点 O 的主矩为

$$M_O=\sum M_O(\boldsymbol{F}_i)=-F_1\times3\text{m}-P_1\times1.5\text{m}-P_2\times3.9\text{m}=-2355\text{kN}\cdot\text{m}$$

（2）合力 $\boldsymbol{F}_\text{R}$ 的大小和方向与主矢 $\boldsymbol{F}'_\text{R}$ 相同。其作用线位置的 x 值可根据合力矩定理求得（见图 4-7c），即

$$M_O = M_O(\boldsymbol{F}_R) = M_O(\boldsymbol{F}_{Rx}) + M_O(\boldsymbol{F}_{Ry})$$

其中

$$M_O(\boldsymbol{F}_{Rx}) = 0$$

故

$$M_O = M_O(\boldsymbol{F}_{Ry}) = F_{Ry} \cdot x$$

解得

$$x = \frac{M_O}{F_{Ry}} = 3.514\text{m}$$

(3) 设合力作用线上任一点的坐标为 (x, y)，将合力作用于此点，则合力 $\boldsymbol{F}_R$ 对坐标原点的矩的解析表达式为

$$M_O = M_O(\boldsymbol{F}_R) = xF_{Ry} - yF_{Rx} = x\sum F_y - y\sum F_x$$

将以求得的 M_O、$\sum F_x$、$\sum F_y$ 的代数值代入上式，得合力作用线方程为

$$-2355 = x(-670.1) - y(232.9)$$

也即

$$670.1x + 232.9y - 2355 = 0$$

4.3　平面任意力系的平衡条件（平衡方程）

现在介绍静力学中最重要的情形，即平面任意力系的主矢和主矩都等于零的情形

$$\begin{cases} F'_R = 0 \\ M_O = 0 \end{cases} \tag{4-6}$$

显然，主矢等于零，表明作用于简化中心 O 的汇交力系为平衡力系；主矩等于零，表明附加力偶系也是平衡力系，所以原力系必为平衡力系。因此，式(4-6) 为平面任意力系平衡的充分条件。

由上一节分析结果可见：若主矢和主矩有一个不等于零，则力系应简化为合力或合力偶；若主矢与主矩都不等于零时，可进一步简化为一个合力。上述情况下力系都不能平衡，只有当主矢和主矩都等于零时，力系才能平衡，因此，式（4-6）又是平面任意力系平衡的必要条件。

于是，**平面任意力系平衡的必要和充分条件是：力系的主矢和对于任一点的主矩都等于零。**

将式（4-2）和式（4-3）代入式（4-6），可得平面任意力系的平衡方程如下

$$\begin{cases} \sum F_x = 0 \\ \sum F_y = 0 \\ M_O(\boldsymbol{F}_i) = 0 \end{cases} \tag{4-7}$$

由此可得结论，**平面任意力系平衡的解析条件是：所有各力在两个任选的坐标**

轴上的投影的代数和分别等于零，以及各力对于任意一点的矩的代数和也等于零。

例 4-2 图 4-8a 所示的均质简支梁 AB，长度为 $4a$，重力为 P，受均布载荷 q 及力偶矩 $M=Pa$ 的力偶作用。试求 A 和 B 处的支座反力。

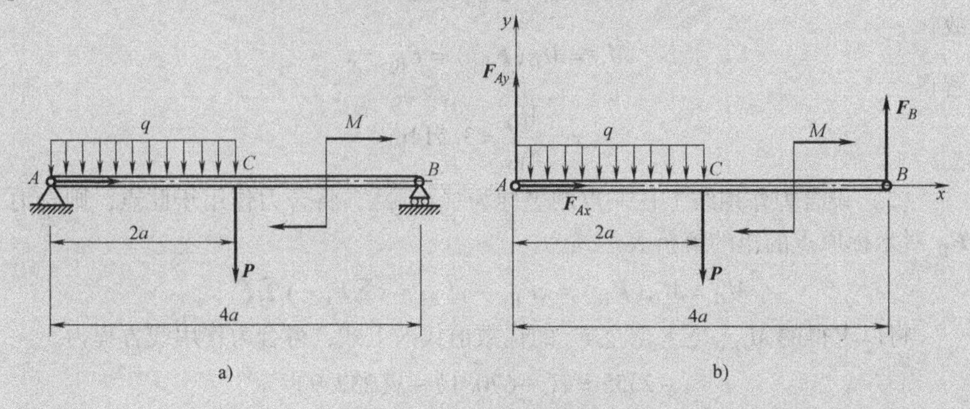

图 4-8 简支梁及其受力图

解：选取梁 AB 为研究对象，其受力分析如图 4-8b 所示，建立如图所示平面直角坐标系 Axy，列平衡方程如下

$$\sum F_x=0,\ F_{Ax}=0$$

$$\sum F_y=0,\ F_{Ay}-q\cdot 2a-P+F_B=0$$

$$\sum M_A(\boldsymbol{F})=0,\ F_B\cdot 4a-M-P\cdot 2a-q\cdot 2a\cdot a=0$$

解得

$$F_{Ax}=0$$

$$F_{Ay}=\frac{P}{4}+\frac{3}{2}qa$$

$$F_B=\frac{3}{4}P+\frac{1}{2}qa$$

总结：简支梁是一个典型的力学模型，其解法具有代表性，以后将具有如下特征的结构均称之为**简支梁模型，即：一个构件、两处约束，且一处为固定铰支座，另一处为滚动支座（或光滑支承面或柔索或滑槽约束等）**。

例 4-3 用平面任意力系平衡方程求解**例 2-1**。

解：选取 AB 梁为研究对象，其受力分析如图 4-9 所示，建立如图所示平面直角坐标系 Axy，列平衡方程如下

$$\sum F_x=0,\ F_{Ax}+F_C\cos45°=0$$

$$\sum F_y=0,\ F_{Ay}+F_C\sin45°-F=0$$

$$\sum M_A(\boldsymbol{F})=0, F_C\sin45°\cdot l-F\cdot 2l=0$$

将 $F=10\text{kN}$ 代入上述方程解之得

$$F_{Ax} = -20\text{kN}$$

$$F_{Ay} = -10\text{kN}$$

$$F_C = 28.28\text{kN}$$

式中负号表明，约束力 $\boldsymbol{F}_{Ax}$、$\boldsymbol{F}_{Ay}$ 的方向与图中所设的方向相反。若将力 $\boldsymbol{F}_{Ax}$、$\boldsymbol{F}_{Ay}$合成，得

$$\boldsymbol{F}_A = \sqrt{F_{Ax}^2 + F_{Ay}^2} = 22.36\text{kN}$$

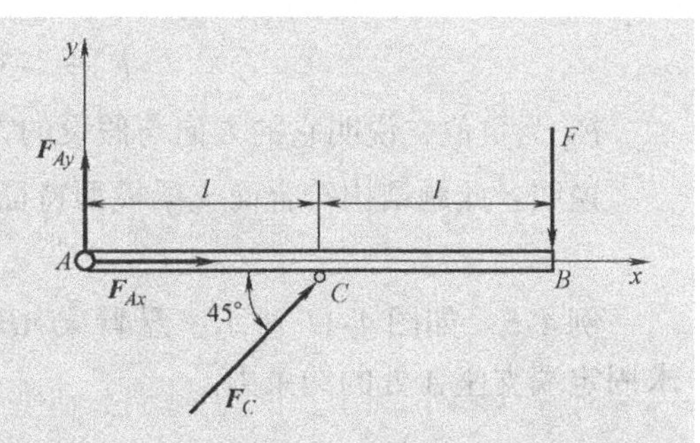

图 4-9　*AB* 梁受力图

此结果与例 2-1 计算结果相同。

说明：此题结构符合简支梁模型的特征，故其解法与**例 4-2** 相同。

例 4-4　起重机重 $P_1 = 15\text{kN}$，可绕铅直轴 *AB* 转动；起重机的挂钩上挂一重为 $P_2 = 50\text{kN}$ 的重物，如图 4-10a 所示。起重机的重心 *C* 到转动轴的距离为 1.5m，其他尺寸如图所示。求在推力轴承 *A* 和轴承 *B* 处的反力。

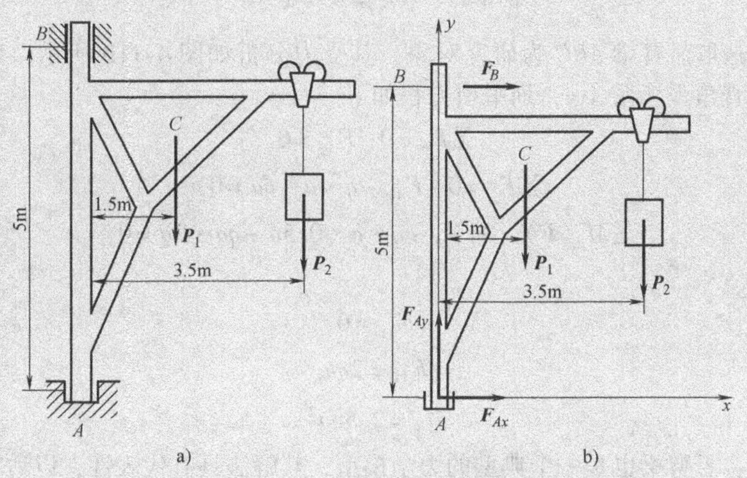

图 4-10　起重机及其受力图

解：选取起重机为研究对象，其受力分析如图 4-10b 所示，建立如图所示平面直角坐标系 *Axy*，列平衡方程如下

$$\sum F_x = 0, F_{Ax} + F_B = 0$$

$$\sum F_y = 0, F_{Ay} - P_1 - P_2 = 0$$

$$\sum M_A(\boldsymbol{F}) = 0, -F_B \times 5\text{m} - P_1 \times 1.5\text{m} - P_2 \times 3.5\text{m} = 0$$

将 $P_1 = 15\text{kN}$ 和 $P_2 = 50\text{kN}$ 代入上述方程，解得

$$F_{Ax} = 39.5\text{kN}$$

$$F_{Ay} = 65\text{kN}$$

$$F_B = -39.5\text{kN}$$

F_B 为负值，说明它的方向与假设的方向相反，即应指向左。

说明：此题结构符合简支梁模型特征，故其解法与前两例相同。

例 4-5 如图 4-11 所示，悬臂梁 ABC 受均布载荷 q 及集中力 $F=qa$ 作用。求固定端支座 A 处的约束力。

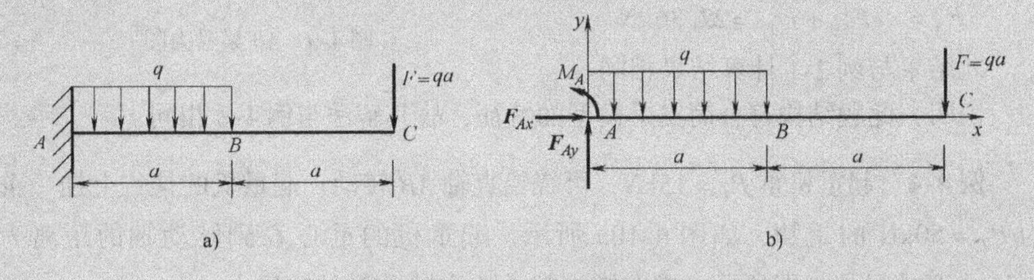

图 4-11 悬臂梁及其受力图

解：选取悬臂梁 ABC 为研究对象，其受力分析如图 4-11b 所示，建立如图所示平面直角坐标系 Axy，列平衡方程如下

$$\sum F_x = 0,\ F_{Ax} = 0$$

$$\sum F_y = 0,\ F_{Ay} - q \cdot a - qa = 0$$

$$\sum M_A(\boldsymbol{F}) = 0, M_A - q \cdot a \cdot 0.5a - qa \cdot 2a = 0$$

解得

$$F_{Ax} = 0$$

$$F_{Ay} = 2qa$$

$$M_A = 2.5qa^2$$

总结：悬臂梁也是一个典型的力学模型，其解法具有代表性，以后将具有如下特征的结构均称之为**悬臂梁模型，即：一个构件、一处约束，且此约束为固定端支座**。

例 4-6 将自重为 $P=150\text{kN}$ 的 T 字形刚架 ABD 置于铅垂面内，载荷如图 4-12a所示。其中 $M=25\text{kN}\cdot\text{m}$，$F=300\text{kN}$，$q=20\text{kN/m}$，$l=1\text{m}$。试求固定端 A 的约束力。

解：选取 T 字形刚架为研究对象，其受力分析如图 4-12b 所示，其中线性分布载荷可用一集中力 $\boldsymbol{F}_1$ 等效替代，其大小为 $F_1=0.5\cdot q\cdot 3l=30\text{kN}$，作用于三角形分布载荷的几何中心，即距点 A 为 l 处。建立如图所示平面直角坐标系 Axy，列平衡方程如下

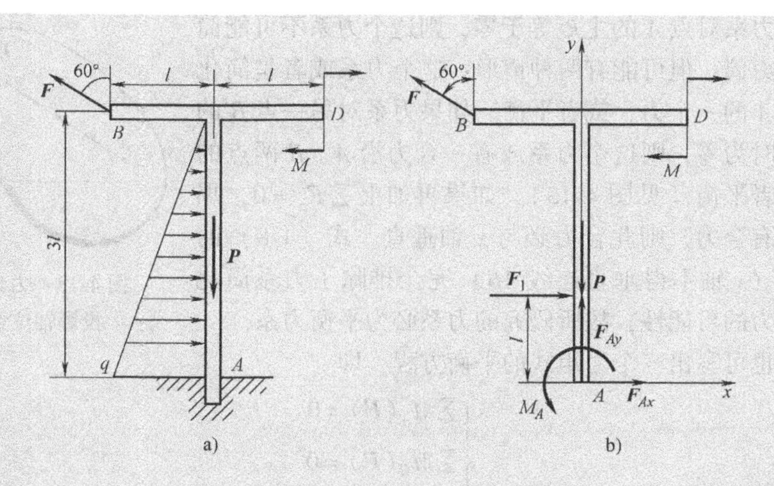

图 4-12 T字形刚架及其受力图

$$\sum F_x = 0,\ F_{Ax} + F_1 - F\sin 60° = 0$$

$$\sum F_y = 0,\ F_{Ay} - P + F\cos 60° = 0$$

$$\sum M_A(\boldsymbol{F}) = 0, M_A - M - F_1 l - F\cos 60° \cdot l + F\sin 60° \cdot 3l = 0$$

将 $P = 150\text{kN}$，$M = 25\text{kN}\cdot\text{m}$，$F = 300\text{kN}$，$q = 20\text{kN/m}$，$l = 1\text{m}$ 代入上述方程解得

$$F_{Ax} = 229.8\text{kN}$$

$$F_{Ay} = 0$$

$$M_A = -574.4\text{kN}$$

负号说明图中所设方向与实际情况相反，即 M_A 应为顺时针转向。

说明：此题结构符合悬臂梁模型特征，故其解法与**例 4-5** 相同。

从上述例题可见，选取适当的坐标轴和力矩中心，可以减少每个平衡方程中的未知量的数目。**在平面任意力系情形下，矩心应取在两未知力的交点上，而坐标轴应当与尽可能多的未知力相垂直。**

在例 4-2 中，若以方程 $\sum M_B(\boldsymbol{F}) = 0$ 取代方程 $\sum F_y = 0$，可以不解联立方程直接求得 F_{Ay} 值。因此在计算某些问题时，采用力矩方程往往比投影方程简便。下面介绍平面任意力系平衡方程的其他两种形式。

三个平衡方程中有两个力矩方程和一个投影方程，即

$$\begin{cases} \sum F_x = 0 \\ \sum M_A(\boldsymbol{F}) = 0 \\ \sum M_B(\boldsymbol{F}) = 0 \end{cases} \tag{4-8}$$

其中 x 轴不得垂直于 A、B 两点的连线。

为什么上述形式的平衡方程也能满足力系平衡的必要和充分条件呢？这是因

为，如果力系对点 A 的主矩等于零，则这个力系不可能简化为一个力偶；但可能有两种情形：这个力系或者是简化为经过点 A 的一个力，或者平衡。如果力系对另一点 B 的主矩也同时为零，则这个力系或有一合力沿 A、B 两点的连线，或者平衡（见图 4-13）。如果再加上 $\sum F_x=0$，那么力系如有合力，则此合力必与 x 轴垂直。式（4-8）的附加条件（x 轴不得垂直连线 AB）完全排除了力系简化为一个合力的可能性，故所研究的力系必为平衡力系。

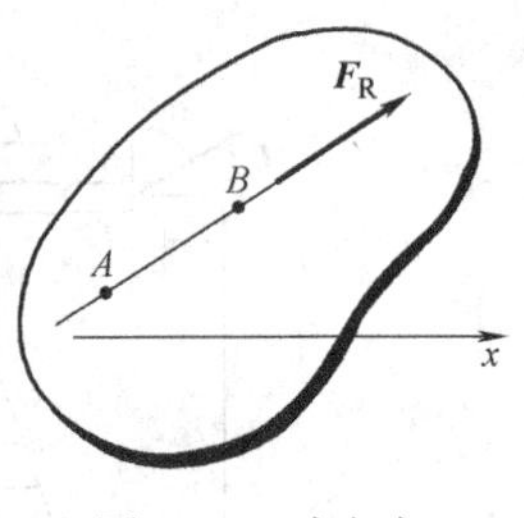

图 4-13　力矢与投影轴位置

同理也可写出三个力矩式的平衡方程，即

$$\begin{cases}\sum M_A(\boldsymbol{F})=0\\ \sum M_B(\boldsymbol{F})=0\\ \sum M_C(\boldsymbol{F})=0\end{cases}\tag{4-9}$$

其中 A、B、C 三点不得共线。

上述三组方程（4-7）~方程（4-9）都可用来解决平面任意力系的平衡问题。究竟选用哪一组方程，须根据具体条件确定。对于受平面任意力系作用的单个刚体的平衡问题，只可以写出三个独立的平衡方程，求解三个未知量。任何第四个方程只是前三个方程的线性组合，因而不是独立的。我们可以利用这个方程来校核计算的结果。

当平面力系中各力的作用线互相平行时，称其为平面平行力系，它是平面任意力系的一种特殊情形。

如图 4-14 所示，设物体受平面平行力系 $\boldsymbol{F}_1$、$\boldsymbol{F}_2$、…、$\boldsymbol{F}_n$ 的作用。如选取 x 轴与各力垂直，则不论力系是否平衡，每一个力在 x 轴上的投影恒等于零，即 $\sum F_x=0$。于是，平行力系的独立平衡方程的数目只有两个，即

$$\begin{cases}\sum F_y=0\\ \sum M_O(\boldsymbol{F})=0\end{cases}\tag{4-10}$$

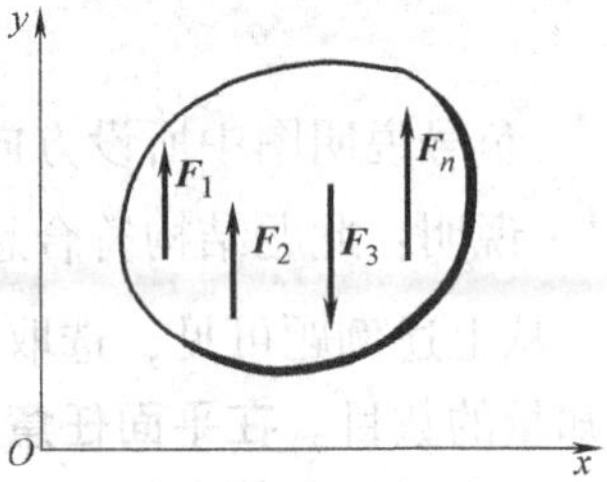

图 4-14　平面平行力系

平面平行力系的平衡方程，也可用两个力矩方程的形式，即

$$\begin{cases}\sum M_A(\boldsymbol{F})=0\\ \sum M_B(\boldsymbol{F})=0\end{cases}\tag{4-11}$$

其中 A、B 两点的连线不得与各力平行。

4.4　物体系统的平衡

工程中，如组合构架、三铰拱等结构，都是由几个物体组成的系统。当物体系

统平衡时，组成该系统的每一个物体都处于平衡状态，因此对于每一个受平面任意力系作用的物体，均可写出三个平衡方程。如物体系统由 n 个物体组成，则共有 $3n$ 个独立方程。如系统中有的物体受平面汇交力系或平面平行力系作用时，则系统的平衡方程数目相应减少。当系统中的未知量数目等于独立平衡方程的数目时，则所有未知数都能由平衡方程求出，这样的问题称为**静定问题**。显然前面列举的各例都是静定问题。在工程实际中，有时为了提高结构的刚度和坚固性，常常增加多余的约束，因而使这些结构的未知量的数目多于平衡方程的数目，未知量就不能全部由平衡方程求出，这样的问题称为**超静定问题**。对于超静定问题，必须考虑物体因受力作用而产生的变形，加列某些补充方程后才能使方程的数目等于未知量的数目。超静定问题已超出刚体静力学的范围，须在材料力学和结构力学中研究。

下面举出一些静定和超静定问题的例子。

设用两根绳子悬挂一重物，如图4-15a所示，未知的约束力有两个，而重物受平面汇交力系作用，共有两个平衡方程，因此是静定的。如用三根绳子悬挂重物，且力线在平面内交于一点，如图4-15b所示，则未知的约束力有三个，而平衡方程只有两个，因此是超静定的。

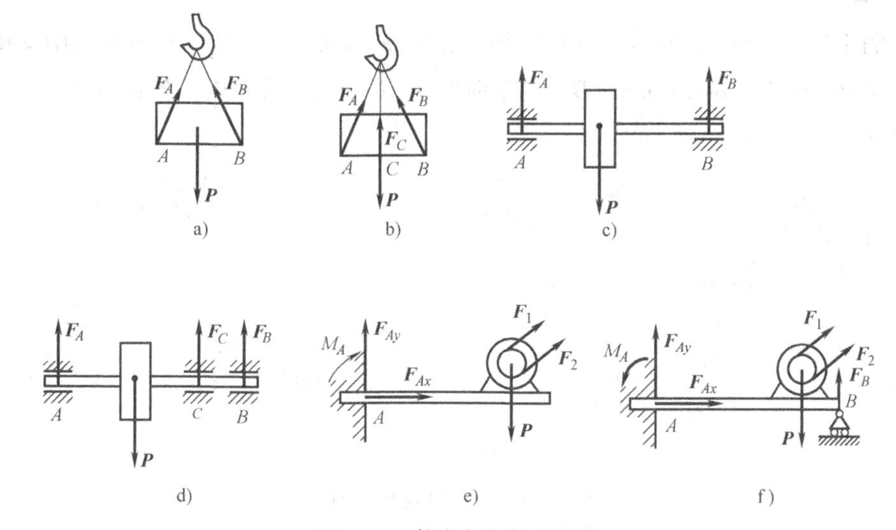

图4-15 静定与超静定结构

设用两个轴承支承一根轴，如图4-15c所示，未知的约束力有两个，因轴受平面平行力系作用，共有两个平衡方程，因此是静定的。若用三个轴承支承，如图4-15d所示，则未知的约束力有三个，而平衡方程只有两个，因此是超静定的。图4-15e、f所示的平面任意力系，均有三个平衡方程，图4-15e中有三个未知数，因此是静定的；而图4-15f中有四个未知数，因此是超静定的。

图4-16所示的梁由两部分铰接组成，每部分有三个平衡方程，共有六个平衡方程。未知量除了图中所画的三个支反力和一个反力偶外，尚有铰链 C 处的两个

未知力，共计六个。因此，也是静定的。若将 B 处的滚动支座改为固定铰支座，则系统共有七个未知数，因此系统将是超静定的。

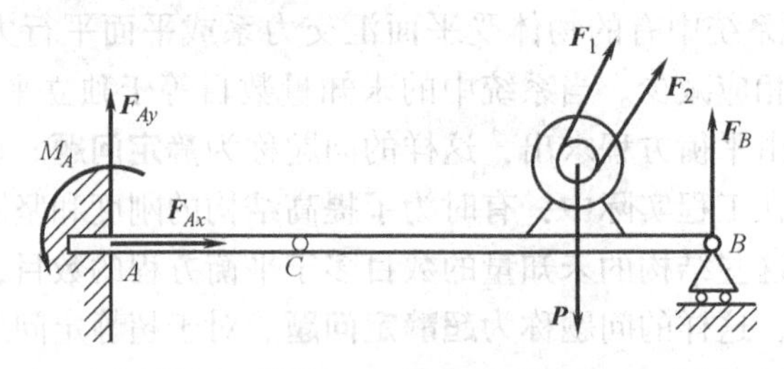

图 4-16　静定结构

在求解静定的物体系统的平衡问题时，可以选每个物体为研究对象，列出全部平衡方程，然后求解；也可先取整个系统为研究对象，列出平衡方程，这样的方程因不包含内力，式中未知量较少，解出部分未知量后，再从系统中选取某些物体作为研究对象，列出另外的平衡方程，直至求出所有的未知量为止。在选择研究对象和列平衡方程时，应使每一个平衡方程中的未知量个数尽可能少，最好是只含有一个未知量，以避免求解联立方程。

例 4-7　图 4-17a 所示三铰拱结构，已知 $F_1=0.4\text{kN}$，$F_2=1.5\text{kN}$，$AB=BC=l$，$\sin\alpha=0.8$，$\cos\alpha=0.6$。D、E 分别为杆 AB 和 BC 的中点，各杆重不计。求支座 A、C 处反力。

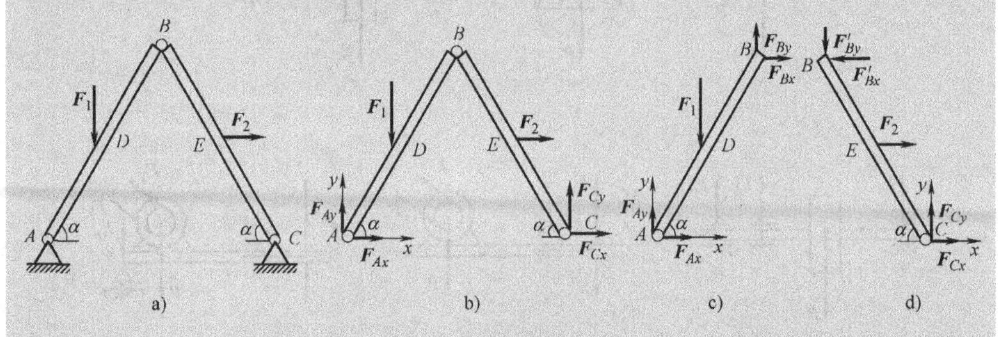

图 4-17　三铰拱及受力图

解法一： 选取整个三铰拱结构为研究对象，其受力分析如图 4-17b 所示，建立平面直角坐标系 Axy，列平衡方程如下

$$\sum F_x=0,\ F_{Ax}+F_2+F_{Cx}=0$$

$$\sum F_y=0,\ F_{Ay}-F_1+F_{Cy}=0$$

$$\sum M_A=0,\ -F_1\cdot 0.5l\cdot\cos\alpha-F_2\cdot 0.5l\cdot\sin\alpha+F_{Cy}\cdot 2l\cdot\cos\alpha=0$$

再选取杆 AB 为研究对象，其受力分析如图 4-17c 所示，列平衡方程如下

$$\sum M_B=0,\ F_{Ax}\cdot l\cdot\sin\alpha+F_1\cdot 0.5l\cdot\cos\alpha-F_{Ay}\cdot l\cdot\cos\alpha=0$$

将 $F_1=0.4\text{kN}$，$F_2=1.5\text{kN}$，$\sin\alpha=0.8$，$\cos\alpha=0.6$ 代入上述4个方程，联立求解得

$$F_{Ax}=-0.3\text{kN}$$
$$F_{Ay}=-0.2\text{kN}$$
$$F_{Cx}=-1.2\text{kN}$$
$$F_{Cy}=0.6\text{kN}$$

解法二：选取整个三铰拱结构为研究对象，其受力分析如图4-17b所示，建立平面直角坐标系 Axy，列平衡方程如下

$$\sum F_x=0,\ F_{Ax}+F_2+F_{Cx}=0$$
$$\sum F_y=0,\ F_{Ay}-F_1+F_{Cy}=0$$
$$\sum M_A=0,\ -F_1\cdot 0.5l\cdot\cos\alpha-F_2\cdot 0.5l\cdot\sin\alpha+F_{Cy}\cdot 2l\cdot\cos\alpha=0$$

再选取杆 BC 为研究对象，其受力分析如图4-17d所示，列平衡方程如下

$$\sum M_B=0,\ F_2\cdot 0.5l\cdot\sin\alpha+F_{Cy}\cdot l\cdot\cos\alpha+F_{Cx}\cdot l\cdot\sin\alpha=0$$

将 $F_1=0.4\text{kN}$，$F_2=1.5\text{kN}$，$\sin\alpha=0.8$，$\cos\alpha=0.6$ 代入上述4个方程，联立求解得

$$F_{Ax}=-0.3\text{kN}$$
$$F_{Ay}=-0.2\text{kN}$$
$$F_{Cx}=-1.2\text{kN}$$
$$F_{Cy}=0.6\text{kN}$$

解法三：选取杆 AB 为研究对象，其受力分析如图4-17c所示，建立平面直角坐标系 Axy，列平衡方程如下

$$\sum F_x=0,\ F_{Ax}+F_{Bx}=0$$
$$\sum F_y=0,\ F_{Ay}-F_1+F_{By}=0$$
$$\sum M_B=0,\ F_{Ax}\cdot l\cdot\sin\alpha+F_1\cdot 0.5l\cdot\cos\alpha-F_{Ay}\cdot l\cdot\cos\alpha=0$$

再选取杆 BC 为研究对象，其受力分析如图4-17d所示，建立平面直角坐标系 Cxy，列平衡方程如下

$$\sum F_x=0,\ F_{Cx}+F_2-F'_{Bx}=0$$
$$\sum F_y=0,\ F_{Cy}-F'_{By}=0$$
$$\sum M_B=0,\ F_2\cdot 0.5l\cdot\sin\alpha+F_{Cy}\cdot l\cdot\cos\alpha+F_{Cx}\cdot l\cdot\sin\alpha=0$$

将 $F_1=0.4\text{kN}$，$F_2=1.5\text{kN}$，$\sin\alpha=0.8$，$\cos\alpha=0.6$ 代入上述4个方程并考虑到 $\boldsymbol{F}_{Bx}$ 和 $\boldsymbol{F}'_{Bx}$、$\boldsymbol{F}_{By}$ 和 $\boldsymbol{F}'_{By}$ 为作用力与反作用力，联立求解得

$$F_{Ax}=-0.3\text{kN}$$
$$F_{Ay}=-0.2\text{kN}$$
$$F_{Cx}=-1.2\text{kN}$$
$$F_{Cy}=0.6\text{kN}$$

总结：1）物体系统平衡问题特点：整体平衡、局部也平衡。

解法特点：选取整体与局部的联合或局部间的联合才能求出全部未知量。

2）三铰拱也是一个典型的力学模型，其解法具有代表性，以后将具有如下特征的结构均称之为**三铰拱模型，即：两个构件，三处约束，两构件间为铰链约束，其他两处均为固定铰链约束。**

3）当三铰拱模型中有一构件不受力时，该构件实质为二力构件，此时三铰拱模型就退化为简支梁模型。

例 4-8 连续梁受力如图 4-18a 所示，不计自重，求 A、B、C 三处的约束力。

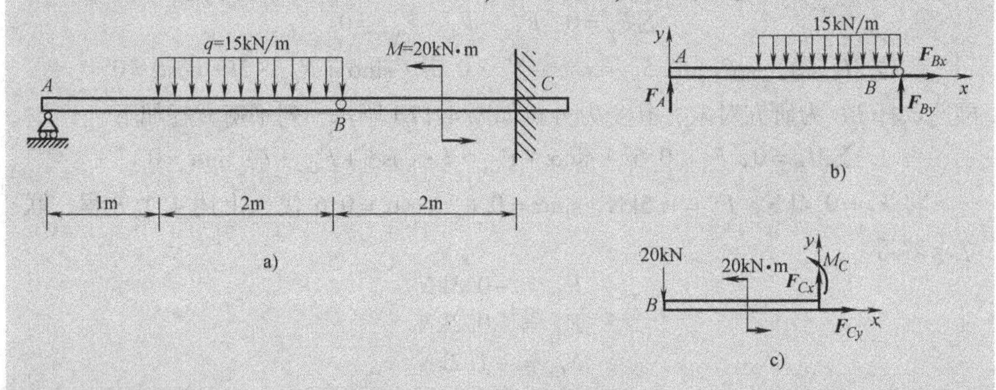

图 4-18 连续梁及受力图

解：选取杆 AB 为研究对象，其受力分析如图 4-18b 所示，建立平面直角坐标系 Axy，

列平衡方程如下

$$\sum F_x = 0,\ F_{Bx} = 0$$

$$\sum F_y = 0,\ F_A - 15\text{kN/m} \times 2\text{m} + F_{By} = 0$$

$$\sum M_B = 0,\ -F_A \times 3\text{m} + 15\text{kN/m} \times 2\text{m} \times 1\text{m} = 0$$

解得

$$F_A = 10\text{kN}$$

$$F_{Bx} = 0$$

$$F_{By} = 20\text{kN}$$

再选取杆 BC 为研究对象，其受力分析如图 4-18c 所示，建立平面直角坐标系 Cxy，列平衡方程如下

$$\sum F_x = 0,\ F_{Cx} = 0$$

$$\sum F_y = 0,\ -20\text{kN} + F_{Cy} = 0$$

$$\sum M_C = 0,\ 20\text{kN} \times 2\text{m} + 20\text{kN} \cdot \text{m} + M_C = 0$$

解得

$$F_{Cx}=0$$

$$F_{Cy}=20\text{kN}$$

$$M_C=-60\text{kN}\cdot\text{m}$$

总结：此题为物体系统平衡问题，可应用上述方法进行求解，但考虑到其又具有独特的构造特点，先以悬臂梁 BC 为基本部分，再以此为支承之一搭建一简支梁 AB 为附属部分，如此构造的结构称为**基本附属结构**，此类结构求解时若遵循先附属后基本的原则，则可避免解联立方程，从而使求解比较简单。

例4-9　如图4-19a所示，已知重力 $\boldsymbol{P}$，$DC=CE=AC=CB=2l$；定滑轮半径为 R，动滑轮半径为 r，且 $R=2r=l$，$\theta=45°$。试求：A、E 支座的约束力及 BD 杆所受的力。

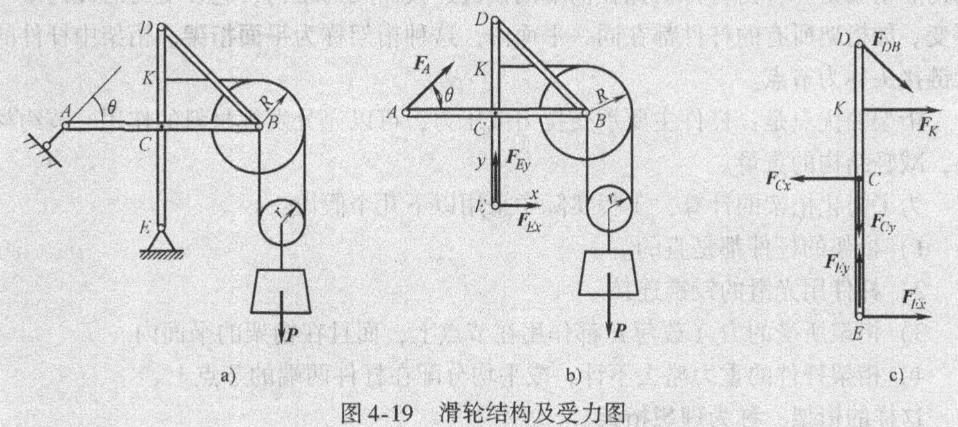

图4-19　滑轮结构及受力图

解：先选取整体为研究对象，其受力分析如图4-19b所示。建立如图所示平面直角坐标系 Exy，列平衡方程如下

$$\sum F_x=0,\ F_A\cos45°+F_{Ex}=0$$

$$\sum F_y=0,\ F_A\sin45°+F_{Ey}-P=0$$

$$\sum M_E(\boldsymbol{F})=0,\ -F_A\cdot\sqrt{2}\cdot 2l-P\cdot 2.5l=0$$

解得

$$F_A=\frac{-5\sqrt{2}}{8}P$$

$$F_{Ex}=\frac{5}{8}P$$

$$F_{Ey}=\frac{13}{8}P$$

再选取杆 DCE 为研究对象，其受力分析如图4-19c所示。列平衡方程如下

$$\sum M_C(\boldsymbol{F})=0,\ -F_{DB}\cdot\cos45°\cdot 2l-F_K\cdot l+F_{Ex}\cdot 2l=0$$

将 $F_K=\frac{P}{2}$，$F_{Ex}=\frac{5P}{8}$代入上式，解得

$$F_{DB}=\frac{3\sqrt{2}P}{8}$$

总结：二力构件一般不作为研究对象，若求其内力，只需选取与其相接触的部分即可，此处选取的是杆 DCE，也可选取杆 ACB，皆可求解。

4.5 平面桁架的内力分析

工程中，房屋建筑、桥梁、起重机、油田井架、电视塔等结构物都是常用桁架结构。**桁架**是一种由杆件彼此在两端用铰链连接而成的结构，它在受力后几何形状不变。如桁架所有的杆件都在同一平面内，这种桁架称为**平面桁架**。桁架中杆件的铰链接头称为**节点**。

桁架的优点是：杆件主要承受拉力或压力，可以充分发挥材料的作用，节约材料，减轻结构的重量。

为了简化桁架的计算，工程实际中采用以下几个假设：

1）桁架的杆件都是直的。

2）杆件用光滑的铰链连接。

3）桁架所受的力（载荷）都作用在节点上，而且在桁架的平面内。

4）桁架杆件的重力略去不计，或平均分配在杆件两端的节点上。

这样的桁架，称为**理想桁架**。

实际的桁架，当然与上述假设有差别，如桁架的节点不是铰接的，杆件的中心线也不可能是绝对直的。但在工程实际中，上述假设能够简化计算，而且所得的结果已符合工程实际的需要。根据这些假设，桁架的杆件都视为只是两端受力作用的二力杆件，因此各杆件所受的力必定沿着杆的方向，只受拉力或压力。

本节只研究平面桁架中的静定桁架。如果从桁架中任意除去一根杆件，则桁架就会活动变形，这种桁架称为**无余杆桁架**。可以证明只有无余杆桁架才是静定桁架，图 4-20a 所示的桁架就属于这种桁架。反之，如果除去某几根杆件仍不会使桁架活动变形，则这种桁架称为**有余杆桁架**，如图 4-20b 所示。图 4-20a 所示的无余杆桁架是以三角形框架为基础，每增加一个节点需增加两根杆件，这样构成的桁架

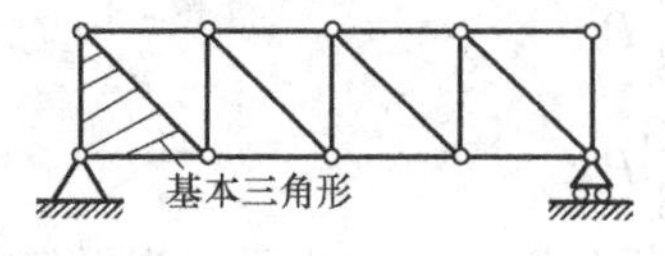

a)

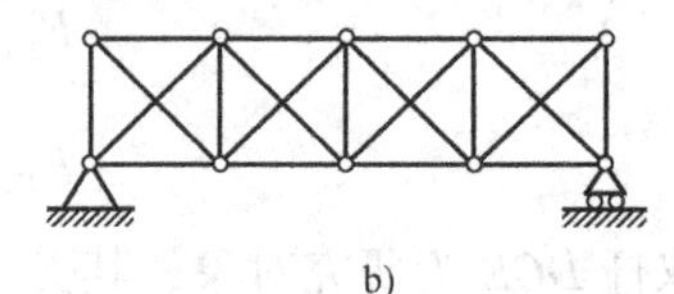

b)

图 4-20 桁架

又称为平面简单桁架。容易证明，平面简单桁架是静定的。

下面介绍两种计算桁架杆件内力的方法：节点法和截面法。

1. 节点法

桁架的每个节点都受一个平面汇交力系的作用。为了求出每个杆件的内力，可以选取节点为研究对象，逐个考察其受力与平衡，从而由已知力求出全部未知力（杆件的内力）的方法，就称为**节点法**。

例4-10 平面桁架的尺寸和支座如图4-21a所示。在节点 D 处受一集中载荷 $F=10\text{kN}$ 的作用。试求桁架各杆件所受的内力。

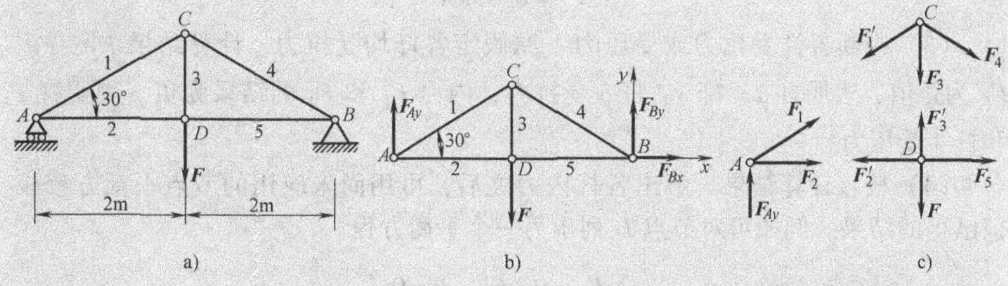

图4-21 平面桁架及受力图

解：（1）求支座反力 选取桁架整体为研究对象。其受力分析如图4-21b所示，建立如图所示平面直角坐标系 Bxy，列平衡方程如下

$$\sum F_x=0, F_{Bx}=0$$

$$\sum M_A(\boldsymbol{F})=0, F_{By}\times 4\text{m}-F\times 2\text{m}=0$$

$$\sum M_B(\boldsymbol{F})=0, F\times 2\text{m}-F_{Ay}\times 4\text{m}=0$$

将 $F=10\text{kN}$ 代入上式，解得

$$F_{Bx}=0$$

$$F_{Ay}=5\text{kN}$$

$$F_{By}=5\text{kN}$$

（2）依次选取一个节点为研究对象，计算各杆内力 假定各杆均受拉力，各节点受力如图4-21c所示，对节点 A 列平衡方程如下

$$\sum F_x=0,\ F_2+F_1\cos30^\circ=0$$

$$\sum F_y=0,\ F_{Ay}+F_1\sin30^\circ=0$$

将 $F_{Ay}=5\text{kN}$ 代入上式，解得

$$F_1=-10\text{kN}$$

$$F_2=8.66\text{kN}$$

对节点 C 列平衡方程如下

$$\sum F_x=0,\ F_4\cos30^\circ-F_1'\cos30^\circ=0$$

$$\sum F_y=0,\ -F_3-F_1'\sin30°-F_4\sin30°=0$$

将 $F_1'=F_1=-10\text{kN}$ 代入上式，解得

$$F_3=10\text{kN}$$

$$F_4=-10\text{kN}$$

对节点 D 列平衡方程如下

$$\sum F_x=0,\ F_5-F_2'=0$$

将 $F_2'=F_2=8.66\text{kN}$ 代入上式，解得

$$F_5=8.66\text{kN}$$

(3) 判断各杆受拉力或受压力　原假定各杆均受拉力，计算结果 F_2、F_3、F_5 为正值，表明杆 2、杆 3、杆 5 受拉力；内力 F_1 和 F_4 的结果为负，表明杆 1 和杆 4 受压力。

(4) 校核计算结果　解出各杆内力之后，可用尚未应用的节点平衡方程校核已得的结果。例如可对节点 D 列出另一个平衡方程

$$\sum F_y=0,\ F_3'-P=0$$

解得 $F_3'=10\text{kN}$，与已求得的 F_3 相等，表明计算无误。

2. 截面法

如只要求计算桁架内某几个杆件所受的内力，可以适当地选取一截面，假想地把桁架截开，再考虑其中任一部分的平衡，求出这些被截杆件的内力的方法，就称为**截面法**。

例 4-11　如图 4-22a 所示，平面桁架各杆件的长度都等于 1m，在节点 E 上作用载荷 $F_1'=10\text{kN}$，在节点 G 上作用载荷 $F_2'=13\text{kN}$。试计算杆 1、杆 2 和杆 3 的内力。

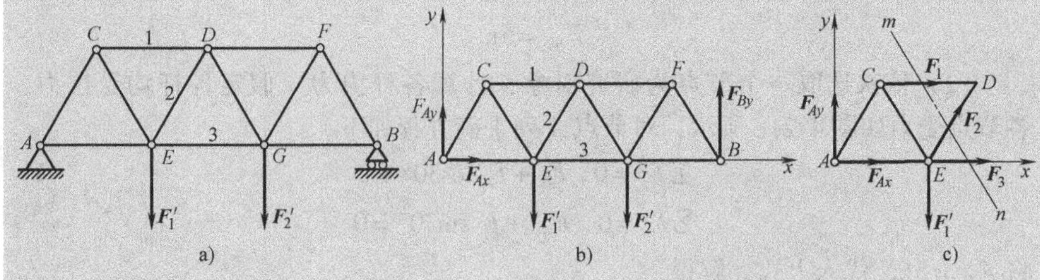

图 4-22　平面桁架及受力图

解：(1) 先求桁架的支座反力　选取桁架整体为研究对象。其受力分析如图 4-22b 所示，建立如图所示平面直角坐标系 Axy。列出平衡方程如下

$$\sum F_x=0,\ F_{Ax}=0$$

$$\sum F_y = 0,\ F_{Ay} - F_1' - F_2' + F_{By} = 0$$

$$\sum M_B(\boldsymbol{F}) = 0,\ -F_{Ay} \times 3\text{m} + F_1' \times 2\text{m} + F_2' \times 1\text{m} = 0$$

将 $F_1' = 10\text{kN}$ 及 $F_2' = 13\text{kN}$ 代入上式，解得

$$F_{Ax} = 0$$

$$F_{Ay} = 11\text{kN}$$

$$F_{By} = 12\text{kN}$$

（2）求杆1、杆2和杆3的内力　作一截面 m—n 将三杆截断。选取桁架左半部为研究对象。假定所截断的三杆都受拉力，受力分析如图4-22c所示，建立如图所示平面直角坐标系 Axy，列平衡方程如下

$$\sum M_E(\boldsymbol{F}) = 0,\ -F_{Ay} \times 1\text{m} - F_1 \times \frac{\sqrt{3}}{2}\text{m} = 0$$

$$\sum F_y = 0,\ F_{Ay} + F_2 \sin 60° - F_1' = 0$$

$$\sum M_D(\boldsymbol{F}) = 0,\ F_1' \times \frac{1}{2}\text{m} + F_3' \times \frac{\sqrt{3}}{2}\text{m} - F_{Ay} \times \frac{3}{2}\text{m} = 0$$

将 $F_1' = 10\text{kN}$ 及 $F_{Ay} = 11\text{kN}$ 代入上式，解得

$$F_1 = -12.7\text{kN}$$

$$F_2 = -1.15\text{kN}$$

$$F_3 = 13.28\text{kN}$$

如选取桁架的右半部为研究对象，可得同样的结果。

同样，可以用截面截断另外三根杆件计算其他各杆的内力，或用以校核已求得的结果。

由例4-11可见，采用截面法时，选择适当的力矩方程，常可较快地求得某些指定杆件的内力。当然，应注意到，平面任意力系只有三个独立的平衡方程，因而，作截面时每次最多只能截断三根内力未知的杆件。如截断内力未知的杆件多于三根时，它们的内力还需联合由其他截面列出的方程一起求解。

小　结

1. 力的平移定理：平移一力的同时必须附加一力偶，附加力偶的矩等于原来的力对新作用点的矩。

2. 平面任意力系向平面内任选一点 O 简化，一般情况下，可得一个力和一个力偶，这个力等于该力系的主矢，即 $\boldsymbol{F}_R' = \sum \boldsymbol{F}_i = \sum F_x \boldsymbol{i} + \sum F_y \boldsymbol{j}$，作用线通过简化中心 O。这个力偶的矩等于该力系对于点 O 的主矩，即 $M_O = \sum M_O(\boldsymbol{F}_i) = \sum(x_i F_{iy} - y_i F_{ix})$。

3. 平面任意力系向一点简化，可能出现的四种情况如表4-1所示。

表 4-1　平面任意力系向一点简化的情况

主矢	主矩	合成结果	说　明
$F'_R \neq 0$	$M_O = 0$	合力	此力为原力系的合力，合力作用线通过简化中心
	$M_O \neq 0$	合力	合力作用线离简化中心的距离 $d = \frac{M_O}{F_R}$
$F'_R = 0$	$M_O \neq 0$	力偶	此力偶为原力系的合力偶，在这种情况下，主矩与简化中心的位置无关
	$M_O = 0$	平衡	—

4. 平面任意力系平衡的必要和充分条件是：力系的主矢和对于任一点的主矩都等于零，即

$$F'_R = \sum \boldsymbol{F}_i = \boldsymbol{0}$$
$$M_O = \sum M_O(\boldsymbol{F}_i) = 0$$

平面任意力系平衡方程的一般形式为

$$\sum F_x = 0$$
$$\sum F_y = 0$$
$$\sum M_O(\boldsymbol{F}_i) = 0$$

平面任意力系平衡方程的其他两种形式为二力矩式

$$\sum M_A(\boldsymbol{F}) = 0$$
$$\sum M_B(\boldsymbol{F}) = 0$$
$$\sum F_x = 0 \quad (\text{其中 } x \text{ 轴不得垂直 } A、B \text{ 两点连线})$$

三力矩式

$$\sum M_A(\boldsymbol{F}) = 0$$
$$\sum M_B(\boldsymbol{F}) = 0$$
$$\sum M_C(\boldsymbol{F}) = 0 \quad (\text{其中 } A、B、C \text{ 三点不得共线})$$

5. 其他各种平面力系都是平面任意力系的特殊情形，它们的平衡方程如表 4-2 所示。

表 4-2　平面任意力系的平衡方程

力系名称	平衡方程	独立方程的数目
共线力系	$\sum F_i = 0$	1
平面力偶系	$\sum M_i = 0$	1
平面汇交力系	$\sum F_x = 0, \sum F_y = 0$	2
平面平行力系	$\sum F_i = 0$ $\sum M_O(\boldsymbol{F}_i) = 0$	2

6. 桁架由二力杆铰接构成。求平面静定桁架各杆内力的两种方法：

（1）节点法　依次选取节点为研究对象，逐个考察其受力与平衡，从而由已知力求出全部未知力（杆件的内力）的方法。应注意每次选取的节点其未知力的数目不宜多于2个。

（2）截面法　用假想截面将待求内力的杆件截开，使桁架分为两部分，考虑其中任一部分的平衡，求出这些被截杆件的内力的方法。应注意每次截开的内力未知的杆件数目不宜多于3个。

思　考　题

4-1　平面汇交力系向汇交点以外一点简化，其结果可能是一个力吗？可能是一个力偶吗？可能是一个力和一个力偶吗？

4-2　桁架中的零杆既然受力为零，为什么不能拿掉？零杆与超静定桁架中的其余杆有何区别？桁架中的零杆与外力的作用点与方向有无关系？

习　　题

1. 是非题

4-1　作用在刚体上的一个力，可以从原来的作用位置平行移动到该刚体内任意指定点，但必须附加一个力偶，附加力偶的矩等于原力对指定点的矩。（　　）

4-2　某一平面力系，如其力多边形不封闭，则该力系一定有合力，合力作用线与简化中心的位置无关。（　　）

4-3　平面任意力系，只要主矢不为零，最后必可简化为一合力。（　　）

4-4　平面力系向某点简化的主矢为零，主矩不为零。则此力系可合成为一个合力偶，且此力系向任一点简化的主矩与简化中心的位置无关。（　　）

4-5　若平面力系对一点的主矩为零，则此力系不可能合成为一个合力。（　　）

4-6　当平面力系的主矢为零时，其主矩一定与简化中心的位置无关。（　　）

4-7　在平面任意力系中，若其力多边形自行闭合，则力系平衡。（　　）

2. 计算题

4-8　图4-23所示平面任意力系中 $F_1=40\sqrt{2}$N，$F_2=80$N，$F_3=40$N，$F_4=110$N，$M=2000$N·mm。各力作用位置如图所示。求：（1）力系向点 O 简化的结果；（2）力系的合力的大小、方向及合力作用线方程。

4-9　在图4-24所示刚架中，已知 $q=3$kN/m，$F=6\sqrt{2}$kN，$M=10$kN·m，不计刚架自重。求固定端 A 处的约束力。

4-10　无重水平梁的支承和载荷如图4-25所示。已知力 F、力偶矩为 M 的力

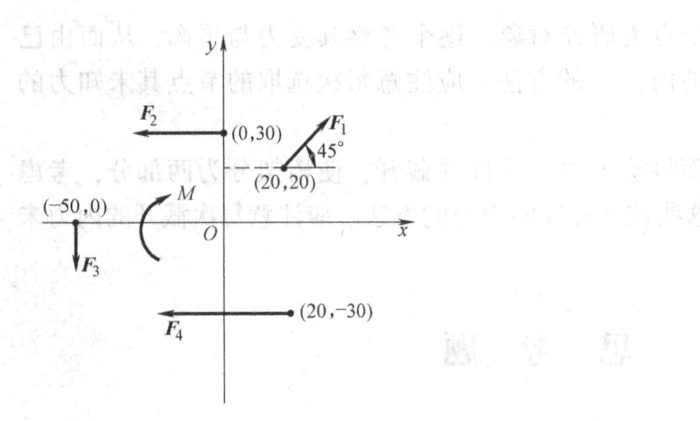

图4-23 习题4-8图

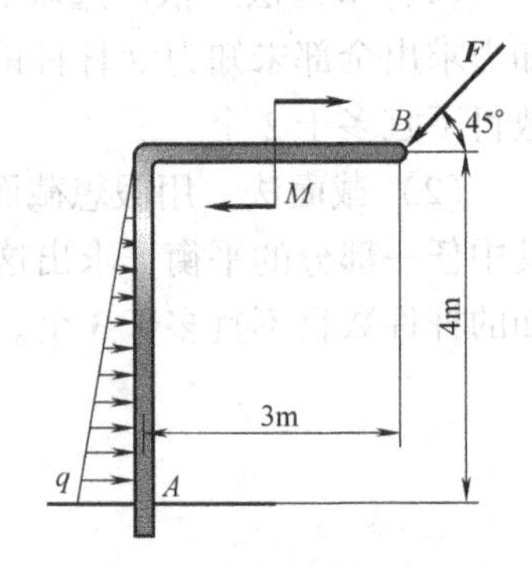

图4-24 习题4-9图

偶。求支座 A 和 B 处的约束力。

4-11 如图4-26所示，行动式起重机不计平衡锤的重为 $P=500\text{kN}$，其重心在离右轨1.5m处。起重机的起重量为 $P_1=250\text{kN}$，突臂伸出离右轨10m。跑车本身重力略去不计，欲使跑车满载或空载时起重机均不致翻倒，求平衡锤的最小重力 P_2 以及平衡锤到左轨的最大距离 x。

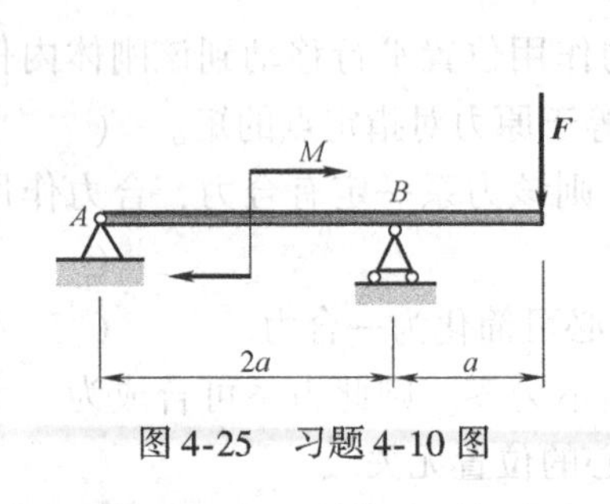

图4-25 习题4-10图

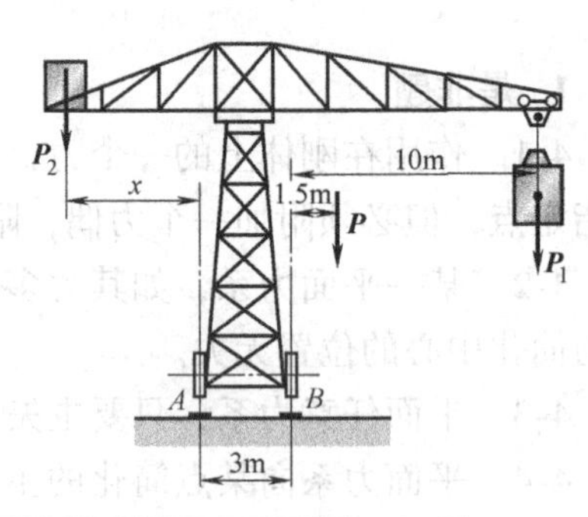

图4-26 习题4-11图

4-12 构架由杆 AB、AC 和 DF 铰接而成，如图4-27所示，在杆 DEF 上作用一力偶矩为 M 的力偶，不计各杆的重力。求杆 AB 上铰链 A、D 和 B 所受的力。

4-13 图4-28所示构架中，物体重1200N，由细绳跨过滑轮 E 而水平系于墙

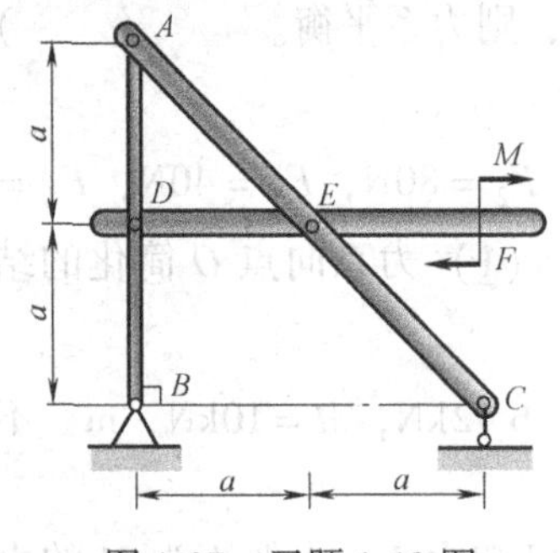

图4-27 习题4-12图

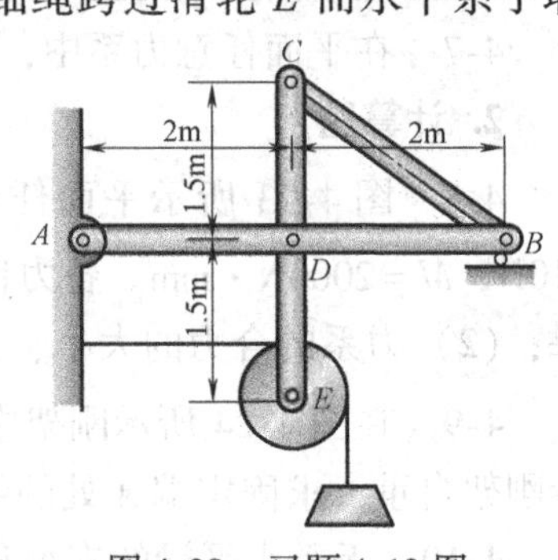

图4-28 习题4-13图

上，尺寸如图所示，不计杆和滑轮的重力，不计各杆的重力。求支承面 A 和 B 处的约束力以及杆 BC 的内力 F_{BC}。

4-14 如图4-29所示，两等长杆 AB 与 BC 在点 B 用铰链连接，又在杆 D、E 两点连一弹簧。弹簧的刚度系数为 k，当距离 AC 等于 a 时，弹簧内拉力为零。点 C 作用一水平力 $\boldsymbol{F}$，设 $AB=l$，$BD=b$，杆重不计。求系统平衡时距离 AC 的大小。

4-15 在图4-30所示构架中，A、C、D、E 处为铰链连接，BD 杆上的销钉 B 置于 AC 杆的光滑槽内，力 $F=200\text{N}$，力偶矩 $M=100\text{N}\cdot\text{m}$，不计各构件重力，各尺寸如图所示。求 A、B、C 处所受的力。

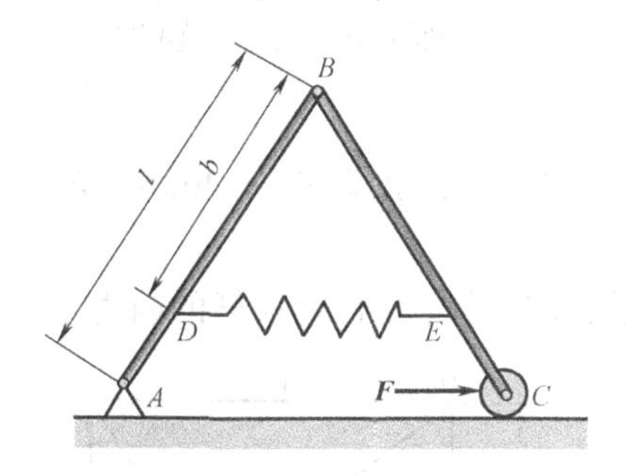

图4-29 习题4-14图

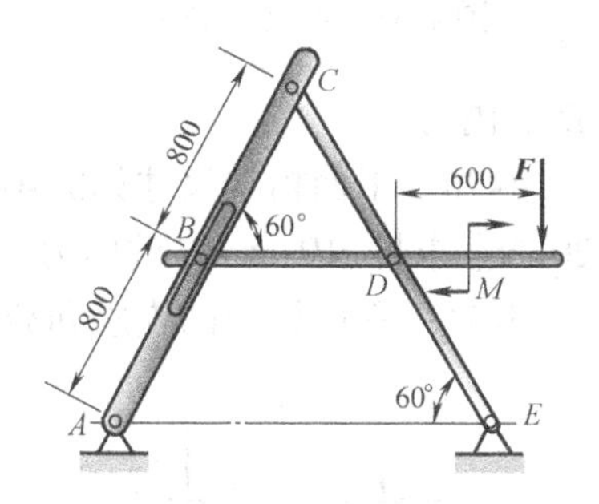

图4-30 习题4-15图

4-16 图4-31所示结构由直角弯杆 DAB 与直杆 BC、CD 铰接而成，并在 A 处与 B 处用固定铰支座和可动铰支座固定。杆 DC 受均布载荷 q 的作用，杆 BC 受矩为 $M=qa^2$ 的力偶作用。不计各构件的自重。求铰链 D 所受的力。

4-17 图4-32所示构架，由直杆 BC、CD 及直角弯杆 AB 组成，各杆自重不计，载荷分布及尺寸如图所示。销钉 B 穿透 AB 及 BC 两构件，在销钉 B 上作用一铅垂力 $\boldsymbol{F}$。已知 q、a、M，且 $M=qa^2$。求固定端 A 的约束力及销钉 B 对杆 BC，杆 AB 的作用力。

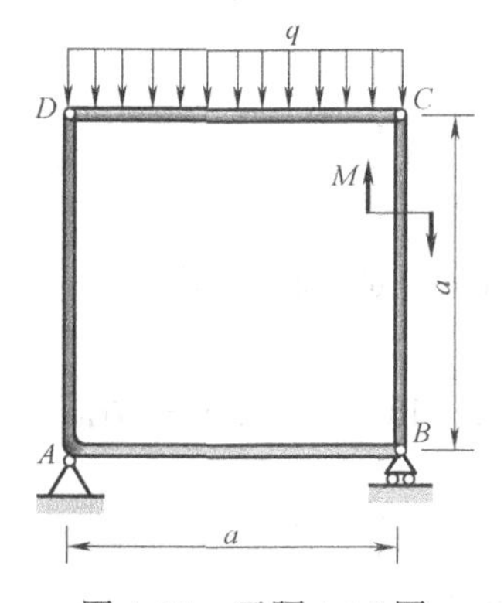

图4-31 习题4-16图

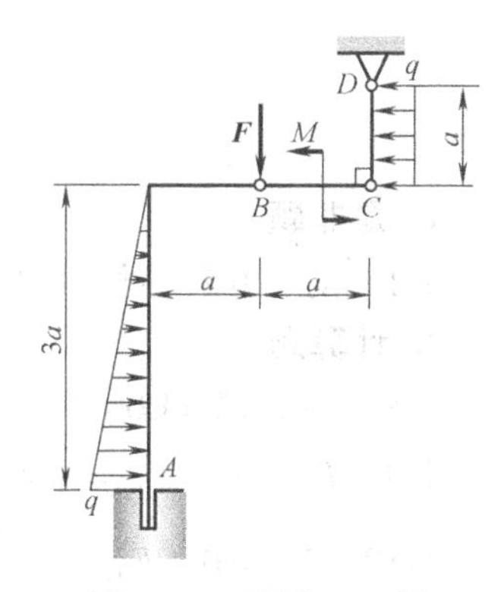

图4-32 习题4-17图

4-18 平面悬臂桁架所受的载荷如图4-33所示。求杆1、杆2和杆3的内力。

4-19 平面桁架受力如图4-34所示。△ABC 为等边三角形，且 $AD=DB$。求杆

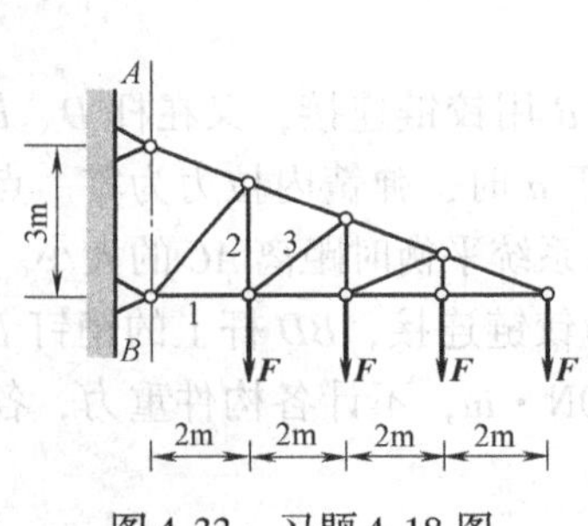

图 4-33 习题 4-18 图

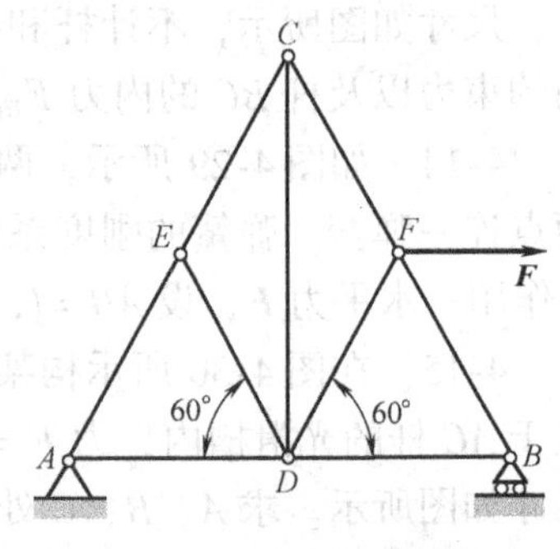

图 4-34 习题 4-19 图

CD 的内力。

4-20 平面桁架尺寸如图 4-35 所示（尺寸单位为 m），载荷 $F_1=240\text{kN}$，$F_2=720\text{kN}$。求杆 BD 及 BE 的内力。

4-21 平面桁架的支座和载荷如图 4-36 所示，求 1 杆、2 杆和 3 杆的内力。

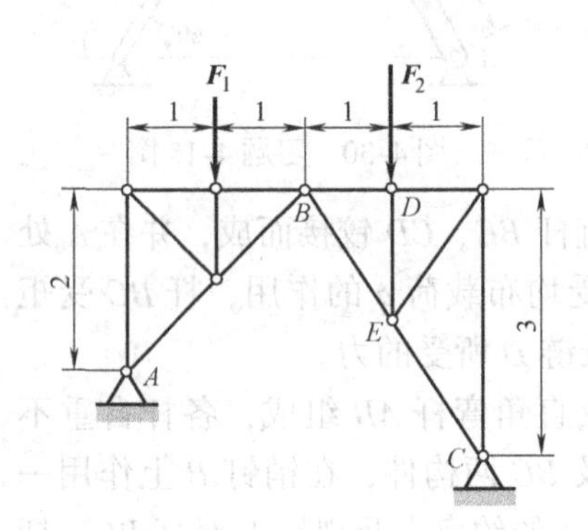

图 4-35 习题 4-20 图

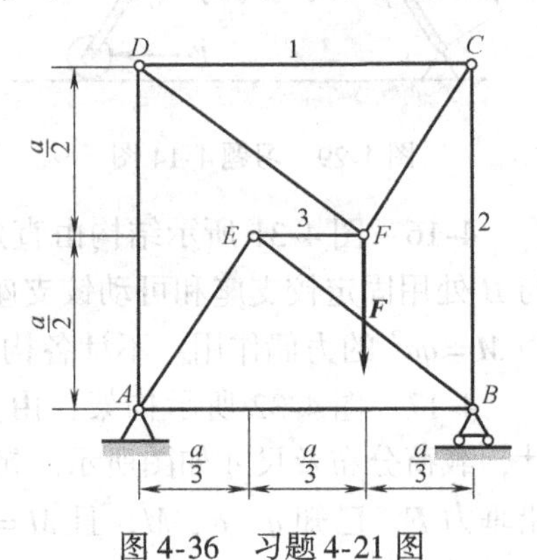

图 4-36 习题 4-21 图

习题答案

1. 是非题

4-1 对 4-2 对 4-3 对 4-4 对 4-5 错 4-6 对 4-7 错

2. 计算题

4-8 （1）$F'_R=150\text{N}$（←），$M_O=900\text{N}\cdot\text{mm}$（↩）；（2）$F=150\text{N}$（←），$y=-6\text{mm}$

4-9 $F_{Ax}=0$，$F_{Ay}=6\text{kN}$，$M_A=12\text{kN}\cdot\text{m}$

4-10 $F_{Ax}=0$，$F_{Ay}=-\dfrac{1}{2}\left(F+\dfrac{M}{a}\right)$；$F_B=\dfrac{1}{2}\left(3F+\dfrac{M}{a}\right)$

4-11 $P_2=333.3\text{kN}$；$x=6.75\text{m}$

4-12 $F_{Ax}=0$，$F_{Ay}=-\dfrac{M}{2a}$；$F_{Dx}=0$，$F_{Dy}=\dfrac{M}{a}$；$F_{Bx}=0$，$F_{By}=-\dfrac{M}{2a}$

4-13 $F_{Ax}=1200\text{N}$，$F_{Ay}=150\text{N}$；$F_B=1050\text{N}$；$F_{BC}=1500\text{N}$（压）

4-14 $AC=x=a+\dfrac{F}{k}\left(\dfrac{l}{b}\right)^2$

4-15 $F_{Ax}=267\text{N}$，$F_{Ay}=-87.5\text{N}$；$F_B=550\text{N}$；$F_{Cx}=209\text{N}$，$F_{Cy}=-187.5\text{N}$

4-16 $F_D=\dfrac{\sqrt{5}}{2}qa$

4-17 $F_{Ax}=-qa$，$F_{Ay}=F+qa$，$M_A=(F+qa)a$；$F_{BCx}=\dfrac{1}{2}qa$，$F_{BCy}=qa$；

$F_{BAx}=-\dfrac{1}{2}qa$，$F_{BAy}=-(F+qa)$

4-18 $F_1=-5.333F$（压），$F_2=2F$（拉），$F_3=-1.667F$（压）

4-19 $F_{CD}=-0.866F$（压）

4-20 $F_{BD}=-240\text{kN}$（压），$F_{BE}=86.53\text{kN}$（拉）

4-21 $F_1=-\dfrac{4}{9}F$（压），$F_2=-\dfrac{2}{3}F$（压），$F_3=0$

第5章 空间力系与重心

5.1 导学

空间力系在工程实际和生活中是经常遇到的力系。工程中常见物体所受各力的作用线并不都在同一平面内，而是空间分布的，如车床主轴、起重设备、高压输电线塔和飞机的起落架等结构。设计这些结构时，需用空间力系的平衡条件进行计算。

与平面力系一样，按各力作用线在空间的位置关系，空间力系可以分为空间汇交力系、空间力偶系和空间任意力系来研究。各种平面力系都可看做空间力系的特殊情况。本章将研究空间力系的简化和平衡条件。

重心是力学中的一个十分重要的概念，在工程实际中有着很重要的意义。物体的平衡和稳定，物体旋转时振动的大小等均涉及重心的位置。本章将以平行力系中心为基础，引出重心概念及其计算公式。

5.2 空间汇交力系

5.2.1 力沿空间直角坐标轴的分解

为了分析力对物体的作用，有时需要将力先进行分解。例如，要了解作用在斜齿轮上的力 $\boldsymbol{F}_{\mathrm{n}}$ 对齿轮及轴的作用时（见图5-1），就需要将该力沿齿轮的圆周方向、径向和轴向分解为三个分力 $\boldsymbol{F}_{\mathrm{t}}$、$\boldsymbol{F}_{\mathrm{r}}$、$\boldsymbol{F}_{\mathrm{a}}$ 来分析。

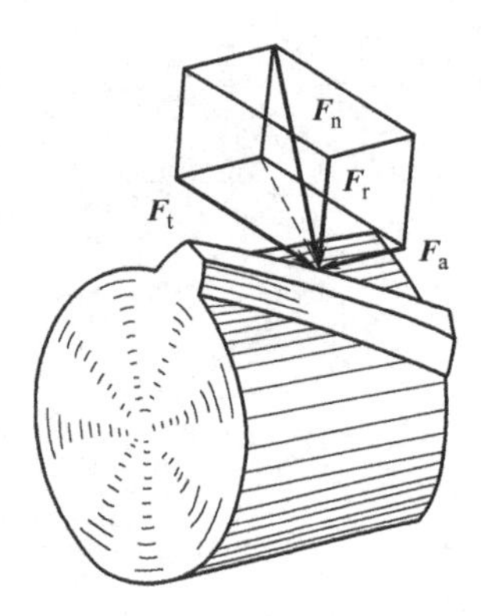

图5-1 轮齿受力图

力沿空间直角坐标轴分解的方法有两种：

1）以力矢 $\boldsymbol{F}$ 为对角线作正平行六面体，以过 O 点的三个棱边为坐标轴 x、y、z（见图5-2），将力 $\boldsymbol{F}$ 直接分解为沿坐标轴的三个正交分力 $\boldsymbol{F}_x$、$\boldsymbol{F}_y$ 和 $\boldsymbol{F}_z$，且力 $\boldsymbol{F}$ 与 x、y、z 三根轴的正向夹角为 α、β、γ。

2）连续应用平行四边形法则，先将力 $\boldsymbol{F}$ 分解为

$\boldsymbol{F}_{xy}$和$\boldsymbol{F}_z$，再把$\boldsymbol{F}_{xy}$分解为$\boldsymbol{F}_x$、$\boldsymbol{F}_y$，即将力$\boldsymbol{F}$分解为$\boldsymbol{F}_x$、$\boldsymbol{F}_y$、$\boldsymbol{F}_z$（见图 5-3）。

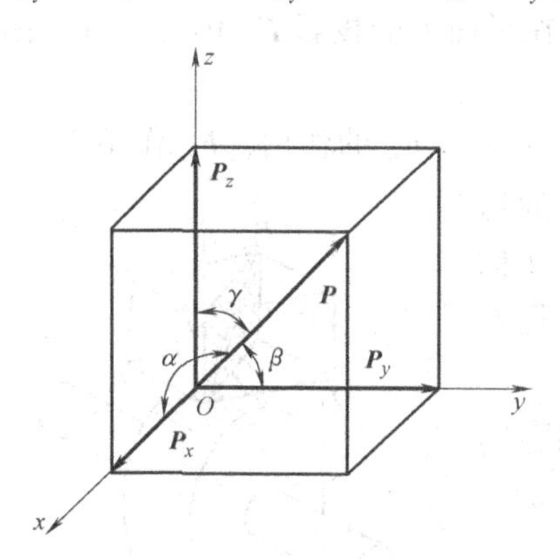

图 5-2　力沿空间坐标轴一次分解

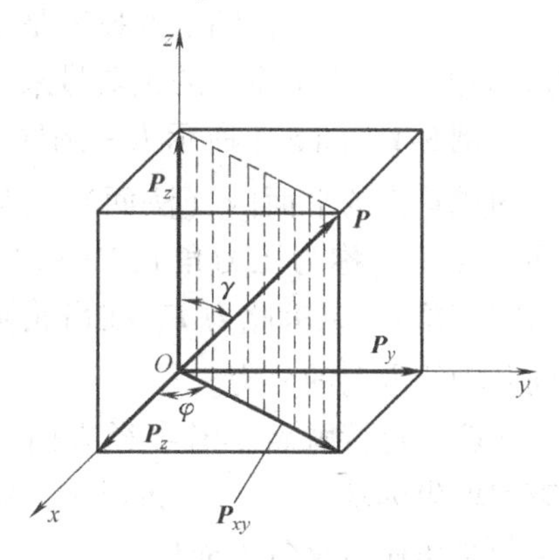

图 5-3　力沿空间坐标轴二次分解

5.2.2　力在空间直角坐标轴上的投影

1. 直接投影法（一次投影法）

若已知力$\boldsymbol{F}$与x、y、z三个坐标轴的正向夹角α、β、γ（见图 5-2），则力$\boldsymbol{F}$在坐标轴上的投影为

$$\begin{cases} F_x = F\cos\alpha \\ F_y = F\cos\beta \\ F_z = F\cos\gamma \end{cases} \tag{5-1}$$

式中，α、β、γ为力$\boldsymbol{F}$的方向角；$\cos\alpha$、$\cos\beta$、$\cos\gamma$为力$\boldsymbol{F}$的方向余弦。应该注意，式中所表示的三个投影都是代数量。

如果力$\boldsymbol{F}$的三个投影为已知，则可反过来求出该力的大小与方向，为此，把式（5-1）的每个等式分别平方后相加，且由

$$\cos^2\alpha + \cos^2\beta + \cos^2\gamma = 1$$

即得

$$\begin{cases} F = [\,(F_x)^2 + (F_y)^2 + (F_z)^2\,]^{1/2} \\ \cos\alpha = \dfrac{F_x}{P}, \cos\beta = \dfrac{F_y}{P}, \cos\gamma = \dfrac{F_z}{P} \end{cases} \tag{5-2}$$

2. 二次投影法

若已知力$\boldsymbol{F}$与z轴所在平面和x轴的正向夹角为φ，$\boldsymbol{F}$与z轴的夹角为γ（见图 5-3），则力$\boldsymbol{F}$在坐标轴上的投影为

$$\begin{cases} F_x = F_{xy}\cos\varphi = F\sin\gamma\cos\varphi \\ F_y = F_{xy}\sin\varphi = F\sin\gamma\sin\varphi \\ F_z = F\cos\gamma \end{cases} \tag{5-3}$$

这就是力的二次投影法。

应该注意，力在轴上的投影是代数量，而力在平面上的投影 $\boldsymbol{F}_{xy}$ 仍是矢量（因为它的方向不能用简单的正负号来表示）。

例 5-1 图 5-4 所示为一圆柱斜齿轮，传动时受力 $\boldsymbol{F}_n$ 的作用，$\boldsymbol{F}_n$ 作用于与齿向成垂直的平面内（法面）且与过接触点 J 的切面成 α 角（称为压力角），轮齿与轴线成 β 角（称为螺旋角）。试求此力 $\boldsymbol{F}_n$ 在齿轮圆周方向、半径方向和轴线方向的分力。

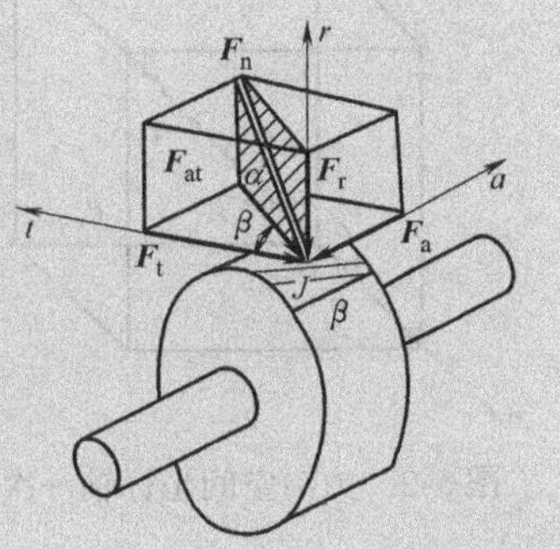

图 5-4 轮齿受力图

解：过接触点 J 沿半径方向、轴线方向和圆周方向取坐标轴 r、a、t，再以 $\boldsymbol{F}_n$ 为对角线按 r、a、t 方向为边作正平行六面体。

先将力 $\boldsymbol{F}_n$ 在法面内分解为 $\boldsymbol{F}_r$ 和 $\boldsymbol{F}_{at}$，再将 $\boldsymbol{F}_{at}$ 沿 a 轴和 t 轴分解为 $\boldsymbol{F}_a$ 和 $\boldsymbol{F}_t$。从力的正平行六面体中可得

径向力 $F_r = F_n \sin\alpha$

轴向力 $F_a = F_{at}\sin\beta = F_n\cos\alpha\sin\beta$

圆周力 $F_t = F_{at}\cos\beta = F_n\cos\alpha\cos\beta$

从图 5-4 中可以看出，使齿轮转动的力只有圆周力 $\boldsymbol{F}_t$。

5.2.3 空间汇交力系的合成与平衡条件

将平面汇交力系的合成法则扩展到空间力系，可得：空间汇交力系的合力等于各分力的矢量和，合力的作用线通过汇交点。合力为

$$\boldsymbol{F}_R = (\sum F_{xi})\boldsymbol{i} + (\sum F_{yi})\boldsymbol{j} + (\sum F_{zi})\boldsymbol{k} \tag{5-4}$$

式中，$\sum F_{xi}$、$\sum F_{yi}$、$(\sum F_{zi})$为分力沿 x、y、z 轴的投影代数和，数值上等于合力在相应坐标轴上的投影。

由此可得合力的大小和方向余弦分别为

$$F_R = \sqrt{(\sum F_{xi})^2 + (\sum F_{yi})^2 + (\sum F_{zi})^2} \tag{5-5a}$$

$$\cos\alpha = \frac{\sum F_{xi}}{F_R},\ \cos\beta = \frac{\sum F_{yi}}{F_R},\ \cos\gamma = \frac{\sum F_{zi}}{F_R} \tag{5-5b}$$

由于空间汇交力系合成一个合力，因此，其平衡的必要和充分条件是：该力系的合力为零，即

$$F_R = \sum \boldsymbol{F}_i = \boldsymbol{0} \tag{5-6a}$$

由式（5-5a）可知，必须同时满足

$$\sum F_{xi} = 0,\ \sum F_{yi} = 0,\ \sum F_{zi} = 0 \tag{5-6b}$$

即空间汇交力系平衡的充要条件是：该力系中所有各力在三个坐标轴上投影的代数

和分别等于零。

具体的解题方法与平面汇交力系相同，只是需要列出三个平衡方程，可求解三个未知量。

例 5-2　重为 P 的物体用杆 AB 和位于同一水平面的绳索 AC 与 AD 支承，如图 5-5a 所示，已知：$P = 1000\text{N}$，$CE = ED = 12\text{cm}$，$EA = 24\text{cm}$，$\beta = 45°$，不计杆重；求绳索的拉力和杆所受的力。

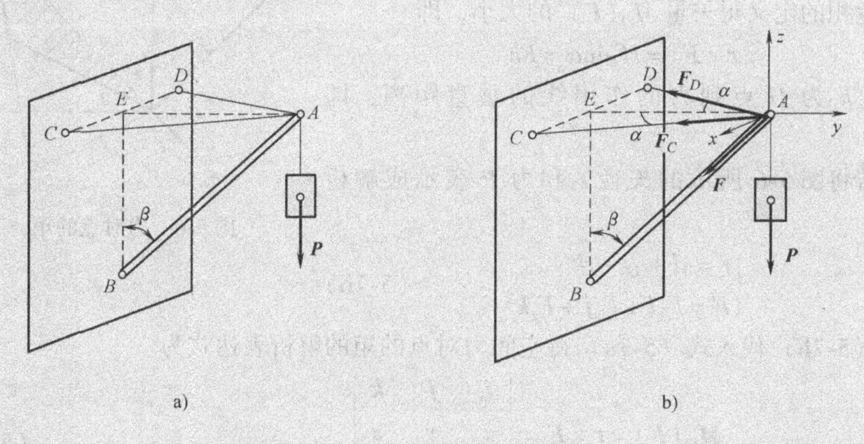

图 5-5　空间汇交力系平衡

解：以铰 A 为研究对象，其上受到杆推力、三个绳子的拉力，受力图与坐标轴选取如图 5-5b 所示，列平衡方程为

$$\sum F_x = 0,\ F_C\sin\alpha - F_D\sin\alpha = 0$$

$$\sum F_y = 0,\ -F_C\cos\alpha - F_D\cos\alpha - F\sin\beta = 0$$

$$\sum F_z = 0,\ -F\cos\beta - P = 0$$

由几何关系可知　$\cos\alpha = \dfrac{24}{\sqrt{12^2 + 24^2}} = \dfrac{2}{\sqrt{5}}$

解得

$$F = -1414\text{N}$$

$$F_C = F_D = 559\text{N}$$

5.3　力对点之矩和力对轴之矩

5.3.1　空间力对点的矩

平面问题力对点的矩用代数量就可以完全表示力对物体的转动效应，但空间问题由于各力矢量不在同一平面内，矩心和力的作用线构成的平面也不在同一平面

内，再用代数量无法表示各力对物体的转动效应，因此采用力对点的矩的矢量表示。

如图5-6所示，由坐标原点O向力$\boldsymbol{F}$的作用点A作矢径$\boldsymbol{r}$，则定义力$\boldsymbol{F}$对坐标原点O的矩的矢量表示为$\boldsymbol{r}$与$\boldsymbol{F}$的矢量积，即

$$\boldsymbol{M}_O(\boldsymbol{F})=\boldsymbol{r}\times\boldsymbol{F} \tag{5-7a}$$

矢量$\boldsymbol{M}_O(\boldsymbol{F})$的方向由右手螺旋法则来确定；由矢量积的定义得矢量$M_O(\boldsymbol{F})$的大小，即

$$|\boldsymbol{r}\times\boldsymbol{F}|=rF\sin\alpha=Fh$$

其中，h为O点到力的作用线的垂直距离，即力臂。

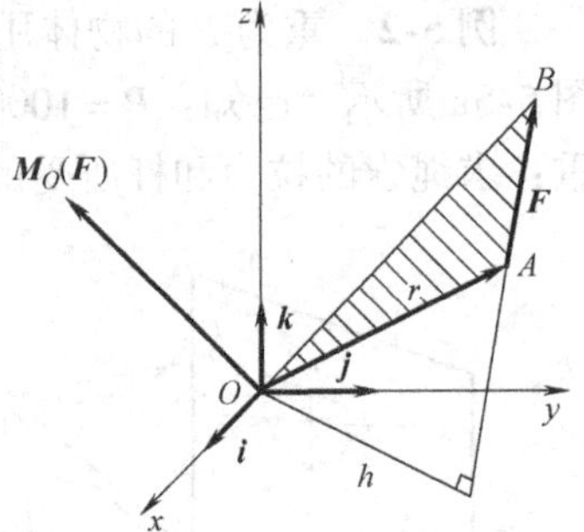

图5-6　力对点的矩

若将图5-6所示的矢径$\boldsymbol{r}$和力$\boldsymbol{F}$表示成解析式为

$$\begin{cases}\boldsymbol{r}=x\boldsymbol{i}+y\boldsymbol{j}+z\boldsymbol{k}\\ \boldsymbol{F}=F_x\boldsymbol{i}+F_y\boldsymbol{j}+F_z\boldsymbol{k}\end{cases} \tag{5-7b}$$

将式（5-7b）代入式（5-7a）得空间力对点的矩的解析表达式为

$$\boldsymbol{M}_O(\boldsymbol{F})=\boldsymbol{r}\times\boldsymbol{F}=\begin{vmatrix}\boldsymbol{i} & \boldsymbol{j} & \boldsymbol{k}\\ x & y & z\\ F_x & F_y & F_z\end{vmatrix} \tag{5-7c}$$

$$=(yF_z-zF_y)\boldsymbol{i}+(zF_x-xF_z)\boldsymbol{j}+(xF_y-yF_x)\boldsymbol{k}$$

则力矩$\boldsymbol{M}_O(\boldsymbol{F})$在坐标轴$x$、$y$、$z$上的投影为

$$\begin{cases}[\boldsymbol{M}_O(\boldsymbol{F})]_x=yF_z-zF_y\\ [\boldsymbol{M}_O(\boldsymbol{F})]_y=zF_x-xF_z\\ [\boldsymbol{M}_O(\boldsymbol{F})]_z=xF_y-yF_x\end{cases} \tag{5-7d}$$

力对点的矩是定位矢量。

5.3.2　空间力对轴的矩

在工程中，常遇到刚体绕定轴转动的情形。例如：门绕门轴转动、飞轮绕转轴转动等均为物体绕定轴转动，为了度量力对转动刚体的作用效应，有必要引入力对轴的矩的概念。

现以关门为例，图5-7中门的一边有固定轴z，在A点作用一力$\boldsymbol{F}$。为了度量此力对刚体的转动效应，可将力$\boldsymbol{F}$分解为平行于z轴的分力$\boldsymbol{F}_z$和垂直于z轴的分力$\boldsymbol{F}_{xy}$。由经验可知，分力$\boldsymbol{F}_z$不能使门绕z轴转动，即力$\boldsymbol{F}_z$对z轴的矩为零；只有分力$\boldsymbol{F}_{xy}$才能使门绕z轴转动。现用符号$\boldsymbol{M}_z(\boldsymbol{F})$表示力$\boldsymbol{F}$对$z$轴的

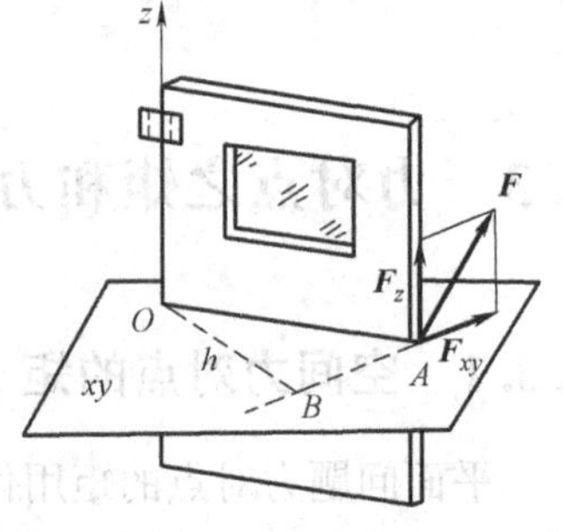

图5-7　力对轴的矩

矩，点 O 为平面 xOy 与 z 轴的交点，h 为 O 点到力 $\boldsymbol{F}_{xy}$ 作用线的距离。因此，力 $\boldsymbol{F}$ 对 z 轴的矩与其分力 $\boldsymbol{F}_{xy}$ 对点 O 的矩等效，即

$$M_z(\boldsymbol{F}) = M_O(\boldsymbol{F}_{xy}) = \pm F_{xy}h = \pm 2S_{\triangle OAB} \tag{5-8}$$

由此可得力对轴的矩的定义如下：**力对轴的矩，是力使刚体绕该轴转动效应的量度，其大小等于力在垂直于该轴的平面上的投影对该平面与该轴交点的矩。**

力对轴的矩为代数量，力矩的正负代表其转动作用的方向。**力矩正负号的规定如下：从轴的正向看，力使物体绕该轴逆时针转动时，取正号；反之取负号。也可按右手螺旋法则来确定其正负号：右手握住转动轴，四指与物体转动方向一致，大拇指指向与轴的正向一致时取正号，反之取负号**，如图5-8所示。

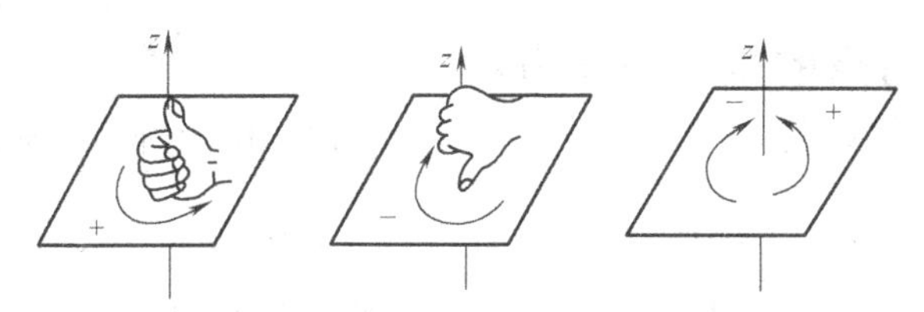

图5-8　力对轴的矩正负规定

应当注意，当力的作用线与轴相交或平行时，力对该轴之矩为零。也就是说，力的作用线与轴共面时，力不能使物体绕该轴转动。

力对轴之矩的单位是N·m或kN·m。

与平面问题相类似，力对轴的矩也有合力矩定理（证明略），即空间力系的合力对任一轴的矩，等于各分力对同一轴的矩的代数和，即

$$M_z(\boldsymbol{F}_R) = \sum M_z(\boldsymbol{F}) \tag{5-9}$$

式（5-9）常被用来计算空间力对轴求矩。

例5-3　计算图5-9所示手摇曲柄上 $\boldsymbol{F}$ 对 x、y、z 轴的矩。已知 $F = 100\text{N}$，$\alpha = 60°$，$AB = 20\text{cm}$，$BC = 40\text{cm}$，$CD = 15\text{cm}$，A、B、C、D 处于同一水平面上。

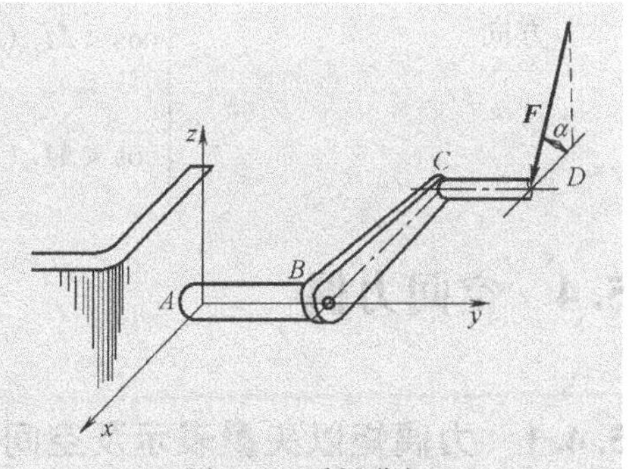

图5-9　手摇曲柄

解：$\boldsymbol{F}$ 为平行于 xOz 平面的平面力，在 x 和 z 轴上有投影

$$F_x = F\cos\alpha$$

$$F_z = -F\sin\alpha$$

$\boldsymbol{F}$ 对 x、y、z 各轴的力矩为

$$M_x(\boldsymbol{F}) = -F_z(AB + CD)$$

$$= -100\sin 60°(0.2 + 0.15)\text{N}\cdot\text{m} = -30.3\text{N}\cdot\text{m}$$

$$M_y(\boldsymbol{F}) = -F_zBC = -100\sin 60° \times 0.4\text{N}\cdot\text{m} = -34.6\text{N}\cdot\text{m}$$

$$M_z(\boldsymbol{F}) = -F_x(AB + CD) = -100\cos 60°(0.2 + 0.15)\text{N}\cdot\text{m} = -17.5\text{N}\cdot\text{m}$$

如图5-10所示，将分力F_{xy}在xOy平面内分解，由合力矩定理得空间力对轴的矩的解析表达式为

$$M_z(\boldsymbol{F})=M_O(\boldsymbol{F}_{xy})=M_O(\boldsymbol{F}_x)+M_O(\boldsymbol{F}_y)=xF_y-yF_x \tag{5-10}$$

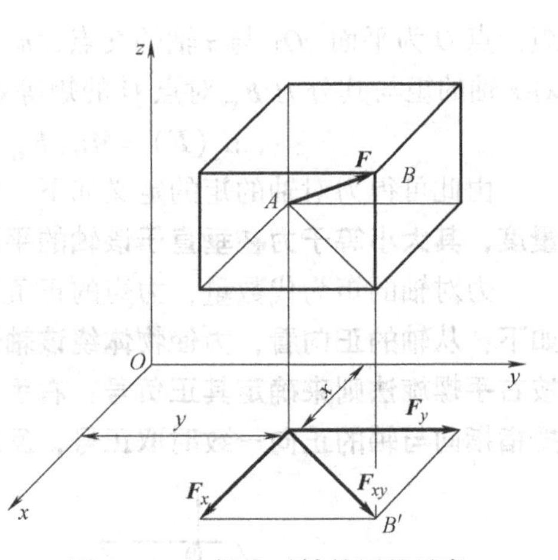

图5-10　空间力对轴的矩的示意

将式（5-10）和式（5-7d）的第三式比较得

$$M_z(\boldsymbol{F})=[\boldsymbol{M}_O(\boldsymbol{F})]_z \tag{5-11}$$

5.3.3　空间力对点的矩与空间力对轴的矩的关系

$$\begin{cases}[\boldsymbol{M}_O(\boldsymbol{F})]_x=yF_z-zF_y=M_x(\boldsymbol{F})\\ [\boldsymbol{M}_O(\boldsymbol{F})]_y=zF_x-xF_z=M_y(\boldsymbol{F})\\ [\boldsymbol{M}_O(\boldsymbol{F})]_z=xF_y-yF_x=M_z(\boldsymbol{F})\end{cases} \tag{5-12}$$

式（5-12）表明力对点的矩矢在通过该点的某轴上的投影等于力对该轴的矩。

若已知力对直角坐标轴x、y、z的矩，则力对坐标原点O的矩为

大小
$$|\boldsymbol{M}_O(\boldsymbol{F})|=\sqrt{[M_x(\boldsymbol{F})]^2+[M_y(\boldsymbol{F})]^2+[M_z(\boldsymbol{F})]^2} \tag{5-13}$$

方向
$$\begin{cases}\cos<\boldsymbol{M}_O(\boldsymbol{F}),\boldsymbol{i}>=\dfrac{M_x(\boldsymbol{F})}{M_O(\boldsymbol{F})}\\ \cos<\boldsymbol{M}_O(\boldsymbol{F}),\boldsymbol{j}>=\dfrac{M_y(\boldsymbol{F})}{M_O(\boldsymbol{F})}\\ \cos<\boldsymbol{M}_O(\boldsymbol{F}),\boldsymbol{k}>=\dfrac{M_z(\boldsymbol{F})}{M_O(\boldsymbol{F})}\end{cases} \tag{5-14}$$

5.4　空间力偶

5.4.1　力偶矩以矢量表示及空间力偶等效条件

1. 空间力偶的概念

由平面力偶理论知道，只要不改变力偶矩的大小和力偶的转向，力偶可以在它的作用面内任意移转；只要保持力偶矩的大小和力偶的转向不变，也可以同时改变力偶中力的大小和力偶臂的长短，却不改变力偶对刚体的作用。实践经验还告诉我们，力偶的作用面也可以平移。例如用螺钉旋具拧螺钉时，只要力偶矩的大小和

力偶的转向保持不变，长螺钉旋具或短螺钉旋具的效果是一样的，即力偶的作用面可以垂直于螺钉旋具的轴线平行移动，而并不影响拧螺钉的效果。

由此可知，空间力偶的作用面可以平行移动，而不改变力偶对刚体的作用效果。反之，如果两个力偶的作用面不相互平行（即作用面的法线不相互平行），即使它们的力偶矩大小相等，这两个力偶对物体的作用效果也不同。

如图5-11所示，三个力偶分别作用在三个同样的物块上，力偶矩都等于200N·m。因为前两个力偶的转向相同，作用面又相互平行，因此这两个力偶对物块的作用效果相同（见图5-11a、b）。第三个力偶作用在平面Ⅱ上（见图5-11c），虽然力偶矩的大小相同，但是它与前两个力偶对物块的作用效果不同，前者使静止物块绕平行于 x 轴转动，而后者则使物块绕平行于 y 轴转动。

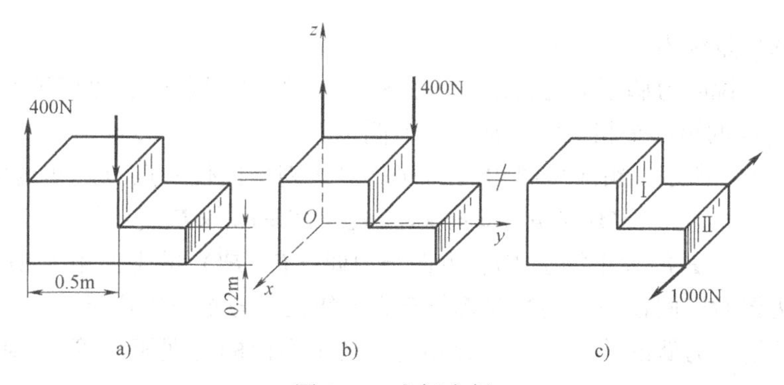

图5-11 空间力偶

综上所述，空间力偶对刚体的作用除了与力偶矩大小有关外，还与其作用面的方位及力偶的转向有关。

由此可知，**空间力偶对刚体的作用效果决定于下列三个因素：力偶矩的大小；力偶作用面的方位；力偶的转向。**

空间力偶的三个因素可以用一个矢量表示，矢量的长度表示力偶矩的大小，矢量的方位与力偶作用面的法线方位相同，矢量的指向与力偶转向的关系服从右手螺旋法则。如图5-12所示，以力偶的转向为右手螺旋的转动方向，则螺旋前进的方向即为矢量的指向；或从矢量的末端看去，应看到力偶的转向是逆时针转向。这样，这个矢量就完全包括了上述三个因素，我们称它为**力偶矩矢**，记作 $\boldsymbol{M}$。由此可知，力偶对刚体的作用效果完全由力偶矩矢所决定。

2. 空间力偶等效条件

根据平面力偶的性质，可得出空间力偶的等效条件是：**力偶矩的大小相等、转向相同、作用面平行的两力偶等效。**根据空间力偶的三要素，用力偶矩矢 $\boldsymbol{M}$ 表示，**则力偶矩矢相等的两力偶等效。**

应该指出，由于力偶可以在同平面内任意移转，并可搬移到平行平面内，而不改变它对刚体的作用效果，故力偶矩矢可以平行搬移，且不需要确定矢量的初端位

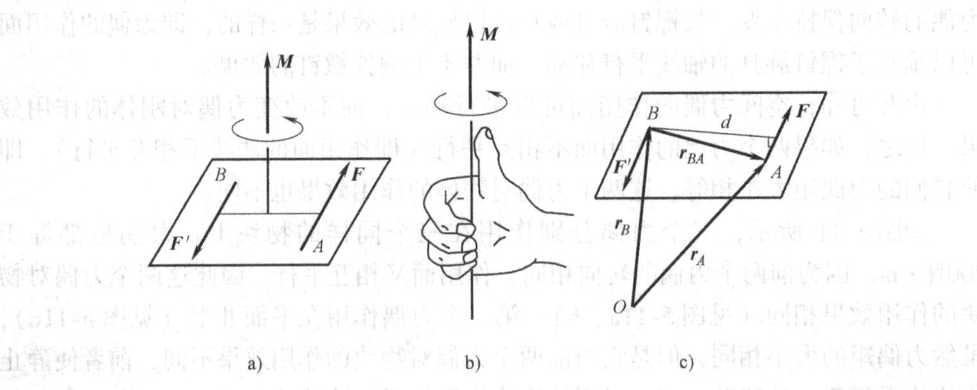

图 5-12 力偶矩矢

置。这样的矢量称为自由矢量。

为进一步说明力偶矩矢为自由矢量，显示力偶的等效特性，可以证明：力偶对空间任一点 O 的矩都是相等的，都等于力偶矩。

如图 5-12c 所示，组成力偶的两个力 $\boldsymbol{F}$ 和 $\boldsymbol{F}'$ 对空间任一点 O 之矩的矢量和为

$$\boldsymbol{M}(\boldsymbol{F},\boldsymbol{F}') = \boldsymbol{r}_A \times \boldsymbol{F} + \boldsymbol{r}_B \times \boldsymbol{F}' = \boldsymbol{r}_{BA} \times \boldsymbol{F} \tag{5-15}$$

显见，$\boldsymbol{r}_{BA} \times \boldsymbol{F}$ 的大小等于 Fd，方向与力偶（$\boldsymbol{F}$，$\boldsymbol{F}'$）的力偶矩矢 $\boldsymbol{M}$ 一致。由此可见，**力偶对空间任一点的矩矢都等于力偶矩矢，与矩心位置无关。**

综上所述，力偶的等效条件可叙述为：两个力偶的力偶矩相等，则它们是等效的。

5.4.2 空间力偶系的合成与平衡

可以证明，任意多个空间分布的力偶可合成为一个合力偶，合力偶矩矢等于各分力偶矩矢的矢量和，即

$$\boldsymbol{M} = \boldsymbol{M}_1 + \boldsymbol{M}_2 + \cdots + \boldsymbol{M}_n = \sum \boldsymbol{M}_i \tag{5-16}$$

根据合矢量投影定理

$$M_x = \sum M_x,\ M_y = \sum M_y,\ M_z = \sum M_z$$

于是合力偶矩的大小和方向可由下式确定

$$M = \sqrt{(\sum M_x)^2 + (\sum M_y)^2 + (\sum M_z)^2} \tag{5-17a}$$

$$\cos < \boldsymbol{M},\boldsymbol{i} > = \frac{M_x}{M},\cos < \boldsymbol{M},\boldsymbol{j} > = \frac{M_y}{M},\cos < \boldsymbol{M},\boldsymbol{k} > = \frac{M_z}{M} \tag{5-17b}$$

即合力偶矩矢在 x、y、z 轴上投影等于各分力偶矩矢在相应轴上投影的代数和。

例 5-4 图示 5-13a 的三角柱刚体是正方体的一半。在其中三个侧面各自作用着一个力偶。已知力偶（$\boldsymbol{F}_1$，$\boldsymbol{F}_1'$）的矩 $M_1 = 20\text{N}\cdot\text{m}$；力偶（$\boldsymbol{F}_2$，$\boldsymbol{F}_2'$）的矩 $M_2 =$

20N·m；力偶（F_3，F_3'）的矩 $M_3=20\text{N}\cdot\text{m}$。试求合力偶矩矢 M。

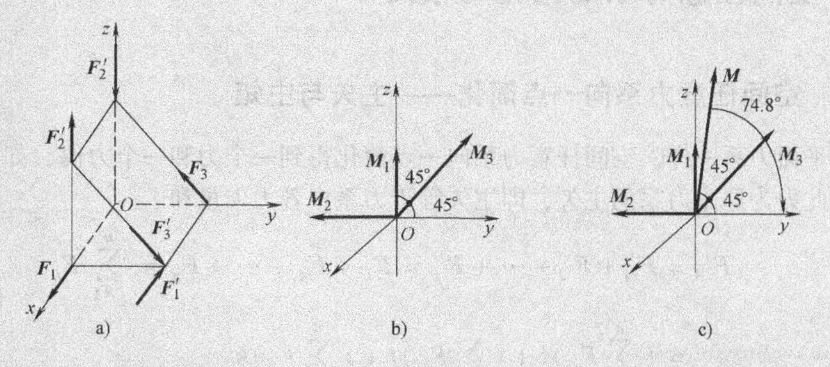

图5-13 合力偶矩矢

解：（1）在坐标系 $Oxyz$ 中做出各力偶矩矢，如图5-13b所示。

（2）则合力偶矩矢 M 在坐标轴上的投影 M_x、M_y、M_z

$$M_x=M_{1x}+M_{2x}+M_{3x}=0$$

$$M_y=M_{1y}+M_{2y}+M_{3y}=11.2\text{N}\cdot\text{m}$$

$$M_z=M_{1z}+M_{2z}+M_{3z}=41.2\text{N}\cdot\text{m}$$

（3）如图5-13c所示，合力偶矩矢 M 的大小和方向

$$M=\sqrt{M_x^2+M_y^2+M_z^2}=42.7\text{N}\cdot\text{m};\cos\langle \boldsymbol{M},\boldsymbol{i}\rangle=\frac{M_x}{M}=0,\ \langle \boldsymbol{M},\boldsymbol{i}\rangle=90°$$

$$\cos\langle \boldsymbol{M},\boldsymbol{j}\rangle=\frac{M_y}{M}=0.262,\ \langle \boldsymbol{M},\boldsymbol{j}\rangle=74.8°;\cos\langle \boldsymbol{M},\boldsymbol{k}\rangle=\frac{M_z}{M}=0.965,$$

$$\langle \boldsymbol{M},\boldsymbol{k}\rangle=15.2°$$

由于空间力偶系可以用一个合力偶来代替，因此，**空间力偶系平衡的必要和充分条件是：该力偶系的合力偶矩等于零，即所有力偶矩矢的矢量和等于零。**

$$\boldsymbol{M}=\sum \boldsymbol{M}_i=\boldsymbol{0} \tag{5-18a}$$

由式（5-18a），有

$$M=\sqrt{(\sum M_x)^2+(\sum M_y)^2+(\sum M_z)^2}$$

欲使上式成立，必须同时满足

$$\begin{cases}\sum M_x=0\\ \sum M_y=0\\ \sum M_z=0\end{cases} \tag{5-18b}$$

式（5-18b）为**空间力偶系的平衡方程，即空间力偶系平衡的必要和充分条件为：该力偶系中所有各力偶矩矢在三个坐标轴上投影的代数和分别等于零。**上述三个独立的平衡方程可求解三个未知量。

5.5 空间任意力系的简化与平衡

5.5.1 空间任意力系向一点简化——主矢与主矩

与平面力系一样，空间任意力系向一点简化得到一个力和一个力偶，如图5-14所示，此力为原来力系的主矢，即主矢等于力系中各力矢量和。

$$\begin{aligned}\boldsymbol{F}'_{\mathrm{R}} &= \boldsymbol{F}'_1+\boldsymbol{F}'_2+\cdots+\boldsymbol{F}'_n=\boldsymbol{F}_1+\boldsymbol{F}_2+\cdots+\boldsymbol{F}_n=\sum_{i=1}^{n}\boldsymbol{F}_i \\ &= \left(\sum_{i=1}^{n}F_{xi}\right)\boldsymbol{i}+\left(\sum_{i=1}^{n}F_{yi}\right)\boldsymbol{j}+\left(\sum_{i=1}^{n}F_{zi}\right)\boldsymbol{k}\end{aligned} \tag{5-19}$$

此力偶矩称为原来力系的主矩，即主矩等于力系中各力矢量对简化中心取矩的矢量和。

$$\begin{aligned}\boldsymbol{M}_O &= \boldsymbol{M}_1+\boldsymbol{M}_2+\cdots+\boldsymbol{M}_n=\sum_{i=1}^{n}\boldsymbol{M}_O(\boldsymbol{F}_i)=\sum_{i=1}^{n}(\boldsymbol{r}_i\times\boldsymbol{F}_i) \\ &= \left(\sum_{i=1}^{n}M_{xi}\right)\boldsymbol{i}+\left(\sum_{i=1}^{n}M_{yi}\right)\boldsymbol{j}+\left(\sum_{i=1}^{n}M_{zi}\right)\boldsymbol{k}\end{aligned} \tag{5-20}$$

结论：空间任意力系向力系所在平面内任意一点简化，得到一个力和一个力偶，如图5-14c所示，此力称为原来力系的主矢，与简化中心的位置无关；此力偶矩称为原来力系的主矩，与简化中心的位置有关。

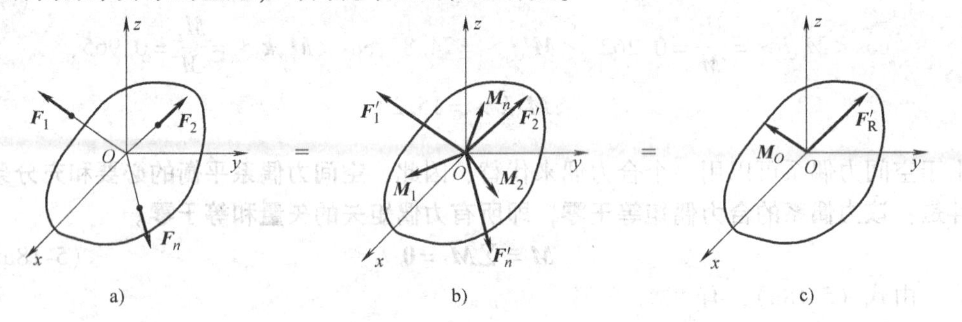

图5-14 任意力系向一点简化

合力矩定理：空间任意力系的合力对任意一点的矩等于力系中各力对同一点的矩的矢量和。

$$\boldsymbol{M}_O=\sum_{i=1}^{n}\boldsymbol{M}_O(\boldsymbol{F}_i) \tag{5-21}$$

这里不作证明，读者可根据矢量代数自行推导。

将上面的式（5-21）向直角坐标轴 x、y、z 投影，得对**某轴的合力矩定理：空**

间任意力系的合力对某轴的矩等于力系中各力对同一轴的矩的代数和。

$$
\begin{cases}
M_x = \sum_{i=1}^{n} M_x(\boldsymbol{F}_i) \\
M_y = \sum_{i=1}^{n} M_y(\boldsymbol{F}_i) \\
M_z = \sum_{i=1}^{n} M_z(\boldsymbol{F}_i)
\end{cases}
\tag{5-22}
$$

5.5.2 空间任意力系向一点简化结果分析

由前述可知，空间任意力系向任一点简化的结果一般是一个力和一个力偶；该力作用于简化中心，其力矢等于力系的主矢，该力偶的力偶矩矢等于力系对于简化中心的主矩，主矩与简化中心的位置有关。

空间任意力系向一点的简化可能出现四种情况，即①$\boldsymbol{F}'_R=\boldsymbol{0}$，$\boldsymbol{M}_O\neq\boldsymbol{0}$；②$\boldsymbol{F}'_R\neq\boldsymbol{0}$，$\boldsymbol{M}_O=\boldsymbol{0}$；③$\boldsymbol{F}'_R\neq\boldsymbol{0}$，$\boldsymbol{M}_O\neq\boldsymbol{0}$；④$\boldsymbol{F}'_R=\boldsymbol{0}$，$\boldsymbol{M}_O=\boldsymbol{0}$。现讨论如下：

（1）$\boldsymbol{F}'_R=\boldsymbol{0}$，$\boldsymbol{M}_O=\boldsymbol{0}$　此时空间任意力系平衡。

（2）$\boldsymbol{F}'_R=\boldsymbol{0}$，$\boldsymbol{M}_O\neq\boldsymbol{0}$　此时简化结果为一个与原力系等效的合力偶，其合力偶矩矢等于对简化中心的主矩。此时力偶矩矢与简化中心位置无关。

（3）$\boldsymbol{F}'_R\neq\boldsymbol{0}$，$\boldsymbol{M}_O=\boldsymbol{0}$　这时得一个与原力系等效的合力，合力的作用线通过简化中心 O，其大小和方向等于原力系的主矢。

（4）$\boldsymbol{F}'_R\neq\boldsymbol{0}$，$\boldsymbol{M}_O\neq\boldsymbol{0}$　此时可分三种情况，分析如下：

1）第一种情况：$\boldsymbol{F}'_R\neq\boldsymbol{0}$，$\boldsymbol{M}_O\neq\boldsymbol{0}$，且 $\boldsymbol{F}'_R\perp\boldsymbol{M}_O$。此时，力系可以进一步合成一个合力，合力的大小和方向等于原力系的主矢，其作用线距简化中心为 $d=\dfrac{M_O}{F'_R}$，如图5-15所示。

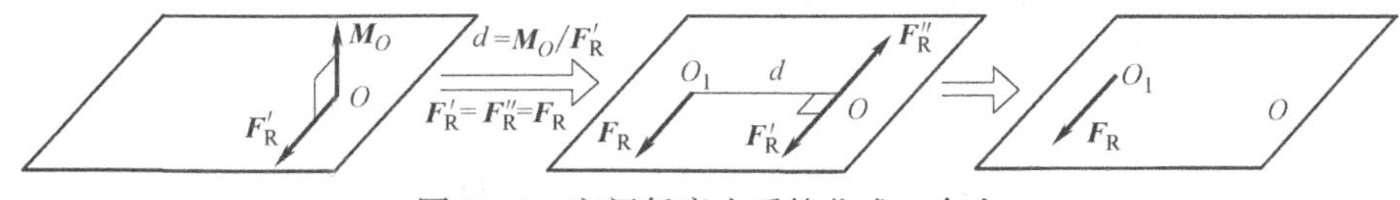

图5-15　空间任意力系简化成一合力

2）第二种情况：$\boldsymbol{F}'_R\neq\boldsymbol{0}$，$\boldsymbol{M}_O\neq\boldsymbol{0}$，且 $\boldsymbol{F}'_R/\!/\boldsymbol{M}_O$。这时空间力系简化成**力螺旋**，如图5-16所示。所谓力螺旋，就是由一个力和一个力偶组成的力系，其中力垂直

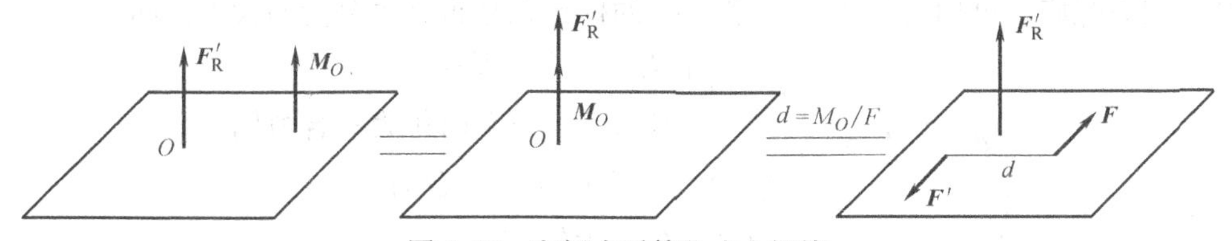

图5-16　空间力系简化成力螺旋

于力偶所在的平面。例如，采石场上用于钻孔的潜孔钻（见图5-17a）、建筑上的电锤钻孔时的钻头对墙的作用（见图5-17b）。力螺旋是由力和力偶组成的最简单的力系，不能再进一步简化了。力偶的转向和力的指向符合右手螺旋法则的称为右螺旋，否则为左螺旋，如图5-17a所示。力螺旋的力作用线称为力螺旋的中心轴，在上述情况下，中心轴通过简化中心。

a)

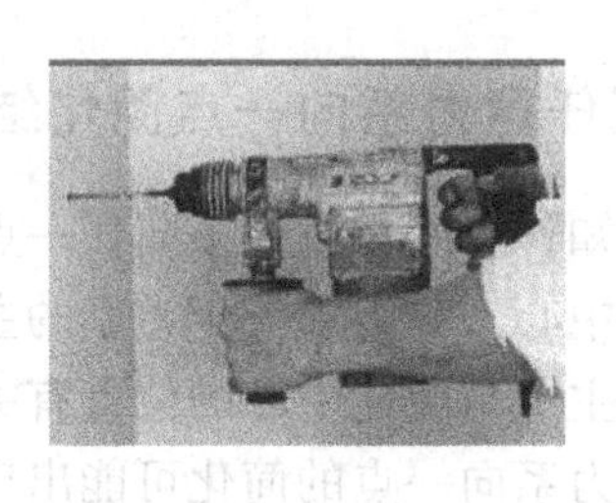

b)

图5-17 空间力系简化成力螺旋实例

3）第三种情况：$\boldsymbol{F}'_{\mathrm{R}} \neq \boldsymbol{0}$，$\boldsymbol{M}_O \neq \boldsymbol{0}$，且$\boldsymbol{F}'_{\mathrm{R}}$与$\boldsymbol{M}_O$既不平行也不垂直，如图5-18a所示。将力偶分解成与力平行和垂直的分量，则进一步简化为力螺旋，只是中心轴距简化中心距离为$d=\dfrac{M_O\sin\theta}{F'_{\mathrm{R}}}$，如图5-18b所示。

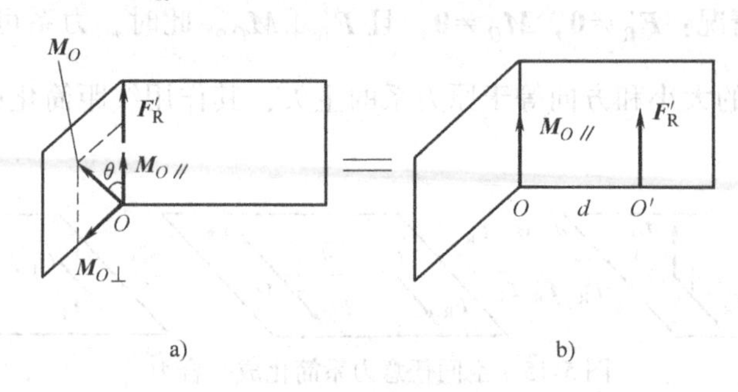

a) b)

图5-18 力螺旋

综上所述，空间任意力系向一点简化的最终结果有四种情况：平衡、合力偶、合力和力螺旋。可用主矢$\boldsymbol{F}'_{\mathrm{R}}$与主矩$M_O$的标量积是否为零分为两大类，即

$$\begin{cases}\boldsymbol{F}'_{\mathrm{R}}\cdot\boldsymbol{M}_O=0\begin{cases}\boldsymbol{F}'_{\mathrm{R}}=\boldsymbol{0}\begin{cases}\boldsymbol{M}_O=\boldsymbol{0} & \text{力　系平衡}\\ \boldsymbol{M}_O\neq\boldsymbol{0} & \text{力系简化为一合力偶}\end{cases}\\ \boldsymbol{F}'_{\mathrm{R}}\neq\boldsymbol{0}\quad \text{力系简化为一合力}\end{cases}\\ \boldsymbol{F}'_{\mathrm{R}}\cdot\boldsymbol{M}_O\neq 0\quad \text{力系简化为力螺旋}\end{cases}$$

5.5.3　空间任意力系的平衡

1. 空间任意力系的平衡方程

空间任意力系平衡的必要与充分条件是：力系的主矢和对任意一点的主矩均等于零。

$$\boldsymbol{F}'_{\mathrm{R}} = \boldsymbol{0}, \boldsymbol{M}_O = \boldsymbol{0} \tag{5-23}$$

即空间任意力系的平衡方程

$$\begin{cases} \sum_{i=1}^{n} F_{xi} = 0, \sum_{i=1}^{n} F_{yi} = 0, \sum_{i=1}^{n} F_{zi} = 0 \\ \sum_{i=1}^{n} M_{xi}(\boldsymbol{F}_i) = 0, \sum_{i=1}^{n} M_{yi}(\boldsymbol{F}_i) = 0, \sum_{i=1}^{n} M_{zi}(\boldsymbol{F}_i) = 0 \end{cases} \tag{5-24}$$

于是得**空间任意力系平衡的解析条件：空间任意力系中各力向三个垂直的坐标轴投影的代数和均为零，各力对三个坐标轴的矩的代数和也均为零。**

方程（5-24）为六个独立的方程，可解六个未知力，它包含静力学的所有平衡方程。例如，空间平行力系的平衡方程，如果 z 轴与力的作用线平行，则力系中各力向 x 轴和 y 轴的投影恒为零，对 z 轴的矩恒为零，即平衡方程

$$\begin{cases} \sum_{i=1}^{n} F_{zi} = 0 \\ \sum_{i=1}^{n} M_{xi}(\boldsymbol{F}_i) = 0, \sum_{i=1}^{n} M_{yi}(\boldsymbol{F}_i) = 0 \end{cases} \tag{5-25}$$

由于空间任意力系的平衡方程有六个，所以在求解时应注意：

1）选择适当的投影轴，使更多的未知力尽可能地与该轴垂直。

2）力矩轴应选择与未知力相交或平行的轴。

3）投影轴和力矩轴不一定是同一轴，所选择的轴也不一定都是正交的；只有这样才能做到一个方程含有一个未知力，避免联立方程。

2. 空间约束类型举例

在空间问题中，所研究问题的约束最多应有 6 个约束，这样上述的平衡方程才能求解。在实际物体中，由于受力较为复杂，应抓住物体受力的主要因素，忽略次要因素，才能将复杂问题加以简化。下面的表 5-1 为空间约束的类型及其受力举例，给出了几种典型空间约束简化形式。

表 5-1　空间约束的类型及其约束力举例

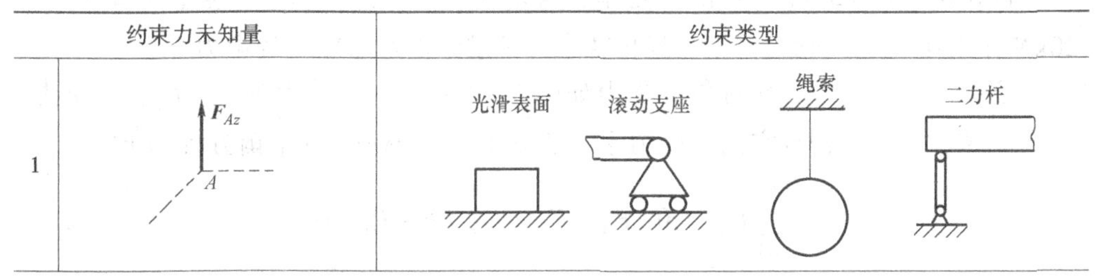

	约束力未知量	约束类型
1	F_{Az}, A	光滑表面　滚动支座　绳索　二力杆

（续）

	约束力未知量	约束类型
2	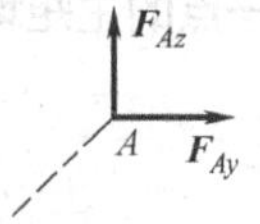 F_{Az}，F_{Ay}	径向轴承　圆柱铰链　铁轨　蝶铰链 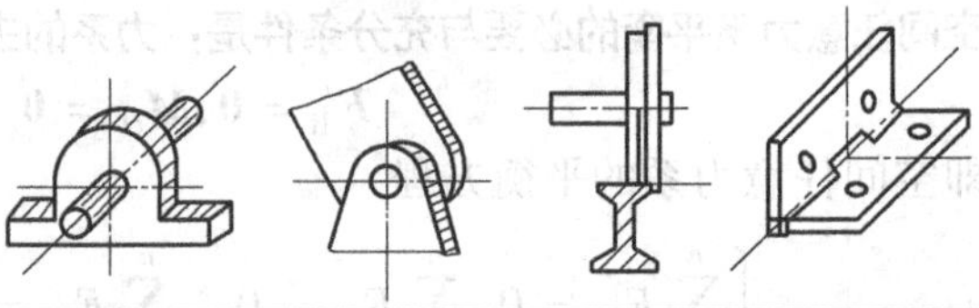
3	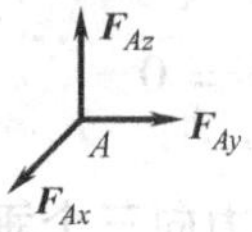 F_{Az}，F_{Ay}，F_{Ax}	球形铰链　止推轴承 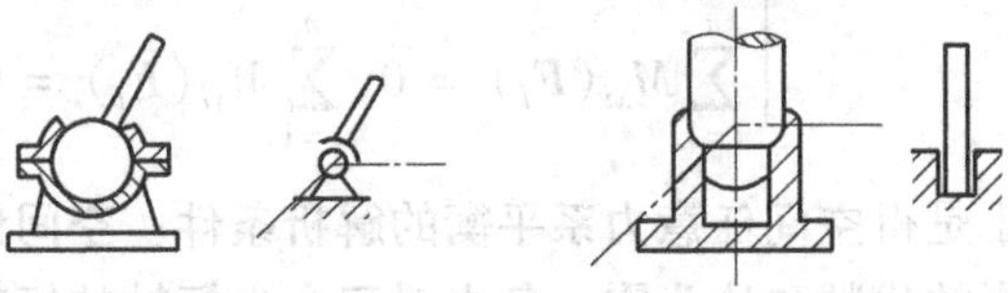
4	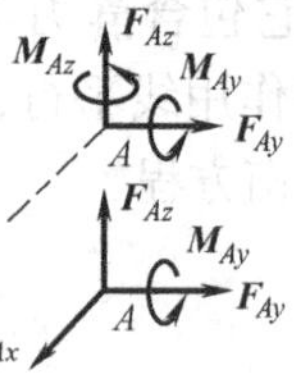 F_{Az}，M_{Az}，M_{Ay}，F_{Ay}；F_{Az}，M_{Ay}，F_{Ay}，F_{Ax}	导向轴承 a)　万向接头 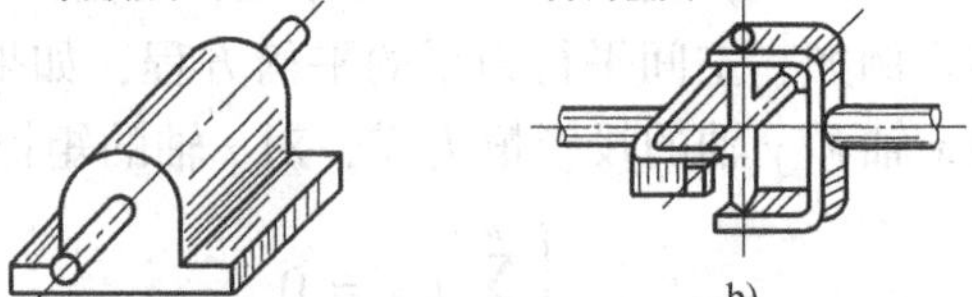 b)
5	a) F_{Az}，M_{Az}，M_{Ax}，F_{Ay}，F_{Ax} b) F_{Az}，M_{Az}，F_{Ay}，F_{Ax}，M_{Ay} 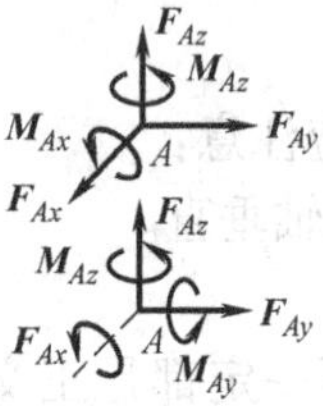	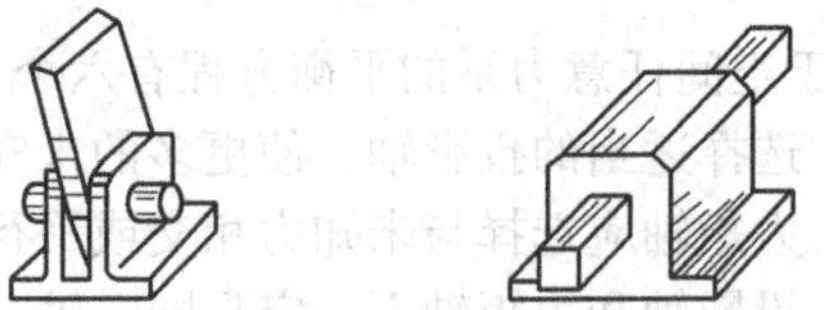 带有销子的夹板 a)　导轨 b)
6	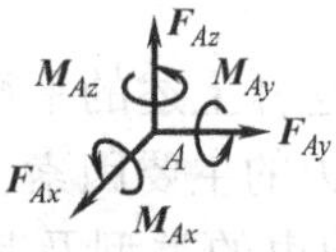 F_{Az}，M_{Az}，M_{Ay}，F_{Ay}，F_{Ax}，M_{Ax}	空间的固定端支座 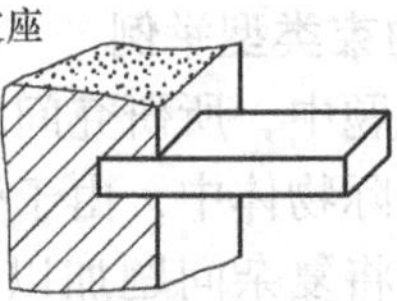

例 5-5　如图 5-19 所示的三轮车，自重 $P=10\text{kN}$，作用在 E 点，载重 $P_1=20\text{kN}$ 作用在 C 点，设三轮车为静止状态，试求地面对车轮的约束力。

解：以三轮车为研究对象，受力如图 5-19 所示，主动力为 $\boldsymbol{P}$、$\boldsymbol{P}_1$，约束力为 $\boldsymbol{F}_A$、$\boldsymbol{F}_B$、$\boldsymbol{F}_D$，构成空间平行力系。建立坐标系 $Axyz$，列平衡方程如下

$$\sum_{i=1}^{n} F_{zi}=0,\ F_A+F_B+F_D-P-P_1=0$$

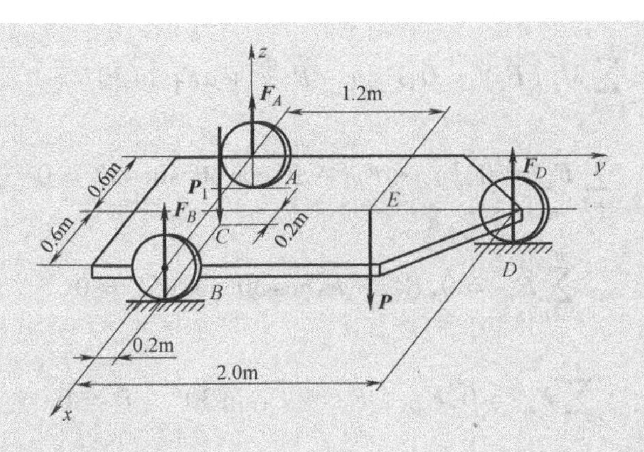

图5-19 三轮车约束力

$$\sum_{i=1}^{n} M_{xi}(\boldsymbol{F}_i) = 0, 2F_D - 0.2P_1 - 1.2P = 0$$

$$\sum_{i=1}^{n} M_{yi}(\boldsymbol{F}_i) = 0, -0.6F_D - 1.2F_B + 0.8P_1 + 0.6P = 0$$

解得

$$F_A = 4\text{kN}, F_B = 18\text{kN}, F_D = 8\text{kN}$$

例 5-6 均质的正方形薄板，重 $P=100\text{N}$，用球铰链 A 和蝶铰链 B 沿水平方向固定在竖直的墙面上，并用绳索 CE 使板保持水平位置，如图5-20所示，绳索的自重忽略不计，试求绳索的拉力和支座 A、B 的约束力。

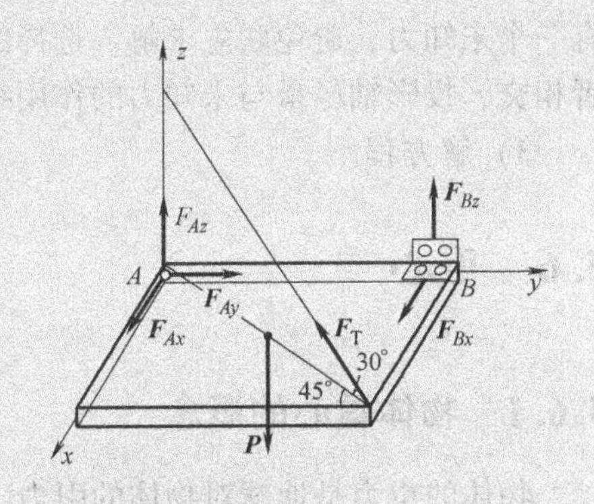

图5-20 均质的正方形薄板约束力

解： 取正方形板为研究对象，受力如图5-20所示，主动力为 $\boldsymbol{P}$，约束力为球铰链 **A** 处的三个相互垂直的正交分力 $\boldsymbol{F}_{Ax}$、$\boldsymbol{F}_{Ay}$、$\boldsymbol{F}_{Az}$，蝶铰链 **B** 由于沿轴向无约束，故存在垂直轴向的力 $\boldsymbol{F}_{Bx}$、$\boldsymbol{F}_{Bz}$，绳索的拉力为 $\boldsymbol{F}_\text{T}$。设正方形板边长为 a，建立坐标系 $Axyz$，列平衡方程如下

$$\sum_{i=1}^{n} M_{zi}(\boldsymbol{F}_i) = 0, F_{Bx} = 0 \tag{a}$$

$$\sum_{i=1}^{n} M_{yi}(\boldsymbol{F}_i) = 0, P\frac{a}{2} - aF_\text{T}\sin 30° = 0 \tag{b}$$

$$\sum_{i=1}^{n} M_{xi}(\boldsymbol{F}_i) = 0, F_{Bz}a - P\frac{a}{2} + aF_{\mathrm{T}}\sin 30° = 0 \tag{c}$$

$$\sum_{i=1}^{n} \boldsymbol{F}_{xi} = 0, F_{Ax} + F_{Bx} - F_{\mathrm{T}}\cos 30°\sin 45° = 0 \tag{d}$$

$$\sum_{i=1}^{n} \boldsymbol{F}_{yi} = 0, F_{Ay} - F_{\mathrm{T}}\cos 30°\cos 45° = 0 \tag{e}$$

$$\sum_{i=1}^{n} \boldsymbol{F}_{zi} = 0, F_{Az} + F_{Bz} + F_{\mathrm{T}}\sin 30° - P = 0 \tag{f}$$

由上面六个方程解得绳索的拉力和支座 A、B 的约束力为

$$F_{\mathrm{T}} = 100\mathrm{N}, F_{Ax} = F_{Ay} = 61.24\mathrm{kN}, F_{Az} = 50\mathrm{kN}, F_{Bx} = F_{Bz} = 0$$

由上面的例子可以看出，空间任意力系的平衡方程有 6 个独立的平衡方程，可求解 6 个未知力，在求解时应做到：

1）正确地对所研究的物体进行受力分析，分析受哪些力的作用，即哪些是主动力，哪些是要求的未知力，它们构成怎样的力系（平行力系、力偶系、汇交力系、任意力系）。

2）选择适当的平衡方程，进行求解。求解所遵循的原则是尽量使一个方程含有一个未知力，避免联立求解。选择的力矩轴尽量使未知力的作用线与该轴平行或者相交，投影轴尽量与未知力的作用线垂直等，以减少平衡方程的未知力的数目。

3）解方程。

5.6 重心

5.6.1 物体重心的概念

物体的重力是地球对物体的引力，如果把物体看成是由许多微小部分组成的，则每个微小的部分都受到地球的引力，这些引力汇交于地球的中心，形成一个空间汇交力系。但由于我们所研究的物体尺寸与地球的直径相比要小得多，因此可以近似地认为这个力系是空间平行力系，此平行力系的合力即为物体的重力。通过实验可知，无论物体如何放置，重力的作用线始终通过一个确定的点，这个点就是物体的重心。

重心是力学中的一个十分重要的概念，在工程实际中有着很重要的意义。物体的平衡和稳定，物体旋转时振动的大小等均涉及重心的位置。在工程实际中，研究物体的重心有重要意义。例如，高速转动的转子，如果重心不在其转动轴线上，将

会引起强烈振动，甚至造成材料破坏；又如，船舶和高速飞行物，如重心位置设计不好，就可能引起轮船的倾覆和影响飞行物的稳定飞行等。另外起重机、水坝、挡土墙的倾覆稳定性都与各自的重心位置有关。因此，在土建、机械设计中常需要计算物体重心的位置。

本节将以平行力系重心为基础，引出重心概念及其计算公式。

5.6.2　重心的坐标公式

在图 5-21 所示的物体上，任选一空间直角坐标系 $Oxyz$，设物体各微小部分受到的重力分别为 $\Delta \boldsymbol{G}_1$、$\Delta \boldsymbol{G}_2$、…、$\Delta \boldsymbol{G}_n$，其重心的位置分别为 $C_1(x_1, y_1, z_1)$、$C_2(x_2, y_2, z_2)$、…、$C_n(x_n, y_n, z_n)$，整个物体的重力 $\boldsymbol{G} = \Sigma \Delta \boldsymbol{G}$，其重心的位置 C（x_C、y_C，z_C），若需确定重心，即需求出 x_C、y_C、z_C。

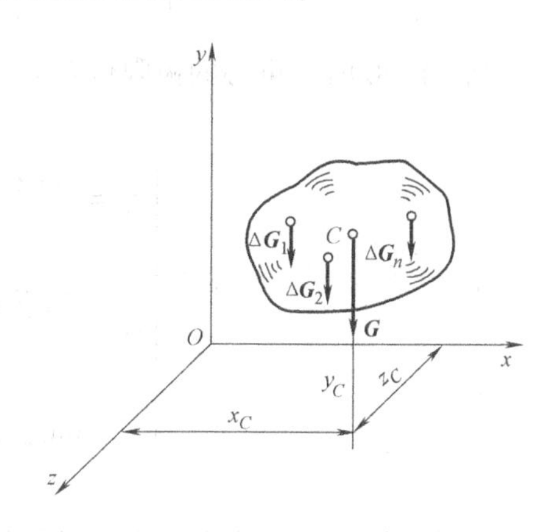

图 5-21　物体重心示例

由合力矩定理可知，重力 $\boldsymbol{G}$ 对某轴的矩等于各微小部分重力 $\Delta \boldsymbol{G}$ 对同一轴的矩的代数和。即对 z 轴取矩时，可得

$$G \cdot x_C = \Delta G_1 \cdot x_1 + \Delta G_2 \cdot x_2 + \cdots + \Delta G_n \cdot x_n = \sum(\Delta G_i \cdot x_i) \tag{a}$$

对 x 轴取矩时，可得

$$G \cdot z_C = \Delta G_1 \cdot z_1 + \Delta G_2 \cdot z_2 + \cdots + \Delta G_n \cdot z_n = \sum(\Delta G_i \cdot z_i) \tag{b}$$

因重心的位置相对于物体本身始终处于一个确定的几何点，而与物体的放置情况无关，故可将物体连同坐标系绕 x 轴顺时针转 90°，再对 x 轴取矩，可得

$$G \cdot y_C = \Delta G_1 \cdot y_1 + \Delta G_2 \cdot y_2 + \cdots + \Delta G_n \cdot y_n = \sum(\Delta G_i \cdot y_i) \tag{c}$$

由式（a）~式（c）三式即得重心坐标公式

$$\begin{cases} x_C = \dfrac{\sum(\Delta G \cdot x)}{G} = \dfrac{\sum(\Delta G \cdot x)}{\sum \Delta G} \\ y_C = \dfrac{\sum(\Delta G \cdot y)}{G} = \dfrac{\sum(\Delta G \cdot y)}{\sum \Delta G} \\ z_C = \dfrac{\sum(\Delta G \cdot z)}{G} = \dfrac{\sum(\Delta G \cdot z)}{\sum \Delta G} \end{cases} \tag{5-26}$$

5.6.3　形心的坐标公式

对于均质物体，由于每一部分的质量与它的体积成正比，所以式（5-26）可写为

$$\begin{cases} x_C = \dfrac{\sum(\Delta V \cdot x)}{V} = \dfrac{\sum(\Delta V \cdot x)}{\sum \Delta V} \\ y_C = \dfrac{\sum(\Delta V \cdot y)}{V} = \dfrac{\sum(\Delta V \cdot y)}{\sum \Delta V} \\ z_C = \dfrac{\sum(\Delta V \cdot z)}{V} = \dfrac{\sum(\Delta V \cdot z)}{\sum \Delta V} \end{cases} \tag{5-27a}$$

当 $\Delta V \to 0$ 时，重心的极限位置为

$$\begin{cases} x_C = \dfrac{\lim \sum(\Delta V \cdot x)}{V} = \dfrac{\int_V x \mathrm{d}V}{V} \\ y_C = \dfrac{\lim \sum(\Delta V \cdot y)}{V} = \dfrac{\int_V y \mathrm{d}V}{V} \\ z_C = \dfrac{\lim \sum(\Delta V \cdot z)}{V} = \dfrac{\int_V z \mathrm{d}V}{V} \end{cases} \tag{5-27b}$$

可见，均质物体的重心位置，完全取决于物体的几何形状，而与物体的质量无关。因此均质物体的重心，即是体积 V 的形心。对于均质物体来说，形心和重心是重合的。

对于均质薄板，由于每一部分的质量与其面积成正比，可得

$$\begin{cases} x_C = \dfrac{\sum(\Delta A \cdot x)}{A} = \dfrac{\sum(\Delta A \cdot x)}{\sum \Delta A} \\ y_C = \dfrac{\sum(\Delta A \cdot y)}{A} = \dfrac{\sum(\Delta A \cdot y)}{\sum \Delta A} \end{cases} \tag{5-28a}$$

当 $\Delta A \to 0$ 时，重心的极限位置为

$$\begin{cases} x_C = \dfrac{\lim \sum(\Delta A \cdot x)}{A} = \dfrac{\int_A x \mathrm{d}A}{A} \\ y_C = \dfrac{\lim \sum(\Delta A \cdot y)}{A} = \dfrac{\int_A y \mathrm{d}A}{A} \end{cases} \tag{5-28b}$$

在式（5-26）~式（5-28）中的$\sum(\Delta G \cdot x)$、$\sum(\Delta V \cdot x)$、$\sum(\Delta A \cdot x)$均被称为静矩或一次矩。当重心或形心的位置为已知时，利用以上各式计算静矩极为方便。

当面积的形心与坐标原点重合时（即 $x_C = y_C = 0$），则有

$$\sum(\Delta A \cdot x) = \sum(\Delta A \cdot y) = 0$$

可见，面积对通过形心的轴的静矩等于零。

5.6.4　求重心的几种方法

1. 求简单形体重心的方法

凡是具有对称面、对称轴或对称中心的简单形状的均质物体，其重心一定在它的对称面、对称轴或对称中心上。

因此，有一根对称轴的平面图形，其重心必在对称轴上；具有两根或两根以上对称轴的平面图形，其重心必在对称轴的交点上；有对称中心的物体，其重心必在对称中心上，如图5-22所示。

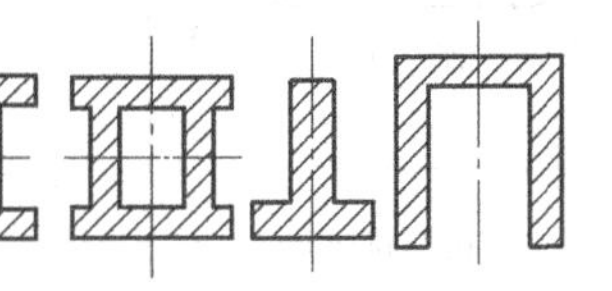

图5-22　有对称轴的平面图形的重心

简单形体重心可以用上述公式使用积分的方法求得，并列出表格，所以可以从工程手册上查到，见表5-2。

表5-2　简单形体重心表

图形	重心位置	图形	重心位置
三角形	在中线的交点 $y_C=\frac{1}{3}h$	梯形	$y_C=\frac{h(2a+b)}{3(a+b)}$
圆弧	$x_C=\frac{r\sin\alpha}{\alpha}$ 对于半圆弧 $x_C=\frac{2r}{\pi}$	弓形	$x_C=\frac{2}{3}\frac{r^3\sin\alpha^3}{A}$ 面积 $A=\frac{r^2(2\alpha-\sin2\alpha)}{2}$
扇形	$x_C=\frac{2}{3}\frac{r\sin\alpha}{\alpha}$ 对于半圆 $x_C=\frac{4r}{3\pi}$	部分圆环	$x_C=\frac{2}{3}\frac{R^3-r^3}{R^2-r^2}\frac{\sin\alpha}{\alpha}$

（续）

图形	重心位置	图形	重心位置
二次抛物线面	$x_C=\frac{5}{8}a$ $y_C=\frac{2}{5}b$	二次抛物线面	$x_C=\frac{3}{4}a$ $y_C=\frac{3}{10}b$
正圆锥体	$z_C=\frac{1}{4}h$	正角锥体	$z_C=\frac{1}{4}h$
半圆球	$z_C=\frac{3}{8}r$	锥形筒体	$y_C=\frac{4R_1+2R_2-3t}{6(R_1+R_2-t)}L$

例 5-7 用积分法求图 5-23 所示的半径为 R、圆心角为 2α 的扇形 OAB 的形心。

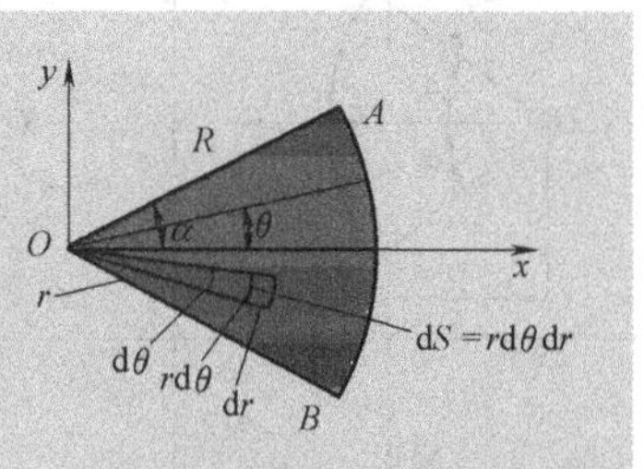

图 5-23 积分法求重心

解： 建立坐标系如图 5-23 所示，由于关于 x 轴对称，所以形心必定在 x 轴上，即 $y_C=0$，只需求 x_C 即可

$$x_C=\frac{\int_S x\mathrm{d}S}{\int_S \mathrm{d}S}=\frac{\int_0^R r^2\mathrm{d}r\int_{-\alpha}^{\alpha}\cos\theta\mathrm{d}\theta}{\int_0^R r^2\mathrm{d}r\int_{-\alpha}^{\alpha}\mathrm{d}\theta}=\frac{2R}{3}\cdot\frac{\sin\alpha}{\alpha}$$

当 $\alpha=\frac{\pi}{2}$ 时，扇形 OAB 为半圆，其重心为 $\left(\frac{4R}{3\pi},\ 0\right)$。

2. 组合法（分割法）

求复杂形体的重心时，常将它分割为几块简单的基本形体（如圆形、矩形、三角形等），而这些简单形体的重心是已知的。这时复杂形体的重心可用式（5-27）或式（5-28）求得，这种方法称为分割法。

例 5-8　试求图 5-24 所示角钢横截面的形心。

解：取坐标系 Oxy 如图 5-24 所示，将图形分割为两个矩形 Ⅰ 和 Ⅱ，以 A_1、A_2 表示它们的面积，以 $C_1(x_1, y_1, z_1)$ 和 $C_2(x_2, y_2, z_2)$ 表示它们的形心位置，由图可得

$$A_1 = 12\text{cm}^2, x_1 = 0.5\text{cm}, y_1 = 6\text{cm}$$

$$A_2 = 7\text{cm}^2, x_2 = 4.5\text{cm}, y_2 = 0.5\text{cm}$$

由式（5-28）可得重心坐标为

$$x_C = \frac{A_1 \cdot x_1 + A_2 \cdot x_2}{A_1 + A_2} = \frac{12\text{cm}^2 \times 0.5\text{cm} + 7\text{cm}^2 \times 4.5\text{cm}}{12\text{cm}^2 + 7\text{cm}^2}$$

$$= 1.97\text{cm}$$

$$y_C = \frac{A_1 \cdot y_1 + A_2 \cdot y_2}{A_1 + A_2} = \frac{12\text{cm}^2 \times 6\text{cm} + 7\text{cm}^2 \times 0.5\text{cm}}{12\text{cm}^2 + 7\text{cm}^2}$$

$$= 3.97\text{cm}$$

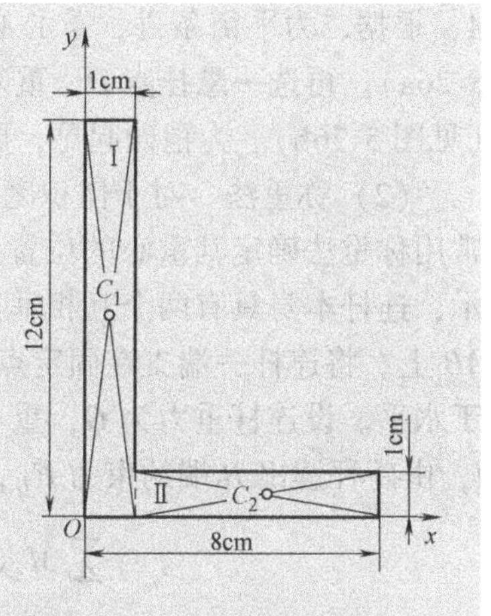

图 5-24　角钢横截面的形心

例 5-9　求图 5-25 所示图形的形心，已知大圆半径为 R，小圆半径为 r，两圆中心矩为 a。

解：选取坐标系 Oxy 如图 5-25 所示，由于对称性可知 $y_C = 0$。

为求重心 x_C 的坐标，可将此图形分成由半径为 R 的圆面积和半径为 r 的圆面积两部分组成（后者面积为负值）。各部分的面积和形心的 x 坐标分别为

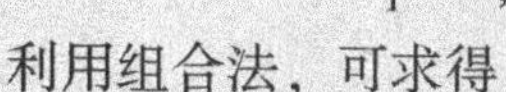

$$A_1 = \pi R^2, A_2 = \pi r^2$$

$$x_1 = 0, x_2 = a$$

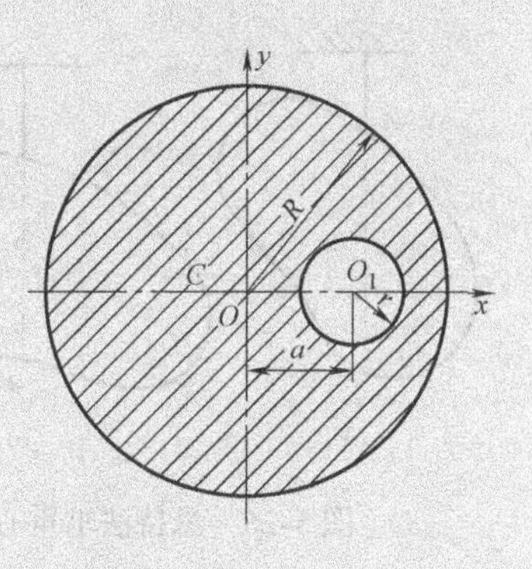

图 5-25　组合图形的形心

利用组合法，可求得

$$x_C = \frac{A_1 x_1 + A_2 x_2}{A_1 + A_2} = \frac{\pi R^2 \times 0 + (-\pi r^2) \cdot a}{\pi R^2 + (-\pi r^2)} = -\frac{ar^2}{R^2 - r^2}$$

故所求面积形心的坐标为$\left(-\dfrac{ar^2}{R^2 - r^2}, 0\right)$，由于 $R > r$，所以 $x_C < 0$，即形心位置处于坐标原点 O 的左侧。

本题采用的方法亦称为负面积法。

3. 实验法

对于形状复杂，不便于利用公式计算的物体，常用实验法确定其重心位置，常用的实验方法有悬挂法和称重法。

（1）悬挂法　对于平板形物体或具有对称面的薄壁件，可将其悬挂于任一点 A，根据二力平衡条件，重心必在过悬挂点 A 的铅垂线上，固定此线位置（见图 5-26a）。再选一悬挂点 D，重复以上过程，得到两条铅垂线的交点 C 即为物体重心（见图 5-26b）。为精确起见，可再选一两个悬挂点进行实验。

（2）称重法　对于体积庞大或形状复杂的零件以及由许多构件所组成的机械，常用称重法确定其重心的位置。例如，用称重法测定连杆重心位置。如图 5-27 所示，连杆本身具有两个互相垂直的纵向对称面，其重心必在这两个对称平面的交线 AB 上。将连杆一端支在固定点 A 处，另一端支承于磅秤 B 上，并使中心线 AB 处于水平。设连杆重力为 $\boldsymbol{G}$，重心 C 点与左端点 A 相距为 x_C，量出两支点间的距离 l，由磅秤读出 B 端约束力 $\boldsymbol{F}_B$，则由

$$\sum M_A(F) = 0, F_B \cdot l - G \cdot x_C = 0$$

得

$$x_C = \frac{F_B}{G} l$$

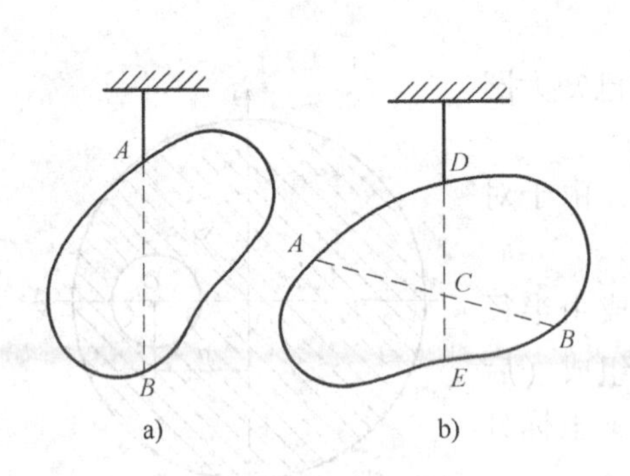

图 5-26　悬持法求重心

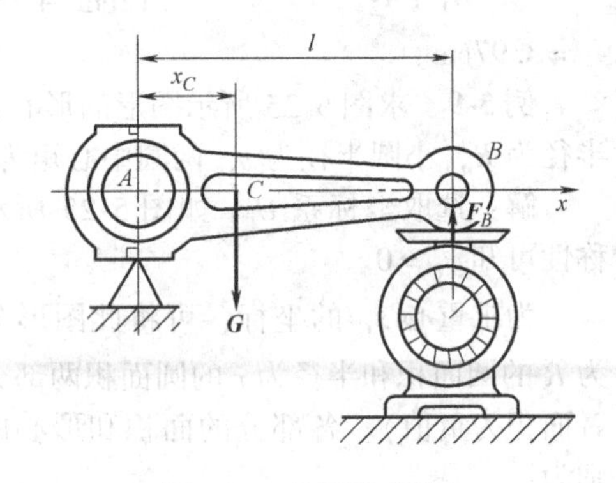

图 5-27　称重法求重心

小　　结

1. 力 $\boldsymbol{F}$ 在空间直角坐标上的投影：

（1）直接投影法

$$\begin{cases} F_x = \boldsymbol{F} \cdot \boldsymbol{i} = F\cos < \boldsymbol{F} \cdot \boldsymbol{i} > \\ F_y = \boldsymbol{F} \cdot \boldsymbol{j} = F\cos < \boldsymbol{F} \cdot \boldsymbol{j} > \\ F_z = \boldsymbol{F} \cdot \boldsymbol{k} = F\cos < \boldsymbol{F} \cdot \boldsymbol{k} > \end{cases}$$

式中，$\boldsymbol{i}$、$\boldsymbol{j}$、$\boldsymbol{k}$ 为坐标轴正向的单位矢量。

(2) 间接投影法

$$\begin{cases} F_x = F_{xy}\cos\varphi = F\sin\gamma\cos\varphi \\ F_y = F_{xy}\sin\varphi = F\sin\gamma\sin\varphi \\ F_Z = F\cos\gamma \end{cases}$$

式中，γ 为力 $\boldsymbol{F}$ 与 z 轴的夹角；$\boldsymbol{F}_{xy}$为力 $\boldsymbol{F}$ 在 xOy 面上的分力；φ 为分力$\boldsymbol{F}_{xy}$与 x 轴的夹角。

2. 空间力对点的矩与空间力对轴的矩

(1) 空间力对点的矩的矢量表示

$$\boldsymbol{M}_O(\boldsymbol{F}) = \boldsymbol{r} \times \boldsymbol{F}$$

$\boldsymbol{M}_O(\boldsymbol{F})$的方向由右手螺旋法则来确定，$\boldsymbol{M}_O(F)$大小为

$$|\boldsymbol{r} \times \boldsymbol{F}| = rF\sin\alpha = Fh$$

式中，h 为 O 点到力 $\boldsymbol{F}$ 作用线的垂直距离，即力臂。

(2) 空间力对轴的矩

$$M_z(\boldsymbol{F}) = M_O(\boldsymbol{F}_{xy}) = \pm F_{xy}h$$

式中，h 为 O 点到力$\boldsymbol{F}_{xy}$作用线的垂直距离，即力臂。

(3) 空间力对点的矩与空间力对轴的矩的关系

$$\begin{cases} [\boldsymbol{M}_O(\boldsymbol{F})]_x = yF_z - zF_y = M_x(\boldsymbol{F}) \\ [\boldsymbol{M}_O(\boldsymbol{F})]_y = zF_x - xF_z = M_y(\boldsymbol{F}) \\ [\boldsymbol{M}_O(\boldsymbol{F})]_z = xF_y - yF_x = M_z(\boldsymbol{F}) \end{cases}$$

3. 空间任意力系

(1) 空间任意力系向一点简化

主矢 $$\boldsymbol{F}'_R = \boldsymbol{F}'_1 + \boldsymbol{F}'_2 + \cdots + \boldsymbol{F}'_n = \boldsymbol{F}_1 + \boldsymbol{F}_2 + \cdots + \boldsymbol{F}_n = \sum_{i=1}^{n} \boldsymbol{F}_i$$

主矩 $$\boldsymbol{M}_O = \boldsymbol{M}_1 + \boldsymbol{M}_2 + \cdots + \boldsymbol{M}_n = \sum_{i=1}^{n} \boldsymbol{M}_O(\boldsymbol{F}_i)$$

(2) 合力矩定理　空间任意力系的合力对任意一点的矩等于力系中各力对同一点的矩的矢量和，即

$$\boldsymbol{M}_O = \sum_{i=1}^{n} \boldsymbol{M}_O(\boldsymbol{F}_i)$$

(3) 空间任意力系的平衡　空间任意力系平衡的必要与充分条件是：力系的主矢和对任意一点的主矩均等于零，即

$$\boldsymbol{F}'_R = \boldsymbol{0},\ \boldsymbol{M}_O = \boldsymbol{0}$$

空间任意力系平衡的方程

$$\begin{cases}\sum_{i=1}^{n} F_{xi} = 0, \sum_{i=1}^{n} F_{yi} = 0, \sum_{i=1}^{n} F_{zi} = 0 \\ \sum_{i=1}^{n} M_{xi}(\boldsymbol{F}_i) = 0, \sum_{i=1}^{n} M_{yi}(\boldsymbol{F}_i) = 0, \sum_{i=1}^{n} M_{zi}(\boldsymbol{F}_i) = 0\end{cases}$$

4. 重心计算公式

$$\begin{cases} x_C = \dfrac{\sum(\Delta G \cdot x)}{G} = \dfrac{\sum(\Delta G \cdot x)}{\sum \Delta G} \\ y_C = \dfrac{\sum(\Delta G \cdot y)}{G} = \dfrac{\sum(\Delta G \cdot y)}{\sum \Delta G} \\ z_C = \dfrac{\sum(\Delta G \cdot z)}{G} = \dfrac{\sum(\Delta G \cdot z)}{\sum \Delta G} \end{cases}$$

求重心的方法有：积分法、组合法、实验法。

思 考 题

5-1 在正方体的顶角 A 和 B 处，分别作用力 $\boldsymbol{F}_1$ 和 $\boldsymbol{F}_2$，如图 5-28 所示。求此两力在 x、y、z 轴上的投影和对 x、y、z 轴的矩。

5-2 力在平面上的投影是标量还是矢量？

5-3 什么情况下力对轴的矩等于零？

5-4 某空间力系对不共线的三点的主矩都为零，此力系是否平衡？

5-5 用矢量积 $\boldsymbol{r}_A \times \boldsymbol{F}$ 计算力 $\boldsymbol{F}$ 对点 O 之矩。当力沿其作用线移动，改变了力作用点的坐标 x、y、z 时，如图 5-29 所示，其计算结果有否变化？

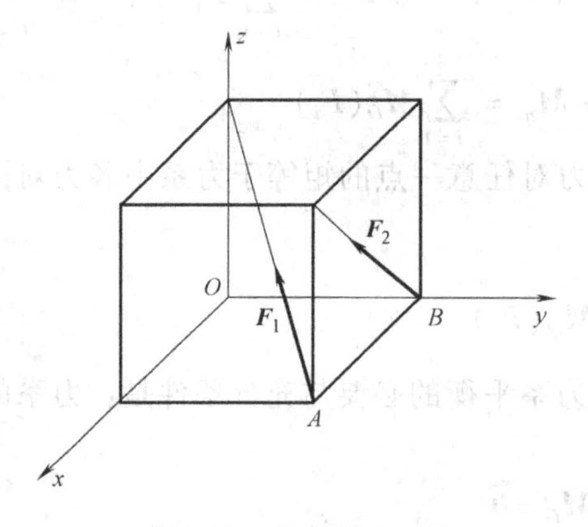

图 5-28 思考题 5-1 图

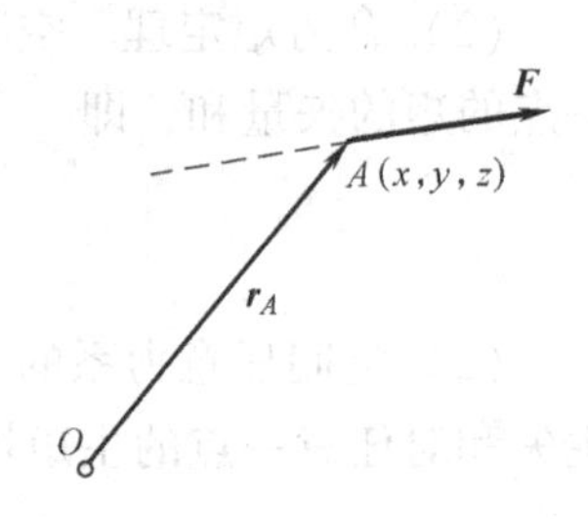

图 5-29 思考题 5-5 图

习　题

1. 选择题

5-1 如图5-30所示，力$\boldsymbol{F}$在平面$OABC$内，该力对x、y、z轴的矩是(　　)。

A. $M_x(\boldsymbol{F})=0$，$M_y(\boldsymbol{F})=0$，$M_z(\boldsymbol{F})=0$

B. $M_x(\boldsymbol{F})=0$，$M_y(\boldsymbol{F})=0$，$M_z(\boldsymbol{F})\neq0$

C. $M_x(\boldsymbol{F})\neq0$，$M_y(\boldsymbol{F})\neq0$，$M_z(\boldsymbol{F})=0$

D. $M_x(\boldsymbol{F})\neq0$，$M_y(\boldsymbol{F})\neq0$，$M_z(\boldsymbol{F})\neq0$

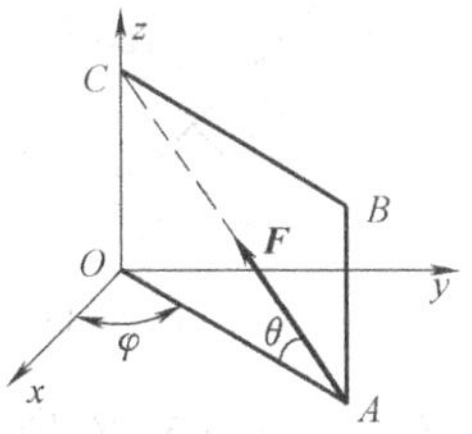

图5-30　习题5-1图

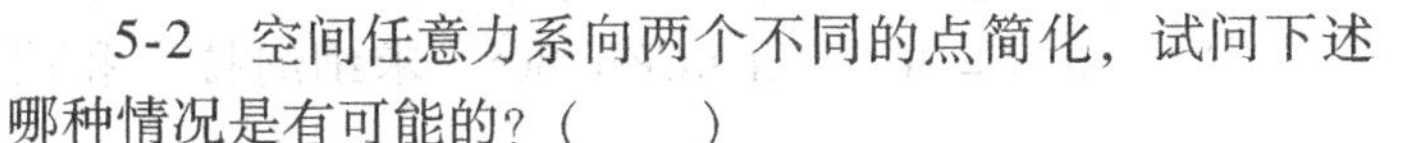

5-2 空间任意力系向两个不同的点简化，试问下述哪种情况是有可能的？(　　)

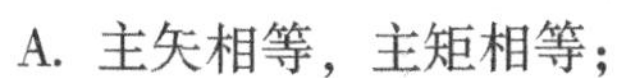

A. 主矢相等，主矩相等；　　B. 主矢不相等，主矩相等；

C. 主矢相等，主矩不相等；　　D. 主矢、主矩都不相等。

5-3 图5-31所示为一平衡的空间平行力系，各力作用线与z轴平行，试问下列方程组哪些可以作为该力系的平衡方程组？(　　)

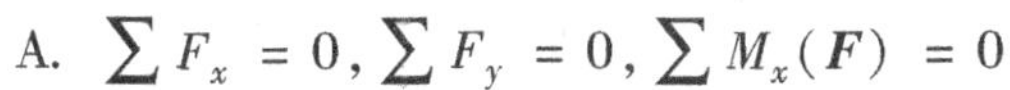

A. $\sum F_x=0,\sum F_y=0,\sum M_x(\boldsymbol{F})=0$

B. $\sum F_x=0,\sum F_y=0,\sum M_z(\boldsymbol{F})=0$

C. $\sum F_z=0,\sum M_x(\boldsymbol{F})=0,\sum M_y(\boldsymbol{F})=0$

D. $\sum M_x(\boldsymbol{F})=0,\sum M_y(\boldsymbol{F})=0,\sum M_z(\boldsymbol{F})=0$

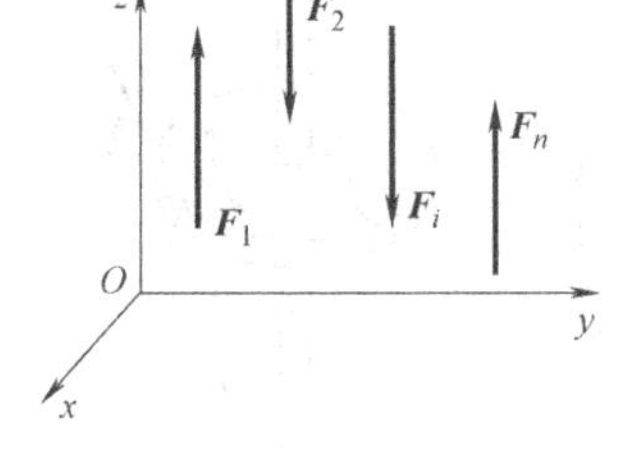

图5-31　习题5-3图

2. 计算题

5-4 一重物由OA、OB两杆及绳OC支持，两杆分别垂直于墙面，由绳OC维持在水平面内，如图5-32所示。已知$W=10\text{kN}$，$OA=30\text{cm}$，$OB=40\text{cm}$，不计杆重。求绳的拉力和两杆所受的力。

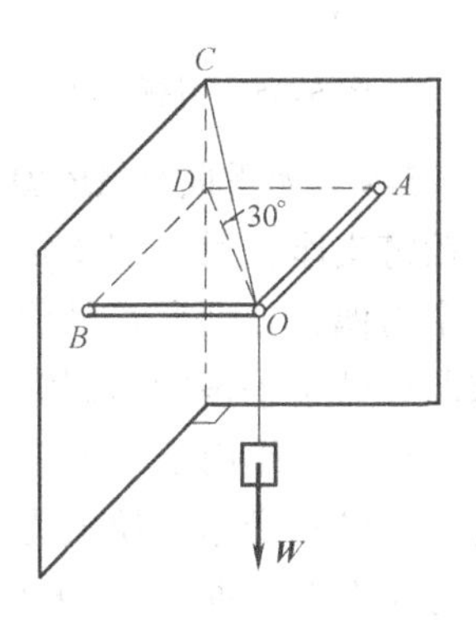

图5-32　习题5-4图

5-5 重物的重力$G=10\text{kN}$，悬挂于支架$CABD$上，各杆角度如图5-33所示。试求CD、AD和BD三个杆所受的内力。

5-6 如图5-34所示，力$F=1000\text{N}$，求对于z轴的力矩M_z。

5-7 水平圆轮上A处有一力$F=1\text{kN}$作用，$\boldsymbol{F}$在垂直平面内，与过A点的切线成夹角$\alpha=60°$，OA与y向的夹角$\beta=45°$，$h=r=1\text{m}$，如图5-35所示。试计算F_x、F_y、F_z及$M_x(\boldsymbol{F})$、$M_y(\boldsymbol{F})$、$M_z(\boldsymbol{F})$的值。

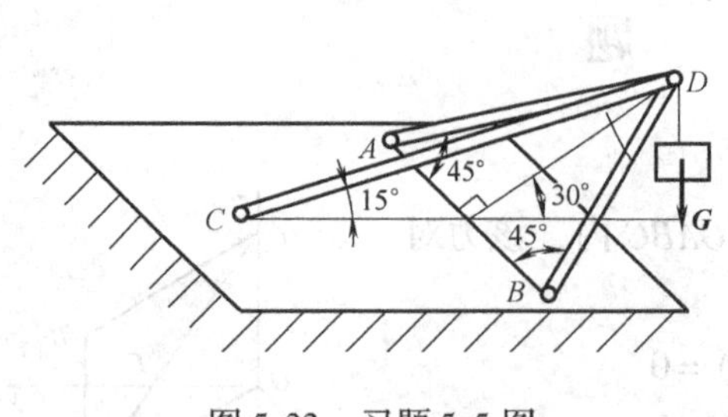

图 5-33　习题 5-5 图

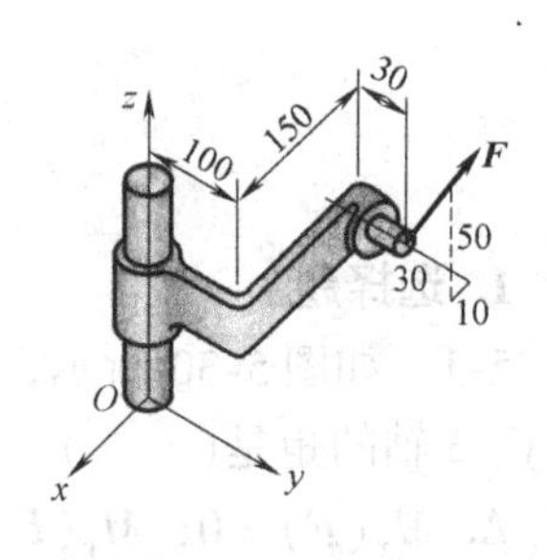

图 5-34　习题 5-6 图

5-8　如图 5-36 所示的矩形薄板 *ABDC*，重力不计，用球铰链 *A* 和蝶铰链 *B* 固定在墙上，另用细绳 *CE* 维持水平位置，连线 *BE* 正好铅垂，板在点 *D* 受到一个平行于铅直轴的力 *G* = 500N。已知角 *BCD* = 30°，角 *BCE* = 30°。求细绳拉力和铰链反力。

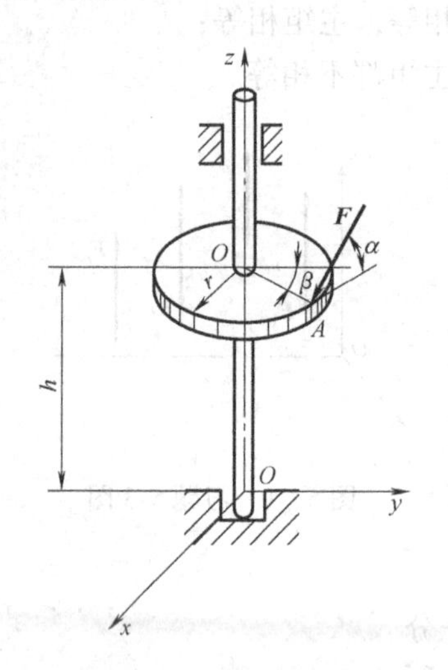

图 5-35　习题 5-7 图

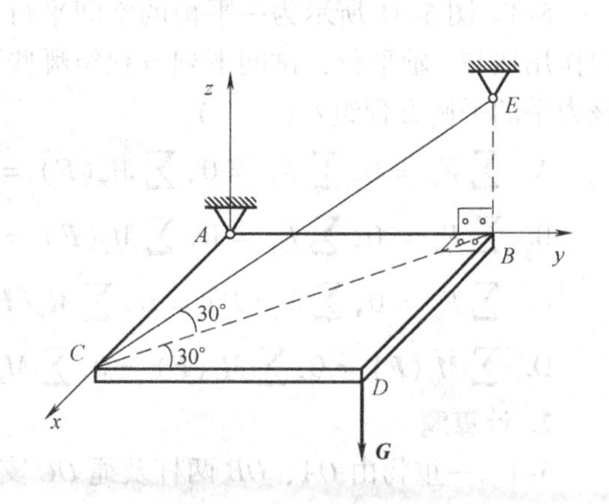

图 5-36　习题 5-8 图

5-9　无重曲杆 *ABCD* 有两个直角，且平面 *ABC* 与平面 *BCD* 垂直。杆的 *D* 端为球铰链支座，另一端受轴承支持，如图 5-37 所示。在曲杆的 *AB*、*BC* 和 *CD* 上作用三个力偶，力偶所在平面分别垂直于 *AB*、*BC*、*CD* 三线段。已知力偶矩 M_2 和 M_3，求曲杆处于平衡的力偶矩 M_1 和支座反力。

5-10　作用于半径为 120 mm 的齿轮上的啮合力 ***F*** 推动带绕水平轴 *AB* 做匀速转动。已知带紧边拉力为 200 N，松边拉力为 100N，尺寸如图 5-38 所示。试求力 ***F*** 的大小以及轴承 *A*、*B* 的约束力。(尺寸单位为 mm)

5-11　求图 5-39 所示均质面积重心的位置。设 *a* = 20cm，*b* = 30cm，*c* = 40cm。

5-12　试求图 5-40 所示阴影部分的形心。已知 r_1 = 10cm、r_2 = 3cm、r_3 = 1. 7cm。

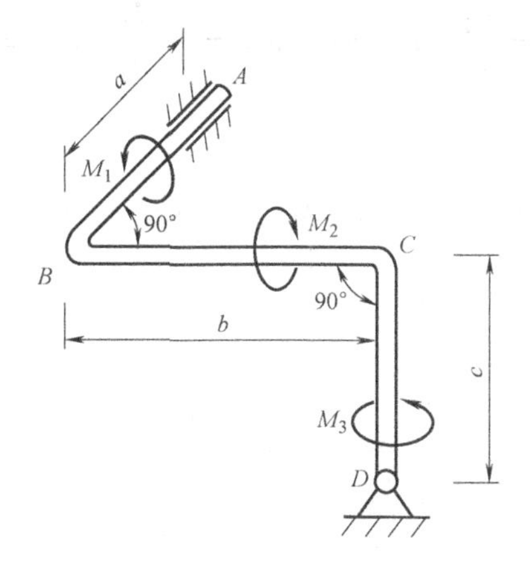

图5-37 习题5-9图

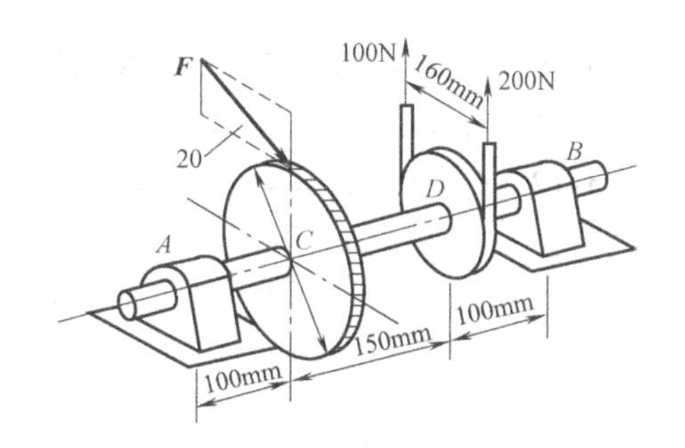

图5-38 习题5-10图

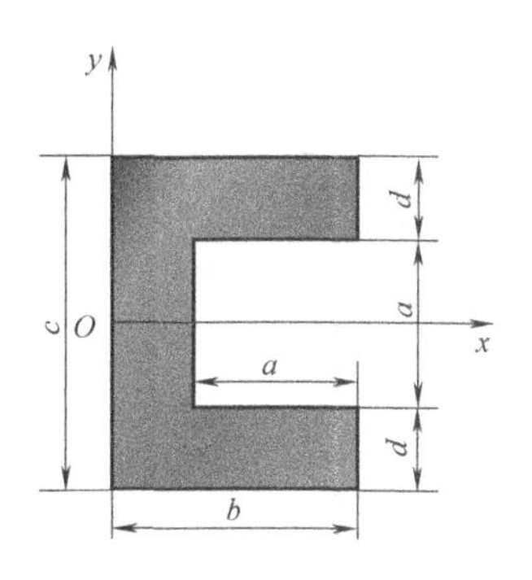

图5-39 习题5-11图

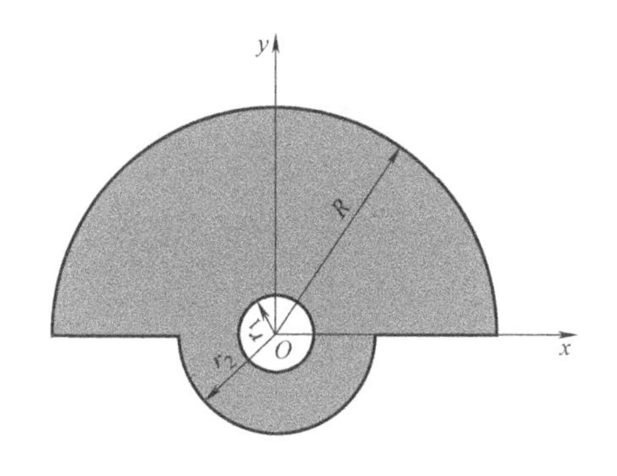

图5-40 习题5-12图

习题答案

1. 选择题

5-1 C 5-2 C 5-3 C

2. 计算题

5-4 $F_{OA}=-10.4\text{kN}$，$F_{OB}=-13.9\text{kN}$，$F_{OC}=20\text{kN}$

5-5 $F_{AD}=F_{BD}=-26.39\text{kN}$，$F_{CD}=33.46\text{kN}$

5-6 $M_z=-101.4\text{N}\cdot\text{m}$

5-7 $F_x=354\text{N}$，$F_y=-354\text{N}$，$F_z=-866\text{N}$，$M_x=258\text{N}\cdot\text{m}$，$M_y=966\text{N}\cdot\text{m}$，$M_z=-500\text{N}\cdot\text{m}$

5-8 $F_C=1\text{kN}$，$F_{Ax}=0$，$F_{Ay}=-750\text{N}$，$F_{Az}=-500\text{N}$，$F_{Bx}=433\text{N}$，$F_{Bz}=500\text{N}$

5-9 $M_1=\frac{b}{a}M_2+\frac{c}{a}M_3=0$，$F_{Ay}=\frac{M_3}{a}$，$F_{Az}=\frac{M_2}{a}$，$F_{Dx}=0$，$F_{Dy}=-\frac{M_3}{a}$，$F_{Dz}=-\frac{M_2}{a}$

5-10 $F=70.9\text{N}$，$F_{By}=207\text{N}$，$F_{Bx}=19\text{N}$，$F_{Ax}=47.6\text{N}$，$F_{Ay}=68.8\text{N}$

5-11 $y_C=0$，$x_C=12.5\text{cm}$

5-12 $x_C=0$，$y_C=4\text{cm}$

摩擦

6.1 导学

摩擦是在机械运动中普遍存在的一种自然现象。例如，人行走、车辆行驶、机械各零件连接处及建筑物各杆间接触处等，都存在着摩擦。

在前几章研究问题时我们都把物体表面看做是绝对光滑的，忽略了物体间的摩擦，实际上，完全光滑的表面是不存在的，当两个表面粗糙的物体相互接触并产生相对运动或具有相对运动趋势时，在接触处会产生一种阻碍运动的相互作用（摩擦阻力）。按物体间的运动情况，摩擦阻力分为阻碍滑动的滑动摩擦力与阻碍滚动的滚动摩阻力偶两种形式，它们同属于干摩擦类型。

摩擦是普遍存在的，理想光滑面实际上不存在。在所研究的问题中，当摩擦的影响小到可以忽略时，可采用光滑接触模型，以简化分析过程；反之，则需考虑摩擦力与滚阻力偶的作用。

摩擦现象极其复杂，目前已有“摩擦学”边缘学科对其进行研究。这里介绍经典摩擦理论，该理论可用于一般工程问题。

6.2 滑动摩擦

两个表面粗糙的物体，相互接触时，当接触面之间有相对滑动或相对滑动趋势时，彼此阻碍滑动的机械作用，称为滑动摩擦力。摩擦力作用于相互接触处，其方向与相对滑动趋势或相对滑动的方向相反，大小根据主动力作用的不同，可以分为静滑动摩擦力、最大静滑动摩擦力和动滑动摩擦力。

6.2.1 静滑动摩擦力及最大静滑动摩擦力

当两个物体的接触表面间有相对滑动趋势，但尚保持相对静止，彼此作用着阻碍相对滑动的阻力，这种阻力称为静滑动摩擦力。

如图 6-1a 所示，质量为 m 的物体静止地置于水平面上，设两者接触面都是非光滑面。先在物块上施加水平力 $\boldsymbol{F}$ 并令其自零开始增加。当物体平衡时，物体除

了受到重力 mg 和拉力 $\boldsymbol{F}$ 外，还有表面支持力 $\boldsymbol{F}_{\mathrm{N}}$ 与阻止物体滑动的力 $\boldsymbol{F}_{\mathrm{s}}$（这个力就是静摩擦力，方向与相对运动趋势方向相反），如图6-1b 所示。可见静摩擦力是一个切向约束力，大小需由平衡条件确定。

$$\sum F_x = 0, F - F_{\mathrm{s}} = 0, F = F_{\mathrm{s}}$$

可见，F_{s} 随着 F 的增大而增大，这是静摩擦力和一般约束力的共同性质。但是，静摩擦力又有其自己的特点。它不能无限增大，当 F 增大到一定数值时，物体处于将要滑动但尚未开始滑动的临界状态。这时静摩擦力达到最大值，称为最大静摩擦力，以 F_{smax} 表示。

由此可见，静滑动摩擦力 $\boldsymbol{F}_{\mathrm{s}}$ 随着主动力的改变而改变，其方向与物体相对运动趋势方向相反，大小在零与最大静摩擦力之间，即

$$0 \leqslant F_{\mathrm{s}} \leqslant F_{\mathrm{smax}} \tag{6-1}$$

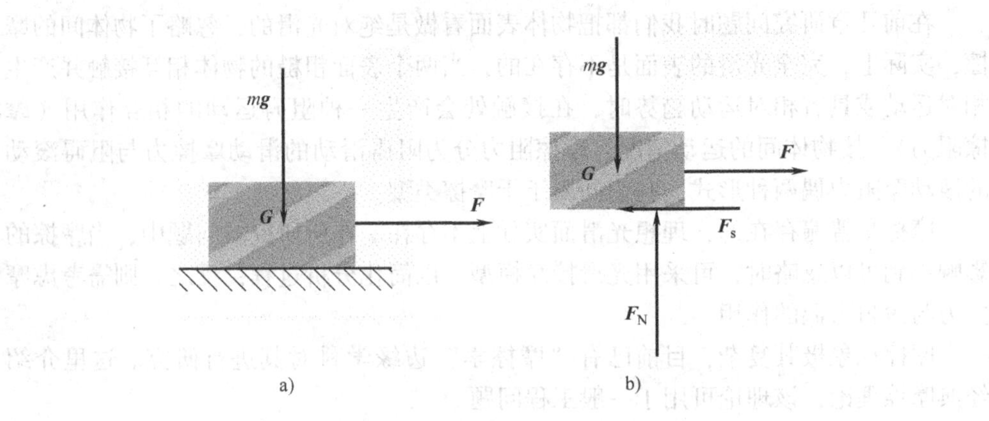

图6-1 静滑动摩擦力

一般静摩擦力由平衡条件确定。

大量实验表明，最大静摩擦力的方向与相对滑动趋势方向相反，其大小与两物体间的正压力（法向反力）成正比，即

$$F_{\mathrm{smax}} = f_{\mathrm{s}} F_{\mathrm{N}} \tag{6-2}$$

式（6-2）称为库仑静摩擦定律，即静滑动摩擦定律，是工程中常用的近似理论。其中 f_{s} 是静摩擦因数，为无量纲量。

静摩擦因数的大小需要实验测定，它与接触物体的材料和表面情况（如粗糙度、温度和湿度等）有关，而与接触面积的大小无关。具体数值可在工程手册中查到，见表6-1，列出了一部分常用材料的摩擦因数，但影响的因素很复杂，如果需要精确的数值，需在具体条件下进行实验测定。

表6-1 常用材料的滑动摩擦因数一览表

材料名称	摩擦因数f		
	静摩擦	动摩擦	
	无润滑剂	无润滑剂	有润滑剂
钢-钢	0.15,0.1~0.12	0.15	0.05~0.10
钢-软钢	—	0.2	0.1~0.2
钢-铸铁	0.3	0.18	0.05~0.15
钢-青铜	0.15.0.1~0.15	0.15	0.1~0.15
钢-巴氏合金	—	0.15~0.3	—
钢-铜铅合金	—	0.15~0.3	—
钢-粉末金属	0.35~0.55	—	—
钢-橡胶	0.9	0.6~0.8	—
钢-塑料	0.09~0.1	—	—
钢-尼龙	—	0.3~0.5	0.05~0.1
钢-软木	—	0.15~0.39	—
软钢-软钢	—	0.40	—
软钢-铸铁	0.2	0.18	0.05~0.15
软钢-黄铜	—	0.46	—
软钢-铝合金	—	0.30	—
软钢-铅	—	0.40	—
软钢-镍	—	0.40	—
软钢-铝	—	0.36	—
软钢-青铜	0.2	0.18	0.07~0.15
软钢-铅基白合金	—	0.40	—
软钢-锡基白合金	—	0.30	—
软钢-镉镍合金	—	0.35	—
软钢-油膜轴承合金	—	0.18	—
软钢-铝青铜	—	0.20	—
软钢-玻璃	—	0.51	—
软钢-石墨	—	0.21	—
软钢-柞木	0.6,0.12	0.4~0.6	0.1
软钢-榆木	—	0.25	—
硬钢-红宝石	—	0.24	—
硬钢-蓝宝石	—	0.35	—
硬钢-二硫化钼	—	0.15	—
硬钢-电木	—	0.35	—
硬钢-玻璃	—	0.48	—
硬钢-硬质橡胶	—	0.38	—
硬钢-石墨	—	0.15	—
铸铁-铸铁	0.18	0.15	0.07~0.12
铸铁-青铜	—	0.15~0.2	0.07~0.15
铸铁-橡皮	—	0.8	0.5
铸铁-皮革	0.3~0.5,0.15	0.6	0.15
铸铁-层压纸板	—	0.3	—
铸铁-柞木	0.65	0.3~0.5	0.2

（续）

材料名称	摩擦因数 f		
	静摩擦	动摩擦	
	无润滑剂	无润滑剂	有润滑剂
铸铁-榆、杨木	—	0.4	0.1
青铜-青铜	0.1	0.2	0.07～0.1
黄铜-黄铜	—	0.8～1.5	—
铅-铅	—	1.2	—
镍-镍	—	0.8	—
铬-铬	—	0.8～1.5	—
锌-锌	—	0.35～0.65	—
钛-钛	—	0.35～0.65	—
镍-石墨	—	0.24	—
青铜-柞木	0.6	0.3	—
玻璃-玻璃	—	0.7	—
玻璃-硬质橡胶	—	0.53	—
金刚石-金刚石	0.1	—	—
尼龙-尼龙	0.2	—	0.1～0.2
橡胶-纸	1.0	—	—
砖-木	0.6	—	—
皮革(外)-柞木	0.6	0.3～0.5	—
皮革(内)-柞木	0.4	0.3～0.4	—
木材-木材	0.4～0.6,0.1	0.2～0.5	0.07～0.15

6.2.2 动滑动摩擦力

当两个相接触的物体之间的接触表面有相对滑动时，彼此间作用着阻碍其相对滑动的阻力，称为动滑动摩擦力，简称动摩擦力，以 $\boldsymbol{F}'$表示。由实践和实验结果可知，动摩擦力的方向与接触物体间相对速度的方向相反；动摩擦力与接触物体间的正压力成正比。

动滑动摩擦的基本定律

$$F' = f' F_{\mathrm{N}} \tag{6-3}$$

f'称为动滑动摩擦因数，简称动摩擦因数。动摩擦因数小于静摩擦因数。实际上f'还与接触物体间相对滑动的速度大小有关，但当相对滑动的速度不大时，可以认为是个常数。

6.2.3 摩擦角与自锁现象

1. 摩擦角

在图 6-2a 中，当物体与支持面之间粗糙，一旦存在相对运动趋势，就会受静摩擦力作用，考察图中所示的物体受力，$\boldsymbol{F}_{\mathrm{N}} + \boldsymbol{F}_{\mathrm{s}} = \boldsymbol{F}_{\mathrm{R}}$ 称为全反力，全反力与法向

约束力的夹角用 φ 来表示。在保持物块静止的前提下，F_R、φ 随 F 的增大而增大，当 $F=F_{smax}$ 时，F_R 达到最大值，其作用点由 A 移至 A_m，这时角度 $\varphi=\varphi_m$ 称为摩擦角。一般情形下 $0\leqslant\varphi\leqslant\varphi_m$。

设静摩擦因数为 f_s，则最大静摩擦力为 $F_{smax}=f_sF_N$。水平面对物体的全反力 $\boldsymbol{F}_R$（支持力与静摩擦力的矢量和）与竖直方向的夹角 φ_m，满足

$$\tan\varphi_m=\frac{F_{smax}}{F_N}=f_s \tag{6-4}$$

无论支持力 F_N 如何变，φ_m 保持不变，其大小仅由摩擦因数决定。

它表明，摩擦角的正切等于静摩擦因数。在图6-2b中，若将作用线过点 O 的力 $\boldsymbol{F}$ 连续改变它在水平面内的方向，则全约束力 $\boldsymbol{F}_R$ 的方向也随之改变。假定两物体接触面沿任意方向的静摩擦因数均相同，这样，在两物体处于临界平衡状态时，全约束力 $\boldsymbol{F}_R$ 的作用线将在空间形成一个顶角为 $2\varphi_m$ 的正圆锥面，称之为摩擦锥。摩擦锥是全约束力 $\boldsymbol{F}_R$ 在三维空间内的作用范围。

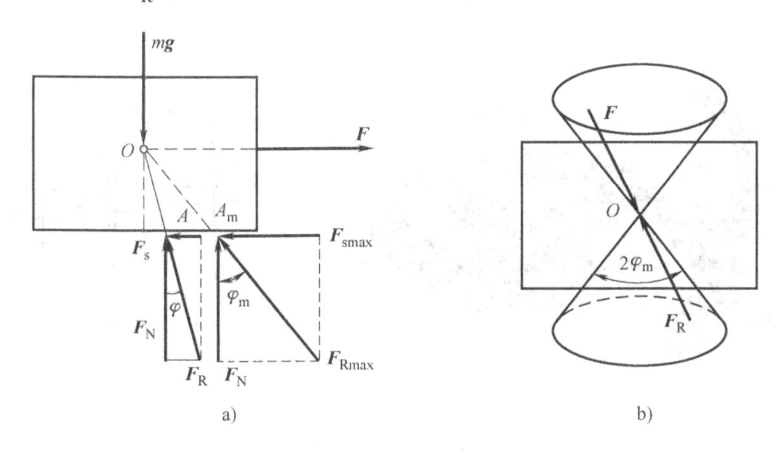

图6-2　摩擦角

2. 自锁

如图6-3a所示，如果作用在物体上的全部主动力的合力 $\boldsymbol{F}_R$ 的作用线在摩擦锥之内，则无论这个力怎么大，物体总能保持平衡，这种现象称为摩擦自锁。反之，如果全部主动力的合力 $\boldsymbol{F}_R$ 的作用线在摩擦锥外，如图6-3b所示，无论这个力怎么小，物体一定不能平衡。

由此可知：物体在有摩擦的斜面上的自锁条件是 $0\leqslant\alpha\leqslant\varphi_m$。

自锁原理在工程力学中应用极其广泛，在生活、生产中也随处可见。

图6-4a所示是电业工人在电线杆（水泥制品或旧式木质）的登高操作用的脚扣。脚扣是一对用机械强度较大的金属材料制作，弯成略大于半圆形的弯扣，内侧面附有摩擦因数较大的材料，扣的一端是脚踏板。使用时受力分析如图6-4b所示，弯扣卡住电杆，当一侧着力向下踩时，形成两侧向里的挤压力 F_N，接触面产生向

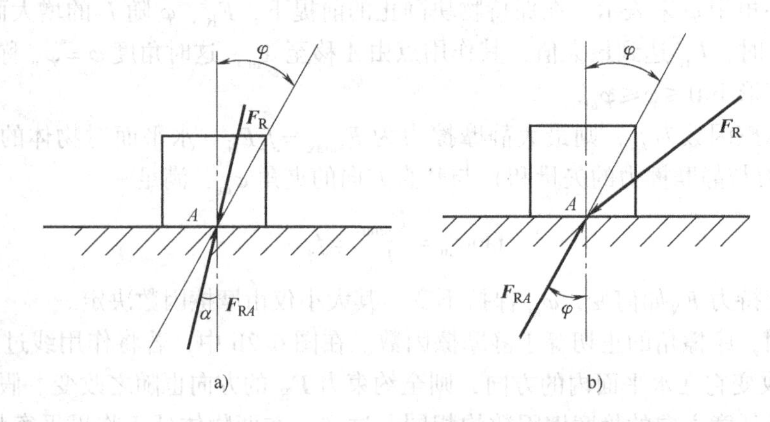

图6-3 自锁

上的摩擦力 F_f，且向下踩的力 G 越大，挤压力也越大，满足自锁条件，因而不会沿杆滑下。

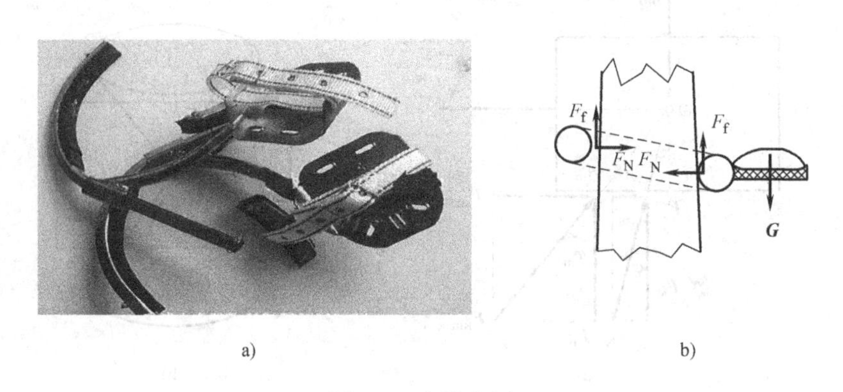

图6-4 自锁实例

大多数背包、挎包的背带用的“曰”字形缩放扣；家具多用卯榫结构，尤其是传统的纯木质家具，框架做成后，在卯榫处都加入楔子可以达到加固效果。而楔子不能自行退出，也是利用了自锁原理。再有我们生活中用绳子打的各种结，也都是利用的自锁原理。

6.3 考虑摩擦时物体的平衡问题

考虑摩擦时物体的平衡问题，与不考虑摩擦时物体的平衡问题相比，无本质上的区别，两者都要满足力系的平衡条件。但有摩擦时的平衡问题有其特点：首先，摩擦力有一个变化范围，在 $0 \leqslant F_s \leqslant F_{max}$ 内取值，因此物体的平衡同样有一个范围；其次，在有摩擦时物体受力图中多了未知的摩擦力，但又可以补充方程 $F_s \leqslant$

f_sF_N，这样如果原来是静定问题，考虑摩擦后仍为静定问题，因此不影响问题的求解。

例 6-1 如图 6-5a 所示，2.5kg 的物体与倾角为 30°的斜面间的静滑动摩擦因数 $f_s=0.25$，求当水平力 $F=20\text{N}$ 时，摩擦力的大小、方向。

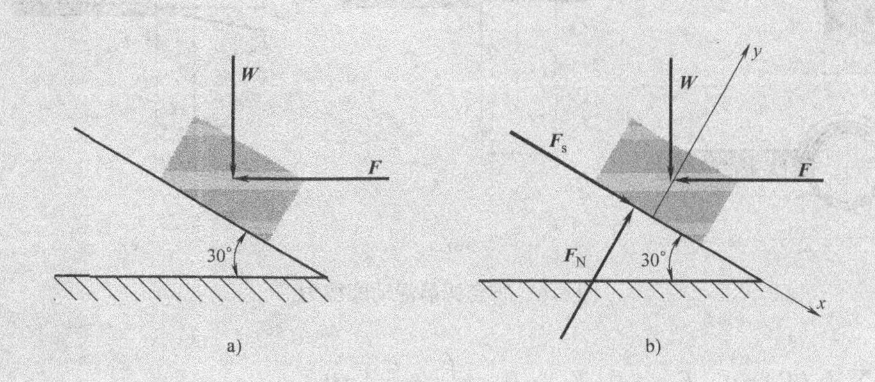

图 6-5 静滑动摩擦力问题

解：取研究对象：物块。

受力分析：假定物体处于静止状态且有沿斜面向上的运动趋势，所以摩擦力方向如图所示，其他受力如图 6-5b 所示。当然也可以假定物体有沿斜面向下运动的趋势，于是摩擦力方向与图示方向相反。列方程求解

$\sum F_x=0$，$F_s-F\cos30°+W\sin30°=0$

$\sum F_y=0$，$-F\sin30°-W\cos30°+F_N=0$

$F_s=5.06\text{N}$，$F_N=31.23\text{N}$

检验：$F_{smax}=f_sF_N=7.81\text{N}$

$F_s<F_{smax}$

所以物体处于静止状态 $F_s=5.06\text{N}$

例 6-2 图 6-6a 所示为攀登电线杆时所采用脚套钩。已知套钩的尺寸 l，电线杆的直径 D，摩擦因数 f_s。试求套钩不致下滑时脚踏力 $\boldsymbol{F}$ 的作用线与电线杆中心线的距离 d。

解：（1）解析法：取研究对象：套钩。

受力分析：如图 6-6b 所示。

列方程

$\sum F_x=0$，$-F_{NA}+F_{NB}=0$

$\sum F_y=0$，$F_{sA}+F_{sB}-F=0$

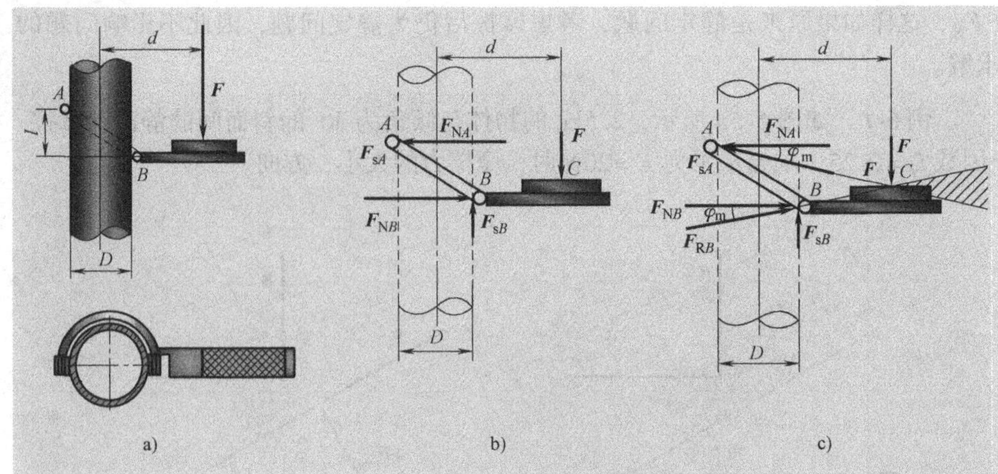

图 6-6　脚套钩静滑动摩擦力

$\sum M_A(\boldsymbol{F})=0$，$F_{NB}\cdot l+F_{sB}\cdot D-F\left(l+\dfrac{d}{2}\right)=0$

物理条件

$$F_{sA}\leqslant f_s F_{NA},F_{sB}\leqslant f_s F_{NB}$$

联立以上各式可得

$$d\geqslant\frac{l}{2f_s}$$

（2）几何法：分别做出 A、B 两处的摩擦角，如图 6-6c 所示，相应得到两处的全约束力 $\boldsymbol{F}_A$ 和 $\boldsymbol{F}_B$ 的方向。于是，套钩应在 $\boldsymbol{F}_A$、$\boldsymbol{F}_B$ 和 $\boldsymbol{F}$ 三个力作用下处于临界平衡，故三力必交于一点 C。

$$\left(d-\frac{D}{2}\right)\tan\varphi_m+\left(d+\frac{D}{2}\right)\tan\varphi_m=l,\left(d-\frac{D}{2}\right)f_s+\left(d+\frac{D}{2}\right)f_s=l$$

由此解得
$$d=\frac{l}{2f_s}$$

由图可知

$$d\geqslant\frac{l}{2f_s}$$

6.4　滚动摩阻的概念

由实践知，使滚子滚动比使它滑动省力。所以工程中，常用滚动代替滑动。当物体滚动时，存在什么阻力？

如图 6-7 所示，设在水平面上有一滚子，重为 $\boldsymbol{W}$，在其中心作用一水平力 $\boldsymbol{F}$，

当力 $\boldsymbol{F}$ 不大时，滚子仍保持静止。分析滚子受力知：水平面给滚子有法向约束力 $\boldsymbol{F}_{\mathrm{N}}$，它与重力 $\boldsymbol{W}$ 等值反向，静滑动摩擦力 $\boldsymbol{F}_{\mathrm{s}}$ 与力 $\boldsymbol{F}$ 组成一力偶，力偶矩为 $\boldsymbol{M}_{\mathrm{f}}$ 的滚动摩阻力偶，它与（$\boldsymbol{F}_{\mathrm{s}}$，$\boldsymbol{F}$）平衡，转向与滚动趋向相反。

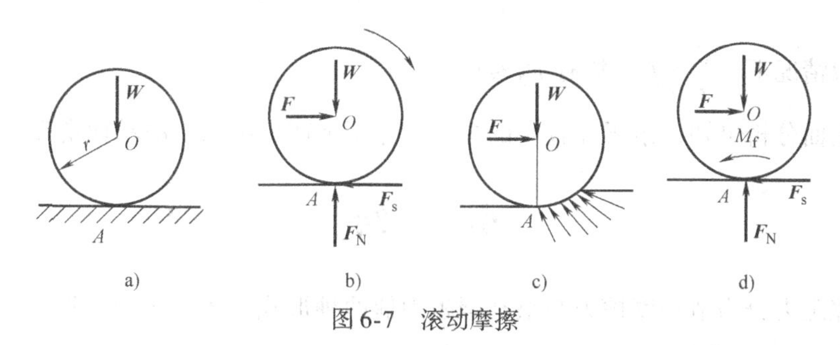

图6-7 滚动摩擦

滚子和平面实际上并不是刚体，它们在力的作用下都会发生变形，如图6-7c所示。在接触面上，物体受分布力的作用，向 $\boldsymbol{A}$ 点简化得一个力 $\boldsymbol{F}_{\mathrm{R}}$ 和一个力偶矩为 $\boldsymbol{M}_{\mathrm{f}}$ 的力偶，力 $\boldsymbol{F}_{\mathrm{R}}$ 分解为静摩擦力 $\boldsymbol{F}_{\mathrm{s}}$ 和法向约束力 $\boldsymbol{F}_{\mathrm{N}}$，如图6-7d所示。

与静滑动摩擦力相似，滚动摩阻力偶矩随主动力偶矩的增大而增大，当主动力偶矩增大到某个值时，滚子处于将滚未滚的临界平衡状态，滚动摩阻力偶矩达到最大，称为最大滚动摩阻力偶矩，用 $\boldsymbol{M}_{\mathrm{fmax}}$ 表示。若 F 再大一点，轮子就会滚动，滚动过程中，摩阻力偶矩近似等于 M_{fmax}。

$$0 \leqslant M_{\mathrm{f}} \leqslant M_{\mathrm{fmax}} \tag{6-5}$$

实验证明

$$M_{\mathrm{fmax}} = \delta F_{\mathrm{N}} \tag{6-6}$$

式中，δ 为滚动摩阻因数，如图6-8所示，常用单位为mm。

式（6-6）为滚动摩阻定律。由实验测定，δ 值与滚子和支承面的材料的硬度和湿度等有关，与滚子半径无关。材料硬一些，变形就小一些，火车车轮与钢轨都采用较硬的材料，目的是为了增加硬度，以减小滚动摩阻因数。

$$\delta = \frac{M_{\mathrm{fmax}}}{F_{\mathrm{N}}} \tag{6-7}$$

上述分析表明，物体滚动前后，除存在 M_{f} 外，还存在 F_{f}，力 F_{f} 阻碍轮与接触面在接触处的相互滑动，但不阻碍滑动，相反还是轮产生滚动的条件。如图6-8a所示，只有足够大的 F_{f} 与拉力 F 形成足够大的主动力偶才能克服滚动摩阻力偶 M_{fmax}，使滚子滚动。

下面说明为什么滚动比滑动省力。

使重为 W 的物块滑动所需水平力 F_1 只有当 $F_1 = F_{\max} = F_{\mathrm{s}} F_{\mathrm{N}} = f_{\mathrm{s}} W$ 时，物体才开始滑动，如图6-8所示。

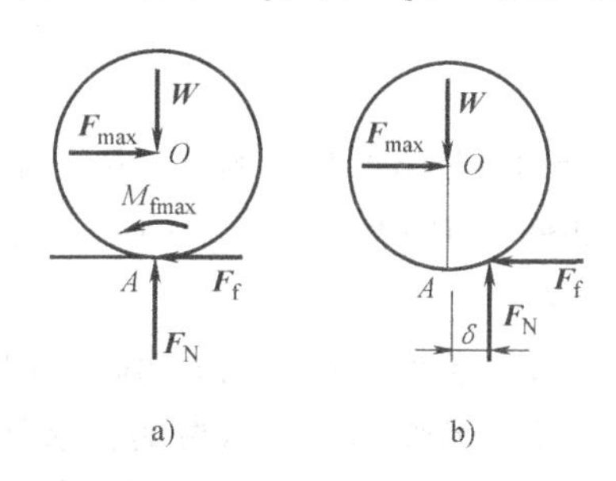

图6-8 滚动摩擦简化

使重为 W 的滚子滚动所需的水平力 F_2 需满足的条件是

$$F_2 = F_{\max} = \frac{M_{\mathrm{fmax}}}{r} = \frac{F_{\mathrm{N}}\delta}{r} = W\frac{\delta}{r}$$

一般情况下，$\frac{\delta}{r} \ll f_{\mathrm{s}}$，故有 $F_2 \leqslant F_1$。

由上面分析可知，滚子在较小的主动力作用下产生滚动，滚动比滑动省力。

小　结

摩擦阻力分为滑动摩擦力与滚动摩阻力偶两种形式，滚动比滑动省力。

1. 静滑动摩擦力

$$0 \leqslant F_{\mathrm{s}} \leqslant F_{\mathrm{smax}}$$

库仑静摩擦定律　$F_{\mathrm{smax}} = f_{\mathrm{s}} F_{\mathrm{N}}$

2. 摩擦角的测定　$\tan\varphi_{\mathrm{m}} = \frac{F_{\mathrm{smax}}}{F_{\mathrm{N}}} = f_{\mathrm{s}}$

3. 自锁条件　$0 \leqslant \alpha \leqslant \varphi_{\mathrm{m}}$

4. 考虑滑动摩擦的平衡问题：

类型特点：①已知平衡，求范围；②已知载荷，判断是否平衡。

解法：平衡方程＋补充方程（$F \leqslant F_{\max} = f_{\mathrm{s}} F_{\mathrm{N}}$）

5. 滚动摩阻定律　$0 \leqslant M_{\mathrm{f}} \leqslant M_{\mathrm{fmax}} = \delta F_{\mathrm{N}}$

思 考 题

6-1　均质轮匀速只滚不滑时如何求其滑动摩擦力？是否等于其动滑动摩擦力 $f' F_{\mathrm{N}}$？是否等于其最大静摩擦力？

6-2　为什么滚动比滑动省力？

习　题

6-1　图 6-9 所示梯子 AB 一端靠在铅垂的墙壁上，另一端搁置在水平地面上。假如梯子与墙壁间为光滑约束，而与地面之间存在摩擦。已知摩擦因数为 f，梯子重为 G。

（1）若梯子在倾角 α_1 位置保持平衡，求约束力 F_{NA}、F_{NB} 和摩擦力 F_A；

（2）若使梯子不致滑倒，求其倾角 α 的范围。

6-2　制动器结构与尺寸如图 6-10 所示。制动块与鼓轮间的摩擦因数为 f，试求制动鼓轮所需的力 F。

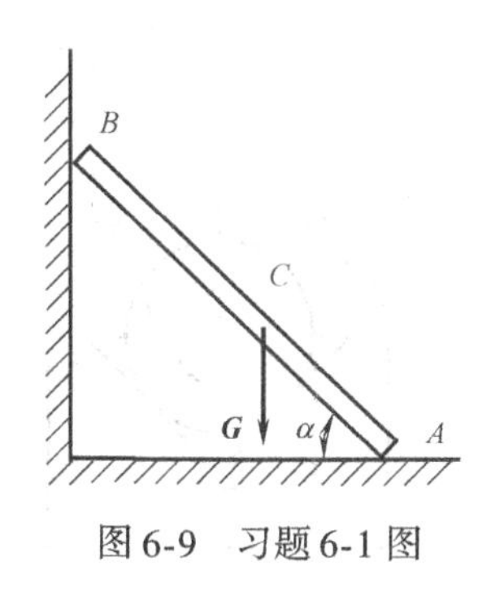

图6-9 习题6-1图

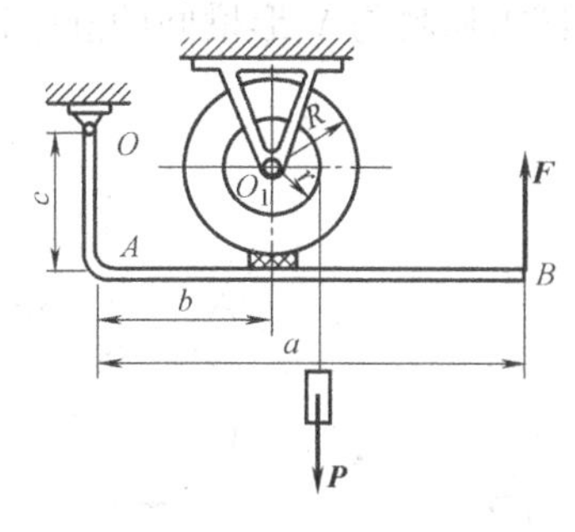

图6-10 习题6-2图

6-3 图6-11所示折梯立于水平地面上，已知 A 、B 两端摩擦因数 $f_A=0.2$，$f_B=0.6$，不计梯重，试问人能否安全爬至 AC 中点 D 处？

6-4 图6-12所示圆鼓和楔块，已知圆鼓重力为 G，半径为 r，楔块倾角为 θ，摩擦因数为 f_s，不计楔重及其与水平面间的摩擦，试求推动圆鼓的最小水平力 F。

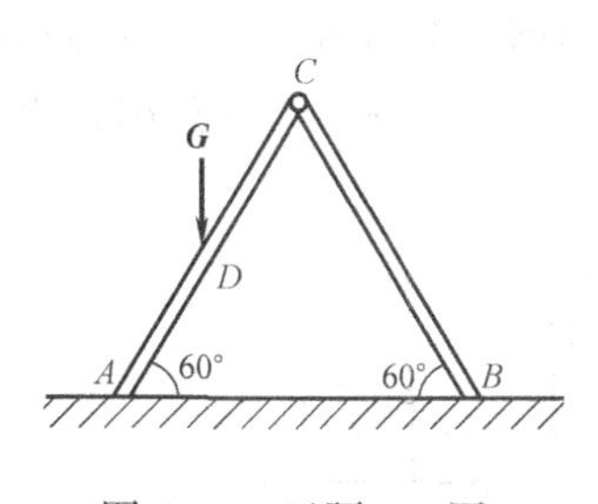

图6-11 习题6-3图

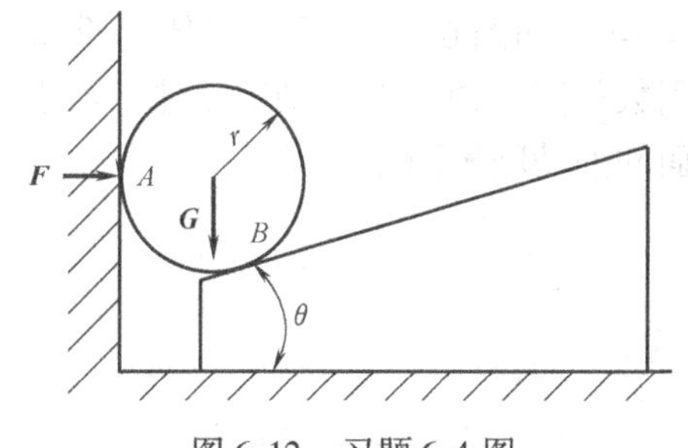

图6-12 习题6-4图

6-5 均质杆 AB 和 BC 完全相同，A 和 B 为铰链连接，C 端靠在粗糙的墙上，如图6-13所示。设静摩擦因数 $f_s=0.353$。试求平衡时 θ 角的范围。

图6-13 习题6-5图

6-6 不计重力的杆 AB 搁在一圆柱上，一端 A 用铰链固定，一端 B 作用一与杆相垂直的力 $\boldsymbol{F}$，如图6-14所示。试求：

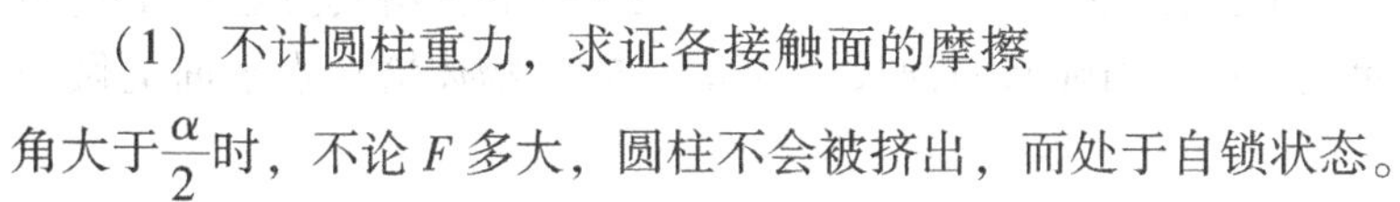

（1）不计圆柱重力，求证各接触面的摩擦角大于 $\frac{\alpha}{2}$ 时，不论 F 多大，圆柱不会被挤出，而处于自锁状态。

（2）设圆柱重为 P，则圆柱自锁条件为

$$f_{sC}\geqslant\frac{\sin\alpha}{1+\cos\alpha},f_{sD}\geqslant\frac{Fl\sin\alpha}{(Fl+Pa)(1+\cos\alpha)}$$

6-7 如图6-15所示，置于V形槽中的棒料上作用一力偶，力偶的矩

$M=15\ \text{N}\cdot\text{m}$时，刚好能转动此棒料。已知棒料重 400N，直径 25.0m，不计滚动摩阻。试求棒料与 V 形槽间的静摩擦因数 f。

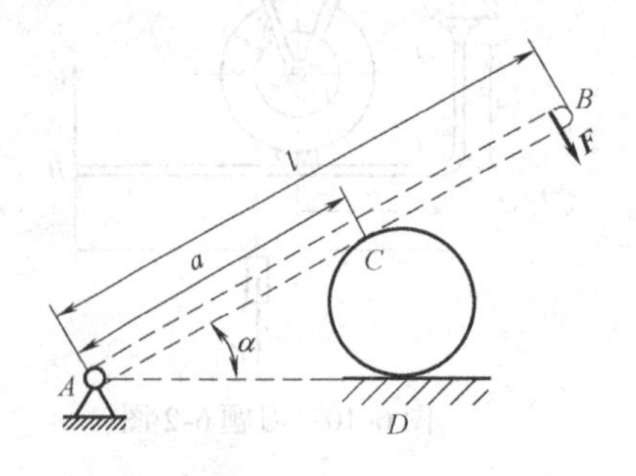

图 6-14 习题 6-6 图

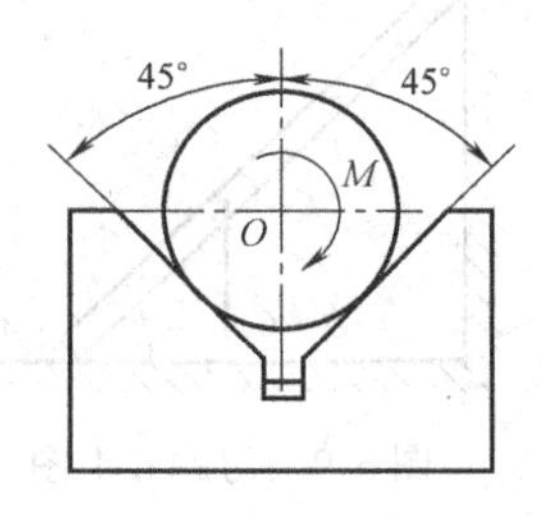

图 6-15 习题 6-7 图

6-8 机床上为了迅速装卸工件，常采用图 6-16 所示的偏心轮夹具。已知偏心轮直径为 D，偏心轮与台面间的摩擦因数为 f。今欲使偏心轮手柄上的外力去掉后，偏心轮不会自动脱落，求偏心距 e 应为多少。各铰链中的摩擦忽略不计。

6-9 如图 6-17 所示，物体 A 重 40N，物体 B 重 20N，A 与 B、B 与地的动摩擦因数相同，物体 B 用细绳系住，当水平力 $F=32\text{N}$ 时，才能将 A 匀速拉出，求接触面间的动摩擦因数。

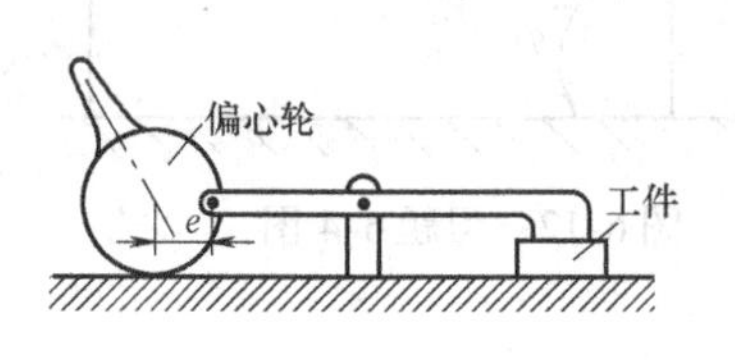

图 6-16 习题 6-8 图

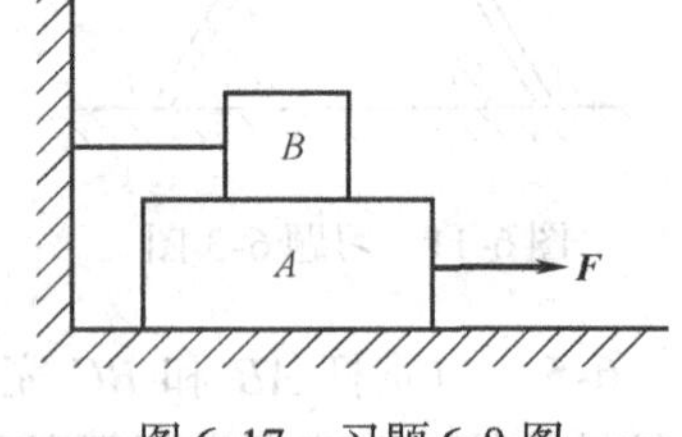

图 6-17 习题 6-9 图

6-10 质量为 2kg 的物体静止在水平地面上，如图 6-18 所示，物体与地面间的动摩擦因数为 0.5，最大静摩擦力与滑动摩擦力视为相等，给物体一水平推力。

（1）当推力大小为 5N 时，地面对物体的摩擦力是多大？

（2）当推力大小为 12N 时，地面对物体的摩擦力是多大？

6-11 如图 6-19 所示，轻质弹簧的劲度系数 $k=20\text{N/cm}$，用其拉着一个重为 200N 的物体在水平面上运动，当弹簧的伸长量为 4cm 时，物体恰在水平面上做匀速直线运动，求：

（1）物体与水平面间的动摩擦因数。

（2）当弹簧的伸长量为 6cm 时，物体受到的水平拉力多大？这时物体受到的摩擦力有多大？

（3）如果物体在运动的过程中突然撤去弹簧，而物体在水平面上能继续滑行，

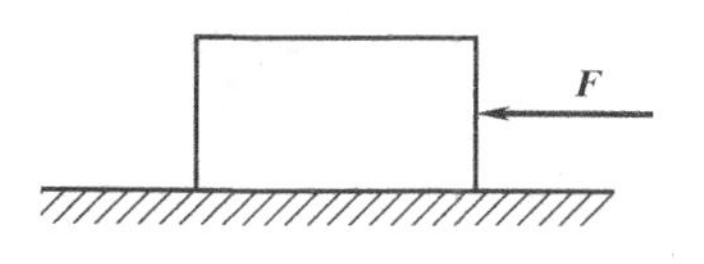

图6-18 习题6-10图

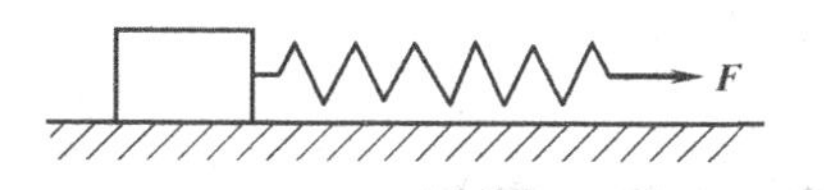

图6-19 习题6-11图

这时物体受到的摩擦力多大？

6-12 如图6-20所示，在两木板之间夹一个重50N的木块A，左右两边对木板的压力均为$F=150\text{N}$，木板和木块之间的动摩擦因数为0.2。如果想从下面把这块木块拉出来，需要多大的力？如果从上面拉出木块，需要多大的力？

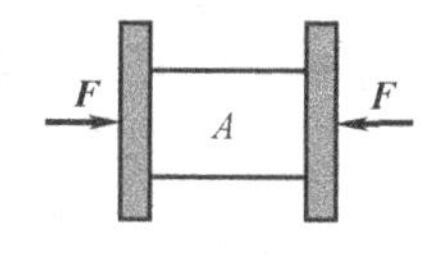

图6-20 习题6-12图

习题答案

6-1 （1）$F_{NA}=G$；$F_{NB}=\frac{G}{2}\cot\alpha_1$，$F_A=-\frac{G}{2}\cot\alpha_1$；（2）$\alpha\geqslant\text{arccot}2f$

6-2 $F\geqslant\frac{rP(b-fc)}{fRa}$

6-3 能

6-4 $F=\frac{\sin\theta}{\cos\theta-f-f\sin\theta}G$

6-5 $\theta\leqslant10°$

6-6 （1）只要接触面的摩擦角大于$\frac{\alpha}{2}$，不论F多大，圆柱不会挤出，而处于自锁状态；（2）略

6-7 $f=0.223$

6-8 $e\leqslant\frac{fD}{2}$

6-9 $f=0.4$

6-10 （1）5N；（2）10N

6-11 （1）0.4；（2）120N，80N；（3）80N

6-12 10N，110N

第2篇

运 动 学

引 言

运动学是研究物体运动的几何性质的科学，也就是从几何学方面来研究物体的机械运动。运动学所研究的力学模型为点和刚体。运动学的内容包括运动方程、轨迹、速度和加速度。学习运动学的意义：首先是为学习动力学打下必要的基础，其次运动学本身也有独立的应用。

点的运动学

7.1 导学

本章研究的内容为点的运动方程、轨迹、速度和加速度，以及它们之间的关系。本章介绍研究点运动的三种方法，即矢径法、直角坐标法和自然法。

由于物体运动的描述是相对的。将观察者所在的物体称为**参考体**，固结于参考体上的坐标系称为**参考坐标系**。只有明确参考系来分析物体的运动才有意义。时间概念要明确：瞬时和时间间隔。

点运动时，在空间所占的位置随时间连续变化而形成的曲线，称为**点的运动轨迹**。点的运动可按轨迹形状分为直线运动和曲线运动。当轨迹为圆时称为圆周运动。

表示点的位置随时间变化的规律的数学方程称为**点的运动方程**。

7.2 点的运动方程

如图 7-1 所示，动点 M 沿其轨迹运动，在瞬时 t，M 点在图示位置。由参考点 O 向动点 M 作一矢量 $\boldsymbol{r}=\overrightarrow{OM}$，则称 $\boldsymbol{r}$ 为矢径。于是动点矢径形式的运动方程为

$$\boldsymbol{r}=\boldsymbol{r}(t) \tag{7-1}$$

显然，矢径的矢端曲线就是点运动的轨迹。

用矢径法描述点的运动有简洁、直观的优点。

图 7-1　质点 M 运动轨迹的矢径表示

7.3 速度与加速度的矢径表示法

1. 点的速度矢径表示法

如图 7-2 所示，动点 M 在时间间隔 Δt 内的位移为

$$\overrightarrow{MM'}=\Delta\boldsymbol{r}=\boldsymbol{r}(t+\Delta t)-\boldsymbol{r}(t) \tag{7-2}$$

则 $\boldsymbol{v}^* = \dfrac{\Delta \boldsymbol{r}}{\Delta t}$表示动点在时间间隔 Δt 内运动的平均快慢和方向，称为点的平均速度。

当 $\Delta t \to 0$ 时，平均速度的极限矢量称为动点在 t 瞬时的速度（矢径速度），即

$$\boldsymbol{v} = \lim_{\Delta t \to 0} \boldsymbol{v}^* = \lim_{\Delta t \to 0} \frac{\Delta \boldsymbol{r}}{\Delta t} = \frac{\mathrm{d}\boldsymbol{r}}{\mathrm{d}t} = \dot{\boldsymbol{r}} \tag{7-3}$$

即点的速度等于它的矢径对时间的一阶导数。方向沿轨迹的切线方向。

2. 点的加速度矢径表示法

如图 7-3 所示，动点 M 在时间间隔 Δt 内速度矢量的改变量为

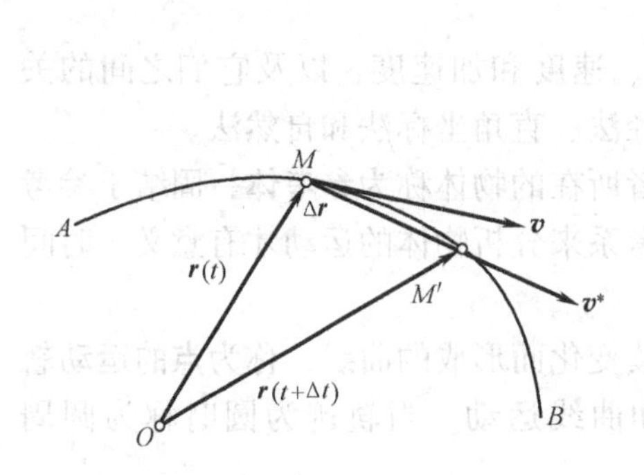

图 7-2　点的速度矢径表示

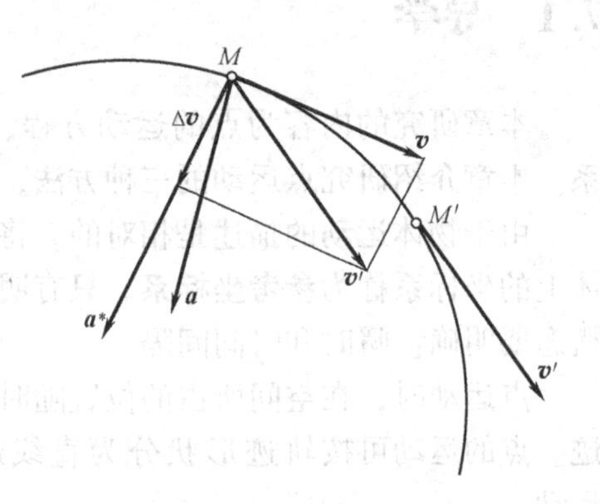

图 7-3　点的加速度矢径表示

$$\Delta \boldsymbol{v} = \boldsymbol{v}' - \boldsymbol{v}$$

则 $\boldsymbol{a}^* = \dfrac{\Delta \boldsymbol{v}}{\Delta t}$表示动点的速度在时间间隔 Δt 内的平均变化率，称为平均加速度。

当 $\Delta t \to 0$ 时，平均加速度的极限矢量称为动点在 t 瞬时的加速度，即

$$\boldsymbol{a} = \lim_{\Delta t \to 0} \boldsymbol{a}^* = \lim_{\Delta t \to 0} \frac{\Delta \boldsymbol{v}}{\Delta t} = \frac{\mathrm{d}\boldsymbol{v}}{\mathrm{d}t} = \dot{\boldsymbol{v}} = \ddot{\boldsymbol{r}} \tag{7-4}$$

点的加速度等于它的速度对时间的一阶导数，也等于它的矢径对时间的二阶导数。

7.4　速度与加速度的直角坐标表示法

1. 直角坐标表示点的运动方程

如图 7-4 所示，在参考体上建立直角坐标系。则 $x = f_1(t)$，$y = f_2(t)$，$z = f_3(t)$，这就是直角坐标形式的点的运动方程。

由运动方程消去时间 t 可得两个柱面方程

$$F_1(x,y)=0, F_2(y,z)=0 \quad (7\text{-}5)$$

这两个柱面方程的交线就是点的运动轨迹，式（7-5）称为动点的轨迹方程。

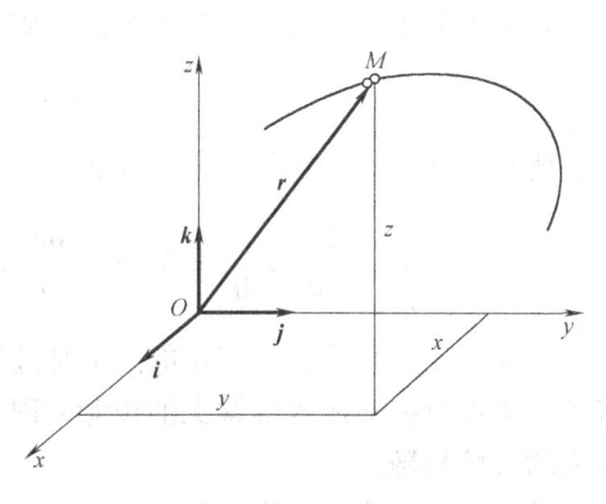

图 7-4　点的矢径在直角坐标轴上的投影

2. 点的矢径在直角坐标轴上的投影

由图 7-4 可知，动点的矢径为

$$\boldsymbol{r}=x\boldsymbol{i}+y\boldsymbol{j}+z\boldsymbol{k} \quad (7\text{-}6)$$

将式（7-6）两边对时间求导，可得

$$\boldsymbol{v}=\frac{\mathrm{d}\boldsymbol{r}}{\mathrm{d}t}=\frac{\mathrm{d}x}{\mathrm{d}t}\boldsymbol{i}+\frac{\mathrm{d}y}{\mathrm{d}t}\boldsymbol{j}+\frac{\mathrm{d}z}{\mathrm{d}t}\boldsymbol{k} \quad (7\text{-}7)$$

将动点的速度表示为解析形式，则有

$$\boldsymbol{v}=\boldsymbol{v}_x\boldsymbol{i}+v_y\boldsymbol{j}+v_z\boldsymbol{k} \quad (7\text{-}8)$$

比较式（7-7）和式（7-8），可得速度在各坐标轴上的投影

$$v_x=\frac{\mathrm{d}x}{\mathrm{d}t}=\dot{x}, v_y=\frac{\mathrm{d}y}{\mathrm{d}t}=\dot{y}, v_z=\frac{\mathrm{d}z}{\mathrm{d}t}=\dot{z} \quad (7\text{-}9)$$

这就是用直角坐标法表示的点的速度，即**点的速度在直角坐标轴上的投影，等于点的对应坐标对时间的一阶导数。**

3. 点的速度在直角坐标轴上的投影

若已知速度的投影，则速度的大小为

$$v=\sqrt{\dot{x}^2+\dot{y}^2+\dot{z}^2} \quad (7\text{-}10)$$

其方向余弦为

$$\begin{cases}\cos<\boldsymbol{v},\boldsymbol{i}>=\dfrac{\dot{x}}{v}\\[2ex] \cos<\boldsymbol{v},\boldsymbol{j}>=\dfrac{\dot{y}}{v}\\[2ex] \cos<\boldsymbol{v},\boldsymbol{k}>=\dfrac{\dot{z}}{v}\end{cases} \quad (7\text{-}11)$$

4. 点的加速度在直角坐标轴上的投影

由于加速度是速度对时间的一阶导数，则

$$\boldsymbol{a}=\frac{\mathrm{d}^2x}{\mathrm{d}t^2}\boldsymbol{i}+\frac{\mathrm{d}^2y}{\mathrm{d}t^2}\boldsymbol{j}+\frac{\mathrm{d}^2z}{\mathrm{d}t^2}\boldsymbol{k}=\frac{\mathrm{d}v_x}{\mathrm{d}t}\boldsymbol{i}+\frac{\mathrm{d}v_y}{\mathrm{d}t}\boldsymbol{j}+\frac{\mathrm{d}v_z}{\mathrm{d}t}\boldsymbol{k} \quad (7\text{-}12)$$

将动点的加速度表示为解析形式，则有

$$\boldsymbol{a} = a_x\boldsymbol{i} + a_y\boldsymbol{j} + a_z\boldsymbol{k} \tag{7-13}$$

比较上述两式，可得加速度在各坐标轴上的投影

$$a_x = \frac{\mathrm{d}v_x}{\mathrm{d}t} = \frac{\mathrm{d}^2 x}{\mathrm{d}t^2} = \ddot{x}\ , a_y = \frac{\mathrm{d}v_y}{\mathrm{d}t} = \frac{\mathrm{d}^2 y}{\mathrm{d}t^2} = \ddot{y}\ , a_z = \frac{\mathrm{d}v_z}{\mathrm{d}t} = \frac{\mathrm{d}^2 z}{\mathrm{d}t^2} = \ddot{z} \tag{7-14}$$

这就是用直角坐标法表示的点的加速度，**即点的加速度在直角坐标轴上的投影等于该点速度在对应坐标轴上的投影对时间的一阶导数，也等于该点对应的坐标对时间的二阶导数。**

若已知加速度的投影，则加速度的大小为

$$a = \sqrt{a_x^2 + a_y^2 + a_z^2} = \sqrt{\ddot{x}^2 + \ddot{y}^2 + \ddot{z}^2} \tag{7-15}$$

其方向余弦为

$$\begin{cases} \cos\langle \boldsymbol{a}, \boldsymbol{i} \rangle = \dfrac{\ddot{x}}{a} \\ \cos\langle \boldsymbol{a}, \boldsymbol{j} \rangle = \dfrac{\ddot{y}}{a} \\ \cos\langle \boldsymbol{a}, \boldsymbol{k} \rangle = \dfrac{\ddot{z}}{a} \end{cases} \tag{7-16}$$

例 7-1 如图 7-5a 所示，杆 AB 绕 A 点转动时，带动套在半径为 R 的固定大圆环上的小护环 M 运动，已知 $\varphi = \omega t$（ω 为常数）。求小环 M 的运动方程、速度和加速度。

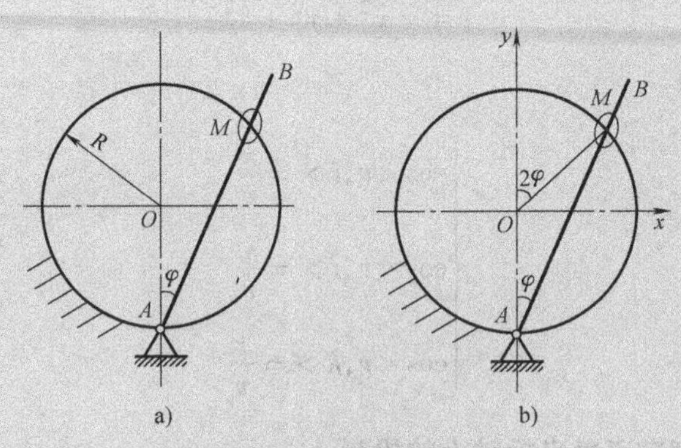

图 7-5 例 7-1 图

解：（1）建立如图 7-5b 所示的直角坐标系。则

$$\begin{cases} x = R\sin 2\varphi \\ y = R\cos 2\varphi \end{cases}$$

因 $$\varphi = \omega t$$

得

$$\begin{cases} x = R\sin 2\omega t \\ y = R\cos 2\omega t \end{cases}$$

即为小环 M 的运动方程。

（2）求速度

将上式对 t 求导，得 M 点的速度

$v_x = \dot{x} = 2R\omega\cos 2\omega t$，$v_y = \dot{y} = -2R\omega\sin 2\omega t$

故 M 点的速度大小为

$$v = \sqrt{v_x^2 + v_y^2} = 2R\omega$$

其方向余弦为

$$\cos\langle \boldsymbol{v}, \boldsymbol{i} \rangle = \frac{v_x}{v} = \cos 2\varphi$$

$$\cos\langle \boldsymbol{v}, \boldsymbol{j} \rangle = \frac{v_y}{v} = -\sin 2\varphi$$

速度的方向如图7-6所示。

（3）求加速度

再对速度求导得加速度

$$a_x = \dot{v}_x = -4R\omega^2\sin 2\omega t = -4\omega^2 x$$

$$a_y = \dot{v}_y = -4R\omega^2\cos 2\omega t = -4\omega^2 y$$

故 M 点的加速度大小为

$$a = \sqrt{a_x^2 + a_y^2} = 4R\omega^2$$

且有

$$\boldsymbol{a} = -4\omega^2 x\boldsymbol{i} - 4\omega^2 y\boldsymbol{j} = -4\omega^2(x\boldsymbol{i} + y\boldsymbol{j})$$

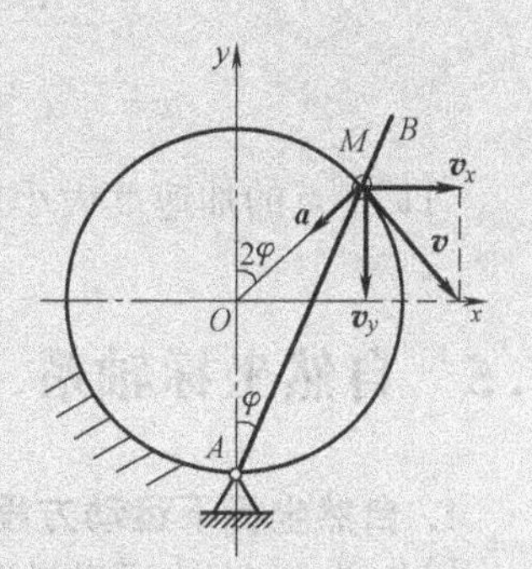

图7-6　M 点速度方向图

例7-2　如图7-7所示，半径为 R 的圆轮在地上沿直线匀速滚动，已知轮心的速度为 v_C。试求轮缘上一点 M 的运动方程、轨迹、速度和加速度（轮在地面上做纯滚动）。

解：（1）建立直角坐标系如图7-7所示，$t=0$ 时，M 点位于 O 点。

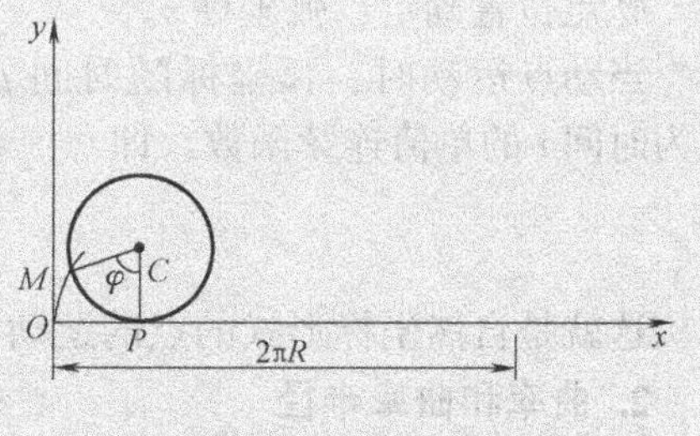

图7-7　例7-2图

（2）建立运动方程：M 点的运动方程

$$x = OP - R\sin\varphi, y = CP - R\cos\varphi = R(1-\cos\varphi)$$

其中

$$OP = v_C t, \varphi = \frac{v_C}{R}t$$

（3）建立轨迹方程

轨迹为摆线（在演示轮子运动时，M 点的轨迹画出来）

$$\begin{cases} x = v_C t - R\sin\dfrac{v_C}{R}t \\ y = R - R\cos\dfrac{v_C}{R}t \end{cases}$$

速度 $v_x = \dot{x} = v_C - v_C\cos\dfrac{v_C}{R}t$，$v_y = \dot{y} = v_C\sin\dfrac{v_C}{R}t$

$$v = \sqrt{{v_x}^2 + {v_y}^2} = 2v_C\sin\frac{v_C}{2R}t = 2v_C\sin\frac{\varphi}{2}，\ \cos\langle \boldsymbol{v}, \boldsymbol{j}\rangle = \frac{v_y}{v} = \cos\frac{\varphi}{2}$$

可知 $\boldsymbol{v} \perp PM$

当 $\varphi = 2\pi n$（$n = 0, 1, 2, \cdots$）时，即 M 点接触地时 $v = 0$

加速度 $a_x = \ddot{x} = \dfrac{{v_C}^2}{R}\sin\dfrac{v_C}{R}t$，$a_y = \ddot{y} = \dfrac{{v_C}^2}{R}\cos\dfrac{v_C}{R}t$

$$a = \sqrt{{a_x}^2 + {a_y}^2} = \frac{{v_C}^2}{R}, \cos\langle \boldsymbol{a}, \boldsymbol{j}\rangle = \cos\frac{v_C}{R}t = \cos\varphi$$

即 M 点的加速度大小为常量，方向恒指向轮心 C。

7.5 自然坐标轴系

1. 自然坐标下运动方程

已知动点 M 的运动轨迹，弧坐标的建立如图 7-8 所示，沿轨迹上确定 O 点，规定由 O 点到 M 点为正，反之为负。

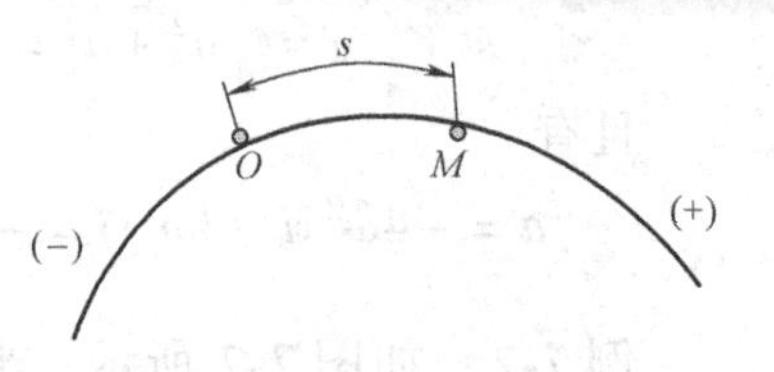

图 7-8 自然坐标轴系

M 点位置确定：弧坐标 s。

当动点运动时，弧坐标随时间 t 连续变化，且为时间 t 的单值连续函数，即

$$s = f(t) \tag{7-17}$$

这就是自然坐标形式的点的运动方程。

2. 曲率和曲率半径

图 7-9 所示为空间曲线，$\Delta\varphi$ 表明曲线在弧长 $\Delta s = \overset{\frown}{MM'}$ 内弯曲的程度。

$$k^* = \frac{\Delta\varphi}{\Delta s} \tag{7-18}$$

k^* 称为 $\Delta s = \overset{\frown}{MM'}$ 的平均曲率。

当 M' 点趋近于 M 点时，平均曲率的极限值就是曲线在 M 点的曲率，即

$$k = \lim_{\Delta s \to 0} \frac{\Delta\varphi}{\Delta s} \tag{7-19}$$

M 点曲率的倒数称为曲线在 M 点的曲率半径，即

$$\rho = \frac{1}{k} = \lim_{\Delta\varphi \to 0} \frac{\Delta s}{\Delta\varphi} \tag{7-20}$$

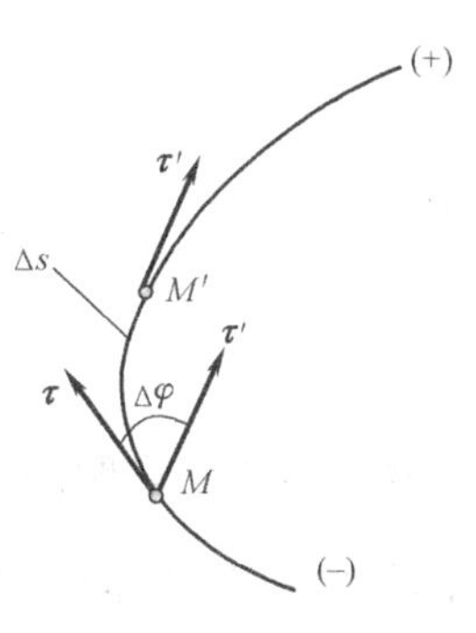

图7-9　空间曲线

3. 自然轴系

如图7-10所示，由三个方向的单位矢量构成的坐标系称为自然轴系。且三个单位矢量满足右手法则，即

$$\boldsymbol{b} = \boldsymbol{\tau} \times \boldsymbol{n} \tag{7-21}$$

自然轴系不是固定的坐标系。

$\boldsymbol{\tau}$：沿 M 点轨迹的切线，指向“+”。

$\boldsymbol{n}$：沿主法线（过曲率中心）指向曲线凹向。

$\boldsymbol{b} = \boldsymbol{\tau} \times \boldsymbol{n}$，沿副法线，且 $\boldsymbol{\tau}$、$\boldsymbol{n}$、$\boldsymbol{b}$ 组成右手坐标系。

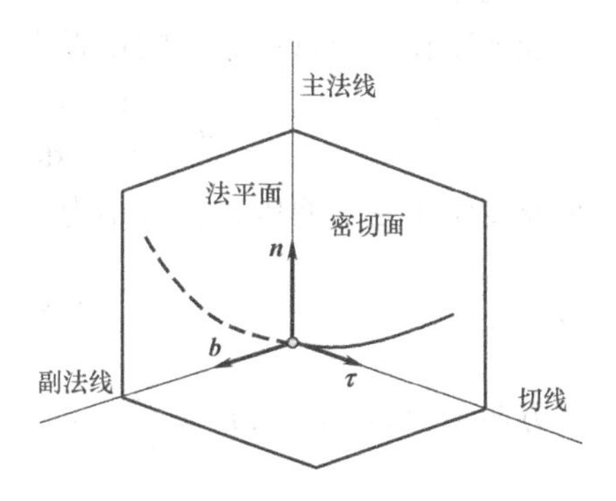

图7-10　自然轴系三个方向的单位矢量

7.6　速度与加速度的自然坐标表示法

1. 用自然法表示点的速度

由点的速度的矢径法

$$\boldsymbol{v} = \frac{\mathrm{d}\boldsymbol{r}}{\mathrm{d}t} = \frac{\mathrm{d}\boldsymbol{r}}{\mathrm{d}t}\frac{\mathrm{d}s}{\mathrm{d}s} = \frac{\mathrm{d}s}{\mathrm{d}t}\frac{\mathrm{d}\boldsymbol{r}}{\mathrm{d}s} \tag{7-22}$$

因为

$$\frac{\mathrm{d}\boldsymbol{r}}{\mathrm{d}s} = \boldsymbol{\tau},\ \frac{\mathrm{d}s}{\mathrm{d}t} = \lim_{\Delta t \to 0} \frac{\Delta s}{\Delta t} = v \tag{7-23}$$

所以

$$\boldsymbol{v} = v\boldsymbol{\tau} = \frac{\mathrm{d}s}{\mathrm{d}t}\boldsymbol{\tau} \tag{7-24}$$

即：**动点沿已知轨迹的速度的代数值等于弧坐标 s 对时间的一阶导数，速度的方向沿着轨迹的切线方向，当 $\frac{\mathrm{d}s}{\mathrm{d}t}$ 为正时指向与 $\boldsymbol{\tau}$ 相同，反之，与 $\boldsymbol{\tau}$ 相反。**

2. 用自然法表示点的加速度

由点的加速度的矢径法

$$a = \frac{\mathrm{d}\boldsymbol{v}}{\mathrm{d}t} = \frac{\mathrm{d}}{\mathrm{d}t}(v\,\boldsymbol{\tau}) = \frac{\mathrm{d}v}{\mathrm{d}t}\boldsymbol{\tau} + v\frac{\mathrm{d}\boldsymbol{\tau}}{\mathrm{d}t} \tag{7-25}$$

由于

$$\frac{d\boldsymbol{\tau}}{\mathrm{d}t} = \frac{v}{\rho}\boldsymbol{n} \tag{7-26}$$

所以

$$\boldsymbol{a} = \frac{\mathrm{d}v}{\mathrm{d}t}\boldsymbol{\tau} + \frac{v^2}{\rho}\boldsymbol{n} \tag{7-27}$$

式（7-27）表明加速度矢量$\boldsymbol{a}$是由两个分矢量组成：分矢量 $\boldsymbol{a}_\tau = \frac{\mathrm{d}v}{\mathrm{d}t}\boldsymbol{\tau}$的方向永远沿轨迹的切线方向，称为**切向加速度**，它表明速度代数值随时间的变化率；分矢量 $\boldsymbol{a}_\mathrm{n} = \frac{v^2}{\rho}\boldsymbol{n}$ 的方向永远沿主法线的方向，称为**法向加速度**，它表明速度方向随时间的变化率。

加速度在三个自然轴上的投影为

$$a_\tau = \frac{\mathrm{d}v}{\mathrm{d}t} = \frac{\mathrm{d}^2 s}{\mathrm{d}t^2} = \ddot{s}\,,\ a_\mathrm{n} = \frac{v^2}{\rho},\ a_\mathrm{b} = 0$$

全加速度位于密切面内，其大小为

$$a = \sqrt{a_\tau^2 + a_\mathrm{n}^2} = \sqrt{\left(\frac{\mathrm{d}v}{\mathrm{d}t}\right)^2 + \left(\frac{v^2}{\rho}\right)^2}$$

方向余弦为 $\cos\langle \boldsymbol{a},\boldsymbol{\tau}\rangle = \frac{a_\tau}{a}$，$\cos\langle \boldsymbol{a},\boldsymbol{n}\rangle = \frac{a_\mathrm{n}}{a}$

例 7-3 在图 7-11 所示曲柄摇杆机构中，曲柄 OA 与水平线夹角的变化规律为 $\varphi = \frac{\pi}{4}t^2$，设 $OA = O_1O = 10\mathrm{cm}$，$O_1B = 24\mathrm{cm}$，求 B 点的运动方程和 $t = 1\mathrm{s}$ 时 B 点的速度和加速度（演示图中机构的运动可将 B 点的轨迹画出来）。

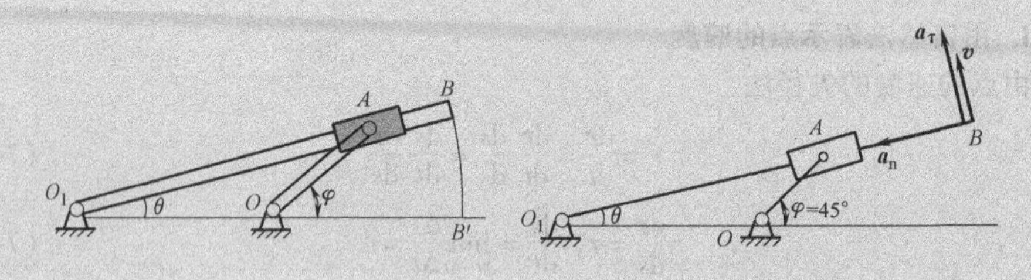

图 7-11　例 7-3 图

解法 1：自然坐标法

B 点的运动方程　　$s = B'B = 24\theta = 3\pi t^2$

速度 $v = \dot{s} = 6\pi t$

加速度　$a_\tau = \ddot{s} = 6\pi$

$$a_n = \frac{\dot{s}^2}{\rho} = \frac{36\pi^2 t^2}{24} = \frac{3\pi^2 t^2}{2}$$

$t = 1\text{s}$ 时，$\varphi = \frac{\pi}{4}$，$v = 6\pi$，$a_\tau = 6\pi$，$a_n = \frac{3\pi^2}{2}$

解法 2：直角坐标法（坐标系建立见图 7-12）

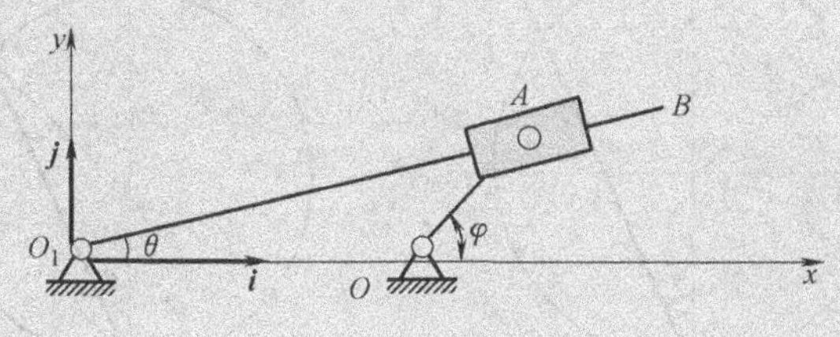

图 7-12　例 7-3 解法 2

B 点的运动方程

$$x_B = O_1B\cos\theta = 24\cos\frac{\varphi}{2} = 24\cos\frac{\pi}{8}t^2$$

$$y_B = O_1B\sin\theta = 24\sin\frac{\pi}{8}t^2$$

B 点的速度

$$v_{Bx} = \dot{x}_B = -6\pi\left(\sin\frac{\pi}{8}t^2\right)t$$

$$v_{By} = \dot{y}_B = 6\pi\left(\cos\frac{\pi}{8}t^2\right)t$$

B 点的加速度

$$a_{Bx} = \ddot{x}_B = -6\pi\sin\frac{\pi}{8}t^2 - \frac{3\pi^2}{2}t^2\cos\frac{\pi}{8}t^2$$

$$a_{By} = \ddot{y}_B = 6\pi\cos\frac{\pi}{8}t^2 - \frac{3\pi^2}{2}t^2\sin\frac{\pi}{8}t^2$$

当 $t = 1\text{s}$ 时，速度为

$$v_{Bx} = -6\pi\sin\frac{\pi}{8},\ v_{By} = 6\pi\cos\frac{\pi}{8}$$

$$\boldsymbol{v} = -6\pi\sin\frac{\pi}{8}\boldsymbol{i} + 6\pi\cos\frac{\pi}{8}\boldsymbol{j}$$

当 $t = 1\text{s}$ 时，加速度为

$$a_{Bx} = -6\pi\sin\frac{\pi}{8} - \frac{3\pi^2}{2}\cos\frac{\pi}{8}$$

$$a_{By} = 6\pi\cos\frac{\pi}{8} - \frac{3\pi^2}{2}\sin\frac{\pi}{8}$$

$$\boldsymbol{a} = a_{Bx}\boldsymbol{i} + a_{By}\boldsymbol{j}$$

例 7-4 如图 7-13a 所示，杆 AB 绕 A 点转动时，带动套在半径为 R 的固定大圆环上的小护环 M 运动，已知 $\varphi=\omega t$（ω 为常数）。求小环 M 的运动方程、速度和加速度。

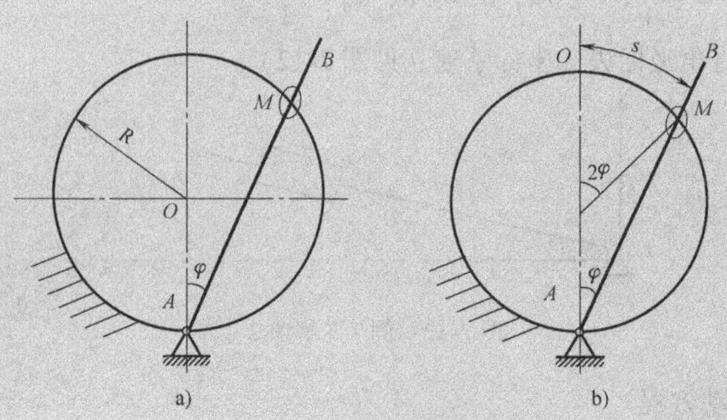

图 7-13　例 7-4 图

解：建立如图 7-13b 所示的自然坐标。则点的自然坐标形式的运动方程为

$$s=R(2\varphi)=2R\omega t$$

速度为

$$v=\frac{\mathrm{d}s}{\mathrm{d}t}=2R\omega$$

加速度为

$$a_\tau=\frac{\mathrm{d}v}{\mathrm{d}t}=0,\ a_\mathrm{n}=\frac{v^2}{\rho}=\frac{(2R\omega)^2}{R}=4R\omega^2$$

例 7-5 如图 7-14 所示，一点做平面曲线运动，其速度在 x 轴上的投影始终为一常数 C。试证明在此情形下，点的加速度的大小为 $a=\dfrac{v^3}{C\rho}$。其中 v 为点的速度的大小，ρ 为轨迹的曲率半径。

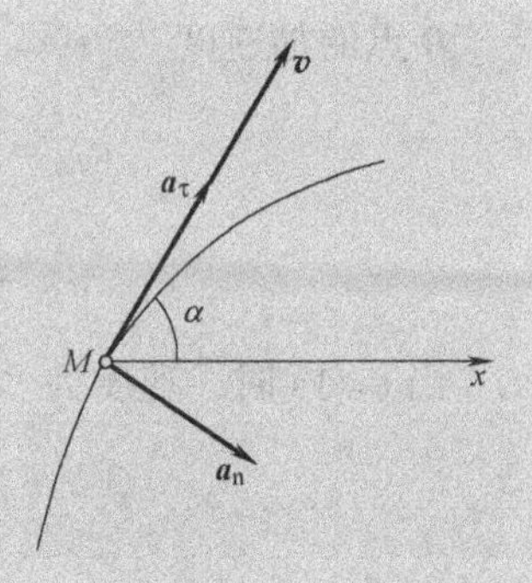

图 7-14　例 7-5 图

证明：设点沿图 7-14 所示曲线运动，速度和加速度如图所示。由已知条件得

$$v\cos\alpha=C \tag{a}$$

由于速度在 x 轴上的投影始终为一常数，所以 $a_x=0$

由于

$$a_x=a_\tau\cos\alpha+a_\mathrm{n}\sin\alpha=0$$

所以

$$a_\tau=-a_\mathrm{n}\tan\alpha$$

于是可得

$$a=\sqrt{a_\tau^2+a_\mathrm{n}^2}=a_\mathrm{n}\sqrt{1+\tan^2\alpha}=\frac{a_\mathrm{n}}{\cos\alpha}$$

由于 $a_n = \dfrac{v^2}{\rho}$ ，所以

$$a = \frac{v^2}{\rho\cos\alpha} \tag{b}$$

将式（a）代入式（b）得 $a = \dfrac{v^3}{C\rho}$

证毕。

小　结

本章介绍了描述点的运动的矢径法、直角坐标法和自然法。矢径法在理论上概括性强，分析方法直接明了。主要公式及要点：

动点矢径形式的运动方程 $r = \boldsymbol{r}(t)$

矢径速度 $$\boldsymbol{v} = \lim_{\Delta t \to 0} \boldsymbol{v}^* = \lim_{\Delta t \to 0} \frac{\Delta \boldsymbol{r}}{\Delta t} = \frac{\mathrm{d}\boldsymbol{r}}{\mathrm{d}t} = \dot{\boldsymbol{r}}$$

点的速度矢径在直角坐标轴上的投影 $\boldsymbol{v} = v_x\boldsymbol{i} + v_y\boldsymbol{j} + v_z\boldsymbol{k}$

直角坐标速度 $$v = \sqrt{\dot{x}^2 + \dot{y}^2 + \dot{z}^2}$$

其方向余弦为

$$\begin{cases} \cos\langle \boldsymbol{v}, \boldsymbol{i} \rangle = \dfrac{\dot{x}}{v} \\ \cos\langle \boldsymbol{v}, \boldsymbol{j} \rangle = \dfrac{\dot{y}}{v} \\ \cos\langle \boldsymbol{v}, \boldsymbol{k} \rangle = \dfrac{\dot{z}}{v} \end{cases}$$

点的加速度在直角坐标上的投影 $\boldsymbol{a} = a_x\boldsymbol{i} + a_y\boldsymbol{j} + a_z\boldsymbol{k}$

直角坐标加速度 $$a = \sqrt{a_x^2 + a_y^2 + a_z^2} = \sqrt{\ddot{x}^2 + \ddot{y}^2 + \ddot{z}^2}$$

其方向余弦为

$$\begin{cases} \cos\langle \boldsymbol{a}, \boldsymbol{i} \rangle = \dfrac{\ddot{x}}{a} \\ \cos\langle \boldsymbol{a}, \boldsymbol{j} \rangle = \dfrac{\ddot{y}}{a} \\ \cos\langle \boldsymbol{a}, \boldsymbol{k} \rangle = \dfrac{\ddot{z}}{a} \end{cases}$$

自然坐标速度 $\boldsymbol{v} = v\boldsymbol{\tau} = \dfrac{\mathrm{d}s}{\mathrm{d}t}\boldsymbol{\tau}$

自然坐标加速度 $$a=\frac{\mathrm{d}v}{\mathrm{d}t}\boldsymbol{\tau}+\frac{v^2}{\rho}\boldsymbol{n}$$

注意：1）在求解具体的力学问题时，需把矢量运算变换为标量运算的形式。要熟练掌握将速度和加速度表示为投影的形式。

2）在求运动轨迹时，采用直角坐标法比较方便，只要将运动方程的时间参数消去即可。但其缺点是对运动规律的分析不太直观。

3）在求某点速度、加速度时，如果当轨迹已知时，可采用自然坐标法。自然法比较直观，而且运算时速度的大小变化率与方向变化率是分开来计算的。求解速度、加速度也可采用直角坐标法。

4）直角坐标法与自然法在求解力学问题时用得较多。但矢量法是这两种方法的理论基础。

思 考 题

7-1 在自然坐标系中，如果速度 v = 常数，则加速度 $a=0$。对吗？

7-2 已知点运动的轨迹，并且确定了原点，则用弧坐标 $s(t)$ 可以完全确定动点在轨迹上的位置。为什么？

7-3 已知自然法描述的点的运动方程为 $s=f(t)$，则任一瞬时点的速度和加速度即可确定？

7-4 一动点如果在某瞬时的法向加速度等于零，而其切向加速度不等于零，则该点一定做直线运动。对吗？说明理由。

7-5 在直角坐标系中，如果速度 $\boldsymbol{v}$ 的投影 v_x = 常数，v_y = 常数，v_z = 常数，则其加速度 $a=0$。说明理由。

习 题

7-1 图7-15所示曲线规尺的各杆，长为 $OA=AB=200\mathrm{mm}$，$CD=DE=AC=AE=50\mathrm{mm}$。如杆 OA 以等角速度 $\omega=\frac{\pi}{5}\mathrm{rad/s}$ 绕 O 轴转动，并且当运动开始时，杆 OA 水平向右，求尺上点 D 的运动方程和轨迹。

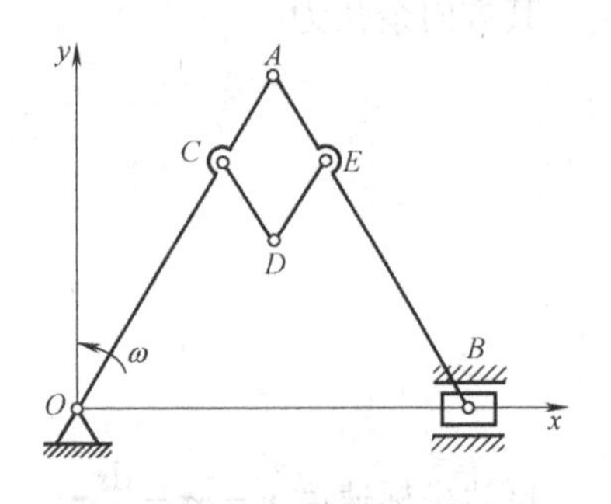

图7-15 习题7-1图

7-2 如图7-16所示，半圆形凸轮以等速 $v_0=0.01\mathrm{m/s}$ 沿水平方向向左运动，而使活塞杆 AB 沿铅直方向运动。当运动开始时，活塞杆 A 端在凸轮的最高点上。如凸轮的半径 $R=80\mathrm{mm}$，求活塞上 A 端相对于地面和相对于凸轮的运动方程和速度，并作出其运动图和速度图。

7-3　套管 A 由绕过定滑轮 B 的绳索牵引而沿导轨上升，滑轮中心到导轨的距离为 l，如图7-17所示。设绳索以等速 $\boldsymbol{v}_0$ 拉下，忽略滑轮尺寸，求套管 A 的速度和加速度与距离 x 的关系式。

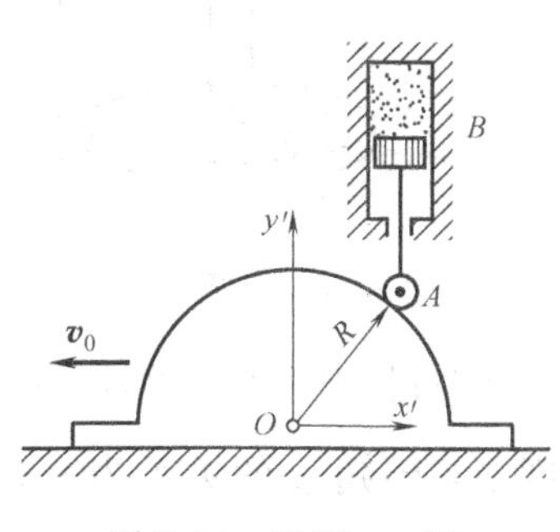

图7-16　习题7-2图

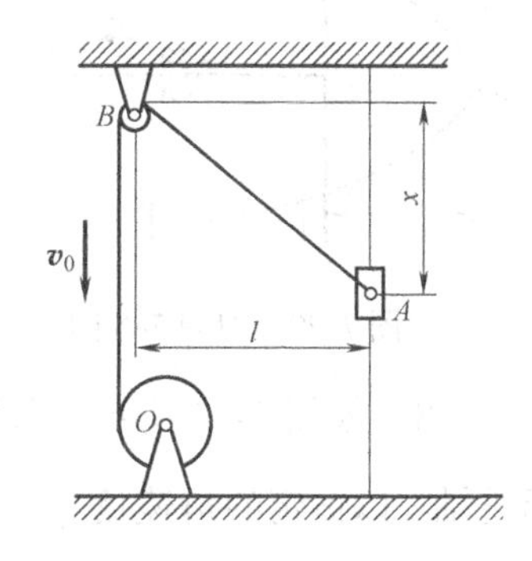

图7-17　习题7-3图

7-4　图7-18所示摇杆滑道机构中的滑块 M 同时在固定的圆弧槽 BC 和摇杆 OA 的滑道中滑动。如弧 BC 的半径为 R，摇杆 OA 的轴 O 在弧 BC 的圆周上。摇杆绕 O 轴以等角速度 ω 转动，当运动开始时，摇杆在水平位置。试分别用直角坐标法和自然法给出点 M 的运动方程，并求其速度和加速度。

7-5　曲柄 OA 长 r，在平面内绕 O 轴转动，如图7-19所示。杆 AB 通过固定于点 N 的套筒与曲柄 OA 铰接于点 A。设 $\varphi=\omega t$，杆 AB 长 $l=2r$，求点 B 的运动方程、速度和加速度。

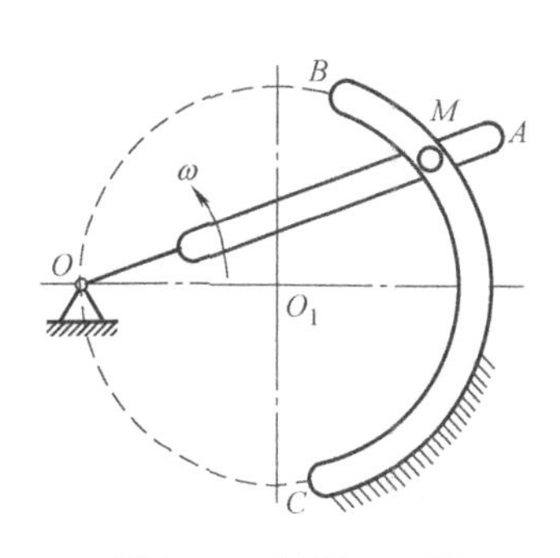

图7-18　习题7-4图

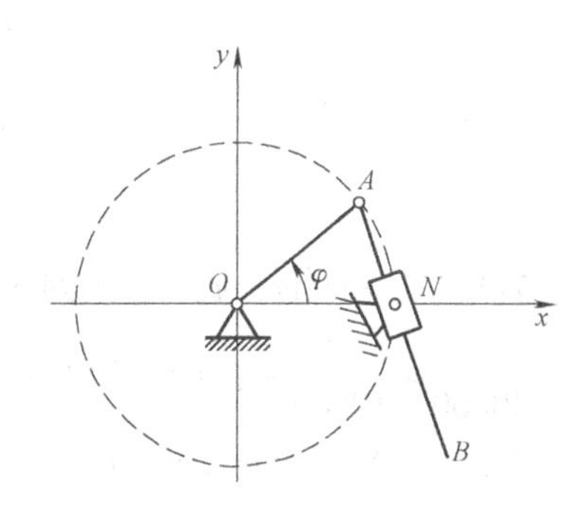

图7-19　习题7-5图

7-6　小环 M 由做平动的丁字形杆 ABC 带动，沿着图7-20所示曲线轨道运动。设杆 ABC 的速度 $v=$ 常数，曲线方程为 $y^2=2px$。试求环 M 的速度和加速度的大小（写成杆的位移 x 的函数）。

7-7　如图7-21所示，搅拌器沿 z 轴周期性上下运动，$z=z_0\sin 2\pi ft$，并绕 z 轴转动，转角 $\varphi=\omega t$。设搅拌轮半径为 r，求轮缘上点 A 的最大加速度。

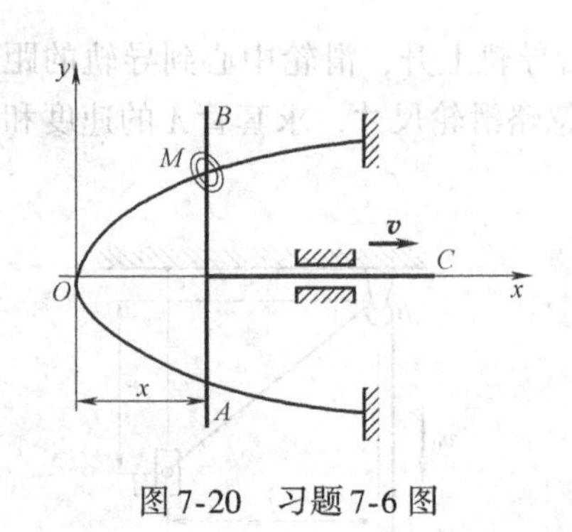

图7-20 习题7-6图

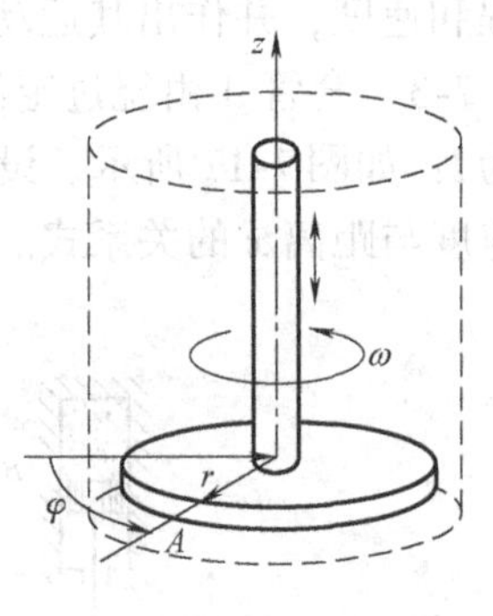

图7-21 习题7-7图

7-8 如图7-22所示，公园游戏车M固结在长为R的臂杆OM上，臂杆OM绕铅垂轴z以恒定的角速度$\dot{\varphi}=\omega$转动，小车M的高度z与转角φ的关系为$z=\dfrac{h}{2}(1-\cos2\varphi)$。求$\varphi=\dfrac{\pi}{4}$时，小车$M$在球坐标系中的各速度分量：$v_r$、$v_\theta$、$v_\varphi$。

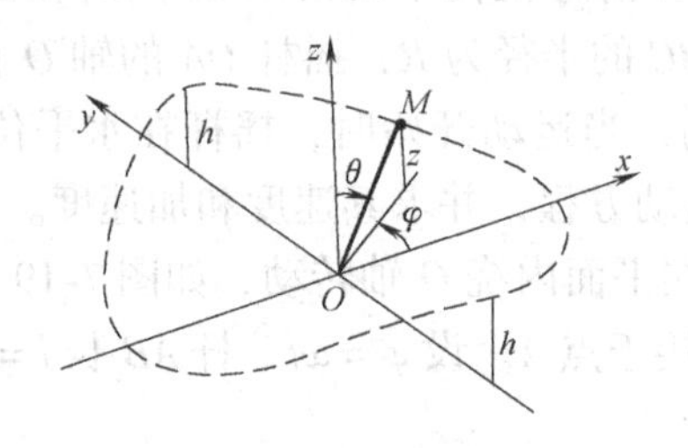

图7-22 习题7-8图

习题答案

7-1 $x_D=OA\cos\omega t$，$y_D=OA\sin\omega t-2AC\sin\omega t$

$\dfrac{x^2}{40000}+\dfrac{y^2}{10000}=1$（坐标单位：mm）

7-2 （1）A相对于地面的运动方程为

$$x=0, y=\sqrt{R^2-v_0^2t^2}=0.01\sqrt{64-t^2}\text{m}(0\leqslant t\leqslant 8)$$

A相对于地面的速度为$v_x=\dot{x}=0$，$v_y=\dot{y}=-\dfrac{0.01t}{\sqrt{64-t^2}}\text{m/s}$

（2）A相对于凸轮的运动方程为

$$x'=v_0t=0.01t\text{m}, y'=0.01\sqrt{64-t^2}\text{m}(0\leqslant t\leqslant 8)$$

A相对于凸轮的速度为$v_x'=\dot{x}'=0.01\text{m/s}$，$v_y'=\dot{y}'=-\dfrac{0.01t}{\sqrt{64-t^2}}\text{m/s}$

7-3 $v=\dot{x}=-\frac{v_0\sqrt{l^2+x^2}}{x}$，$a=\ddot{x}=-\frac{v_0^2 l^2}{x^3}$

7-4 (1) $x=R\cos 2\omega t$，$y=R\sin 2\omega t$

$v=2R\omega$

$a=4R\omega^2$

(2) $s=2R\omega t$

$v=2R\omega$

$a_t=\ddot{s}=0$，$a_n=\frac{v^2}{R}=4\omega^2 R$，$a=4\omega^2 R$

7-5 $\begin{cases} x=r\left(\cos\omega t+2\sin\frac{\omega t}{2}\right) \\ y=r\left(\sin\omega t-2\cos\frac{\omega t}{2}\right) \end{cases}$

$v=r\omega\sqrt{2-2\sin\frac{\omega t}{2}}$

$a=\frac{r\omega^2}{2}\sqrt{5-4\sin\frac{\omega t}{2}}$

7-6 $\dot{x}=v$，$\dot{y}=\frac{pv}{\sqrt{2px}}=\frac{pv}{y}$

$v_M=\sqrt{\dot{x}^2+\dot{y}^2}=v\sqrt{1+\frac{p}{2x}}$

$\ddot{x}=0$，$\ddot{y}=-\frac{p\dot{y}v}{y^2}=-\frac{v^2}{4x}\sqrt{\frac{2p}{x}}$

$a_M=\ddot{y}=-\frac{v^2}{4x}\sqrt{\frac{2p}{x}}$

7-7 $a_{\max}=\sqrt{a_r^2+\ddot{z}_{\max}^2}=\sqrt{r^2\omega^4+16\pi^4 f^4 z_0^2}$

7-8 $v_r=\frac{\mathrm{d}r}{\mathrm{d}t}=0$

$v_\theta=R\frac{\mathrm{d}\theta}{\mathrm{d}t}=-\frac{h\omega}{\sqrt{1-\left(\frac{h}{2R}\right)^2}}$

$v_\varphi=R\sin\theta\frac{\mathrm{d}\theta}{\mathrm{d}t}=R\omega\sqrt{1-\left(\frac{h}{2R}\right)^2}$

第8章 刚体的基本运动

8.1　导学

在上一章研究点的运动的基础上，本章转入对刚体运动的研究。刚体的运动形式很多，但刚体的平行移动和定轴转动是两种最基本、最简单的运动形式。刚体的其他形式的运动，都可以看作上述两种运动的合成。其他形式的刚体运动称为刚体的复杂运动。图 8-1 所示游乐场的摩天轮，每一游乐仓都保持与地面平行；图 8-2 所示推拉窗，每一次推拉均保持平行运动。

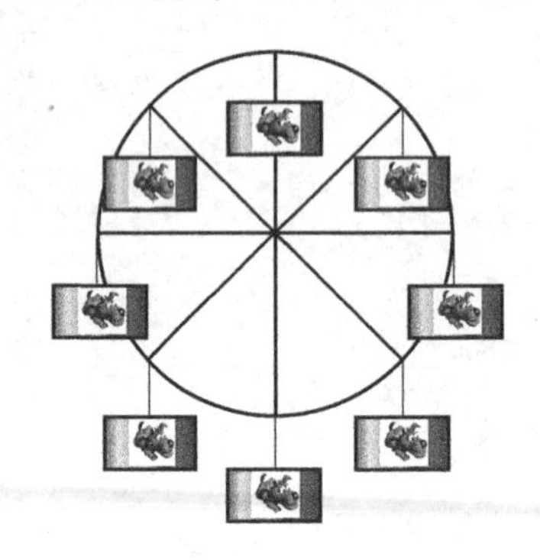

图 8-1　刚体的平行移动实例一

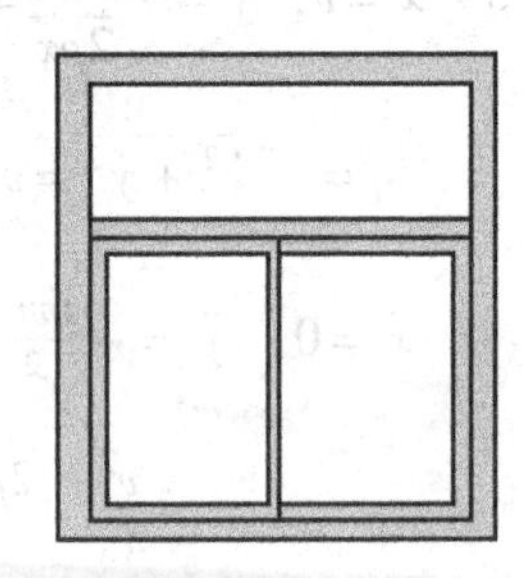

图 8-2　刚体的平行移动实例二

图 8-3　刚体的定轴转动实例一

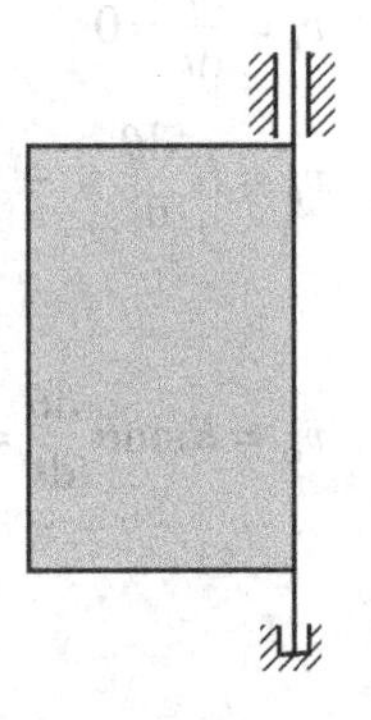

图 8-4　刚体的定轴转动实例二

刚体定轴转动的例子，在日常生活中也很常见。例如，图8-3所示定轴转动的风车，图8-4所示定轴转动的门窗。

8.2　刚体的平行移动

刚体的平行移动，简称平移，即如果在物体内任取一直线段，在运动过程中这条直线段始终与其最初位置平行。例如，气缸内活塞的运动、车床上刀架的运动、荡木的运动等。

8.2.1　刚体平行移动实例

实例1　游乐车车厢的运动，如图8-1所示。

实例2　推拉窗户的运动，如图8-2所示。

实例3　汽车沿直线行驶时车身的运动，如图8-5所示。

图8-5　刚体的平行移动实例三

8.2.2　刚体平行移动的概念

1. 刚体平行移动定义

刚体运动时，其上任一直线始终与原位置平行。设刚体做平行移动，如图8-6所示，在刚体内任取两点 A 和 B，令点 A 的矢径为 $\boldsymbol{r}_A$，点 B 的矢径为 $\boldsymbol{r}_B$，则两条矢径端的曲线就是两点的轨迹。

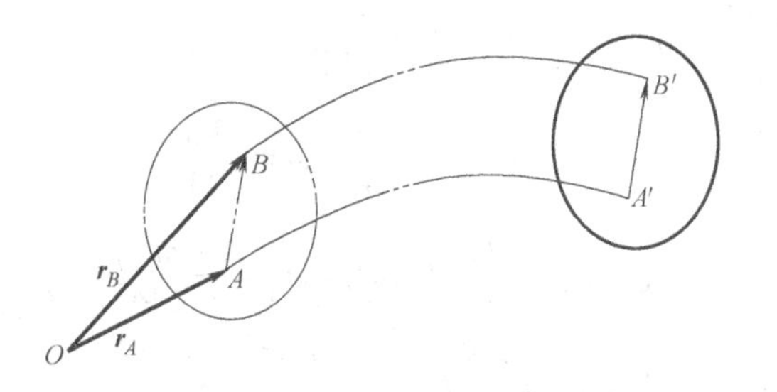

图8-6　刚体平行移动定义图

2. 刚体平行移动特征分析

运动方程：$\boldsymbol{r}_B=\boldsymbol{r}_A+\overrightarrow{AB}$，其中$\overrightarrow{AB}$是常矢量，所以 A、B 两点的轨迹、形状相同。

速度$\dot{\boldsymbol{r}}_B=\dot{\boldsymbol{r}}_A+\dot{\overrightarrow{AB}}$，因为$\dot{\overrightarrow{AB}}=0$，所以 A、B 两点速度相等。

$$\boldsymbol{v}_B=\boldsymbol{v}_A \tag{8-1}$$

加速度$\ddot{\boldsymbol{r}}_B=\ddot{\boldsymbol{r}}_A$，$A$、$B$ 两点加速度相等，即

$$\boldsymbol{a}_A=\boldsymbol{a}_B \tag{8-2}$$

结论：**研究刚体的平动，可归结为研究其上任一点的运动。**

3. A、B 两点速度相等平动分类

1）直线平动，其上各点轨迹均为直线；

2）曲线平动，其上各点的轨迹为曲线。

例 8-1 荡木用两条等长的钢索 O_1A 和 O_2B 平行吊起，如图 8-7 所示，钢索长为 l，长度单位为 m，当荡木摆动时，钢索的摆动规律为 $\varphi=\frac{\pi}{2}\sin\frac{\pi}{6}t$，其中 t 以 s 计，试求当 $t=0$ 和 $t=1\text{s}$ 时荡木中点 M 的速度、加速度。

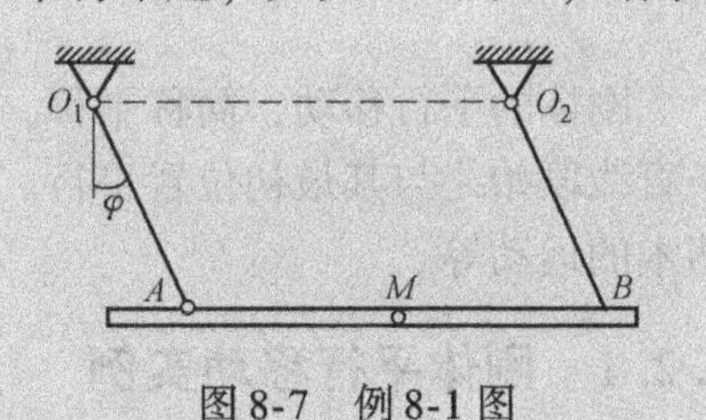

图 8-7 例 8-1 图

解：运动分析：因为 $O_1A//O_2B$，$O_1A=O_2B$，荡木做平动，M 点与 A 点的运动相同，研究钢索 O_1A，当钢索拉紧时，就相当于刚性杆绕转轴 O_1 转动。

$$\omega=\dot{\varphi}=\frac{\pi^2}{12}\cos\frac{\pi}{6}t$$

$$\alpha=\ddot{\varphi}=-\frac{\pi^3}{72}\sin\frac{\pi}{6}t$$

当 $t=0$ 时，$\omega=\frac{\pi^2}{12}$，$\varphi=0$，$\alpha=0$

$$v_M=v_A=\frac{\pi^2}{12}l$$

$a_M^{\tau}=a_A^{\tau}=0$，$a_M^{n}=\frac{\pi^4}{144}l$（方向沿 O_1A）

当 $t=1\text{s}$ 时，$\varphi=\frac{\pi}{4}$，$\omega=\frac{\sqrt{3}\pi^2}{24}$，$\alpha=-\frac{\pi^3}{144}$

$v_M=v_A=\frac{\sqrt{3}\pi^2}{24}l$，$a_M^{\tau}=a_A^{\tau}=-\frac{\pi^3}{144}l$

$$a_M^{n}=a_A^{n}=\frac{\pi^{43}}{192}l$$

8.3 刚体的定轴转动

工程中最常见的齿轮、机床的主轴、电动机的转子等，它们都有一条固定的轴线，物体绕此固定轴转动。

1. 定义

刚体运动时，其上有一直线始终保持不动，其余各点均做圆周运动。

2. 整体运动描述

两平面间的夹角为 φ，且转动方程

$$\varphi=\varphi(t) \tag{8-3}$$

φ 是单值连续函数。

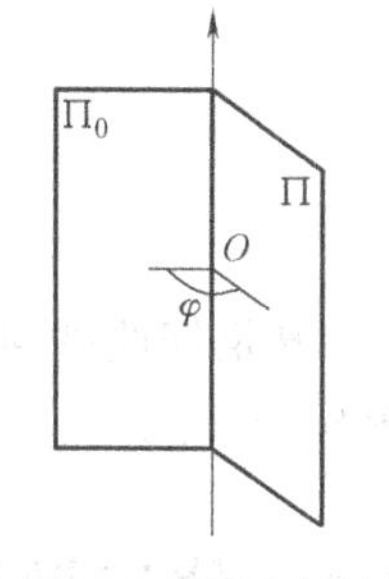

图 8-8 刚体定轴转动描述图

角速度 $$\omega=\lim_{\Delta t\to 0}\frac{\Delta\varphi}{\Delta t}=\frac{\mathrm{d}\varphi}{\mathrm{d}t}=\dot{\varphi}\,(\mathrm{rad/s}) \tag{8-4}$$

角加速度 $$\alpha=\lim_{\Delta t\to 0}\frac{\Delta\omega}{\Delta t}=\frac{\mathrm{d}\omega}{\mathrm{d}t}=\ddot{\varphi}\,(\mathrm{rad/s^2}) \tag{8-5}$$

其中，ω、α 均为代数量。其符号规定：刚体的转向，从轴正向往负向看，ω、α 逆时针为正，顺时针为负。

开始时平面 Π 与平面 Π_0 重合，则 $\varphi=0$，然后刚体转动至图 8-8 所示位置，画出转角 φ。

特例：1）若 $\alpha=0$，$\omega=$常量，称为匀速转动，此时 $\varphi=\varphi_0+\omega t$，$\varphi_0$ 是 $t=0$ 时的转角；

2）若 $\alpha=$常量，称为匀变速转动，此时 $\omega=\omega_0+\alpha t$，$\varphi=\varphi_0+\omega_0 t+\frac{1}{2}\alpha t^2$，$\varphi_0$、$\omega_0$ 是 $t=0$ 时的转角和角速度。

8.4 转动刚体内各点的速度与加速度

转动刚体上各点运动分析，由自然坐标法，具体如下：

运动方程 $$s=\widehat{M_0M}=R\varphi \tag{8-6}$$

速度 $$v=\dot{s}=R\omega \tag{8-7}$$

$\boldsymbol{v}\perp R$，指向如图 8-9a 所示。半径上各点速度分布如图 8-9b 所示。

加速度切向加速度 $$a_\tau=\ddot{s}=R\alpha \tag{8-8}$$

$\boldsymbol{a}_\tau\perp R$，指向如图 8-10 所示。

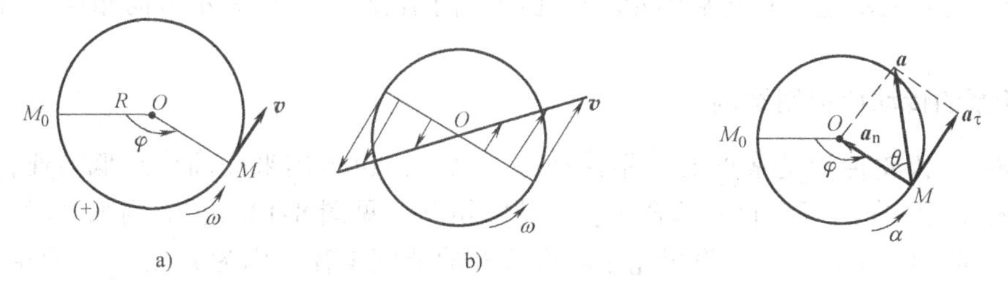

图 8-9 转动刚体内各点的速度描述图　　图 8-10 转动刚体内各点的加速度描述图

法向加速度 $$a_n=\frac{\dot{s}^2}{\rho}=R\omega^2 \tag{8-9}$$

$$a=\sqrt{a_{\tau}^{2}+a_{n}^{2}}=R\sqrt{\alpha^{2}+\omega^{4}} \tag{8-10}$$

$$\tan\theta=\frac{a_{\tau}}{a_{n}}=\frac{\alpha}{\omega^{2}} \tag{8-11}$$

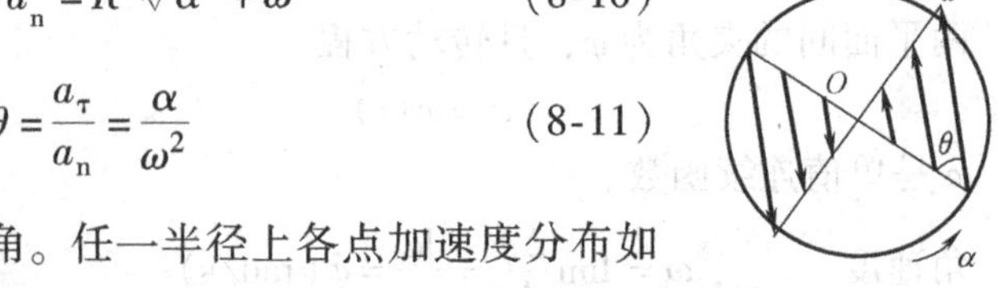

θ 是加速度与半径的夹角。任一半径上各点加速度分布如图 8-11 所示。

图 8-11　加速度分布图

8.5　绕定轴转动刚体的传动问题

1. 轮系的传动比

在机械工程中，常常把主动轮和从动轮的两个角速度的比值称为**传动比**，用附有角标的符号表示

$$i_{12}=\frac{\omega_1}{\omega_2} \tag{8-12}$$

由齿轮的节圆半径 r_1、r_2 或齿轮的齿数 z_1、z_2，齿轮在啮合圆上的齿距相等，它们的齿数与半径成正比，可表示为

$$i_{12}=\frac{\omega_1}{\omega_2}=\frac{r_2}{r_1}=\frac{z_2}{z_1} \tag{8-13}$$

几点说明：

1）式（8-8）定义的传动比是两个角速度大小的比值，与转动方向无关，因此不仅适用于圆柱齿轮传动，也适用于传动轴成任意角度的圆锥齿轮传动、摩擦轮传动或不计厚度的带轮的传动。

2）有时为了区分轮系中各轮的转向，对各轮都规定统一的转动正向，这时各轮的角速度可取代数值，从而传动比也取代数值。

$$i_{12}=\frac{\omega_1}{\omega_2}=\pm\frac{r_2}{r_1}=\pm\frac{z_2}{z_1} \tag{8-14}$$

式中，正号表示主动轮与从动轮转向相同（内啮合），负号表示转向相反（外啮合）。

2. 轮系的传动比应用举例

例 8-2　齿轮传动是常见的轮系传动方式之一，也可用来提高或降低转速，也可用来改变转向。两齿轮外啮合时，其转向相反（见图 8-12a）；而内啮合时，其转向相同（见图 8-12b）。设齿轮Ⅰ和齿轮Ⅱ的节圆半径分别为 r_1 和 r_2，齿轮Ⅰ的角速度和角加速度分别为 ω_1、α_1，求齿轮Ⅱ的角速度 ω_2 和角加速度 α_2。

解： 两齿轮啮合时，由于两节圆的接触点 M_1、M_2 间无相对滑动，故 $v_1=v_2$，并且速度方向也相同，即 $v_1=r_1\omega_1$，$v_2=r_2\omega_2$，故有

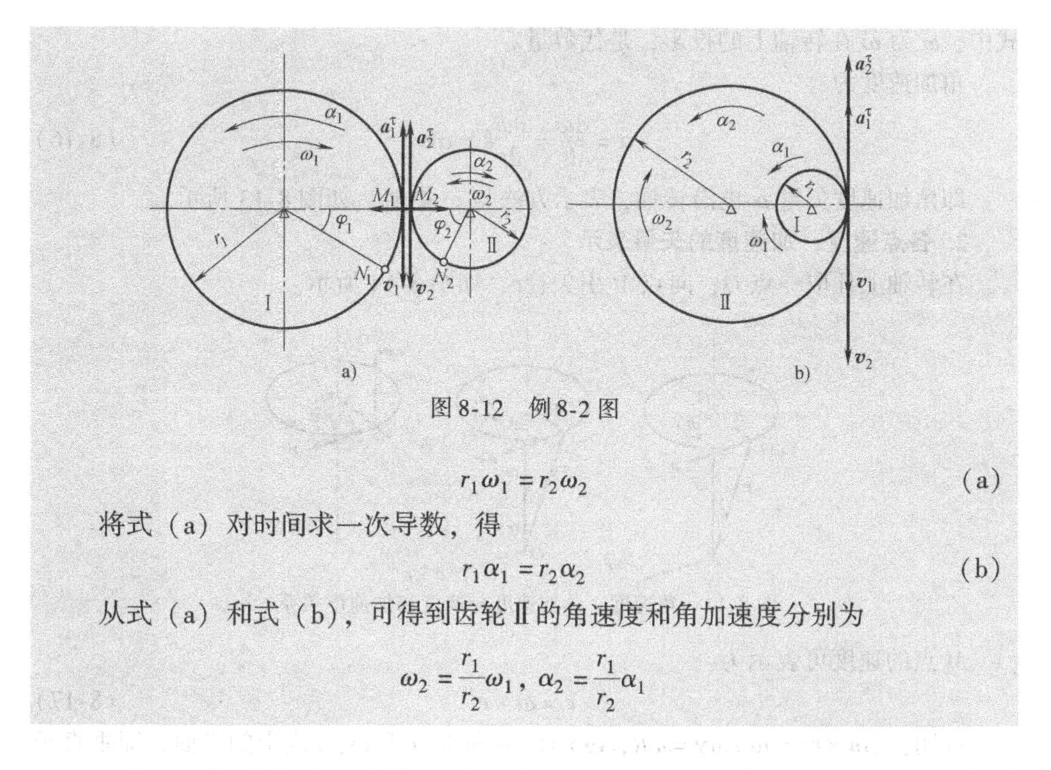

图 8-12　例 8-2 图

$$r_1\omega_1 = r_2\omega_2 \tag{a}$$

将式（a）对时间求一次导数，得

$$r_1\alpha_1 = r_2\alpha_2 \tag{b}$$

从式（a）和式（b），可得到齿轮Ⅱ的角速度和角加速度分别为

$$\omega_2 = \frac{r_1}{r_2}\omega_1,\ \alpha_2 = \frac{r_1}{r_2}\alpha_1$$

8.6　角速度及角加速度的矢量表示·以矢量积表示转动刚体内点的速度与加速度

1. 角速度、角加速度的矢量表示

角速度矢量 $\boldsymbol{\omega}$ 表示：方位沿转轴，大小等于角速度的绝对值 $|\omega|$，指向由右手法则确定，它表示角速度的转向，如图 8-13 所示。

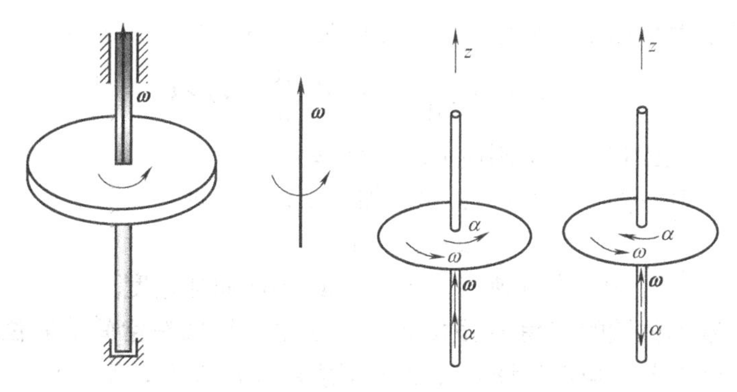

图 8-13　角速度、角加速度的矢量表示

如以 $\boldsymbol{k}$ 表示沿转轴的单位矢量，则

$$\boldsymbol{\omega} = \omega\boldsymbol{k} \tag{8-15}$$

式中，ω 为 $\vec{\omega}$ 在转轴上的投影，是代数量。

角加速度为

$$\boldsymbol{\alpha}=\frac{\mathrm{d}\boldsymbol{\omega}}{\mathrm{d}t}=\frac{\mathrm{d}\omega}{\mathrm{d}t}\boldsymbol{k}=\alpha\boldsymbol{k} \tag{8-16}$$

即角加速度矢量 $\boldsymbol{\alpha}$ 也沿转轴，表示方法与 $\boldsymbol{\omega}$ 类似，如图 8-13 所示。

2. 各点速度、加速度的矢量表示

在转轴上任取一点 O，向点 M 引矢径 $\boldsymbol{r}$，如图 8-14 所示。

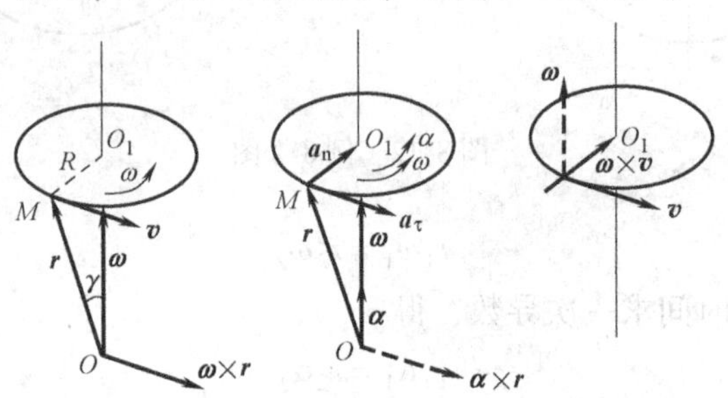

图 8-14　角速度、角加速度与速度和加速度关系

M 点的速度可表示为

$$\boldsymbol{v}=\boldsymbol{\omega}\times\boldsymbol{r} \tag{8-17}$$

证明：$|\boldsymbol{\omega}\times\boldsymbol{r}|=\omega r\sin\gamma=\omega R$，$\boldsymbol{\omega}\times\boldsymbol{r}$ 的方向垂直于 $\boldsymbol{\omega}$、$\boldsymbol{r}$ 确定的平面，即垂直于转动半径 R，指向用右手法则判定，与自然法分析的速度方向一致，所以式（8-17）成立。

由第 7 章点的运动学知　$\dfrac{\mathrm{d}\boldsymbol{r}}{\mathrm{d}t}=\boldsymbol{v}$

所以可得出　$\dfrac{\mathrm{d}\boldsymbol{r}}{\mathrm{d}t}=\boldsymbol{\omega}\times\boldsymbol{r}$　（a）

上式表示了大小不变，只是方向变化的矢量 $\boldsymbol{r}$ 的导数公式，由此，可得出泊松公式

$$\frac{\mathrm{d}\boldsymbol{i}'}{\mathrm{d}t}=\boldsymbol{\omega}\times\boldsymbol{i}',\frac{\mathrm{d}\boldsymbol{j}'}{\mathrm{d}t}=\boldsymbol{\omega}\times\boldsymbol{j}',\frac{\mathrm{d}\boldsymbol{k}'}{\mathrm{d}t}=\boldsymbol{\omega}\times\boldsymbol{k}'$$

式中，$\boldsymbol{i}'$、$\boldsymbol{j}'$、$\boldsymbol{k}'$ 是固连于转动刚体上的三个单位矢量。

将式（a）对时间求一次导数，可得加速度公式，即

$$\boldsymbol{a}=\boldsymbol{\alpha}\times\boldsymbol{r}+\boldsymbol{\omega}\times\boldsymbol{v}$$

式中，$\boldsymbol{\alpha}\times\boldsymbol{r}=\boldsymbol{a}_\tau$ 为切向加速度，$\boldsymbol{\omega}\times\boldsymbol{v}=\boldsymbol{a}_\mathrm{n}$ 为法向加速度。

描述转动刚体位置的转角 $\boldsymbol{\phi}$ 虽然有三个要素：转轴在空间的方位、转角的大小和转角的转动方向，但实践证明转角 $\boldsymbol{\phi}$ 不能用矢量表示。如图 8-15 所示，直角坐标系内顺序转动示例。

无限转动可用矢量表示，即

$$\Delta\boldsymbol{\varphi}_x+\Delta\boldsymbol{\varphi}_z=\Delta\boldsymbol{\varphi}_z+\Delta\boldsymbol{\varphi}_x$$

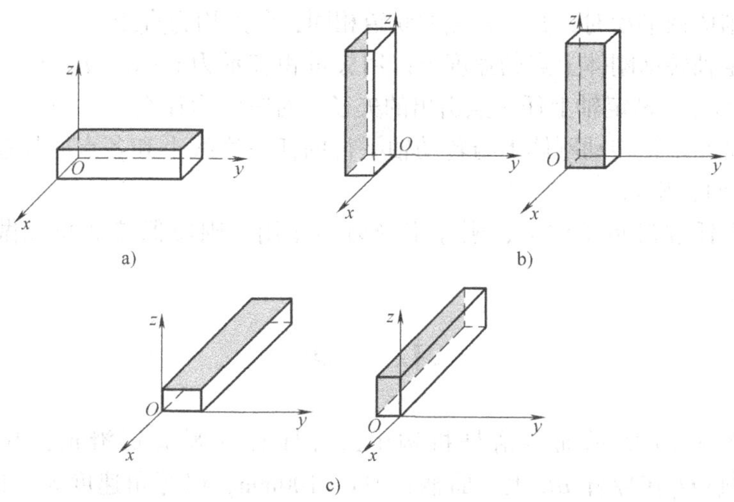

图 8-15　直角坐标系内顺序转动示例

a）原来位置　b）由原来位置先绕 x 轴正向转 90°，后绕 z 轴正向转 90°

c）由原来位置先绕 z 轴正向转 90°，后绕 x 轴正向转 90°

小　　结

1. 刚体平动的特点

刚体上任意两点的速度、加速度相等，即 $\boldsymbol{v}_B=\boldsymbol{v}_A$，$\boldsymbol{a}_A=\boldsymbol{a}_B$

2. 刚体定轴转动的特点

$$\omega=\omega_0+\alpha t,\varphi=\varphi_0+\omega_0 t+\frac{1}{2}\alpha t^2$$

角速度　$\omega=\lim\limits_{\Delta t\to 0}\dfrac{\Delta\varphi}{\Delta t}=\dfrac{\mathrm{d}\varphi}{\mathrm{d}t}=\dot{\varphi}\mathrm{rad/s}$

角加速度　$\alpha=\lim\limits_{\Delta t\to 0}\dfrac{\Delta\omega}{\Delta t}=\dfrac{\mathrm{d}\omega}{\mathrm{d}t}=\ddot{\varphi}\,\mathrm{rad/s^2}$

3. 定轴转动点的速度、加速度

$a_\tau=\ddot{s}=R\alpha$，$a_\mathrm{n}=\dfrac{\dot{s}^2}{\rho}=R\omega^2$

$a=\sqrt{a_\tau^2+a_\mathrm{n}^2}=R\sqrt{\alpha^2+\omega^4}$

$\tan\theta=\dfrac{a_\tau}{a_\mathrm{n}}=\dfrac{\alpha}{\omega^2}$

思　考　题

8-1　若刚体内各点均做圆周运动，则此刚体的运动必是定轴转动。

8-2 刚体做平动时，其上各点的轨道相同，各点均为直线？

8-3 定轴转动刚体上点的速度可以用矢量积表示为 $\boldsymbol{v}=\boldsymbol{\omega}\times\boldsymbol{r}$，其中 $\boldsymbol{\omega}$ 是刚体的角速度矢量，$\boldsymbol{r}$ 是定轴上任一点引出的矢径。对吗？为什么？

8-4 试问定轴转动刚体上与转动轴平行的任一直线上和各点的加速的大小相等？而且方向也相同？

8-5 在任意初始条件下，刚体不受力的作用，则应保持静止或做等速直线平动？

习　题

8-1 图 8-16 所示曲柄滑杆机构中，滑杆有一圆弧形滑道，其半径 $R=100\text{mm}$，圆心 O_1 在导杆 BC 上。曲柄长 $OA=100\text{mm}$，以等角速度 $\omega=4\text{rad/s}$ 绕 O 轴转动。求导杆 BC 的运动规律以及当曲柄与水平线间的交角 φ 为 30°时，导杆 BC 的速度和加速度。

8-2 已知搅拌机的主动齿轮 O_1 以 $n=950\text{r/min}$ 的转速转动。搅杆 ABC 用销钉 A、B 与齿轮 O_2、O_3 相连，如图 8-17 所示。且 $AB=O_2O_3$，$O_3A=O_2B=0.25\text{m}$，各齿轮齿数为 $z_1=20$，$z_2=50$，$z_3=50$，求搅杆端点 C 的速度和轨迹。

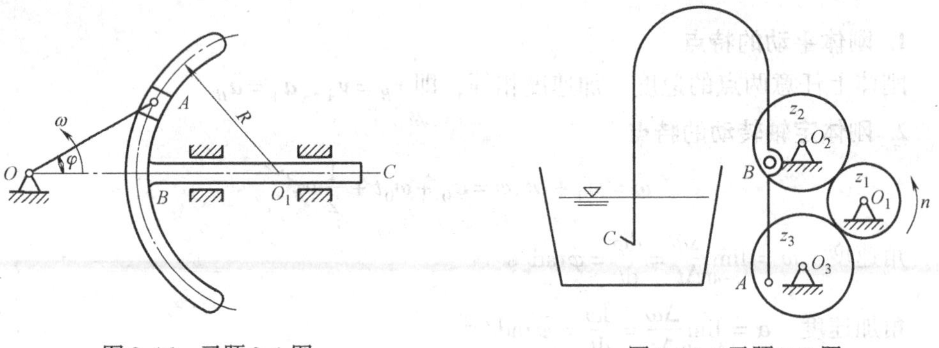

图 8-16 习题 8-1 图　　　图 8-17 习题 8-2 图

8-3 如图 8-18 所示，曲柄 CB 以等角速度 ω_0 绕 C 轴转动，其转动方程为 $\varphi=\omega_0 t$。滑块 B 带动摇杆 OA 绕轴 O 转动。设 $OC=h$，$CB=r$。求摇杆的转动方程。

8-4 车床的传动装置如图 8-19 所示。已知各齿轮的齿数分别为 $z_1=40$，$z_2=84$，$z_3=28$，$z_4=80$；带动刀具的丝杠的螺距为 $h_4=12\text{mm}$。求车刀切削工件的螺距 h_1。

8-5 图 8-20 所示机构中齿轮 1 紧固在杆 AC 上，$AB=O_1O_2$，齿轮 1 和半径为 r_2 的齿轮 2 啮合，齿轮 2 可绕 O_2 轴转动且和曲柄 O_2B 没有联系。设 $O_1A=O_2B=l$，$\varphi=b\sin\omega t$，试确定 $t=\dfrac{\pi}{2\omega}\text{s}$ 时，轮 2 的角速度和角加速度。

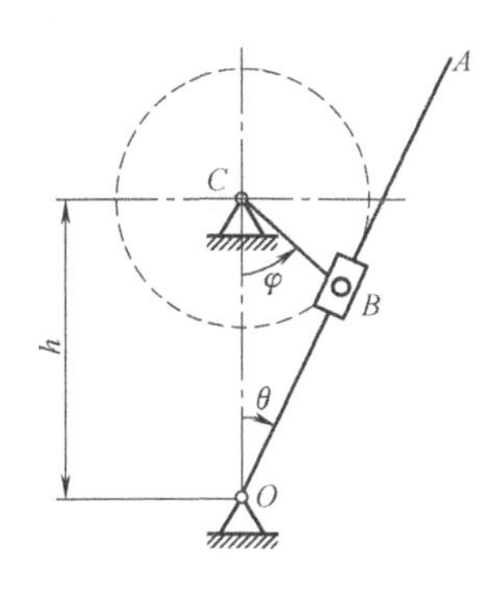

图 8-18　习题 8-3 图

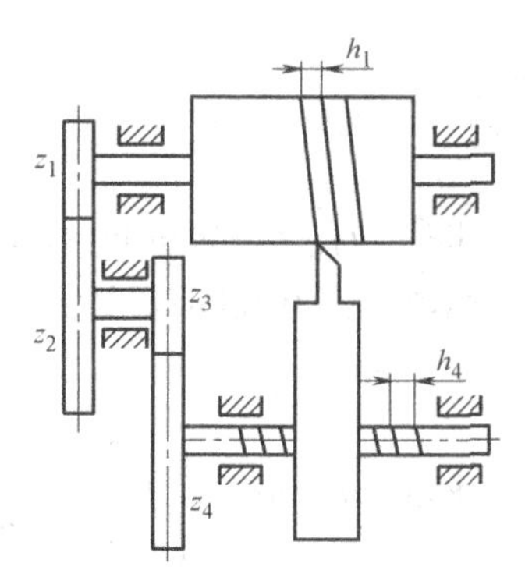

图 8-19　习题 8-4 图

8-6　杆 AB 在铅垂方向以恒速 v 向下运动并由 B 端的小轮带着半径为 R 的圆弧 OC 绕轴 O 转动。如图 8-21 所示。设运动开始时，$\varphi=\dfrac{\pi}{4}$，求此后任意瞬时 t，OC 杆的角速度 ω 和点 C 的速度。

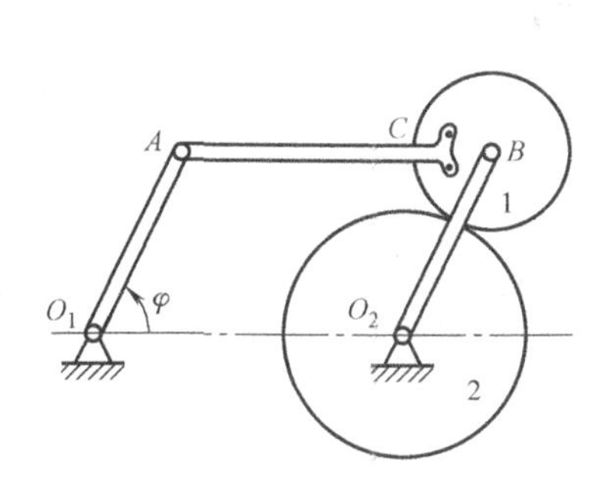

图 8-20　习题 8-5 图

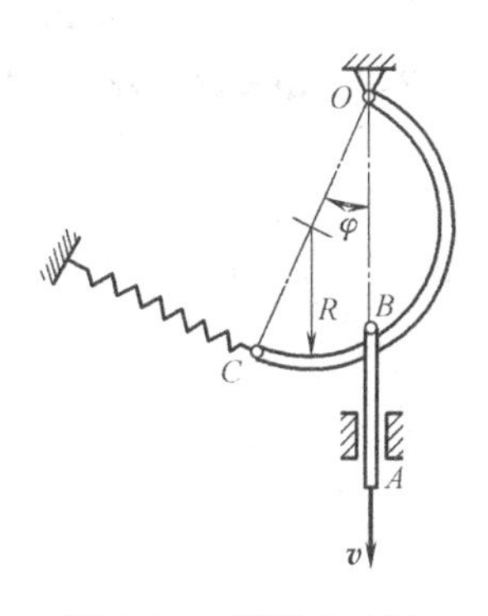

图 8-21　习题 8-6 图

8-7　半径 $R=100\text{mm}$ 的圆盘绕其圆心转动，图 8-22 所示瞬时，点 A 的速度为 $\boldsymbol{v}_A=200\boldsymbol{j}$（mm/s），点 B 的切向加速度 $\boldsymbol{a}_B^{\tau}=150\boldsymbol{i}$（mm/s)^2。试求角速度 $\boldsymbol{\omega}$ 和角加速度 $\boldsymbol{\alpha}$，并进一步写出点 C 的加速度矢量表达式。

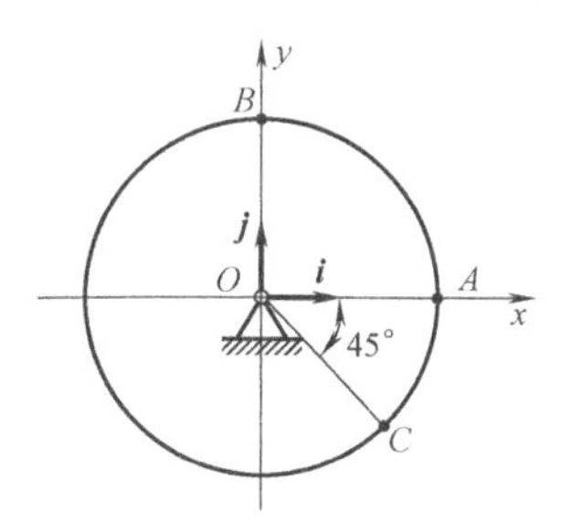

图 8-22　习题 8-7 图

习题答案

8-1　$v_{BC} = -0.40\mathrm{m/s}$，$a_{BC} = -2.77\ \mathrm{m/s^2}$

8-2　$v = 9.95\mathrm{m/s}$

8-3　$\theta = \arctan\left(\dfrac{\sin\omega_0 t}{\dfrac{h}{r} - \cos\omega_0 t}\right)$

8-4　$h_1 = 2\mathrm{mm}$

8-5　$\omega_2 = 0$，$\alpha_2 = -\dfrac{lb\omega^2}{r_2}$

8-6　$\omega = -\dfrac{v}{2R\sin\varphi}$，$v_C = 2R\omega = -\dfrac{v}{\sin\varphi}$

8-7　$\boldsymbol{\omega} = 2\boldsymbol{k}$，$\boldsymbol{\alpha} = -1.5\boldsymbol{k}$，$\boldsymbol{a}_C = -0.389\boldsymbol{i} + 0.177\boldsymbol{j}$

第9章 点的合成运动

9.1 导学

本章研究运动的分解与合成的分析方法，方法的关键是应用两个不同的参考系来观察同一点的运动，并建立同一点在不同参考系中运动之间的联系。

运动的合成和分解是运动分析的重要内容，在工程实际中运用广泛，同时它又是研究非惯性参考系动力学的基础。这种运动分析方法还可以推广应用于分析刚体的复杂运动。

点的运动特征（运动轨迹、速度、加速度）与参考系有密切关系。例如，图9-1所示的跳伞者，当飞机水平平动时，在不同的参考系中观察跳伞者 P 的运动是不同的。当以地面为参考系时，点 P 的运动轨迹是平面曲线；当以飞机为参考系时，点 P 的运动轨迹为平面铅垂直线。图9-2所示的杂技，当四个圆环绕中心轴转动时，在圆环中的人 M 相对于圆环的运动轨迹是平面的圆周线，而相对于地面的运动轨迹为平面曲线。在不同的参考系中，不仅点的运动轨迹不同，而且所观测的速度和加速度也不同。

图9-1　跳伞

图9-2　杂技

9.2 点的合成运动的概念

如果一个物体参与数种运动，为了要研究它的总的作用，就需要运动的合成。

例如，游泳时人体在河流中朝着对岸运动，但同时水流将他冲向下游，如要求他的实际游泳路线需将这两运动合成。又如，人在步行或跑、跳的运动都是几种运动合成的结果，位移、速度、加速度都是矢量，合成的时候，可采用力的矢量合成的方法进行，但只能在同类型的矢量中进行。

在运动分析中，有时又常常把某一运动进行分解，譬如在转动时把加速度分解为切线方向和法线方向。速度和加速度同样可以根据矢量的平行四边形法则进行分解。

对物体运动的描述具有相对性，物体相对于不同参考系的运动是不同的。前两章分析了点或刚体相对于一个参考系的运动，至于参考系本身是否运动或做何种运动，并没有加以考虑，点或刚体相对于一个参考系的运动是简单的运动；但是在工程实际中，需要在两个不同参考系中观察同一物体的运动，且其中一个参考系相对另一个参考系有运动。本章引入动参考系，而动参考系对定参考系也有运动，研究物体相对于不同参考系的运动，分析物体相对于不同参考系运动之间的关系，可称为合成运动。工程实际中，需要我们分析复杂的运动。本章分析点的合成运动，分析运动中某一瞬时点的速度合成和加速度合成的规律。

在工程中，常常利用合成运动的概念，将一种复杂的运动看成是两种简单运动的组合，先研究这些简单运动，然后把它们合成，使复杂问题的研究得到简化。

9.3 绝对运动、相对运动和牵连运动的速度与加速度

当我们所研究的问题涉及两个参考系时，通常把固连于地球上的参考系称为**定参考系**，简称定系或静系，当然也可以固结于其他参考体上，例如太阳、其他恒星，或是地球上的其他物体等；把相对定系运动的参考系称为**动参考系**，简称动系。研究的对象是动点，动点相对于定系的运动称为**绝对运动**；动点做绝对运动的速度、加速度称为动点的**绝对速度**和**绝对加速度**，分别用 v_a、a_a 表示。

动点相对于动系的运动称为**相对运动**；动点做相对运动的速度、加速度为动点的**相对速度**、**相对加速度**，分别用 v_r、a_r 表示。

动系相对于定系的运动称为**牵连运动**。动系作为一个整体运动着，因此，牵连运动具有刚体运动的特点，常见的牵连运动形式即为平移或定轴转动。定义任一瞬时，动系上与动点 M 重合的点 M' 为此瞬时动点 M 的牵连点。**牵连点**是指动系上的点，动点运动到动系上的那一点就是动点的牵连点。定义某瞬时牵连点的速度、加速度为动点的牵连速度、牵连加速度，分别用 v_e、a_e 表示。因牵连运动是动系相对于定系而言，所以牵连速度和牵连加速度也是相对于定系而言。

如图 9-3 所示，在舰载机的实例中，如把飞机 P 视为动点，舰船为动参考系，地面为定参考系，则动点 P 相对于舰船的运动是相对运动，而舰船相对于地面的

运动（平动）是牵连运动。从这个实例也可看到，如果没有牵连运动（即舰船对地面保持静止），则动点 P 的相对运动和绝对运动完全相同；如果没有相对运动（即飞机在舰船上不动），则动点 P 将随舰船一起平移运动。

图 9-3　舰船和舰载机

因此，对于做合成运动的点，注意区分三种运动，首先将静坐标系固定在地面或某一参考体上；然后将动坐标系固结在一个相对于地面或静坐标系有运动的恰当的物体上；最后根据定义区分动点的三种运动。

关于牵连运动的量需要注意：

1）由于牵连运动是与动系固结的刚体的运动，所以，只要确定了某瞬时的牵连点，就可以确定牵连速度和牵连加速度。

2）牵连点不一定在固结动系的刚体上，所以，牵连点一定要理解为是某瞬时动空间中与动点重合的那一点，也可理解为是与动系固结的刚体或其扩展体上与动点重合的那一点。

3）由于动点的相对运动，不同瞬时的牵连点也是不同的。因此，在一般情况下，动点在不同瞬时的牵连速度与牵连加速度是不相同的。

例 9-1　如图 9-4 所示，光点 M 沿 y 轴做简谐振动，其运动方程为

$$x=0,\ y=a\cos(kt+\beta)$$

如将点 M 投影到感光记录纸上，此纸以等速 v_e 向左运动。求点 M 在记录纸上的轨迹。

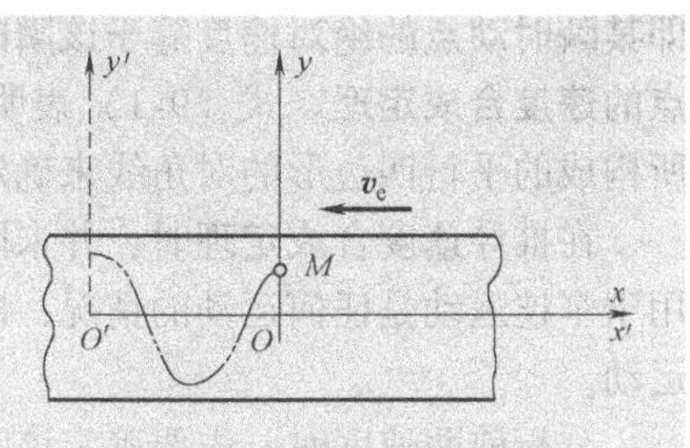

图 9-4　光点 M 的运动

解：取光点 M 为动点，感光纸为动系，地面为定系，则：动点的绝对运动为沿 y 轴的直线运动；动点的相对运动为平面曲线运动；动点的牵连运动为平动。

所以，点 M 在记录纸上的轨迹为动点的相对运动轨迹，故有

$$x'=v_e t$$

$$y'=a\cos(kt+\beta)$$

则有

$$y'=a\cos\left(k\frac{x'}{v_e}+\beta\right)$$

9.4 点的速度合成定理

下面研究点的相对速度、牵连速度和绝对速度三者之间的关系。设动点 M 在动系上的相对轨迹为曲线 AB，如图 9-5 所示。设 t 瞬时点 M 与动系上点 M_1 重合，经过 Δt 瞬时后，动点 M 沿曲线 MM' 运动到 M'，$\overrightarrow{MM'}=\Delta \boldsymbol{r}_a$ 是绝对位移；牵连点 M_1 由 M 点运动到 M_1，$\overrightarrow{MM_1}=\Delta \boldsymbol{r}_e$ 是牵连位移。点 M_2 是当没有牵连运动而只有相对运动时动点 M 在 $t+\Delta t$ 瞬时的位置，因而 $\overrightarrow{MM_2}=\Delta \boldsymbol{r}_r$ 是相对位移。由图中几何关系得

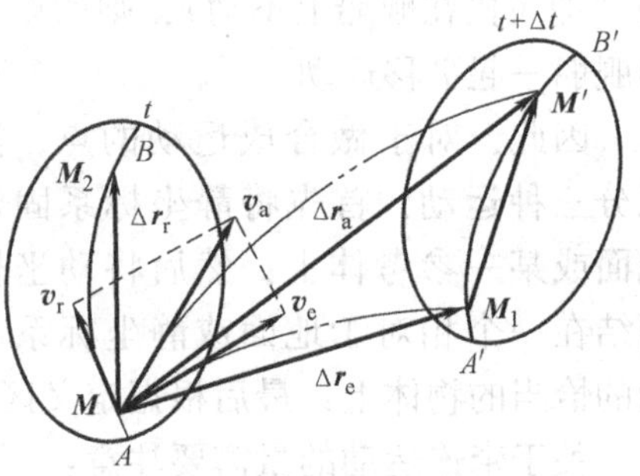

$$\Delta \boldsymbol{r}_a = \Delta \boldsymbol{r}_e + \overline{M_1M'}$$

图 9-5 点 M 运动分析

当 $\Delta t \to 0$ 时，取极限

$$\lim_{\Delta t\to 0}\frac{\Delta \boldsymbol{r}_a}{\Delta t}=\lim_{\Delta t\to 0}\frac{\Delta \boldsymbol{r}_e}{\Delta t}+\lim_{\Delta t\to 0}\frac{\overline{M_1M'}}{\Delta t}$$

由于 $\lim\limits_{\Delta t\to 0}\frac{\overline{M_1M'}}{\Delta t}=\lim\limits_{\Delta t\to 0}\frac{\Delta \boldsymbol{r}_r}{\Delta t}$，所以

$$\boldsymbol{v}_a=\boldsymbol{v}_e+\boldsymbol{v}_r \tag{9-1}$$

即**某瞬时动点的绝对速度等于该瞬时动点的相对速度和牵连速度的矢量和，这就是点的速度合成定理**。式（9-1）表明，动点的绝对速度可以由牵连速度与相对速度所构成的平行四边形的对角线来确定。这个平行四边形称为**速度平行四边形**。

在推导速度合成定理时，并未限制动参考系做什么样的运动，因此这个定理适用于牵连运动是任何运动的情况，即动参考系可做平移、转动或其他任何较复杂的运动。

分析前两速度时，先要确定该瞬时动点的牵连点，再由动系的运动，求出牵连速度的大小和方向。式（9-1）是一个平面矢量方程，包括 $\boldsymbol{v}_a$、$\boldsymbol{v}_e$ 和 $\boldsymbol{v}_r$ 三个矢量的大小和方向共六个量，只有已知其中任意四个量，才可求出剩下的两个未知量。

在求解动点的绝对速度、相对速度和牵连速度时，可以利用速度平行四边形法则，即绝对速度由相对速度和牵连速度合成。利用作图的方法可以求解动点速度之间的关系，也可以通过合矢量投影定理来求解，即合矢量 $\boldsymbol{v}_a$ 在某轴的投影量等于合成它的所有分量 $\boldsymbol{v}_e$ 和 $\boldsymbol{v}_r$ 在同一轴投影的代数和。所以动点的速度合成定理在平面的速度分析中，可以写成如下的投影解析式

$$\begin{cases} v_{ax}=v_{ex}+v_{rx} \\ v_{ay}=v_{ey}+v_{ry} \end{cases}$$

注意，动点的速度分析利用速度的投影解析式时，首先选择投影正向，然后，

将速度合成定理的左侧项向选择的投影轴投影的代数值等于速度合成定理的右侧所有项向同一轴投影的代数和。

例 9-2　尖劈以速度 $v=0.2\text{m/s}$ 匀速向右运动，$\varphi=30°$，杆 OB 长为 $l=200\sqrt{3}\text{mm}$。则 $\theta=\varphi$ 时，求杆 OB 的角速度。

解：（1）取动点、动系，并分析动点的三种运动

取杆 OB 的端点 B 为动点，尖劈为动系，地面为定系。

那么，动点的绝对运动为以 O 点为圆心的圆周运动，动点的相对运动为沿尖劈的直线运动，动点的牵连运动为平动。

（2）画动点的速度分析图。动点的速度分析图如图 9-6 所示。

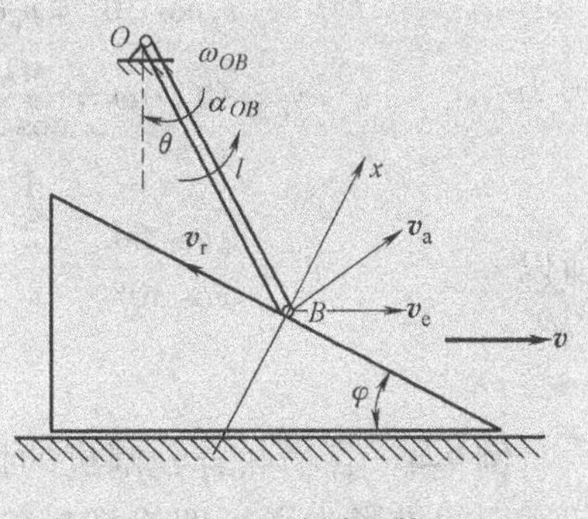

图 9-6　尖劈机构

（3）动点的速度合成定理。

$$\boldsymbol{v}_a=\boldsymbol{v}_e+\boldsymbol{v}_r$$

所以，方向　　√　√　√

大小　　　　　√

对于动点的速度合成定理中有两个量未知，因此可以求解。本题求解杆 OB 的角速度，因此只要求出动点的绝对速度，即可求解。

依据合矢量投影定理，将动点的速度合成定理向 x 轴投影，有

$$v_a\cos 30°=v_e\cos 60°$$

因为 $v_a=l\omega_{OB}$，$v_e=v=0.2\text{m/s}$

所以

$$\omega_{OB}=\frac{v_e\cos 60°}{l\cos 30°}=\frac{0.2\text{m/s}\times\frac{1}{2}}{200\sqrt{3}\times 10^{-3}\text{m}\times\frac{\sqrt{3}}{2}}=\frac{1}{3}\text{rad/s}$$

例 9-3　弯成直角的曲杆 OAB 以常角速度 ω 绕 O 转动，设 $OA=r$，求：当 $\varphi=30°$时，CD 杆的速度。

解：（1）取动点、动系，并分析动点的三种运动。取 CD 杆的 C 端点为动点，直角曲杆 OAB 为动系，地面为定系。

则动点的三种运动为：绝对运动——直线运动、相对运动——直线运动、牵连运动——定轴转动。

（2）画动点的速度分析图。动点的速度分析图如图 9-7 所示。

（3）动点的速度合成定理

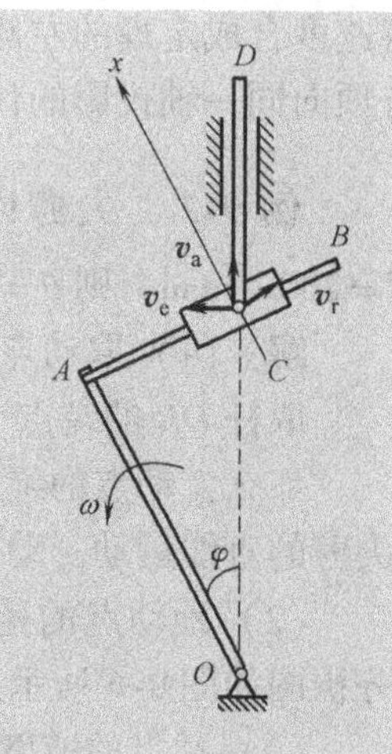

图 9-7　曲杆机构

$$\boldsymbol{v}_a=\boldsymbol{v}_e+\boldsymbol{v}_r$$

所以，方向　∨　∨　∨

　　大小　　　∨

对于动点的速度合成定理中有两个量未知，因此可以求解。本题求解杆 CD 的速度，因此只要求出动点的绝对速度，即可求解。

依据合矢量投影定理，将动点的速度合成定理向 x 轴投影，有

$$v_a\cos 30°=v_e\cos 60°$$

因为
$$v_e=\overline{OC}\cdot\omega=\frac{\overline{OA}}{\cos 30°}\omega=\frac{2r\omega}{\sqrt{3}}$$

所以
$$v_a=\frac{v_e\cos 60°}{\cos 30°}=\frac{\frac{1}{2}\times\frac{2r\omega}{\sqrt{3}}}{\frac{\sqrt{3}}{2}}=\frac{2r\omega}{3}$$

例 9-4　谷物联合收割机的拔禾轮传动机构在铅垂面的投影为平行四连杆机构，如图 9-8 所示。曲柄 $OA=O_1B=570\text{mm}$，OA 的转速 $n=36\text{r/min}$，收割机前进速度 $v=2\text{km/h}$。试求 $\varphi=60°$时，AB 杆端点 M 的水平速度和铅垂速度。

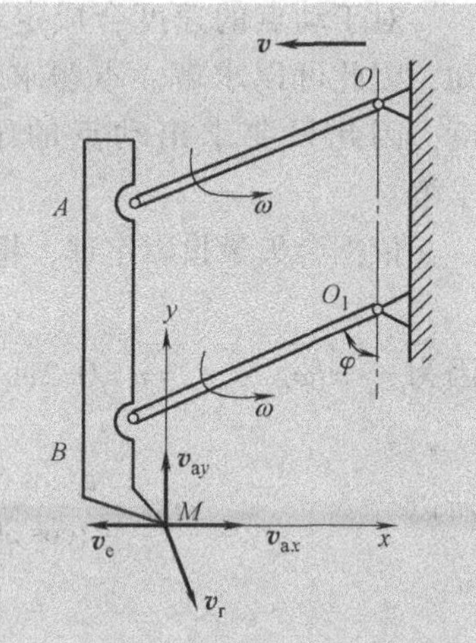

图 9-8　拔禾轮传动机构

解：(1) 取动点、动系，并分析动点的三种运动。取 AB 杆端点 M 为动点，收割机为动系，地面为定系。

则动点的三种运动为：绝对运动——未知、相对运动——圆周运动，牵连运动——平动。

(2) 画动点的速度分析图。动点的速度分析图如图 9-8 所示。

(3) 动点的速度合成定理

$$\boldsymbol{v}_a=\boldsymbol{v}_e+\boldsymbol{v}_r=\boldsymbol{v}_{ax}+\boldsymbol{v}_{ay}$$

所以，方向　　　∨　∨　∨　∨

　　大小　　　　∨　∨

对于动点的速度合成定理中有两个量未知，因此可以求解。本题求解 AB 杆端点 M 的水平速度和铅垂速度，因此只要求出动点的绝对速度两个分量，即可求解。

依据合矢量投影定理，将动点的速度合成定理分别向 x、y 轴投影，有

$$v_{ax} = -v_e + v_r\cos 60°$$

$$v_{ay} = -v_r\cos 30°$$

因为 $v_e = v = \frac{5}{9}\text{m/s}, v_r = \overline{OA} \cdot \omega_{OA} = \left(0.57 \times \frac{36\pi}{60}\right)\text{m/s} = \frac{1.71\pi}{5}\text{m/s}$

所以 $v_{ax} = -v_e + v_r\cos 60° = \left(-\frac{5}{9} + \frac{1.71\pi}{5} \times \frac{1}{2}\right)\text{m/s} = -0.01834\text{m/s}$

所以 $v_{ay} = -v_r\cos 30° = \left(-\frac{1.71\pi}{5} \times \frac{\sqrt{3}}{2}\right)\text{m/s} = -0.9304\text{m/s}$

例9-5 四连杆机构由杆 O_1A、O_2B 及半圆形平板 ADB 组成，各构件均在图9-9所示平面内运动。动点 M 沿圆弧运动，起点为 B。已知 $O_1A = O_2B = 18\text{cm}$，$R = 18\text{cm}$，$\varphi = \frac{\pi}{18}t$，$s = \overset{\frown}{BM} = \pi t^2(\text{cm})$。求 $t = 3\text{s}$ 时，M 点的绝对速度。

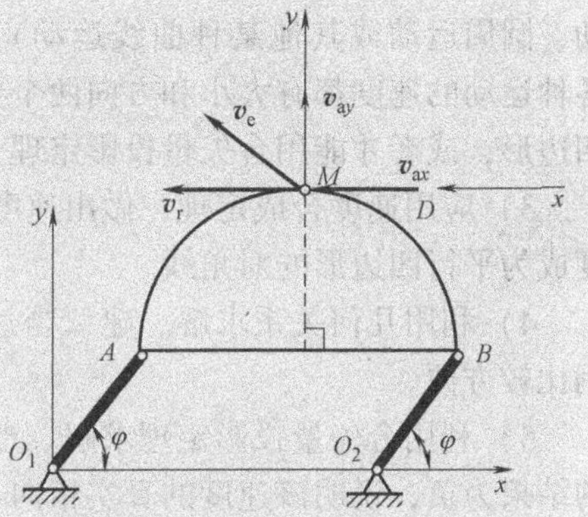

图9-9 四连杆机构

解：(1) 取动点、动系，并分析动点的三种运动。取 M 为动点，动系固结于半圆形平板 ADB，地面为定系。

则动点的三种运动为：绝对运动——未知、相对运动——圆周运动、牵连运动——平动。

(2) 画动点的速度分析图。动点的速度分析图如图9-9所示。

(3) 动点的速度合成定理

$$\boldsymbol{v}_a = \boldsymbol{v}_e + \boldsymbol{v}_r = \boldsymbol{v}_{ax} + \boldsymbol{v}_{ay}$$

所以，方向 V V V V

大小 V V

对于动点的速度合成定理中有两个量未知，因此可以求解。本题求解 M 点的绝对速度，因此只要求出动点的绝对速度分量，即可求解。

依据合矢量投影定理，将动点的速度合成定理分别向 x、y 轴投影，有

$$v_{ax} = v_e\cos 60° + v_r$$

$$v_{ay} = v_e\cos 30°$$

因为 $v_e = \overline{O_1A} \cdot \omega_{O_1A} = 18\varphi' = \left(18 \times \frac{\pi}{18}\right)\text{cm/s} = \pi\text{cm/s}$

$$v_r\big|_{t=3\text{s}} = s'\big|_{t=3\text{s}} = 2\pi t\big|_{t=3\text{s}} = 6\pi\text{cm/s}$$

所以 $v_{ax} = v_e\cos 60° + v_r = \left(\pi \times \frac{1}{2} + 6\pi\right)\text{cm/s} = 6.5\pi\text{cm/s}$

所以 $$v_{ay} = v_e \cos 30° = \left(\pi \times \frac{\sqrt{3}}{2}\right)\text{cm/s} = 0.5\sqrt{3}\pi\text{cm/s}$$

运用速度合成定理求点的合成运动中的各种速度是运动学的重点内容，现总结以上各例的解题步骤如下：

1）选取动点和动参考系。所选的参考系应能将动点的运动分解成为相对运动和牵连运动，因此，动点和动参考系不能选在同一个物体上，一般应使相对运动简单清楚，以便标出 $\boldsymbol{v}_r$ 的方向。

2）分析三种运动和三种速度。相对运动和绝对运动都是点的运动（直线运动、圆周运动或其他某种曲线运动），牵连运动是刚体的运动（平移、转动等）。各种运动的速度都有大小和方向两个要素，只有已知四个要素时才能画出速度平行四边形，或者才能用合矢量投影定理分析动点的速度。

3）应用速度合成定理，做出速度平行四边形。必须注意，作图时要使绝对速度成为平行四边形的对角线。

4）利用几何关系求解。建议当速度矢量间的夹角为30°、45°等特殊角度时使用比较方便。

5）利用合矢量投影定理求解。当不知道速度的指向时可以假设，如果计算出的结果为负，说明该速度的真实指向与假设指向相反。当不知道速度的方位时利用矢量平行四边形法则将该速度用正交的两个分量表示。速度投影时，如果与设的投影轴的正向一致时，投影的代数值为正，反之为负。

9.5 牵连运动为平动时点的加速度合成定理

对于任何形式的牵连运动，速度合成定理都是适用的，但是加速度合成问题则比较复杂，对于不同形式的牵连运动会得到不同的结论。下面先研究牵连运动为平动时的情况。

设 $Oxyz$ 为定参考系，$O'x'y'z'$ 为平动参考系，如图 9-10 所示。其 O' 点的速度为 $v_{O'}$，加速度为 $a_{O'}$。现在求 M 点的绝对加速度。

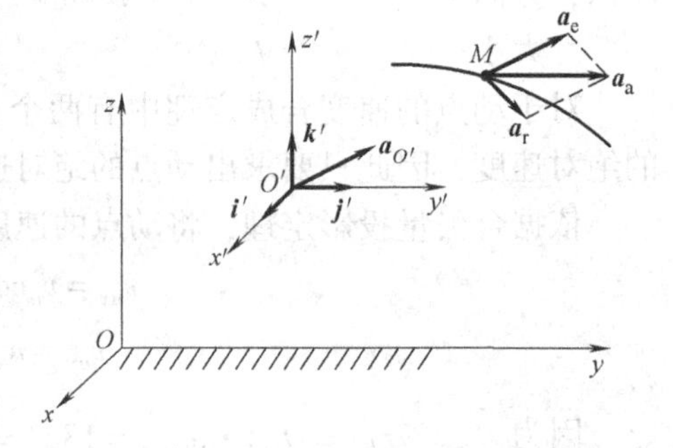

图 9-10 点 M 的加速度分析

将速度合成定理式（9-1）对时间求导，得

$$a_a = \frac{d\boldsymbol{v}_a}{dt} = \frac{d\boldsymbol{v}_e}{dt} + \frac{d\boldsymbol{v}_r}{dt}$$

因为牵连运动为平动，因而动系上各点的速度、加速度都相同，即

$$\frac{\mathrm{d}\boldsymbol{v}_{\mathrm{e}}}{\mathrm{d}t}=\frac{\mathrm{d}\boldsymbol{v}_{O'}}{\mathrm{d}t}=\boldsymbol{a}_{O'}=\boldsymbol{a}_{\mathrm{e}}$$

设动点在动系中的矢径为 $\boldsymbol{r}'=x'\boldsymbol{i}'+y'\boldsymbol{j}'+z'\boldsymbol{k}'$，在动系中对时间求导，可得动点的相对速度 $\boldsymbol{v}_{\mathrm{r}}=\dot{x}'\boldsymbol{i}'+\dot{y}'\boldsymbol{j}'+\dot{z}'\boldsymbol{k}'$。动系做平动，单位矢量 $\boldsymbol{i}'$、$\boldsymbol{j}'$、$\boldsymbol{k}'$方向不变，有

$$\frac{\mathrm{d}\boldsymbol{v}_{\mathrm{r}}}{\mathrm{d}t}=\ddot{x}'\boldsymbol{i}'+\ddot{y}'\boldsymbol{j}'+\ddot{z}'\boldsymbol{k}'=\boldsymbol{a}_{\mathrm{r}} \tag{9-2}$$

于是证得

$$\boldsymbol{a}_{\mathrm{a}}=\boldsymbol{a}_{\mathrm{e}}+\boldsymbol{a}_{\mathrm{r}} \tag{9-3a}$$

即当牵连运动为平动时，动点的绝对加速度等于牵连加速度和相对加速度的矢量和。这就是牵连运动为平动时的加速度合成定理。

求解动点的加速度时可以利用加速度的平行四边形，也可以利用合矢量投影定理，即

$$\begin{cases}a_{\mathrm{a}x}=a_{\mathrm{e}x}+a_{\mathrm{r}x}\\ a_{\mathrm{a}y}=a_{\mathrm{e}y}+a_{\mathrm{r}y}\end{cases}$$

注意，当牵连运动为曲线平动，且动点的绝对运动轨迹和相对运动轨迹均为曲线时，式（9-3a）中动点的各加速度也可以用切向加速度分量和法向加速度分量表示，因此式（9-3a）可以写成

$$\boldsymbol{a}_{\mathrm{a}}^{\mathrm{n}}+\boldsymbol{a}_{\mathrm{a}}^{\tau}=\boldsymbol{a}_{\mathrm{e}}^{\mathrm{n}}+\boldsymbol{a}_{\mathrm{e}}^{\tau}+\boldsymbol{a}_{\mathrm{r}}^{\mathrm{n}}+\boldsymbol{a}_{\mathrm{r}}^{\tau} \tag{9-3b}$$

而此时动点的速度合成定理计算时可以向切向和法向进行投影求解。

例 9-6 图 9-11 所示铰接平行四边形机构中，$O_1A=O_2B=100\mathrm{mm}$，又 $O_1O_2=AB$，杆 O_1A 以等角速度 $\omega=2\mathrm{rad/s}$ 绕 O_1 轴转动。杆 AB 上有一套筒 C，此筒与杆 CD 相铰接。机构的各部件都在同一铅直面内。求当 $\varphi=60°$时，杆 CD 的速度和加速度。

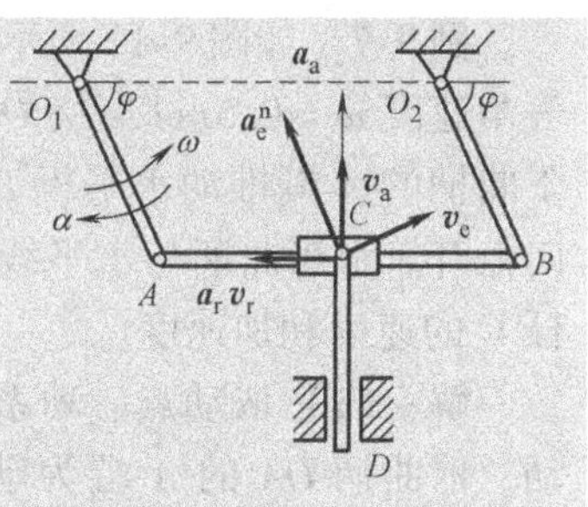

图 9-11 平行四边形机构

解：（1）取动点、动系，并分析动点的三种运动。取杆 CD 的端点 C 为动点，杆 AB 为动系，地面为定系。

则动点的三种运动为：绝对运动——直线运动、相对运动——直线运动、牵连运动——平动。

（2）画动点的速度和加速度分析图。动点的速度和加速度分析图如图 9-11 所示。

（3）动点的速度和加速度合成定理。对于速度合成定理有

	$\boldsymbol{v}_{\mathrm{a}}=$	$\boldsymbol{v}_{\mathrm{e}}+$	$\boldsymbol{v}_{\mathrm{r}}$
所以，方向	√	√	√
大小		√	

对于动点的速度合成定理中有两个量未知，因此可以求解。本题求解 CD 杆速度，因此只要求出动点的绝对速度，即可求解。

依据合矢量投影定理，将动点的速度合成定理向 x 轴投影，有

$$v_a = v_e \cos 60°$$

因为 $$v_e = \overline{O_1A} \cdot \omega_{O_1A} = 0.1\text{m} \times 2\text{rad/s} = 0.2\text{m/s}$$

所示 $$v_a = 0.2\text{m/s} \times \frac{1}{2} = 0.1\text{m/s}$$

对于加速度合成定理有

$$\boldsymbol{a}_a = \boldsymbol{a}_e^n + \boldsymbol{a}_r$$

所以，方向 V V V

大小 V

对于动点的加速度合成定理中有两个量未知，因此可以求解。本题求解 CD 杆加速度，因此只要求出动点的绝对加速度，即可求解。

依据合矢量投影定理，将动点的加速度合成定理向 x 轴投影，有

$$a_a = a_e^n \cos 30°$$

因为 $$a_e^n = \overline{O_1A} \cdot \omega_{O_1A}^2 = 0.1\text{m} \times 4\text{rad}^2/\text{s}^2 = 0.4\ \text{m/s}^2$$

所以 $$a_a = 0.4\text{m/s}^2 \times \cos 30° = 0.3464\text{m/s}^2$$

例 9-7 如图 9-12 所示，曲柄 OA 长 0.4 m，以等角速度 $\omega = 0.5\text{rad/s}$ 绕 O 轴逆时针方向转动。由于曲柄的 A 端推动水平板 B，而使滑杆 C 沿铅直方向上升。求当曲柄与水平线间的夹角 $\theta = 30°$时，滑杆 C 的速度和加速度。

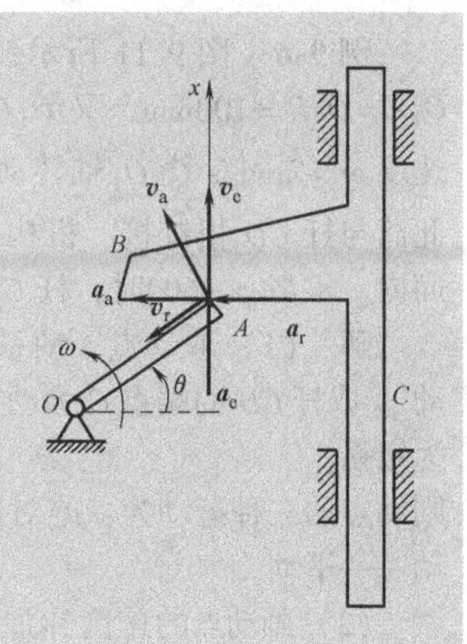

图 9-12 曲柄机构

解：(1) 取动点、动系，并分析动点的三种运动。取曲柄 OA 的 A 端为动点，水平板 B 为动系，地面为定系。

则动点的三种运动为：绝对运动——圆周运动、相对运动——直线运动、牵连运动——平动。

(2) 画动点的速度和加速度分析图。动点的速度和加速度分析图如图 9-12 所示。

(3) 动点的速度和加速度合成定理。对于速度合成定理有

$$\boldsymbol{v}_a = \boldsymbol{v}_e + \boldsymbol{v}_r$$

所以，方向 V V V

大小 V

对于动点的速度合成定理中有两个量未知，因此可以求解。本题求解滑杆 C 的速度，因此只要求出动点的牵连速度，即可求解。

依据合矢量投影定理，将动点的速度合成定理向 x 轴投影，有

$$v_a \cos 30° = v_e$$

因为 $v_a = \overline{OA} \cdot \omega = 0.4\text{m} \times 0.5\text{rad/s} = 0.2\text{m/s}$

所示 $$v_a \cos 30° = v_e = 0.2\text{m/s} \times \frac{\sqrt{3}}{2} = 0.1732\text{m/s}$$

对于加速度合成定理有

$$\boldsymbol{a}_a^n = \boldsymbol{a}_e + \boldsymbol{v}_r$$

所以，方向　　√　√　√

大小　　√

对于动点的加速度合成定理中有两个量未知，因此可以求解。本题求解滑杆 C 的加速度，因此只要求出动点的牵连加速度，即可求解。

依据合矢量投影定理，将动点的加速度合成定理向 x 轴投影，有

$$-a_a^n \sin 30° = a_e$$

因为 $$a_a^n = \overline{OA} \cdot \omega^2 = 0.4\text{m} \times 0.25\text{rad}^2/\text{s}^2 = 0.1\ \text{m/s}^2$$

所以 $$-a_a^n \sin 30° = a_e = -0.1\text{m/s}^2 \times \frac{1}{2} = -0.05\text{m/s}^2$$

例 9-8　如图 9-13 所示，斜面 AB 与水平面间成 45°角，以 0.1m/s^2 的加速度沿 x 轴向右运动。物块 M 以 $0.1\sqrt{2}\text{m/s}^2$ 的匀相对加速度沿斜面滑下，斜面与物块的初速都是零。物块的初位置坐标为 $x=0$，$y=h$。求物块的绝对运动方程、运动轨迹、速度和加速度。

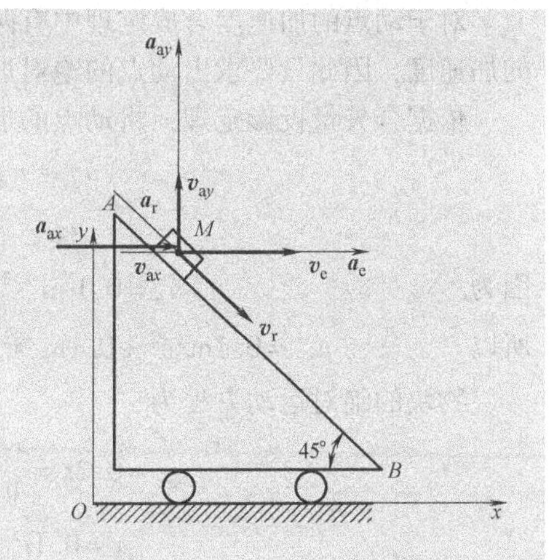

图 9-13　斜面与物块机构

解：(1) 取动点、动系，并分析动点的三种运动。取物块为动点，斜面 AB 为动系，地面为定系。

则动点的三种运动为：绝对运动——未知、相对运动——直线运动、牵连运动——平动。

(2) 画动点的速度和加速度分析图。动点的速度和加速度分析图如图 9-13 所示。

（3）动点的速度和加速度合成定理。对于速度合成定理有

$$\boldsymbol{v}_{ax}+\boldsymbol{v}_{ay}=\boldsymbol{v}_{e}+\boldsymbol{v}_{r}$$

所以，方向　　√　√　√　√

大小　　　　　　√　√

对于动点的速度合成定理中有两个量未知，因此可以求解。本题求解物块的速度，因此只要求出动点的绝对速度，即可求解。

依据合矢量投影定理，将动点的速度合成定理分别向 x、y 轴投影，有

$$v_{ax}=v_{e}+v_{r}\cos 45°$$

$$v_{ay}=-v_{r}\cos 45°$$

因为
$$a_{e}=\frac{\mathrm{d}v_{e}}{\mathrm{d}t}=0.1\mathrm{m/s^2},\ a_{r}=\frac{\mathrm{d}v_{r}}{\mathrm{d}t}=0.1\sqrt{2}\mathrm{m/s^2}$$

$$\int_0^t a_{e}\mathrm{d}t=\int_0^{v_e}\mathrm{d}v_{e},\ \int_0^t a_{r}\mathrm{d}t=\int_0^{v_r}\mathrm{d}v_{r}$$

所以
$$v_{e}=0.1t,\ v_{r}=0.1\sqrt{2}t$$

所以
$$v_{ax}=0.1t+0.1t=0.2t,\ v_{ay}=-0.1t$$

对于加速度合成定理有

$$\boldsymbol{a}_{ax}+\boldsymbol{a}_{ay}=\boldsymbol{a}_{e}+\boldsymbol{a}_{r}$$

所以，方向　√　√　√　√

大小　　　　　√　√

对于动点的加速度合成定理中有两个量未知，因此可以求解。本题求解物块的加速度，因此只要求出动点的绝对加速度，即可求解。

依据合矢量投影定理，将动点的加速度合成定理分别向 x、y 轴投影，有

$$a_{ax}=a_{e}+a_{r}\cos 45°$$

$$a_{ay}=-a_{r}\cos 45°$$

因为
$$a_{e}=0.1\ \mathrm{m/s^2},\ a_{r}=0.1\sqrt{2}\mathrm{m/s^2}$$

所以
$$a_{ax}=0.1\mathrm{m/s^2}+0.1\mathrm{m/s^2}=0.2\mathrm{m/s^2},\ a_{ay}=-0.1\mathrm{m/s^2}$$

物块的绝对运动方程为

$$v_{ax}=0.2t=\frac{\mathrm{d}x}{\mathrm{d}t},\ v_{ay}=-0.1t=\frac{\mathrm{d}y}{\mathrm{d}t}$$

$$x=0.1t^2,\ y=-0.05t^2$$

物块的运动轨迹为 $y=-\dfrac{x}{2}$

例 9-9　图 9-14 所示十字形滑块 K 连接固定水平杆 AB 和按方程 $AD=s=$

$50t^2$ 直线平移的铅垂杆 CD；$AB=960\text{mm}$，$CD=280\text{mm}$。求 $t=4\text{s}$ 时，滑块 K 的绝对速度、相对速度、绝对加速度和相对加速度。

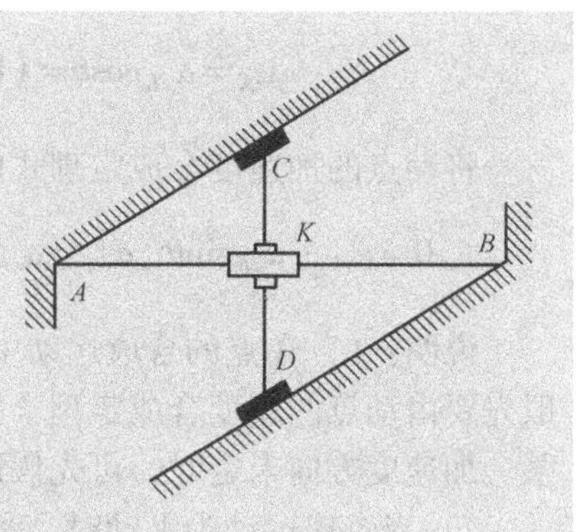

图9-14 十字形滑块机构

解：（1）取十字形滑块 K 为动点，动系固结于铅垂杆 CD 上，静系固结于固定水平杆 AB 上，动点的三种运动：绝对运动——直线运动（沿固定水平杆 AB）；相对运动——直线运动（沿铅垂杆 CD）；牵连运动——平动。

（2）画动点的速度和加速度分析图（图9-15）

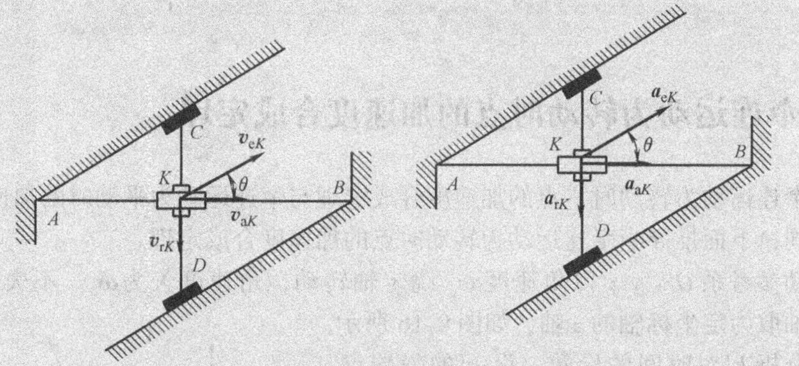

图9-15 十字形滑块机构的速度与加速度分析图

按方程 $s=50t^2$ 直线平移（各点的轨迹方位平行 AC）的铅垂杆 CD 的速度方程（牵连速度）为

$$\boldsymbol{v}_{\mathrm{e}}=s'\boldsymbol{\tau}=100t\boldsymbol{\tau},\ \tan\theta=\frac{280}{960}$$

牵连加速度为
$$\boldsymbol{a}_{eK}=s''\boldsymbol{\tau}=100\boldsymbol{\tau}$$

（3）动点的速度和加速度合成定理

$$\boldsymbol{v}_{aK}=\boldsymbol{v}_{eK}+\boldsymbol{v}_{rK}$$

将动点的速度合成定理式向 AB 轴投影得

$$v_{aK}=v_{eK}\cos\theta=(100t)_{t=4\mathrm{s}}\cos\theta=400\text{mm/s}\times\frac{960}{\sqrt{960^2+280^2}}=384\text{mm/s}$$

将动点的速度合成定理式向 CD 轴投影得

$$0=v_{rK}-v_{eK}\sin\theta,\ v_{rK}=v_{eK}\sin\theta=(100t)_{t=4\mathrm{s}}\frac{280}{\sqrt{960^2+280^2}}=112\text{mm/s}$$

$$\boldsymbol{a}_{aK}=\boldsymbol{a}_{eK}+\boldsymbol{a}_{rK}$$

将动点的加速度合成定理式向 AB 轴投影得

$$a_{aK}=a_{eK}\cos\theta=(100)_{t=4\text{s}}\frac{960}{\sqrt{960^2+280^2}}=96\text{mm/s}^2$$

将动点的加速度合成定理式向 CD 轴投影得

$$0=a_{rK}-a_{eK}\sin\theta,\ a_{rK}=a_{eK}\sin\theta=(100)_{t=4\text{s}}\frac{280}{\sqrt{960^2+280^2}}=28\text{mm/s}^2$$

说明：1）在点的合成运动中求加速度问题，当相对运动为曲线运动时，一般先要由动点的速度合成定理求出相对速度，然后画出动点的加速度分析图，当某一加速度方向未定时，可先假设其指向。

2）当牵连运动为平动时，利用式（9-3a）或式（9-3b）应注意投影轴的选取。一般应选与不需求加速度的垂直方向为投影轴，这样可减少为质量数目，便于求解。

9.6 牵连运动为转动时点的加速度合成定理

当牵连运动为转动时，点的加速度合成定理与牵连运动为平动时的加速度合成定理不同，下面推导当牵连运动为转动时点的加速度合成定理。

设动参考系 $O'x'y'z'$ 以角速度 ω_e 绕定轴转动，角速度矢为 $\boldsymbol{\omega}_e$。不失一般性，可把定轴取为定坐标轴的 z 轴，如图 9-16 所示。

先分析 $\boldsymbol{k}'$ 对时间的导数。设 $\boldsymbol{k}'$ 的矢端点 A 的矢径为 $\boldsymbol{r}_A$，则点 A 的速度既等于矢径 $\boldsymbol{r}_A$ 对时间的一阶导数，又可用角速度矢 $\boldsymbol{\omega}_e$ 和矢径 $\boldsymbol{r}_A$ 的矢量积表示，即

$$\boldsymbol{v}_A=\frac{\mathrm{d}\boldsymbol{r}_A}{\mathrm{d}t}=\boldsymbol{\omega}_e\times\boldsymbol{r}_A$$

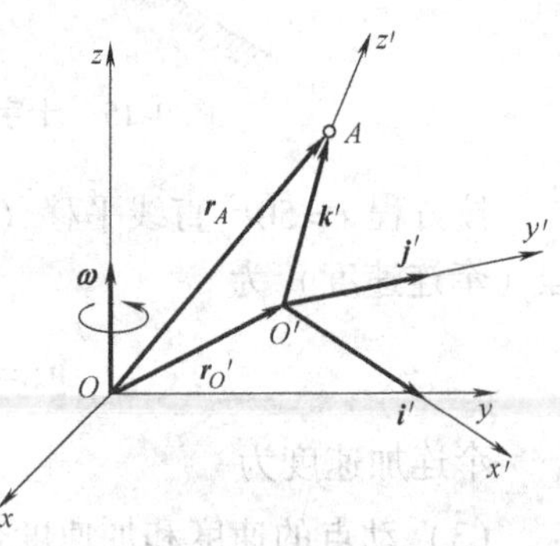

图 9-16 点 A 的矢径

由图 9-16，有

$$\boldsymbol{r}_A=\boldsymbol{r}_{O'}+\boldsymbol{k}'$$

将上式代入前式，得

$$\frac{\mathrm{d}\boldsymbol{r}_{O'}}{\mathrm{d}t}+\frac{\mathrm{d}\boldsymbol{k}'}{\mathrm{d}t}=\boldsymbol{\omega}_e\times(\boldsymbol{r}_{O'}+\boldsymbol{k}')$$

由于动系原点 O' 的速度为

$$\boldsymbol{v}_{O'}=\frac{\mathrm{d}\boldsymbol{r}_{O'}}{\mathrm{d}t}=\boldsymbol{\omega}_e\times\boldsymbol{r}_{O'}$$

代入前式，得

$$\frac{\mathrm{d}\boldsymbol{k}'}{\mathrm{d}t}=\dot{\boldsymbol{k}}'=\boldsymbol{\omega}_e\times\boldsymbol{k}'$$

$\boldsymbol{i}'$、$\boldsymbol{j}'$ 的导数与上式相似，可写为

$$\dot{\boldsymbol{i}}' = \boldsymbol{\omega}_e \times \boldsymbol{i}',\ \dot{\boldsymbol{j}}' = \boldsymbol{\omega}_e \times \boldsymbol{j}',\ \dot{\boldsymbol{k}}' = \boldsymbol{\omega}_e \times \boldsymbol{k}' \tag{9-4}$$

动系无论做何种运动，点的速度合成定理及其对时间的一阶导数式都是成立的，即

$$\frac{d\boldsymbol{v}_a}{dt} = \frac{d\boldsymbol{v}_e}{dt} + \frac{d\boldsymbol{v}_r}{dt} \tag{9-5}$$

（1）先求$\frac{d\boldsymbol{v}_r}{dt}$　由于 $\boldsymbol{v}_r = \dot{x}'\boldsymbol{i}' + \dot{y}'\boldsymbol{j}' + \dot{z}'\boldsymbol{k}'$，当动系转动时，单位矢量 $\boldsymbol{i}'$、$\boldsymbol{j}'$、$\boldsymbol{k}'$大小虽不改变，但方向有变化，故有

$$\begin{aligned}\frac{d\boldsymbol{v}_r}{dt} &= \ddot{x}'\boldsymbol{i}' + \ddot{y}'\boldsymbol{j}' + \ddot{z}'\boldsymbol{k}' + \dot{x}'\dot{\boldsymbol{i}}' + \dot{y}'\dot{\boldsymbol{j}}' + \dot{z}'\dot{\boldsymbol{k}}' \\ &= \boldsymbol{a}_r + \dot{x}'(\boldsymbol{\omega}_e \times \boldsymbol{i}') + \dot{y}'(\boldsymbol{\omega}_e \times \boldsymbol{j}') + \dot{z}'(\boldsymbol{\omega}_e \times \boldsymbol{k}') \\ &= \boldsymbol{a}_r + \boldsymbol{\omega}_e \times (\dot{x}'\boldsymbol{i}' + \dot{y}'\boldsymbol{j}' + \dot{z}'\boldsymbol{k}') \\ &= \boldsymbol{a}_r + \boldsymbol{\omega}_e \times \boldsymbol{v}_r\end{aligned} \tag{9-6}$$

式中，$\boldsymbol{a}_r$ 为相对加速度，$\boldsymbol{a}_r = \ddot{x}'\boldsymbol{i}' + \ddot{y}'\boldsymbol{j}' + \ddot{z}'\boldsymbol{k}'$。

相对于动系，$\boldsymbol{i}'$、$\boldsymbol{j}'$、$\boldsymbol{k}'$方向不变，只有$\dot{x}'$、$\dot{y}'$、$\dot{z}'$变化。

可见，动系转动时，相对速度的导数$\frac{d\boldsymbol{v}_r}{dt}$等于相对加速度 $\boldsymbol{a}_r$，一个与牵连角速度 $\boldsymbol{\omega}_e$ 和相对速度 $\boldsymbol{v}_r$ 有关的附加项 $\boldsymbol{\omega}_e \times \boldsymbol{v}_r$。

（2）再求$\frac{d\boldsymbol{v}_e}{dt}$　牵连速度 $\boldsymbol{v}_e$ 为动系上与动点相重合一点的速度。设动点 M 的矢径为 $\boldsymbol{r}$，如图 9-17 所示。当动系以角速度 $\boldsymbol{\omega}_e$ 绕 z 轴转动时，牵连速度为 $\boldsymbol{v}_e = \boldsymbol{\omega}_e \times \boldsymbol{r}$，对时间求导，得

$$\frac{d\boldsymbol{v}_e}{dt} = \frac{d\boldsymbol{\omega}_e}{dt} \times \boldsymbol{r} + \boldsymbol{\omega}_e \times \frac{d\boldsymbol{r}}{dt} = \boldsymbol{\alpha}_e \times \boldsymbol{r} + \boldsymbol{\omega}_e \times (\boldsymbol{v}_e + \boldsymbol{v}_r) = \boldsymbol{a}_e + \boldsymbol{\omega}_e \times \boldsymbol{v}_r \tag{9-7}$$

式中，$\boldsymbol{\alpha}_e \times \boldsymbol{r} + \boldsymbol{\omega}_e \times \boldsymbol{v}_e$ 为动点的牵连加速度。注意到$\frac{d\boldsymbol{r}}{dt} = \boldsymbol{v}_a$，即动系上不断与动点 M 重合一点的矢径的一阶导数为绝对速度。

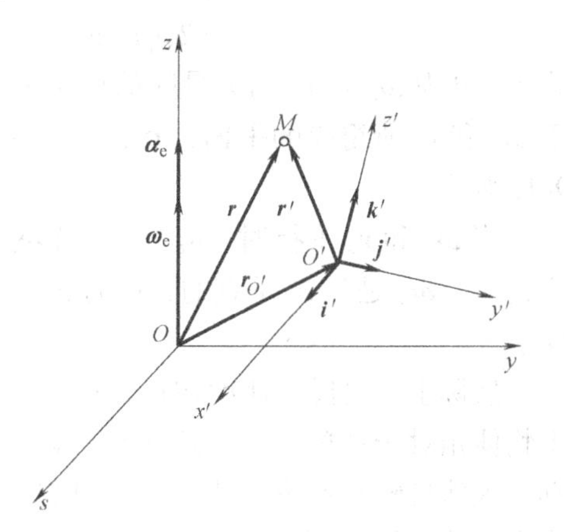

图 9-17　动点 M 的矢径

可见，动系转动时，牵连速度的导数$\frac{d\boldsymbol{v}_e}{dt}$又不等于牵连加速度 $\boldsymbol{a}_e$，多出一个与式（9-6）中相同的附加项 $\boldsymbol{\omega}_e \times \boldsymbol{v}_r$。

将式（9-6）、式（9-7）代入式（9-5）得

$$\boldsymbol{a}_a = \boldsymbol{a}_e + \boldsymbol{a}_r + 2\boldsymbol{\omega}_e \times \boldsymbol{v}_r$$

令

$$\boldsymbol{a}_{\mathrm{C}}=2\boldsymbol{\omega}_{\mathrm{e}}\times\boldsymbol{v}_{\mathrm{r}} \tag{9-8}$$

式中，$\boldsymbol{a}_{\mathrm{C}}$ 称为科氏加速度，它等于动系角速度矢与点的相对速度矢的矢量积的两倍。于是有

$$\boldsymbol{a}_{\mathrm{a}}=\boldsymbol{a}_{\mathrm{e}}+\boldsymbol{a}_{\mathrm{r}}+\boldsymbol{a}_{\mathrm{C}} \tag{9-9a}$$

即当牵连运动为定轴转动时，动点的绝对加速度等于它的牵连加速度、相对加速度和科氏加速度的矢量和。这就是牵连运动为转动时的加速度合成定理。此时，动点的绝对加速度、牵连加速度、相对加速度和科氏加速度可以按照矢量的多边形法则进行分析，即动点的牵连加速度、相对加速度和科氏加速度分别首尾顺次连接组成一个开口的加速度多边形，开口边即是动点的绝对加速度矢量。

可以证明，对任何形式的牵连运动，其加速度合成定理都具有式（9-9a）的形式。当牵连运动为平移时，可认为 $\boldsymbol{\omega}_{\mathrm{e}}=\boldsymbol{0}$，因此 $\boldsymbol{a}_{\mathrm{C}}=\boldsymbol{0}$，一般式（9-9a）退化为特殊式（9-3a）。

科氏加速度是由于动系为转动时，牵连运动与相对运动相互影响而产生的。科氏加速度是1832年由科利奥里发现的，因而命名为科利奥里加速度，简称科氏加速度。

根据矢量积运算规则，$\boldsymbol{a}_{\mathrm{C}}$ 的大小为

$$a_{\mathrm{C}}=2\omega_{\mathrm{e}}v_{\mathrm{r}}\sin\theta$$

式中，θ 为 $\boldsymbol{\omega}_{\mathrm{e}}$ 与 $\boldsymbol{v}_{\mathrm{r}}$ 两矢量间的最小夹角。矢量 $\boldsymbol{a}_{\mathrm{C}}$ 垂直于 $\boldsymbol{\omega}_{\mathrm{e}}$ 和 $\boldsymbol{v}_{\mathrm{r}}$ 所组成的平面，指向按右手法则确定，如图9-18所示。

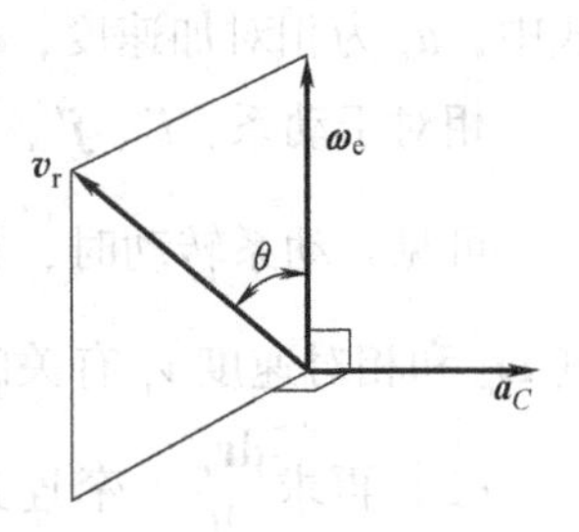

图9-18　a_{C}、ω_{e} 和 v_{r} 所组成的平面

当 $\boldsymbol{\omega}_{\mathrm{e}}$ 和 $\boldsymbol{v}_{\mathrm{r}}$ 平行时，$a_{\mathrm{C}}=0$；当 $\boldsymbol{\omega}_{\mathrm{e}}$ 和 $\boldsymbol{v}_{\mathrm{r}}$ 垂直时，$\boldsymbol{a}_{\mathrm{C}}=2\boldsymbol{\omega}_{\mathrm{e}}\boldsymbol{v}_{\mathrm{r}}$。工程常见的平面机构中，$\boldsymbol{\omega}_{\mathrm{e}}$ 是与 $\boldsymbol{v}_{\mathrm{r}}$ 垂直的，此时 $a_{\mathrm{C}}=2\omega_{\mathrm{e}}v_{\mathrm{r}}$；且 $\boldsymbol{v}_{\mathrm{r}}$ 按 $\boldsymbol{\omega}_{\mathrm{e}}$ 转向转动90°就是 $\boldsymbol{a}_{\mathrm{C}}$ 的方向。

实际上，科氏加速度在自然现象中也是存在的。例如，地球绕地轴转动，地球上物体相对于地球运动，这便是牵连运动为转动的合成运动。地球自转角速度很小，一般可忽略其自转的影响。但在有些特殊情况下却必须考虑。如在北半球，河水向北流动时，河水的科氏加速度 $\boldsymbol{a}_{\mathrm{C}}$ 朝西，即指向左侧，如图9-19所示。由动力学知，有向左的加速度，河水必然受右岸对水的向左作用力。根据作用力与反作用力，北半球的江河，其右岸均受到较明显的冲刷，这也是地理学中的一种规律。

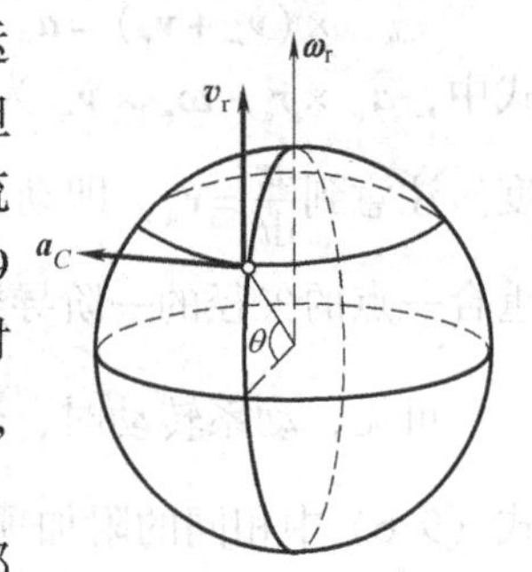

图9-19　河水的科氏加速度

因为牵连运动为转动，动点的绝对运动和相对运动都可能是曲线运动，式（9-9a）的加速度合成定理可以表示为

$$a_a^n + a_a^\tau = a_e^n + a_e^\tau + a_r^n + a_r^\tau + a_C \quad (9\text{-}9b)$$

注意：1）求解动点的加速度时利用合矢量投影定理比较方便，而利用加速度的多边形法则比较麻烦。

2）在具体运用点的加速度合成定理时，一般应先进行速度分析，由速度合成定理求出各种速度，特别是相对速度，以便求解动点的科氏加速度。

例9-10　已知 $O_1A = O_2B = l = 1.5\text{m}$，且 O_1A 平行于 O_2B，在图9-20所示位置，滑道 OC 的角速度 $\omega = 2\text{rad/s}$，角加速度 $\alpha = 1\text{rad/s}^2$，$OM = b = 1\text{m}$。试求此时杆 O_1A 的角速度和角加速度。

解：取滑块 M 为动点

滑道 OC 为动系

地面为定系

则动点的三种运动为：绝对运动——圆周运动

相对运动——直线运动

牵连运动——定轴转动

动点的速度和加速度分析图如图9-20所示。

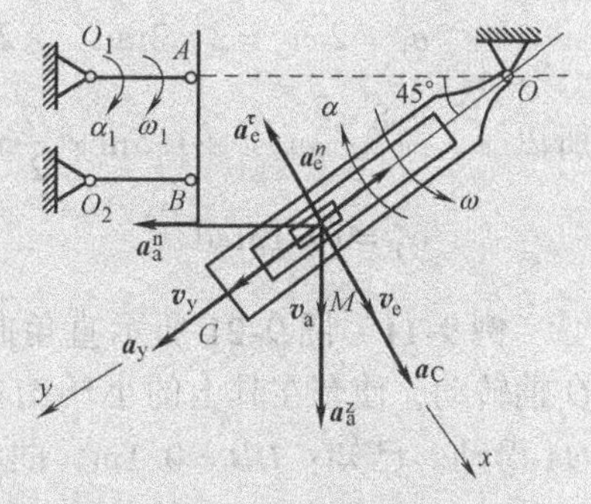

图9-20　例9-10图

对于速度合成定理有

$$v_a = v_e + v_r$$

所以，方向　√　√　√

大小　　　　√

对于动点的速度合成定理中有两个量未知，因此可以求解。

本题求解杆 O_1A 的角速度，因此只要求出动点的绝对速度，即可求解。由于动点有科氏加速度，所以还得求出动点的相对速度。

依据合矢量投影定理，将动点的速度合成定理分别向 x、y 轴投影，有

$$v_a \cos 45° = v_e$$

$$v_a \cos 45° = v_r$$

因为 $v_e = \overline{OM} \cdot \omega = 1\text{m} \times 2\text{rad/s} = 2\text{m/s}$

所以 $v_a = 2\sqrt{2}\text{m/s}$，$v_r = 2\text{m/s}$

又因为 $v_a = 2\sqrt{2}\text{m/s} = \overline{O_1A} \cdot \omega_1 = 1.5\omega_1$

所以 $\omega_1 = \dfrac{4\sqrt{2}}{3}\text{rad/s}$

对于加速度合成定理有

$$a_a^n + a_a^\tau = a_e^n + a_e^\tau + a_r + a_C$$

所以，方向　√　√　√　√　√　√

大小　　　　√　　√　√　　√

对于动点的加速度合成定理中有两个量未知，因此可以求解。本题求解杆 O_1A 的角加速度，因此只要求出动点的切向绝对加速度，即可求解。

依据合矢量投影定理，将动点的加速度合成定理向 x 轴投影，有

$$-a_a^n\sin45° + a_a^\tau\sin45° = -a_e^\tau + a_C$$

因为 $a_a^n = \overline{O_1A}\cdot\omega_1^2 = 1.5\text{m}\times\left(\dfrac{4\sqrt{2}}{3}\text{rad/s}\right)^2 = \dfrac{16}{3}\text{m/s}^2$

$a_a^\tau = \overline{O_1A}\alpha_1 = 1.5\alpha_1$，$\alpha_e^\tau = \overline{OM}\alpha = 1\text{m}\times1\text{rad/s}^2 = 1\text{m/s}^2$，

$a_C = 2\omega v_r = 2\times2\text{rad/s}\times2\text{m/s} = 8\text{m/s}^2$

所以 $-\dfrac{8\sqrt{2}}{3}\text{m/s}^2 + 1.5\text{m}\times\dfrac{\sqrt{2}}{2}\alpha_1 = -1\text{m/s}^2 + 8\text{m/s}^2$

$\alpha_1 = 10.16\text{rad/s}^2$

例 9-11 图 9-21 所示直角曲杆 OBC 绕 O 轴转动，使套在其上的小环 M 沿固定直杆 OA 滑动。已知：$OB = 0.1\text{m}$，曲杆的角速度 $\omega = 0.5\text{rad/s}$，角加速度为零。求当 $\varphi = 60°$ 时，小环 M 的速度和加速度。

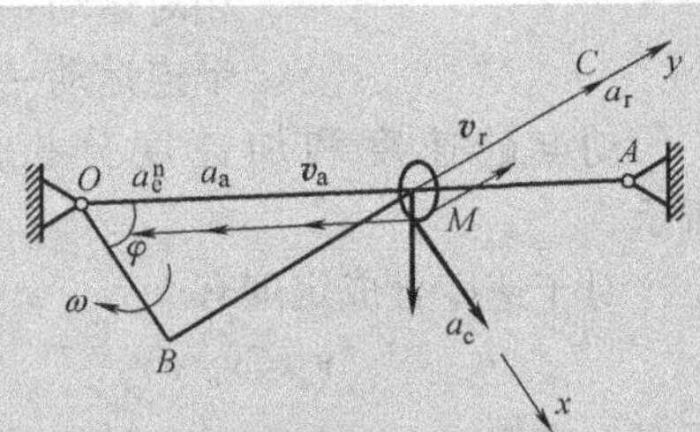

图 9-21 直角曲杆机构

解：取小环 $\boldsymbol{M}$ 为动点，直角曲杆 OBC 为动系，地面为定系。

则动点的三种运动为：绝对运动——直线运动、相对运动——直线运动、牵连运动——定轴转动。

动点的速度和加速度分析图如图 9-21 所示。

对于速度合成定理有

$$\boldsymbol{v}_a = \boldsymbol{v}_e + \boldsymbol{v}_r$$

	$\boldsymbol{v}_a$	$\boldsymbol{v}_e$	$\boldsymbol{v}_r$
所以，方向	√	√	√
大小		√	

对于动点的速度合成定理中有两个量未知，因此可以求解。本题求解小环 M 的速度，因此只要求出动点的绝对速度，即可求解。由于动点有科氏加速度，所以还得求出动点的相对速度。

依据合矢量投影定理，将动点的速度合成定理分别向 x、y 轴投影，有

$$-v_a\cos60° = v_e\cos30°$$

$$-v_a\cos30° = -v_e\cos60° + v_r$$

因为 $v_e = \overline{OM}\cdot\omega = 2\,\overline{OB}\times0.5\text{rad/s} = 0.1\text{m/s}$

所以 $v_a = -0.1\sqrt{3}\text{m/s}$，$v_r = 0.2\text{m/s}$

对于加速度合成定理有

$$\boldsymbol{a}_{a} = \boldsymbol{a}_{e}^{n} + \boldsymbol{a}_{r} + \boldsymbol{a}_{C}$$

所以，方向　　　√　√　√　√

　　　大小　　　　　√　　　√

对于动点的加速度合成定理中有两个量未知，因此可以求解。本题求解小环 M 的加速度，因此只要求出动点的绝对加速度，即可求解。

依据合矢量投影定理，将动点的加速度合成定理向 x 轴投影，有

$$-a_{a}\sin30° = -a_{e}^{n}\sin30° + a_{C}$$

因为　$a_{e}^{n} = \overline{OM} \cdot \omega^{2} = 2\,\overline{OB} \times \left(\dfrac{1}{2}\text{rad/s}\right)^{2} = 0.1\text{m/s}^{2}$，

$a_{C} = 2\omega v_{r} = 2 \times 0.5\text{rad/s} \times 0.2\text{m/s} = 0.2\text{m/s}^{2}$

所以　$a_{a} = -0.3\text{m/s}^{2}$

例 9-12　设摇杆滑道机构的曲柄长 $OA = r$，以匀转速 n（r/min）绕 O 转动。在图示位置时，$O_1A = AB = 2r$，$\angle OAO_1 = \theta$，$\angle O_1BD = \beta$。求 BC 杆的速度和加速度。

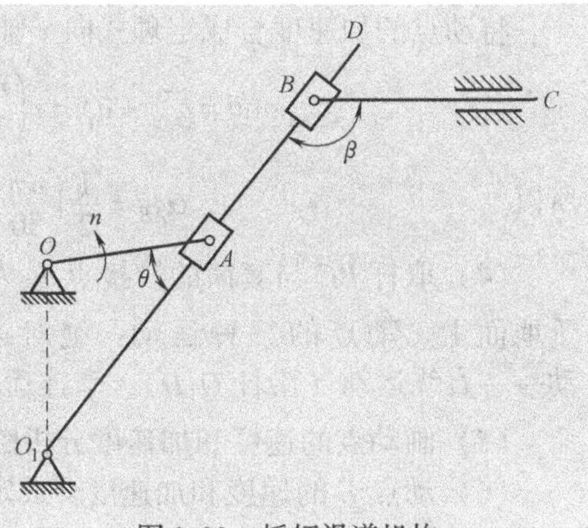

图 9-22　摇杆滑道机构

解：（1）取曲柄 OA 与套筒的铰接点 A 为动点，动系固结于杆 O_1D 上，静系固结于地面上。

动点的三种运动：绝对运动——圆周运动、相对运动——直线运动（沿杆 O_1D）、牵连运动——定轴转动。

（2）画动点的速度和加速度分析图（见图 9-23）

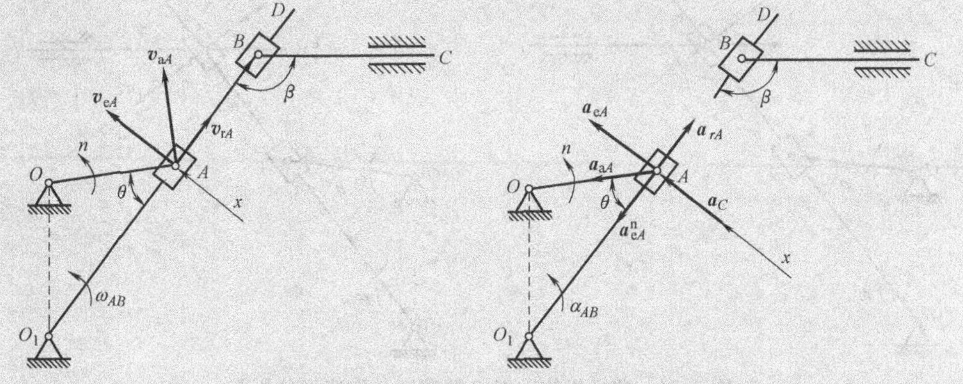

图 9-23　曲柄机构动点 A 的速度与加速度分析图

（3）动点 A 的速度和加速度合成定理

$$\boldsymbol{v}_{aA}=\boldsymbol{v}_{eA}+\boldsymbol{v}_{rA}$$

将动点的速度合成定理式向 x 轴投影得

$$v_{aA}\cos\theta=v_{eA}=\overline{O_1A}\cdot\omega_{AB}=2r\omega_{AB}$$

所以
$$r\frac{n\pi}{30}\cos\theta=2r\omega_{AB}$$

则
$$\omega_{AB}=\frac{n\pi}{60}\cos\theta$$

将动点的速度合成定理式向 y 轴投影得

$$v_{aA}\sin\theta=v_{rA}=r\frac{n\pi}{30}\sin\theta$$

所以
$$v_{rA}=r\frac{n\pi}{30}\sin\theta$$

$$\boldsymbol{a}_{aA}=\boldsymbol{a}_{eA}^{n}+\boldsymbol{a}_{eA}^{\tau}+\boldsymbol{a}_{rA}+\boldsymbol{a}_{C}$$

将动点的加速度合成定理式向 x 轴投影得

$$a_{aA}\sin\theta=a_{eA}^{\tau}+a_{C}=r\left(\frac{n\pi}{30}\right)^2\sin\theta=2r\alpha_{AB}+2v_{rA}\omega_{AB}$$

所以
$$\alpha_{AB}=\frac{1}{2}\left(\frac{n\pi}{30}\right)^2\sin\theta(1-\cos\theta)$$

（4）取杆 BC 与套筒的铰接点 B 为动点，动系固结于杆 O_1D 上，静系固结于地面上。动点的三种运动：绝对运动——直线运动（沿杆 BC）、相对运动——直线运动（沿杆 O_1D）、牵连运动——定轴转动。

（5）画动点的速度和加速度分析图（见图 9-24）

（6）动点 B 的速度和加速度合成定理

$$\boldsymbol{v}_{aB}=\boldsymbol{v}_{eB}+\boldsymbol{v}_{rB}$$

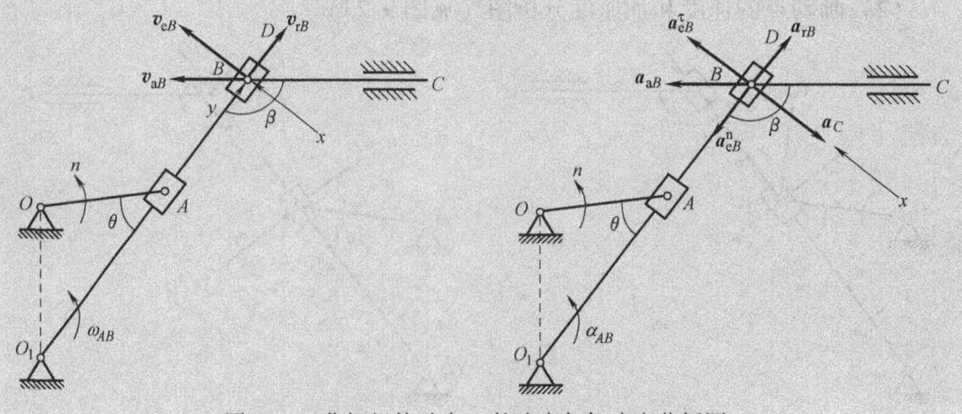

图 9-24 曲柄机构动点 B 的速度与加速度分析图

将动点的速度合成定理式向 x 轴投影得

$$v_{aB}\cos\left(\beta-\frac{\pi}{2}\right)=v_{eA}=4r\omega_{AB}=4r\frac{n\pi}{60}\cos\theta$$

所以

$$v_{aB}=\frac{r\dfrac{n\pi}{15}\cos\theta}{\sin\beta}$$

则杆 BC 的速度为

$$v_{aB}=\frac{r\dfrac{n\pi}{15}\cos\theta}{\sin\beta}$$

将动点的速度合成定理式向 y 轴投影得

$$-v_{aB}\sin\left(\beta-\frac{\pi}{2}\right)=v_{rB}=-\frac{r\dfrac{n\pi}{15}\cos\theta}{\sin\beta}\sin\left(\beta-\frac{\pi}{2}\right)$$

所以

$$v_{rB}=r\frac{n\pi}{15}\cos\theta\cot\beta$$

$$\boldsymbol{a}_{aA}=\boldsymbol{a}_{eA}^{n}+\boldsymbol{a}_{eA}^{\tau}+\boldsymbol{a}_{rA}+\boldsymbol{a}_{C}$$

将动点的加速度合成定理式向 x 轴投影得

$$a_{aA}\cos\left(\beta-\frac{\pi}{2}\right)=a_{eA}^{\tau}-a_{C}=4r\frac{1}{2}\left(\frac{n\pi}{30}\right)^{2}\sin\theta(1-\cos\theta)-2r\frac{n\pi}{15}\cot\theta\cot\beta\frac{n\pi}{60}\cos\theta$$

所以

$$a_{aA}=\frac{2r\left(\dfrac{n\pi}{30}\right)^{2}(\sin\theta(1-\cos\theta)-\cot\beta\cos^{2}\theta)}{\sin\beta}$$

则杆 BC 的加速度为

$$a_{aA}=\frac{2r\left(\dfrac{n\pi}{30}\right)^{2}(\sin\theta(1-\cos\theta)-\cot\beta\cos^{2}\theta)}{\sin\beta}$$

总结以上各例的解题步骤可见，应用加速度合成定理求解点的加速度，其步骤基本上与应用速度合成定理求解点的速度相同，但要注意以下几点：

1）选取动点和动参考系后，应根据动参考系有无转动，确定是否有科氏加速度。

2）因为点的绝对运动轨迹和相对运动轨迹可能都是曲线，因此加速度合成定理包含项数较多，每一项都有大小和方向两个要素，必须认真分析每一项才可能正确地解决问题。在平面问题中，一个矢量方程相当于两个代数方程，因而可求解两个未知量。在应用加速度合成定理时，一般应先进行速度分析，这样各项法向加速度都是已知量（总是可以根据相应的速度大小和曲率半径求出）。科氏加速度 a_C 的大小和方向由牵连角速度 ω_e 和相对速度 v_r 确定，也完全可通过速度分析求出。这样，在加速度合成定理中只有三项切向加速度的六个要素可能是待求量，若知其中的四个要素，则余下的两个要素就完全可求解了。

在运用加速度合成定理时，正确选取动点和动系是很重要的。动点相对于动系是运动的，因此它们不能处于同一物体上。选择动点、动系时还要注意相对运动轨迹是否清楚。若相对运动轨迹不清楚，则相对加速度 a_r^{τ}、a_r^{n} 的方向就难以确定，从而使待求量个数增加，致使求解困难。

小　结

点的合成运动主要是应用运动的合成与分解的概念，研究同一动点相对于两个不同参考系的运动之间的关系。从而建立点的速度合成定理和加速度合成定理。

1. 静系、动系

固结于某一参考体上的坐标系 $Oxyz$ 称为静坐标系，简称静系。通常如果不加说明，则以固结于地球表面上的坐标系作为静系。

固结于相对静系运动的参考体上的坐标系 $O'x'y'z'$称为动坐标系，简称动系。

2. 三种运动、三种速度、三种加速度

点的三种运动、三种速度、三种加速度的描述，见表 9-1 所述。

表 9-1　点的三种运动、三种速度、三种加速度

	绝对运动	相对运动	牵连运动	说明
描述	动点相对于静系的运动	动点相对于动系的运动	动系相对静系的运动	牵连点：在某一瞬时，动系上与动点相重合的一点
轨迹（运动方程）	绝对运动中的轨迹（运动方程）为动点的绝对轨迹（运动方程）	相对运动中的轨迹（运动方程）为动点的相对轨迹（运动方程）	牵连点的轨迹（运动方程）为动点的牵连轨迹（运动方程）	
速度	绝对运动中的速度为动点的绝对速度，以 $\boldsymbol{v}_a$ 表示	相对运动中的速度为动点的相对速度，以 $\boldsymbol{v}_r$ 表示	牵连点的速度为动点在该瞬时的牵连速度，以 $\boldsymbol{v}_e$ 表示	
加速度	绝对运动中的加速度为动点的绝对加速度，以 $\boldsymbol{a}_a$ 表示	相对运动中的加速度为动点的相对加速度，以 $\boldsymbol{a}_r$ 表示	牵连点的加速度为动点在该瞬时的牵连加速度，以 $\boldsymbol{a}_e$ 表示	

上述三种运动的关系，如图 9-25 所示，即动点的绝对运动可视为相对运动与牵连运动的合成运动。反之，动点的绝对运动也可分解为牵连运动和相对运动。

3. 点的速度合成定理

动点的三种速度 $\boldsymbol{v}_a$、$\boldsymbol{v}_r$、$\boldsymbol{v}_e$ 之间有如下关系式

$$\boldsymbol{v}_a = \boldsymbol{v}_e + \boldsymbol{v}_r$$

即动点的绝对速度等于它的牵连速度和相对速度的矢量和，这就是点的速度合成定理。根据此定理可知，$\boldsymbol{v}_a$、$\boldsymbol{v}_r$、$\boldsymbol{v}_e$ 构成一速度平行四边形，其对角线为绝对速度 $\boldsymbol{v}_a$。

由于每个速度矢量包含大小、方向两个量，因此上式总共含有六个量，当已知

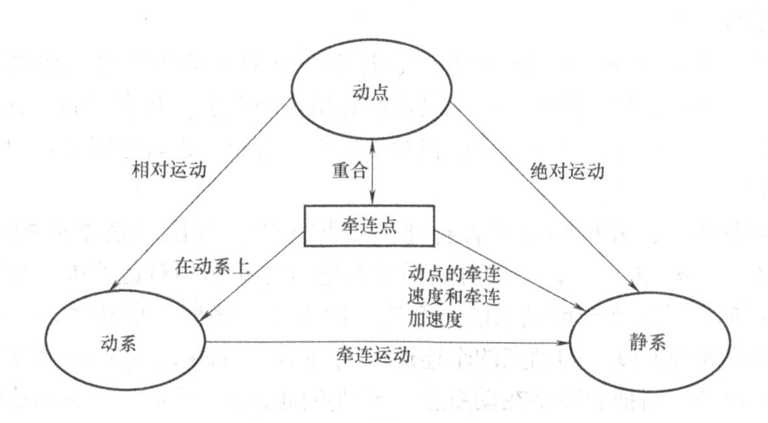

图9-25　动点的三种运动关系

其中任意四个量时，便可求出其余两个未知量。

应当指出，由于存在相对运动，所以不同瞬时，动系上与动点相重合的那一点即牵连点，在动系上的位置也随之而变化。

4. 点的加速度合成定理

动点的加速度合成与牵连运动的性质有关，当牵连运动为平动或转动时，动点的加速度合成定理为：

牵连运动为平动：$\boldsymbol{a}_a = \boldsymbol{a}_e + \boldsymbol{a}_r$

牵连运动为转动：$\boldsymbol{a}_a = \boldsymbol{a}_e + \boldsymbol{a}_r + \boldsymbol{a}_C$

式中，$\boldsymbol{a}_C$ 称为科氏加速度，它是由于牵连运动与相对运动相互影响而产生的，$\boldsymbol{a}_C$ 的矢量表示式为

$$\boldsymbol{a}_C = 2\boldsymbol{\omega}_e \times \boldsymbol{v}_r$$

式中，$\boldsymbol{\omega}_e$ 为动系的角速度矢量。

设 $\boldsymbol{\omega}_e$ 与 $\boldsymbol{v}_r$ 间的夹角为 θ，则 $\boldsymbol{a}_C$ 的大小为

$$a_C = 2\omega_e v_r \sin\theta$$

$\boldsymbol{a}_C$ 的指向由 $\boldsymbol{\omega}_e$ 和 $\boldsymbol{v}_r$ 的矢量积确定，即右手螺旋法则。

对于平面机构，因 $\boldsymbol{a}_a$、$\boldsymbol{a}_e$、$\boldsymbol{a}_r$ 和 $\boldsymbol{a}_C$ 等各加速度矢量都位于同一平面中，所以运用加速度合成定理只能求解大小或方向共两个未知量。由于 $\boldsymbol{a}_a$、$\boldsymbol{a}_e$ 或 $\boldsymbol{a}_r$ 都可能存在切向与法向加速度分量，因此在求解中，常应用合矢量投影定理进行具体计算。

5. 应用速度和加速度合成定理解题的一般步骤和方法

（1）分析机构的运动情况，根据题意适当地选取动点、动系和静系

1）动系相对静系有运动，动点相对动系也有运动。

2）除题意特别指明动系或动点外，尽可能使选取的动点对动系有明显而简单的相对运动轨迹。在一般机构中，通常可选取传递运动的接触点为动点，与其邻接

的刚体为动系。

(2) 分析绝对运动、相对运动和牵连运动　绝对运动和相对运动都是指动点的运动。在相对运动的分析中，可设想观察者站在动系上，观察到的动点运动即为它的相对运动。而牵连运动是指动系相对于静系的运动，也就是固结着动系的刚体相对于静系的绝对运动。

(3) 根据题意，分析动点的各种速度或加速度，并图示速度或加速度矢量图　动点的 $\boldsymbol{v}_a$、$\boldsymbol{a}_a$ 和 $\boldsymbol{v}_r$、$\boldsymbol{a}_r$ 一般可以根据其绝对运动和相对运动进行分析。而在分析 $\boldsymbol{v}_e$、$\boldsymbol{a}_e$ 时，关键在于明确该瞬时牵连点的位置，然后根据动系运动性质分析牵连点的速度和加速度，即动点的牵连速度 $\boldsymbol{v}_e$ 和牵连加速度 $\boldsymbol{a}_e$；或可以认为动点暂不做相对运动，而把它固结在动系上，则动点随动系运动的速度和加速度，即为 $\boldsymbol{v}_e$、$\boldsymbol{a}_e$。

另外，在动点的各加速度分量中，当牵连运动为转动时，应含有科氏加速度 $\boldsymbol{a}_C$。

(4) 根据速度和加速度合成定理求解

1) 根据动点的速度合成定理 $\boldsymbol{v}_a=\boldsymbol{v}_e+\boldsymbol{v}_r$ 求解未知量时，一般可应用半图解法，即做出速度平行四边形，然后根据图示的几何关系求得待求量。

2) 应用加速度合成定理时，首先要区分牵连运动是平动还是转动，然后列出相应的矢量式，即 $\boldsymbol{a}_a=\boldsymbol{a}_e+\boldsymbol{a}_r$ 或 $\boldsymbol{a}_a=\boldsymbol{a}_e+\boldsymbol{a}_r+\boldsymbol{a}_C$，因在最一般情况下，加速度合成定理可写为

$$\boldsymbol{a}_a^{\tau}+\boldsymbol{a}_a^{n}=\boldsymbol{a}_e^{\tau}+\boldsymbol{a}_e^{n}+\boldsymbol{a}_r^{\tau}+\boldsymbol{a}_r^{n}+\boldsymbol{a}_C$$

所以，通常应用合矢量投影定理进行具体计算。

思　考　题

9-1　什么是牵连速度、牵连加速度？是否动系中任何一点的速度（或加速度）就是牵连速度（或加速度）？

9-2　为什么会出现科氏加速度？在什么情况下它为零？

9-3　如何选取动点和动参考系？为什么常常选滑块、小环或套筒为动点？

9-4　判断下列说法是否正确。

(1) 不管牵连运动是何种运动，速度合成定理都适用。

(2) 动点的牵连速度就是动系相对于静系的运动速度。

(3) 静系一定是静止不动的。

9-5　图 9-26 中的速度平行四边形法则有无错误？错在哪里？请改正。

9-6　试分析图 9-27 中各动点的运动：(1) 指出动系固结在哪个刚体上；(2) 利用点的速度合成定理，画出动点 A 的速度平行四边形。

9-7　按点的合成运动理论导出速度合成定理及加速度合成定理时，定参考系

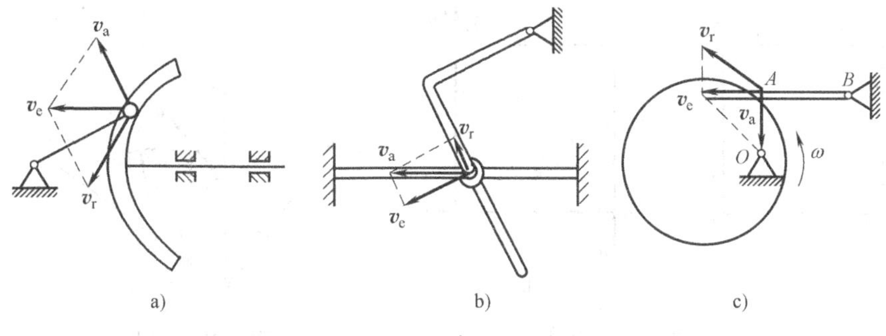

图9-26　思考题9-5图

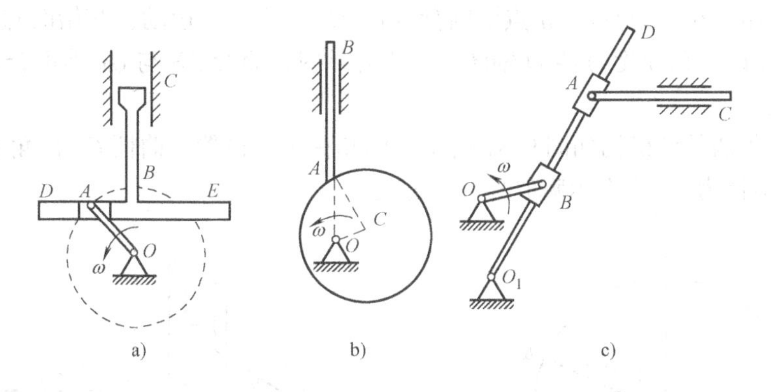

图9-27　思考题9-6图

是固定不动的。如果定参考系本身也在运动（平移或转动），对这类问题你该如何求解？

9-8　如下计算对吗？

$$a_a^\tau=\frac{\mathrm{d}v_a}{\mathrm{d}t},a_e^\tau=\frac{\mathrm{d}v_e}{\mathrm{d}t},a_r^\tau=\frac{\mathrm{d}v_r}{\mathrm{d}t}$$

9-9　正方形平板在自身平面内运动，若其顶点 A、B、C、D 的加速度大小相等，方向如图9-28a、b 所示，试分析哪种运动是可能的。

9-10　沿地面做直线纯滚动的细圆环上，如果有一只蚂蚁沿圆环爬行，试以蚂蚁为动点，自选动系，分析三种运动。

习　题

9-1　点 M 相对于动系 $Ox'y'$沿半径为 r 的圆周以速度 $\boldsymbol{v}$ 做匀速圆周运动（圆心为 O_1），动系 $Ox'y'$相对于定系 Oxy 以匀角速度 ω 绕 O 点做定轴转动，如图9-29 所示。初始时 $Ox'y'$与 Oxy 重合，点 M 与 O 重合。已知 $OO_1=r$，试求点 M 的绝对运动方程。

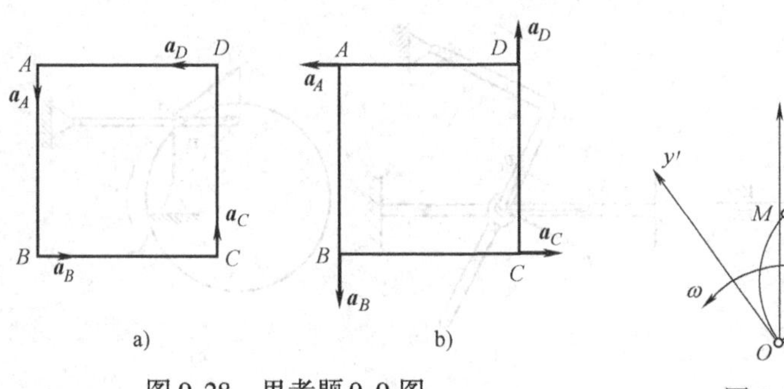

图 9-28 思考题 9-9 图

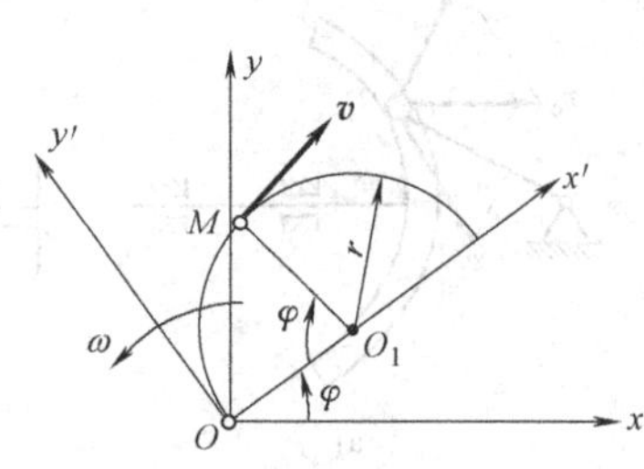

图 9-29 习题 9-1 图

9-2 如图 9-30 所示，M 点沿圆盘直径 AB 以等速 $\boldsymbol{v}$ 运动，开始时点在圆盘中心。若圆盘以匀角速度 ω 绕 O 轴转动。当开始时，直径 AB 与 Ox 轴重合，求 M 点的绝对轨迹。

9-3 曲柄导杆机构如图 9-31 所示，已知在图示位置，曲柄 OA 的角速度为 ω。设曲柄的半径为 r，求图示瞬时导杆的速度。

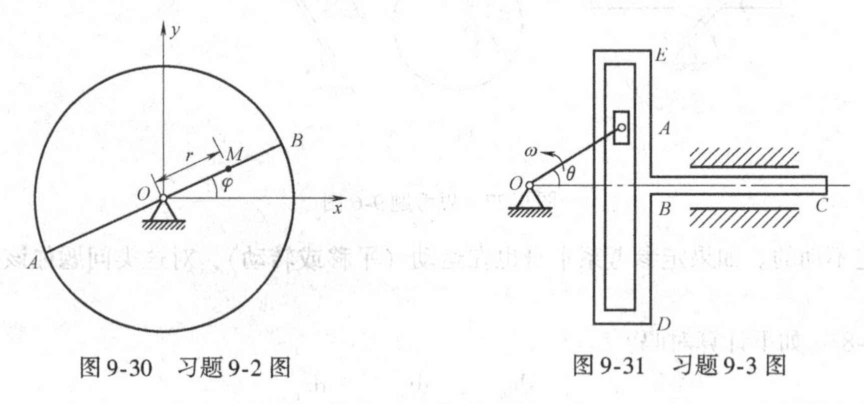

图 9-30 习题 9-2 图　　图 9-31 习题 9-3 图

9-4 杆 OA 由高为 h 的矩形板 $BCDE$ 推动而在图 9-32 所示平面内绕轴 O 转动，板以匀速 $\boldsymbol{u}$ 移动。试求图示位置杆 OA 的角速度和角加速度（不计杆的宽度）。

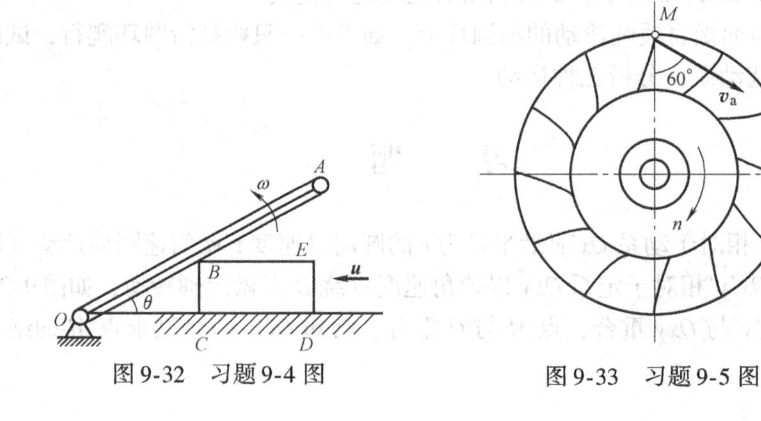

图 9-32 习题 9-4 图　　图 9-33 习题 9-5 图

9-5 水流在水轮机工作轮入口处的绝对速度 $v_a = 15\text{m/s}$，并与直径成 $\beta = 60°$ 角，如图9-33所示。工作轮的半径 $R = 2\text{m}$，转速 $n = 30\text{r/min}$。为避免水流与工作轮叶片相冲击，叶片应恰当地安装，以使水流对工作轮的相对速度与叶片相切。求在工作轮外缘处水流对工作轮的相对速度的大小和方向。

9-6 滑块 A 由一绕定轴 O 转动的摆杆 OB 带动沿水平直线导轨运动，设摆杆瞬时的角速度为 ω，O 轴至导轨的距离为 h，图9-34所示瞬时摆杆与水平线夹角为 φ，求滑块 A 的速度。

9-7 车床主轴的转速 $n = 30\text{r/min}$，工件的直径 $d = 40\text{mm}$，如图9-35所示。如果车刀横向走刀，速度为 $v = 10\text{mm/s}$，求车刀对工件的相对速度。

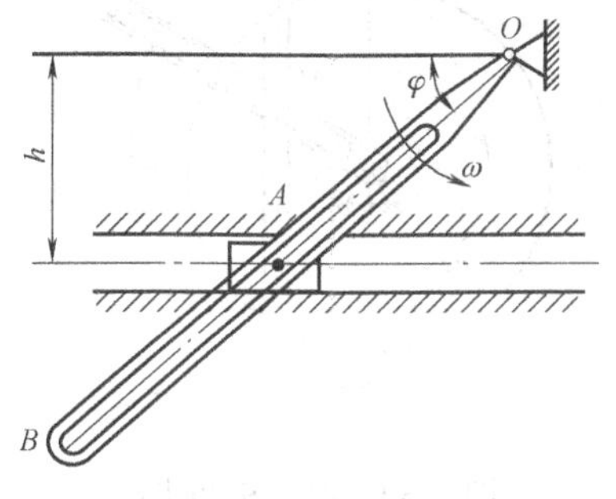

图9-34 习题9-6图

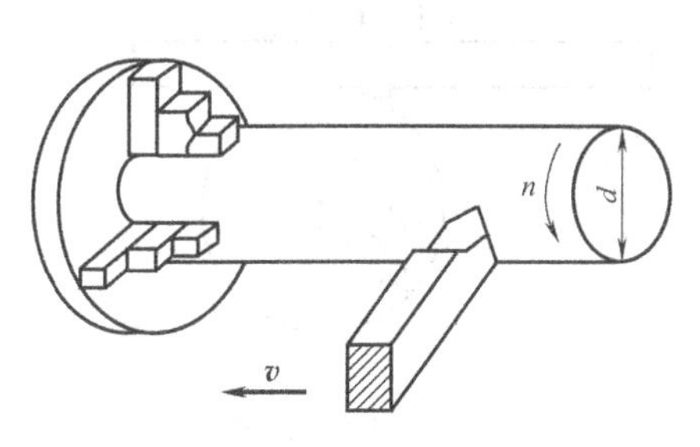

图9-35 习题9-7图

9-8 在图9-36所示的两种机构中，已知 $O_1O_2 = a = 200\text{mm}$，$\omega_1 = 3\text{rad/s}$。求图示位置时杆 O_2A 的角速度。

9-9 如图9-37所示，摇杆机构的滑杆 AB 以等速 v 向上运动。摇杆长 $OC = a$，距离 $OD = l$。求当 $\varphi = \dfrac{\pi}{4}$ 时点 C 速度的大小。

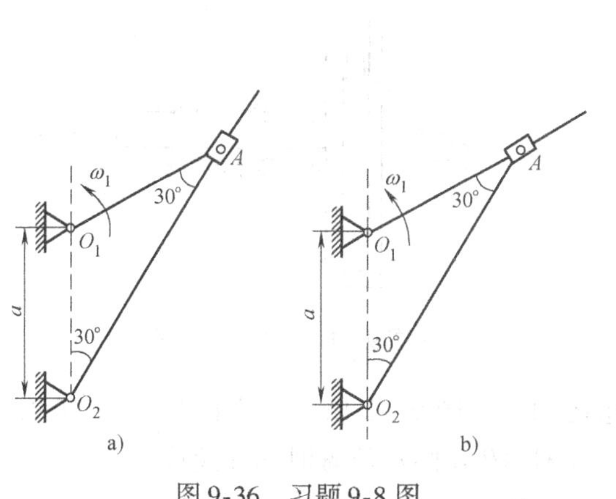

图9-36 习题9-8图

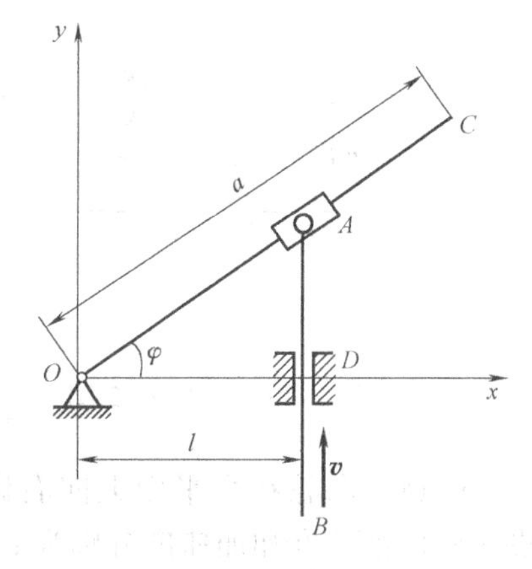

图9-37 习题9-9图

9-10 平底顶杆凸轮机构如图9-38所示，顶杆 AB 可沿导轨上下移动，偏心圆

盘绕轴 O 转动，轴 O 位于顶杆轴线上。工作时顶杆的平底始终接触凸轮表面。该凸轮半径为 R，偏心距 $OC=e$，凸轮绕轴 O 转动的角速度为 ω，OC 与水平线成夹角 φ。求当 $\varphi=0°$时，顶杆的速度。

9-11　绕轴 O 转动的圆盘及直杆 OA 上均有一导槽，两导槽间有一活动销子 M，如图 9-39 所示，$b=0.1\text{m}$。在图示位置时，圆盘及直杆的角速度分别为 $\omega_1=9\text{rad/s}$ 和 $\omega_2=3\text{rad/s}$。求此瞬时销子 M 的速度。

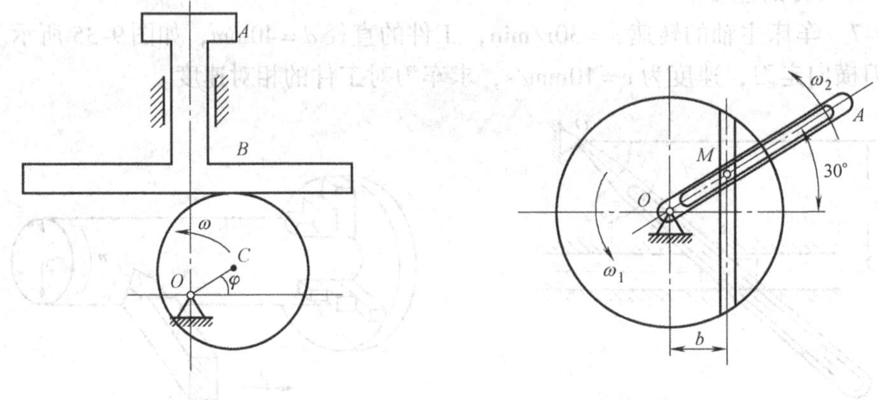

图 9-38　习题 9-10 图　　图 9-39　习题 9-11 图

9-12　直线 AB 以大小为 v_1 的速度沿垂直于 AB 的方向向上移动；直线 CD 以大小为 v_2 的速度沿垂直于 CD 的方向向左上方移动，如图 9-40 所示。如两直线间的交角为 θ，求两直线交点 M 的速度。

9-13　曲柄导杆机构如图 9-41 所示。已知在图示位置，曲柄 OA 的角速度为 ω，角加速度为 α。设曲柄的半径为 r，求图示瞬时导杆的加速度。

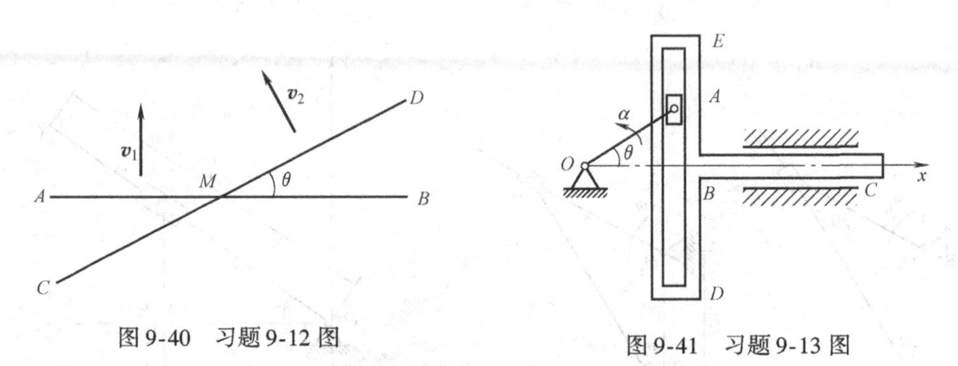

图 9-40　习题 9-12 图　　图 9-41　习题 9-13 图

9-14　凸轮在水平面上向右做减速运动，如图 9-42 所示。设凸轮半径为 R，图示瞬时的速度和加速度分别为 $\boldsymbol{v}$ 和 $\boldsymbol{a}$。求杆 AB 在图示位置时的加速度。

9-15　机构如图 9-43 所示，已知 $O_1A=O_2B=0.25\text{cm}$，$O_1O_2=AB$。连杆 O_1A 以匀角速度 $\omega=2\text{rad/s}$ 绕 O_1 转动。当 $\varphi=60°$时，槽杆 CE 位于铅直位置，求此瞬

时 CE 杆的角速度和角加速度。

9-16　图9-44所示机构中，当楔块以匀速 $\boldsymbol{v}$ 向左平动时，迫使 OA 杆绕 O 点转动。若 OA 杆长度为 l，楔块的倾角为 $\varphi=30°$。求当 OA 杆与水平线夹角 $\theta=30°$时，杆 OA 的角速度。

9-17　滑块 A 沿与水平线成30°的斜面向上匀变速平动，BD 杆只能沿铅直滑槽滑动，如图9-45所示。已知某瞬时滑块 A 的速度为8m/s，加速度为6m/s^2。求在此瞬时杆 BD 的速度和加速度。

9-18　小车沿水平方向向右做加速运动，其加速度 $a=0.493\text{m/s}^2$。在小车上有一轮绕 O 轴转动，转动的规律为 $\varphi=t^2$（t 以s计，φ 以rad计）。当 $t=1$s时，轮缘上点 A 的位置如图9-46所示。如轮的半径 $r=0.2$m，求此时点 A 的绝对加速度。

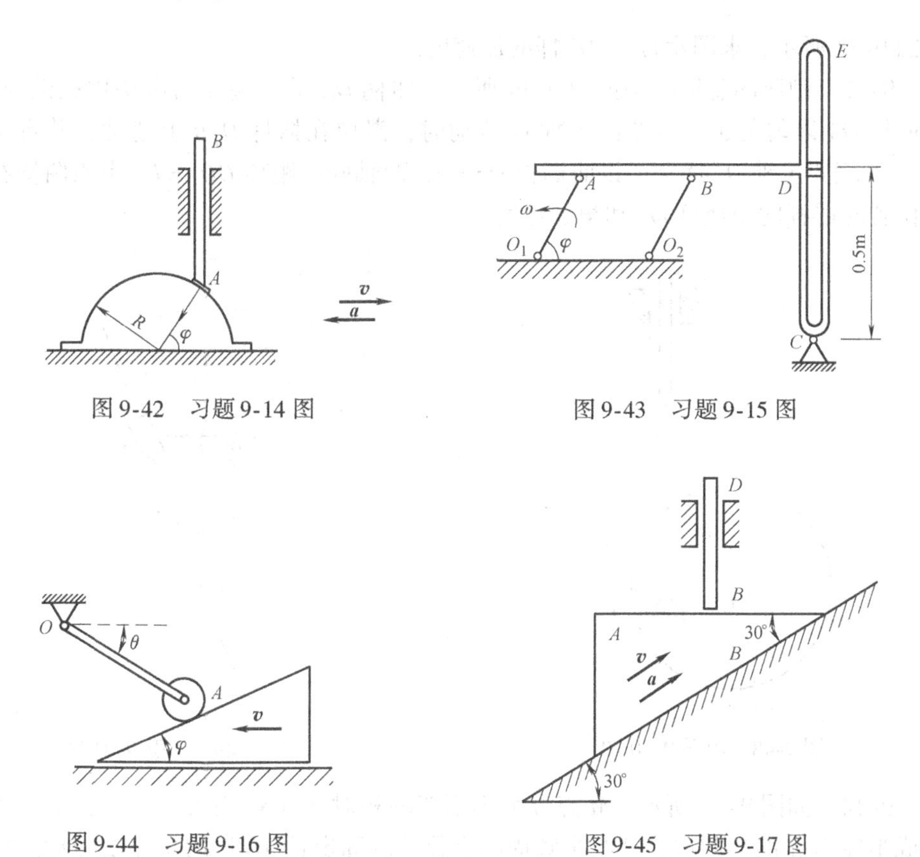

图9-42　习题9-14图

图9-43　习题9-15图

图9-44　习题9-16图

图9-45　习题9-17图

9-19　图9-47所示圆盘绕 AB 轴转动，其角速度 $\omega=2t$rad/s。点 M 沿圆盘半径 ON 离开中心向外缘运动，其运动规律为 $OM=40t^2$mm。半径 ON 与 AB 轴间成60°倾角。求当 $t=1$s时点 M 的绝对加速度的大小。

9-20　半径为 R 的偏心凸轮，偏心距 $OC=e$，以匀角速度 ω 绕 O 轴转动。杆 AB 可在滑槽中上下运动，杆 AB 的端点 A 始终与凸轮接触，且 OAB 成一条直线，

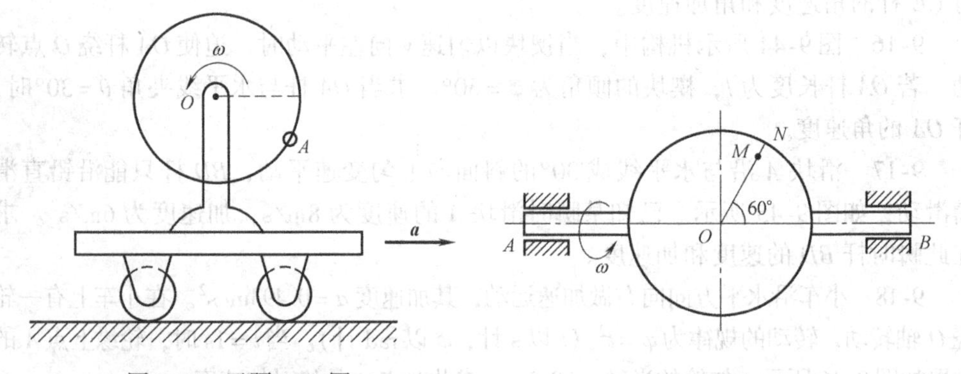

图 9-46　习题 9-18 图　　图 9-47　习题 9-19 图

如图 9-48 所示，求图示位置 AB 杆的加速度。

9-21　刨床的急回机构如图 9-49 所示。曲柄 OA 的一端 A 与滑块用铰链连接。当曲柄 OA 以匀角速度 ω 绕固定轴 O 转动时，滑块在摇杆 O_1B 上滑动，并带动摇杆 O_1B 绕固定轴 O_1 摆动。设曲柄长 $OA=r$，两轴间的距离 $OO_1=l$。求当曲柄在水平位置时摇杆的角速度 ω_1 和角加速度 α。

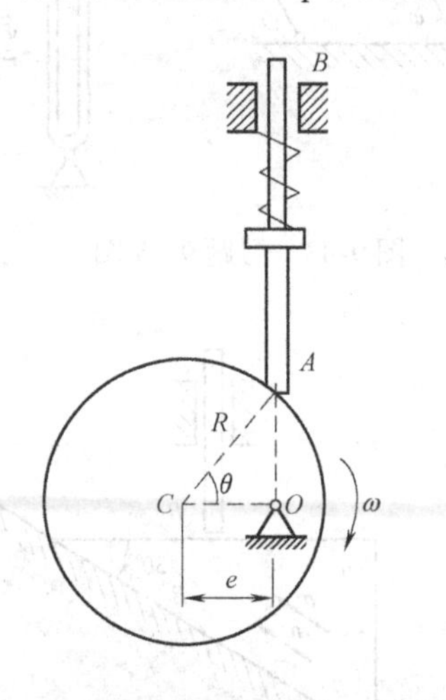

图 9-48　习题 9-20 图

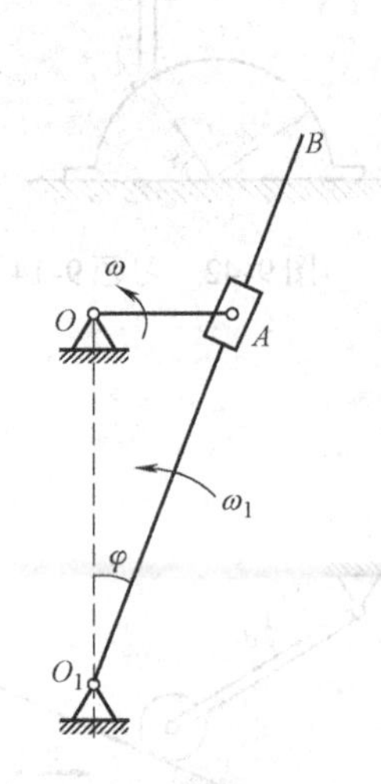

图 9-49　习题 9-21 图

9-22　如图 9-50 所示，M 点以大小不变的相对速度 $\boldsymbol{v}_r$ 沿管子运动，管子中部弯成半径为 R 的半圆周，并绕半圆周的直径上的固定轴 AB 以匀角速度转动。在 M 点由 C 运动至 D 的时间内，管绕轴 AB 转过半转。试求 M 点绝对加速度的大小（表示为 φ 角的函数）。

9-23　图 9-51 所示小环沿 OA 杆运动，杆 OA 绕 O 轴转动，从而小环 M 在 xOy 平面内具有如下运动方程：$x=10\sqrt{3}t$（mm），$y=10\sqrt{3}t^2$（mm），求 $t=1\text{s}$ 时小环 M 相对于杆 OA 的速度和加速度、OA 杆转动的角速度及角加速度。

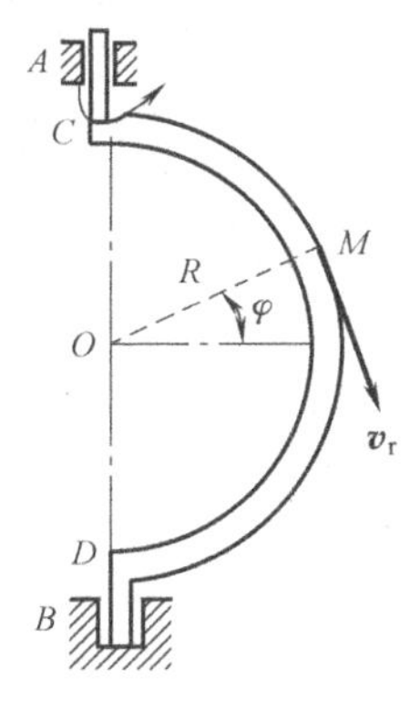

图 9-50　习题 9-22 图

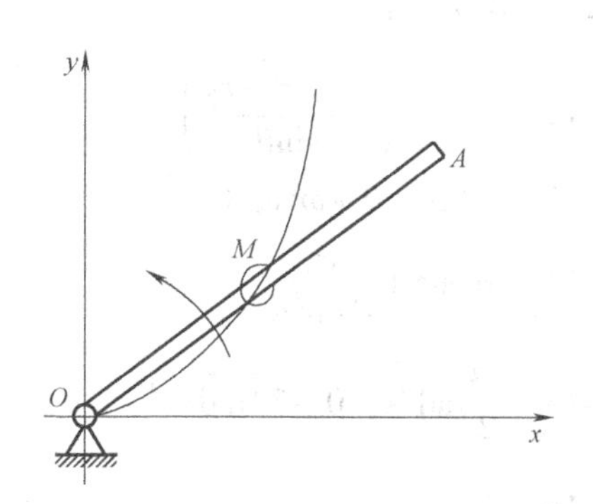

图 9-51　习题 9-23 图

9-24　刻有半径为 R 的圆槽的圆盘在其本身平面以等角速度 ω_1 绕盘心 O 逆时针方向旋转，小球 M 相对于圆盘以等速沿圆槽运动，它运动的方向与圆盘转动方向相反，并知小球 M 与盘心 O 的连线以等角速度 ω_2 绕盘心 O 相对于圆盘转动，如图 9-52 所示。求小球 M 的绝对加速度。

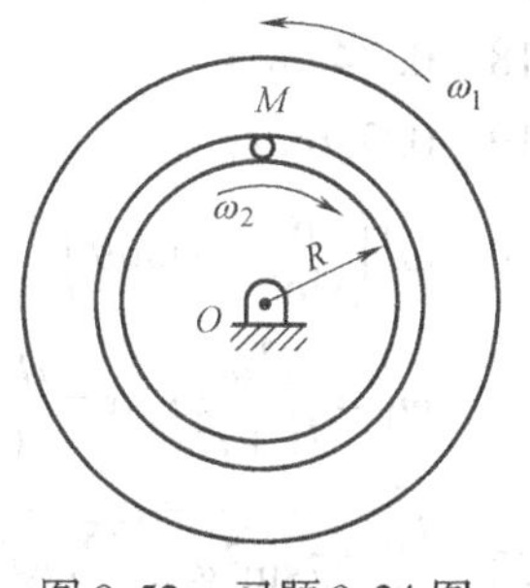

图 9-52　习题 9-24 图

习 题 答 案

9-1　$x=r\left(1-\cos\dfrac{vt}{t}\right)\cos(\omega t)-r\sin\dfrac{vt}{r}\sin(\omega t)$，$y=r\left(1-\cos\dfrac{vt}{r}\right)\sin(\omega t)+r\sin\dfrac{vt}{r}\cos(\omega t)$

9-2　$x=vt\cos(\omega t)$，$y=vt\sin(\omega t)$

9-3　$r\omega\sin\theta$

9-4　$\omega=\dfrac{u\sin^2\theta}{h}$；$\varepsilon=\dfrac{2u^2\sin^3\theta\cos\theta}{h^2}$

9-5　$v_r=10.06\text{m/s}$，与半径夹角 $\theta=41.81°$

9-6　$\dfrac{\omega h}{\sin^2(\varphi)}$

9-7　$v_r=63.6\text{mm/s}$

9-8　(a) 1.5rad/s；(b) 1.5rad/s

9-9　$\dfrac{av\cos^2\varphi}{l}$

9-10 $e\omega$

9-11 0.7m/s

9-12 $\sqrt{v_1^2+\left(\frac{v_1\cos\theta-v_2}{\sin\theta}\right)^2}$

9-13 $r\ (\alpha\sin\theta+\omega^2\cos\theta)$

9-14 $\alpha\cot\varphi+\frac{v^2}{R\sin^3\varphi}$

9-15 $\frac{\sqrt{3}}{2}$rad/s；0.134rad/s^2

9-16 $\frac{v}{l}$

9-17 4m/s；3m/s^2

9-18 0.746m/s^2

9-19 0.356m/s^2

9-20 $\omega^2\left(\frac{R}{\sin\theta}-e\tan\theta\right)$

9-21 $\omega_1=\frac{r^2\omega}{l^2+r^2}$；$\alpha=\frac{rl\ (l^2-r^2)}{(l^2+r^2)^2}\omega^2$

9-22 $\frac{v_r^2}{R}\sqrt{2\sin^2\varphi+\frac{25}{16}\cos^2\varphi}$

8-23 $15\sqrt{6}$m/s，$12.5\sqrt{6}$m/s^2；05rad/s，-0.5rad/s^2

9-24 $R(\omega_1-\omega_2)^2$

刚体的平面运动

10.1 导学

刚体平移与定轴转动是最常见的刚体基本运动，然而刚体还存在更为复杂的运动形式。如图10-1所示，平面曲柄连杆机构中 OA 做定轴转动，滑块 B 做平面运动，而连杆 AB 的运动既不是平移，又不是绕定轴转动；再如图10-2所示车轮沿直线轨道滚动，图10-3所示平面四杆机构中连杆 AB 的运动，图10-4所示周转行星机构中动齿轮 A 的运动及板擦在黑板上的任意运动等都属于这种情况。

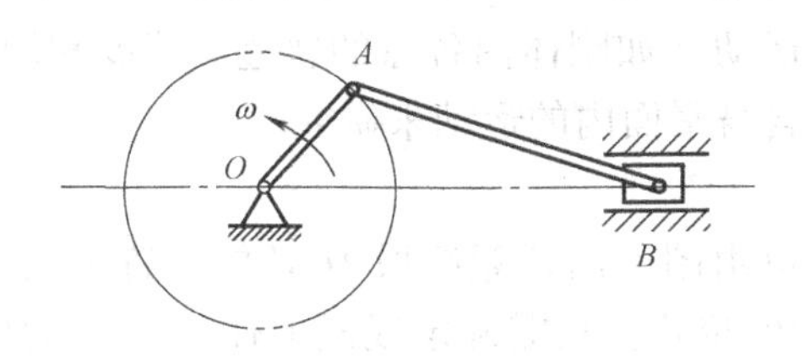

图10-1　平面曲柄连杆机构

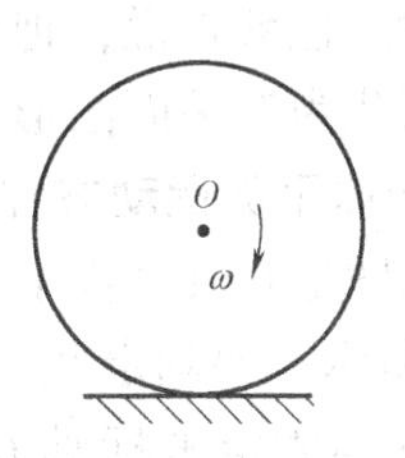

图10-2　车轮

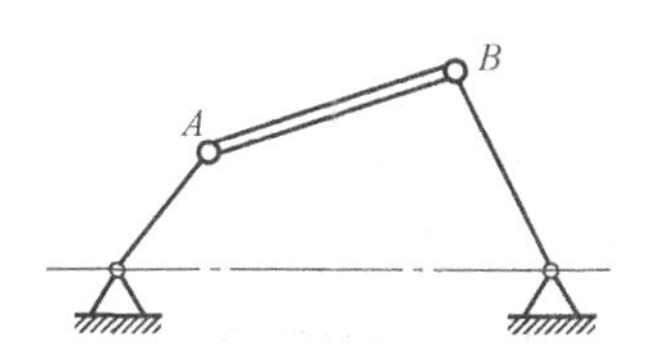

图10-3　平面四杆机构

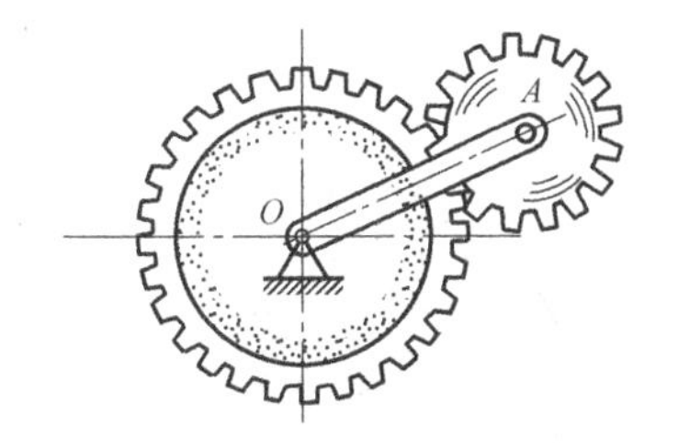

图10-4　周转行星齿轮

但这些构件运动具有一个共同的特征，即在运动时，其上各点的运动轨迹都是平面曲线，且这些平面曲线所在的平面彼此平行，或者说，**当刚体运动时，刚体上的任一点至某一固定平面的距离始终保持不变，刚体的这种运动称为刚体平面**

运动。

刚体的平面运动是在工程上常遇到的运动，分析这种特征的运动，是机构运动分析重要的任务，具有十分重要的意义。本章将分析刚体平面运动的特点，运动的分解，平面运动刚体的角速度、角加速度，以及刚体上各点的速度和加速度。

10.2　刚体平面运动的概述

1. 刚体平面运动的简化

当刚体做平面运动时，刚体内任一点到固定平面Ⅰ的距离始终保持不变。如图10-5所示，取一个平行于固定平面Ⅰ的平面Ⅱ截割刚体，得到一平面图形 S。当刚体做平面运动时，平面图形 S 始终在平面Ⅱ内运动。因此，把平面Ⅱ称为平面图形 S 所在的自身平面。如果在平面图形 S 上任取一点 A，通过 A 做垂直于图形 S 的直线 A_1A_2，显然，直线 A_1A_2 的运动是平动。直线 A_1A_2 上各点的运动与图形 S 上 A 点的运动完全相同。因此，图形 S 上点 A 的运动就可以代表直线 A_1A_2 上所有各点的运动。同理，图形 S 上其余各点 B、C、…的运动也可以分别代表刚体内与图形 S 相垂直的直线 B_1B_2、C_1C_2、…的运动。由此可知，图形 S 上各点的运动就可以代表整个刚体的运动。**于是，刚体的平面运动就可以简化为平面图形 S 在平面Ⅱ内的运动**。也就是说，把对刚体平面运动（如刚体内各点的轨迹、速度和加速度）的研究简化为对平面图形 S 在它所在自身平面内的运动来研究。

2. 刚体平面运动方程

平面图形在其平面上的位置完全可由图形内任意线段 $O'M$ 的位置来确定，如图10-6所示，要确定此线段在平面内的位置，只需确定线段上任一点 O' 的位置和线段 $O'M$ 与固定坐标轴 Ox 间的夹角 φ 即可。点 O' 的坐标和 φ 角都是时间的函数，即

$$\begin{cases} x_{O'} = x_{O'}(t) \\ y_{O'} = y_{O'}(t) \\ \varphi_{O'} = \varphi(t) \end{cases} \tag{10-1}$$

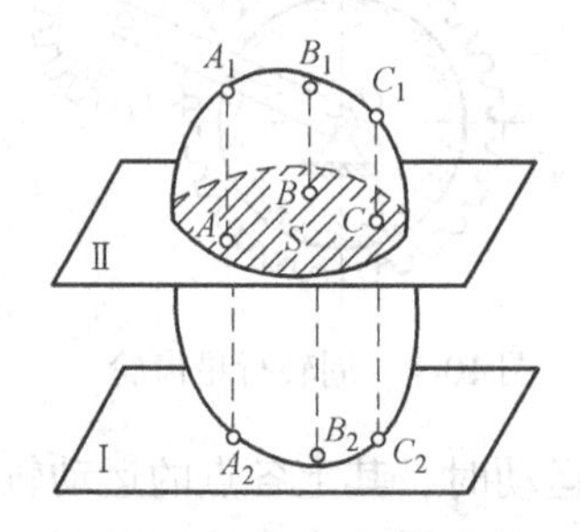

图10-5　刚体平面运动

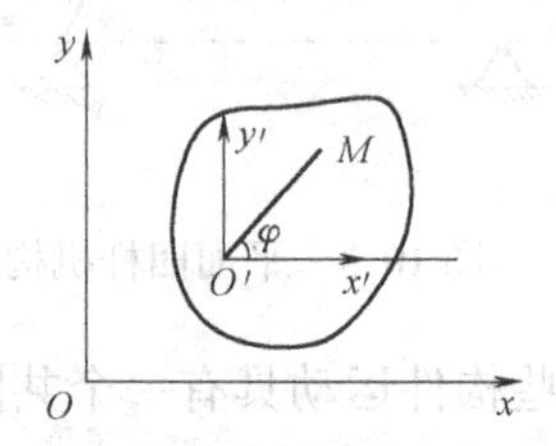

图10-6　平面图形在坐标系中的位置

式（10-1）就是**平面图形的运动方程**，也就是刚体平面运动的运动方程，可以完全确定平面运动刚体的运动学特征。对于任意的平面运动，可在平面图形上任取一点 O'，称为**基点**。

10.3 平面运动分解为平动与转动

由式（10-1）可以看出，方程可由两部分组成，一部分是随基点 O' 的平移 $x_O{}'=x_{O'}(t)$，$y_{O'}=y_{O'}(t)$；另一部分是绕基点 O' 的转动 $\varphi_{O'}=\varphi(t)$。

当刚体运动时，$\varphi=$ 常数，则图形上任一线段 AB 的方位始终与其原来的位置相平行，即刚体做平行移动。

当刚体运动时，$x_{O'}=$ 常数，$y_{O'}=$ 常数时，则刚体做定轴转动。

可以看出，**刚体的平面运动包含了刚体基本运动的两种形式：平行移动和定轴转动**。这样，就可以用合成运动的理论来研究刚体的平面运动。

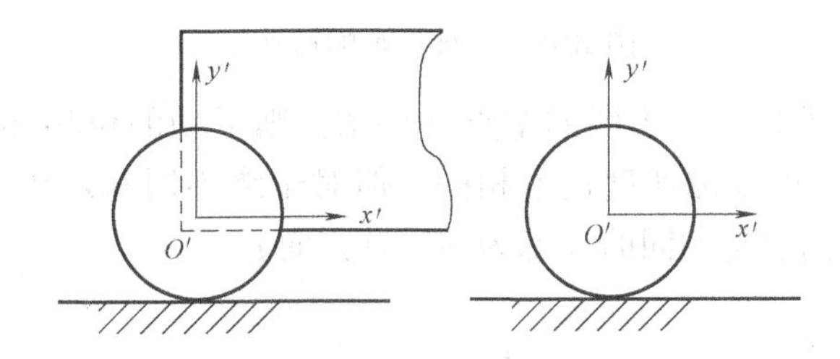

图10-7 沿直线轨道滚动的车轮

下面以沿直线轨道滚动的车轮为例，分析平面图形的运动分解。

取车厢为动参考体，以轮心 O' 为原点，建立动参考系 $O'x'y'$（见图10-7），则车厢的平移是牵连运动，车轮绕平移参考系原点 O' 的转动是相对运动，二者的合成就是车轮的平面运动（绝对运动）。

车轮的平面运动 = 车厢的平移 + 车轮绕 O' 的转动

单独的轮子做平面运动时，可以轮心 O' 为原点，建立一个平移坐标系 $O'x'y'$，同样可把轮子的平面运动分解为随基点的平移和绕基点的转动合成。

对于任意的平面运动，可在平面图形 S 上取点 A 和 B，如图10-8所示，并做两点连线 AB，则直线 AB 的位置可以代表图形的位置。设平面图形 S 在 Δt 时间内从位置Ⅰ运动到位置Ⅱ，以直线 AB 及 $A'B'$ 分别表示图形在位置Ⅰ及位置Ⅱ，我们把直线 AB 移到位置 $A'B'$ 看作两步完成：第一步以 A 点为基点，建立平移参考系 $Ax'y'$，先使直线 AB 随着 A 点平移到位置 $A'B''$，然后再绕 A' 点转到位置 $A'B'$，转过的角位移为 $\Delta\varphi_1$。

平面图形 S 的运动也可以 B 点为基点来分析，先使直线 AB 随着 B 点平移到位置 $B'A''$，然后再绕 B' 点转到位置 $B'A'$，转过的角位移为 $\Delta\varphi_2$。这就证明出，平面图形的运动可以分解成为随基点的平动（牵连运动为平动）和绕基点的转动（相对运动为转动），是两者的合成运动。

需要注意，平面图形的运动分解中，总是以选定的基点为原点，建立一个平移的动参考系，绕基点的转动，就是指相对于这个平移参考系的转动。对于基点的选择，虽然可以任意选取，但是在解决实际问题时，往往是选取运动情况已知的点作为基点。

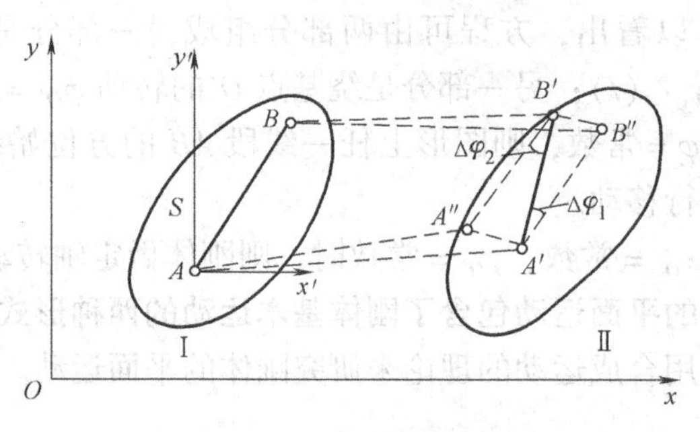

图 10-8 平面图形的运动

由图 10-8 可以看出，选不同的基点 A 和 B，则平动的位移 AA' 和 BB' 显然不同，因而，平动的速度及加速度也不相同；但对于绕不同基点转过的角位移 $\Delta\varphi_1$ 和 $\Delta\varphi_2$ 的大小及转向总是相同的（都为逆时针方向）。

于是

$$\lim_{\Delta t\to 0}\frac{\Delta\varphi_1}{\Delta t}=\lim_{\Delta t\to 0}\frac{\Delta\varphi_2}{\Delta t},\quad 即\quad \omega_1=\omega_2$$

又

$$\frac{d\omega_1}{dt}=\frac{d\omega_2}{dt},\quad 即\quad \alpha_1=\alpha_2$$

由此可知，**平面运动平动部分的运动规律与基点的选择有关，而转动部分的运动规律与基点的选择无关**。即在同一瞬时，图形绕任一基点的转动的角速度和角加速度都是相同的。因此，把平面运动中的角速度和角加速度直接称为平面图形的角速度和角加速度，而无须指明它们是对哪个基点而言的。

例 10-1 如图 10-9 所示，半径为 r 的圆盘做纯滚动，已知运动方程 $x_{O'}=x_{O'}(t)$，$y_{O'}=y_{O'}(t)$，$\varphi_{O'}=\varphi(t)$，试用 A 点的速度与加速度表示平面图形的角速度与角加速度。

解：已知圆盘的运动方程

$$x_{O'}=x_{O'}(t)$$

$$y_{O'}=y_{O'}(t)$$

$$\varphi_{O'}=\varphi(t)$$

设初始时刻，B 点位于原点 O，当圆盘做纯滚动时，

$$x_A = OC = BC = r\varphi$$

所以，$\varphi = \dfrac{x_A}{r}$

圆盘的角速度与角加速度分别为

$$\omega = \frac{d\varphi}{dt} = \frac{v_A}{r}$$

$$\alpha = \frac{d\omega}{dt} = \frac{a}{r}$$

由此，得出纯滚动圆盘的角速度、角加速度与轮心速度与加速度间的关系。

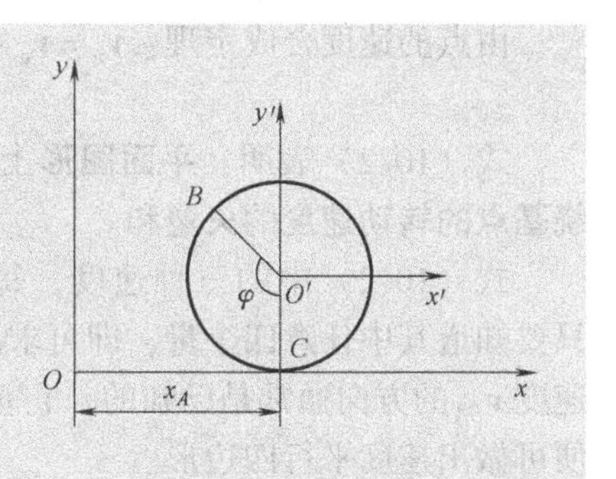

图 10-9　圆盘做纯滚动

10.4　平面图形内各点的速度

对平面图形内各点速度的分析可以采用不同的方法，下面分别介绍基点法、速度投影法和速度瞬心法。

1. 基点法

通过前面的分析可知，平面图形的运动可以分解成为随基点的平动（牵连运动为平动）和绕基点的转动（相对运动为转动），所以，平面图形内任一点的运动也是两个运动的合成，可通过点的速度合成定理来求平面图形上各点的速度。

设平面图形在某瞬时的角速度为 ω，图形上点 A 的速度为 $\boldsymbol{v}_A$，求图形上任一点 B 的速度（见图 10-10）。取点 A 为基点，图形上的 B 点为动点，则牵连运动为平移，牵连速度为

$$v_e = v_A$$

相对运动为 B 点绕 A 点的圆周运动，相对速度 v_r 即为绕基点转动的速度，用 v_{BA} 表示，方向垂直于 AB，且朝向图形转动的一方。

$$v_{BA} = AB \cdot \omega$$

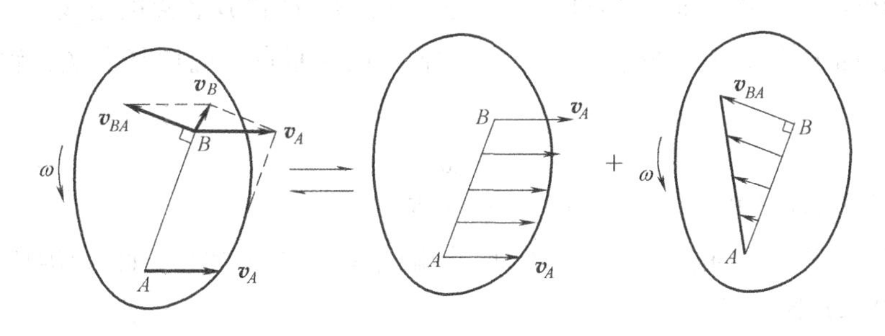

图 10-10　A 为基点分析 B 点的速度

由点的速度合成定理：$\boldsymbol{v}_a=\boldsymbol{v}_e+\boldsymbol{v}_r$，可以得任意 B 点的速度为

$$\boldsymbol{v}_B=\boldsymbol{v}_A+\boldsymbol{v}_{BA} \tag{10-2}$$

式（10-2）表明：**平面图形上任一点的速度，等于基点的速度与该点随图形绕基点的转动速度的矢量和。**

式（10-2）中的三种速度，每种速度都有大小和方向两个量，一共六个量，只要知道其中任意四个量，即可求出另外两个量。在平面图形的运动中，点的相对速度 $\boldsymbol{v}_{BA}$ 的方向通常是已知的，它垂直于线段 AB。于是，只需知道其他三个要素，便可做出速度平行四边形。

例 10-2 曲柄连杆机构如图 10-11 所示，OA 以匀角速度 ω 转动，$OA=r$，$AB=\sqrt{3}r$，在图示位置时，$\varphi=60°$，求此时滑块 B 的速度和连杆 AB 的角速度。

解： 由柄 OA 绕 O 点做定轴转动，A 点的速度方向也与 OA 垂直，方向与 OA 转向相同。

$$v_A=OA\cdot\omega=r\omega$$

连杆 AB 做平面运动，滑块 B 做平动，以 A 为基点，连杆上的 B 点的运动可以看作随同基点 A 的平动和绕 A 的转动，因此 B 点的速度应用基点法可知

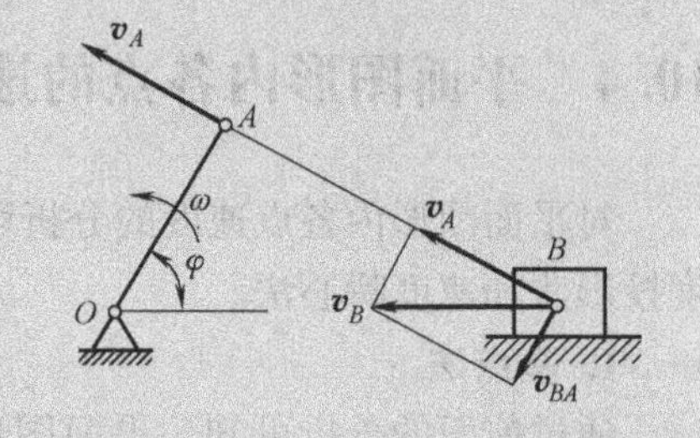

图 10-11 曲柄连杆机构

$$\boldsymbol{v}_B=\boldsymbol{v}_A+\boldsymbol{v}_{BA}$$

$\boldsymbol{v}_B$ 沿 BO 方向；$\boldsymbol{v}_{BA}$ 与 AB 垂直。

当 $\varphi=60°$时，做速度矢量图，如图 10-11 所示，解出

$$v_B=\frac{v_A}{\cos30°}=\frac{2\sqrt{3}}{3}\omega r$$

$$\omega_{AB}=\frac{v_{BA}}{AB}=\frac{v_A\tan30°}{\sqrt{3}r}=\frac{1}{3}\omega$$

例 10-3 如图 10-12a 所示，半径为 R 的车轮，沿直线轨道做无滑动的滚动，已知轮心 O 以匀速 v_O 前进。求轮缘上 A、B、C 和 D 各点的速度。

解： 因为轮心 O 点的速度已知，选择 O 点为基点。应用基点法，轮缘上 C 点的速度为

$$\boldsymbol{v}_C=\boldsymbol{v}_O+\boldsymbol{v}_{CO}$$

其中 $\boldsymbol{v}_{CO}$ 的方向已知，其大小为 $v_{CO}=R\omega$

车轮做无滑动的滚动，它与地面的接触点 C 的速度为零，如图 10-12b 所示，C 点速度矢量图，即

$$v_{CO}=v_O,\omega=\frac{v_{CO}}{R}=\frac{v_O}{R}\text{（顺时针）}$$

应用基点法，各点的速度矢量图，如图 10-12c 所示，求得

$$\boldsymbol{v}_A=\boldsymbol{v}_O+\boldsymbol{v}_{AO}, v_A=2v_O$$

$$\boldsymbol{v}_B=\boldsymbol{v}_O+\boldsymbol{v}_{BO}, v_B=\sqrt{2}v_O$$

$$\boldsymbol{v}_D=\boldsymbol{v}_O+\boldsymbol{v}_{DO}, v_D=\sqrt{2}v_O$$

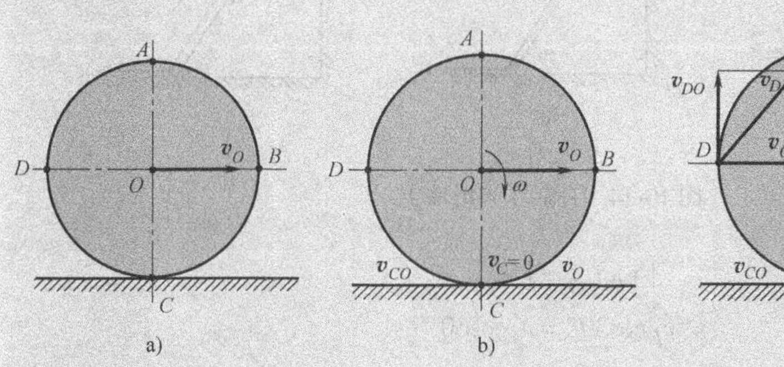

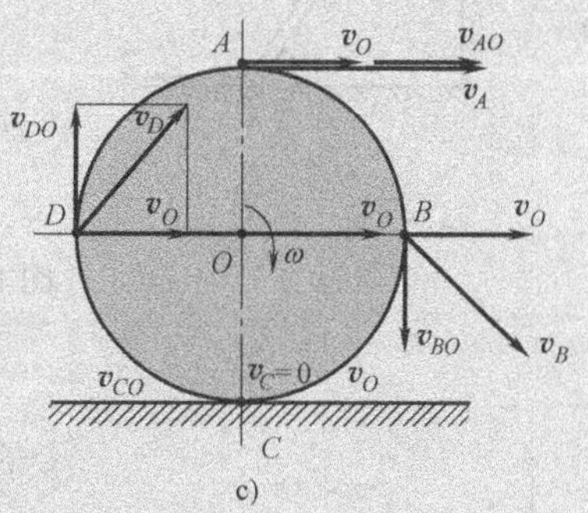

图 10-12　圆盘沿直线做纯滚动

2. 速度投影法

如图 10-13 所示，由基点法有

$$\boldsymbol{v}_B=\boldsymbol{v}_A+\boldsymbol{v}_{BA}$$

将上述矢量表达式在 A、B 两点连线上投影，得

$$[\boldsymbol{v}_B]_{AB}=[\boldsymbol{v}_A]_{AB}+[\boldsymbol{v}_{BA}]_{AB}$$

由于 $\boldsymbol{v}_{BA}$ 垂直于 AB（见图 10-13），所以 $[\boldsymbol{v}_{BA}]_{AB}=0$，因此

$$[\boldsymbol{v}_B]_{AB}=[\boldsymbol{v}_A]_{AB} \tag{10-3}$$

这就是**速度投影定理：平面图形上任意两点的速度在此两点连线上的投影相等**。它反映了刚体上任意两点间距离保持不变的特征。

速度投影定理建立的是两点绝对速度间的关系，它不涉及相对速度，因而不涉及平面图形的角速度，也就不能求平面图形的角速度。应用这个定理求平面图形上某些点的速度，有时非常方便。

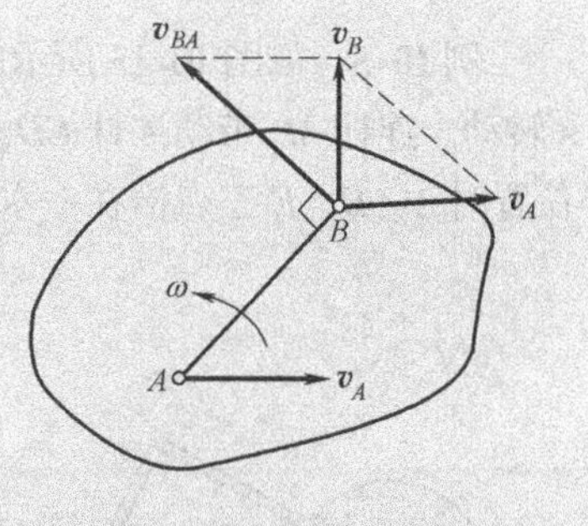

图 10-13　速度投影法

例 10-4　在图 10-14 中，杆 AB 长 l，滑倒时 B 端靠着铅垂墙壁。已知 A 以速度 $\boldsymbol{u}$ 沿水平轴线运动，试求图示位置 $\psi=60°$ 时，杆端 B 点的速度及杆的角速度。

解：A 点的速度水平向右，B 点的速度竖起向下，如图由速度投影法

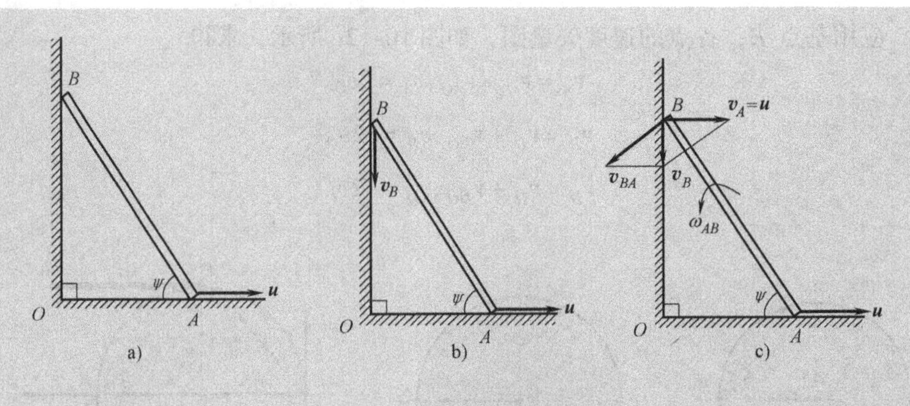

图 10-14　杆靠在光滑墙上

$$[\boldsymbol{v}_B]_{AB}=[\boldsymbol{v}_A]_{AB}$$

$$v_B\cos30°=v_A\cos60°$$

$$v_B=\frac{\sqrt{3}}{3}u$$

但用速度投影法求不出 AB 的角速度，得用基点法求解 AB 的角速度，速度矢量图见图 10-14c。

$$\boldsymbol{v}_B=\boldsymbol{v}_A+\boldsymbol{v}_{BA}$$

$$v_{BA}=\frac{u}{\sin\psi}=\frac{2\sqrt{3}}{3}u$$

$$\omega_{AB}=\frac{v_{BA}}{l}=\frac{2\sqrt{3}u}{3l}$$

例 10-5　如图 10-15 所示的平面机构中，曲柄 OA 长 100mm，以角速度 $\omega=2$rad/s 转动。连杆 AB 带动摇杆 CD，并拖动轮 E 沿水平面纯滚动。已知：$CD=3CB$，图示位置时 A、B、E 三点恰在一水平线上，且 $CD\perp ED$。求此瞬时 E 点的速度。

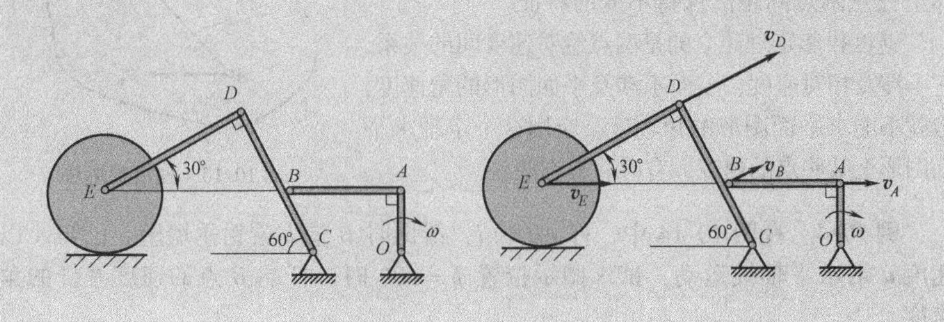

图 10-15　平面机构

解：（1）AB 做平面运动，如图 10-15 所示。

$$[\boldsymbol{v}_B]_{AB}=[\boldsymbol{v}_A]_{AB}$$

$$v_B\cos30°=OA\cdot\omega$$

$$v_B=\frac{OA\cdot\omega}{\cos30°}=0.2309\text{m/s}$$

（2）CD 做定轴转动，转动轴为 C，如图 10-15 所示。

$$v_D=\frac{v_B}{CB}\cdot CD=3v_B=0.6928\text{m/s}$$

（3）DE 做平面运动，速度矢量图如图 10-15 所示。

$$[\boldsymbol{v}_E]_{DE}=[\boldsymbol{v}_D]_{DE}$$

$$v_E\cos30°=v_D$$

$$v_E=\frac{v_D}{\cos30°}=0.8\text{m/s}$$

3. 速度瞬心法

研究平面图形上各点的速度，还可以采用速度瞬心法。

用基点法求平面图形上点的速度时，若某瞬时能找到平面图形（或图形延伸部分）上速度为零的一点 P，取 P 为基点，则式（10-2）可简化为

$$\boldsymbol{v}_B=\boldsymbol{v}_{BP}$$

所以，平面图形上任一点 B 的速度 $\boldsymbol{v}_B$ 就是 B 点绕基点 P 的转动速度 $\boldsymbol{v}_{BP}$。

如图 10-16 所示，在平直地面上做纯滚动的圆盘，因只滚不滑，所以圆盘与地面接触的点 P 与地面的速度相同，地面上各点速度为零，所以，圆盘上 P 点的速度也为零。取 P 为基点，则该瞬时，圆盘上各点速度分布规律就如同绕基点 P 做瞬时转动一样，用这种方法使图形上各点速度计算得到了很大的简化。

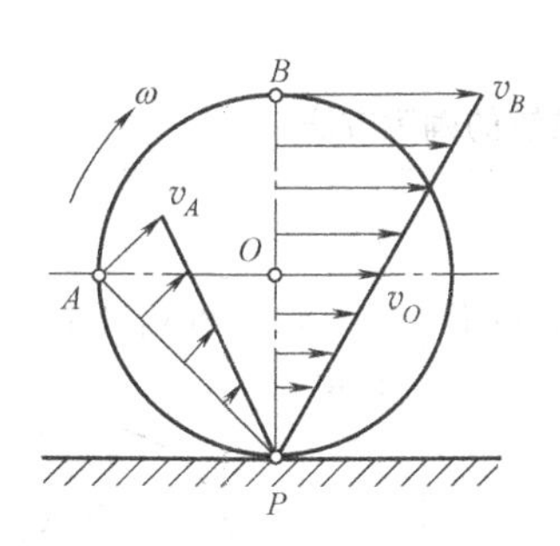

图 10-16　平直地面上做纯滚动的圆盘

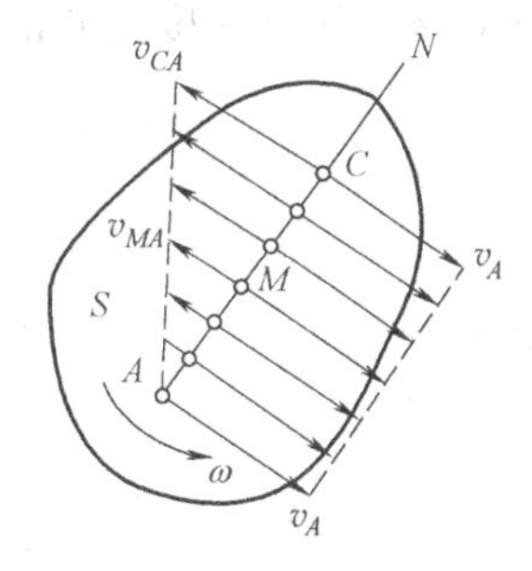

图 10-17　平面图形

在一般情况下，每一瞬时，平面图形上也都存在着一个速度为零的点。设有一个平面图形，如图 10-17 所示，以图形上的 A 点为基点，它的速度为 $\boldsymbol{v}_A$，图形的角速度为 $\boldsymbol{\omega}$，其转向如图所示。过 A 点做 $\boldsymbol{v}_A$ 的垂线 AN，根据基点法，则 AN 上任

一点 M 的速度为

$$\boldsymbol{v}_M = \boldsymbol{v}_A + \boldsymbol{v}_{MA}$$

由于 $\boldsymbol{v}_A$ 与 $\boldsymbol{v}_{MA}$ 在同一直线上，而方向相反，所以 $\boldsymbol{v}_M$ 的大小为

$$v_M = v_A - v_{MA} = v_A - AM \cdot \omega$$

当 M 点处在 AN 上的不同位置时，$\boldsymbol{v}_M$ 的大小也不同，那么，就可以找到一点 P，使 $AP = \dfrac{v_A}{\omega}$，那么

$$v_P = v_A - AM \cdot \omega = 0$$

通过上面的分析，我们可知，平面图形在任一瞬时，确实存在速度为零的点。**把平面图形上某瞬时速度等于零的点，称为瞬时速度中心，简称速度瞬心。**在此瞬时，速度瞬心 P 是唯一的。

如果选择速度瞬心 P 为基点，则平面图形上任一点 M 的速度为

$$\boldsymbol{v}_M = \boldsymbol{v}_P + \boldsymbol{v}_{MP} = \boldsymbol{v}_{MP}$$

也可以写成

$$v_M = v_{MP} = MP \cdot \omega \tag{10-4}$$

其方向与 PM 垂直，指向图形转动的一方，由此可见平面运动问题可归结为绕瞬心的转动问题。至于转动的角速度，由前面讨论可知，对于平面图形的任一点都是相同的。

必须注意，平面图形的速度瞬心不一定在平面图形上，也可以在平面图形的延伸部分上。瞬心的位置不是固定的，它是随时间而改变的，也就是说，平面图形在不同的瞬时具有不同的速度瞬心。

由上面的介绍可知，速度瞬心法是求平面图形内任意点的速度比较简便而常用的方法，如果已知平面图形某瞬时速度瞬心的位置和角速度，则计算该瞬时图形上各点的速度是很方便的。

表 10-1 介绍几种速度瞬心的确定方法。

表 10-1　速度瞬心 P 的位置的确定方法

沿固定面只滚不滑	已知 v_A 和 v_B 的方向，但不平行	已知 v_A 和 v_B 平行反向，并垂直于 AB
P	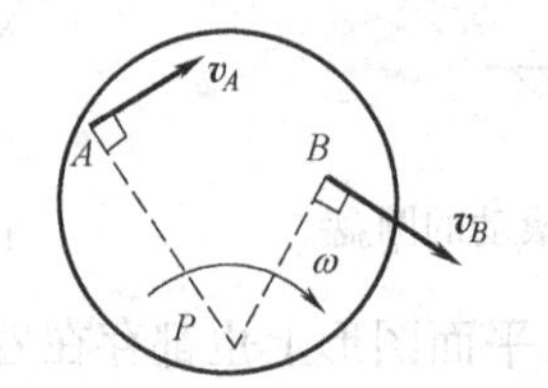	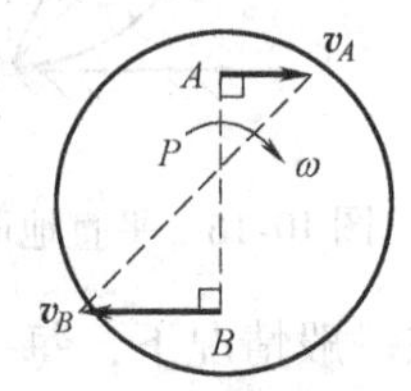

（续）

已知 $\boldsymbol{v}_A$ 和 $\boldsymbol{v}_B$ 平行同向，大小不等，并垂直于 AB 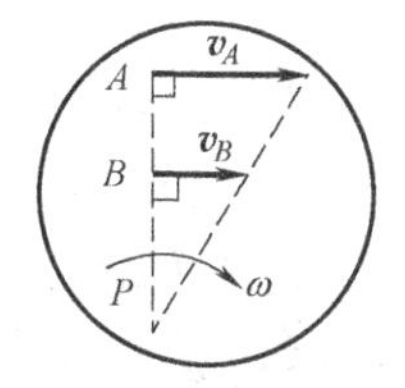	已知 $\boldsymbol{v}_A=\boldsymbol{v}_B$，并垂直于 AB，则 P 在无穷远处，刚体做**瞬时平动**。此时，$\omega=0$，各点具有相同的速度 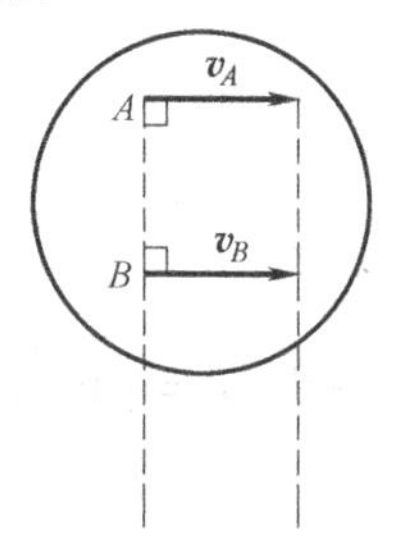	已知 $\boldsymbol{v}_A=\boldsymbol{v}_B$ 平行，并垂直于 AB。则 P 在无穷远处，刚体做**瞬时平动**。此时，$\omega=0$，各点具有相同的速度 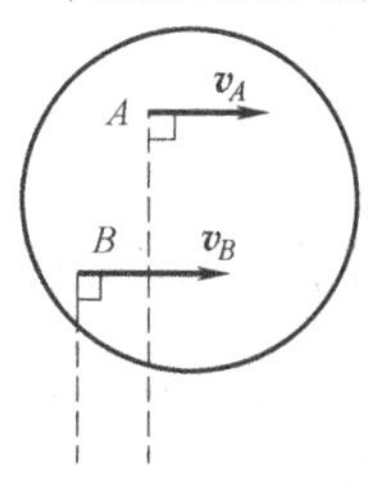

例 10-6　曲柄连杆机构中，在连杆 AB 上固连一块三角板 ABD，如图 10-18a 所示。机构由曲柄 O_1A 带动。已知曲柄的角速度为 ω，曲柄 O_1A 的长度为 $2l$，水平距离 O_1O_2 为 l，AD 为 l，当 O_1A 铅直时，AB 平行于 O_1O_2，且 AD 与 AO_1 在同一直线上，$\varphi=30°$。试求三角板 ABD 的角速度、O_2B 的角速度和点 D 的速度。

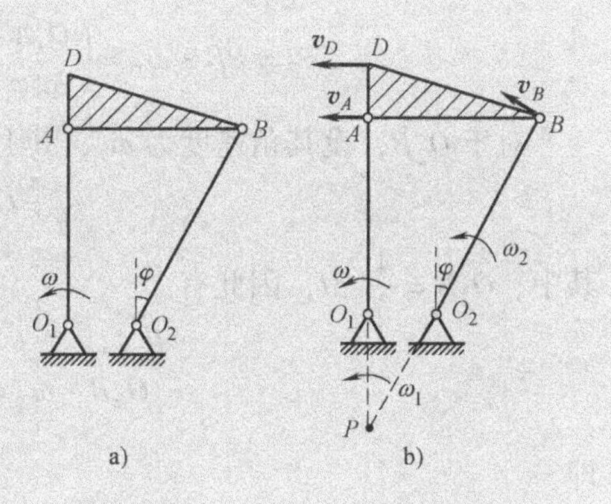

图 10-18　曲柄连杆机构速度分析

解：这是由三个刚体组成的系统，刚体 O_1A、O_2B 做转动，刚体 ADB 做平面运动，三个刚体具有不同的角速度，但在铰接点处的速度相同，根据这一结论，由平面图形的运动分析可进行求解，根据速度瞬心法求解。

（1）运动分析：O_1A、O_2B 做定轴转动；ADB 做平面运动，其速度瞬心在点 P。

（2）速度分析：

对于刚体 O_1A，可知其上点 A 的速度大小为

$$v_A=O_1A\cdot\omega=2l\omega \tag{a}$$

方向如图 10-18b 所示。

对于 ABD，设其角速度为 ω_1，其上点 A 的速度为

$$v_A=PA\cdot\omega_1 \tag{b}$$

P 为速度瞬心

$$PA = PO_1 + O_1A = 2l + O_1O_2 \cdot \cot\varphi = 2l + \sqrt{3}l = (2+\sqrt{3})l$$

考虑到式（a）与式（b）具有相等关系，即

$$(2+\sqrt{3})l\omega_1 = 2l\omega$$

因此得到

$$\omega_1 = \frac{2}{2+\sqrt{3}}\omega$$

所以其上点 D 的速度为

$$v_D = PD \cdot \omega_1 = (PA + AD)\omega_1 = [(2+\sqrt{3})l + l] \cdot \frac{2}{2+\sqrt{3}}\omega$$

$$= \frac{6+2\sqrt{3}}{2+\sqrt{3}}l\omega$$

方向如图 10-18b 所示。点 B 的速度为

$$v_B = PB \cdot \omega_1 = \left(\frac{O_1A}{\cos\varphi} + \frac{PO_1}{\cos\varphi}\right)\omega_1 = \frac{12+8\sqrt{3}}{6+3\sqrt{3}}l\omega$$

对于 O_2B，设其角速度为 ω_2，其上点 B 的速度为

$$v_B = O_2B \cdot \omega_2$$

其中，$O_2B = \frac{4}{3}\sqrt{3}l$，因此有

$$O_2B \cdot \omega_2 = \frac{12+8\sqrt{3}}{6+3\sqrt{3}}l\omega$$

即

$$\frac{4}{\sqrt{3}}l\omega_2 = \frac{12+8\sqrt{3}}{6+3\sqrt{3}}l\omega$$

所以

$$\omega_2 = \omega$$

转向如图 10-18b 所示。

例 10-7 平面连杆机构如图 10-19 所示，$O_1B = l$，$AB = \frac{3}{2}l$，且 $AD = DB$，OA 以匀加速度 ω_0 绕 O 轴转动。试求图示位置时，B、D 两点的速度、杆的速度、杆 AB 的角速度和 O_1B 杆的角速度。

解：（1）运动分析

OA、O_1B 均做定轴转动，AB 杆做平面运动。

（2）速度瞬心法

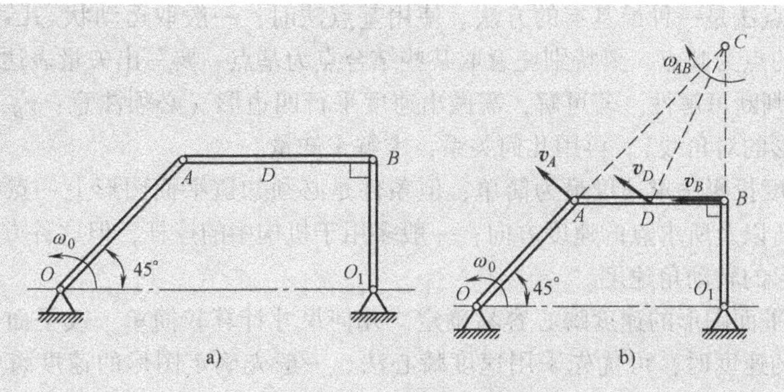

图 10-19　平面连杆机构

因 $v_A = OA \cdot \omega_0$，方向如图所示，$v_B \perp O_1B$，因此分别过 A、B 两点做 v_A、v_B 的垂线，并延长相交于点 C，此点即为 AB 杆的速度瞬心。由图中几何关系得

$$OA = \sqrt{2}l,\quad AB = BC = \frac{3}{2}l$$

$$AC = \frac{3\sqrt{2}}{2}l,\quad DC = \frac{3\sqrt{5}}{4}l$$

由瞬心法得，杆 AB 的角速度 ω_{AB} 为

$$\omega_{AB} = \frac{v_A}{AC} = \frac{\sqrt{2}l\omega_0}{\dfrac{3\sqrt{2}}{2}l} = \frac{2}{3}\omega_0\text{，顺时针转向}$$

$$v_D = DC \cdot \omega_{AB} = \frac{3\sqrt{5}}{4}l \cdot \frac{2}{3}\omega_0 = \frac{\sqrt{5}}{2}l\omega_0$$

$$v_B = BC \cdot \omega_{AB} = \frac{3}{2}l \cdot \frac{2}{3}\omega_0 = l\omega_0$$

O_1B 杆的角速度为

$$\omega_{O_1B} = \frac{v_B}{O_1B} = \frac{l\omega_0}{l} = \omega_0$$

所求的 ω_{AB} 的转向、$\boldsymbol{v}_D$ 与 $\boldsymbol{v}_B$ 的方向如图 10-19b 所示，O_1B 杆的角速度转向为逆时针转向。

求平面图形内点的速度时，解题的步骤及注意点小结如下：

1）根据题意，分析各刚体的运动，哪些刚体做平动、定轴转动或平面运动。

2）分析做平面运动刚体上哪些点的速度的大小和方向为已知的；哪些点速度的大小未知，但方向可判断。

3）根据题目的已知条件、要求，结合上面分析，选择一种最简捷的求解方法。

① 基点法是一种最基本的方法。使用基点法时，一般取运动状态已知或能求出其速度的点为基点，要特别注意取某些结合点为基点。要写出矢量表达式：$\boldsymbol{v}_B = \boldsymbol{v}_A + \boldsymbol{v}_{BA}$，判断可解性。若可解，需做出速度平行四边形（必须注意：$\boldsymbol{v}_B$ 应为速度平行四边形的对角线）。再用几何关系，求解未知量。

② 速度投影法求速度最为简单，但条件是必须知道平面图形上一点的速度大小和方向，以及所求点的速度方向，一般多用于机构中的连杆，但这种方法不能求解平面图形的转动角速度。

③ 当平面图形的速度瞬心容易确定，几何尺寸计算较简单，或平面图形上要求多个点的速度时，可优先采用速度瞬心法。一般先确定图形的速度瞬心（故必须牢记确定速度瞬心的方法），求出平面图形的角速度 ω，然后求出图形内各点的速度。

4）若需要再研究另一个做平面运动的刚体，可按上述步骤继续进行。

5）当求解刚体平面运动和点的合成运动的综合问题时，首先应分析机构的运动组合形式，判断哪一机构做平面运动，它与其他运动构件的接触点有无相对运动，然后应用“刚体平面运动”和“点的合成运动”的理论求解。

10.5 平面图形内各点的加速度

求平面图形内各点的加速度时，由于加速度瞬心只有在某个特定的情况下存在，因此，求解平面图形内各点的加速度时，宜采用基点法。

通过前面的学习我们已经知道运动可以分解为随基点的平动与绕基点的相对转动，如图 10-20 所示，于是平面图形内任一点 B 的加速度可以应用加速度合成定理求出。因为牵连运动是平动，故 B 点的绝对加速度等于牵连加速度与相对加速度的矢量和，以矢量式表示为

$$\boldsymbol{a}_{\mathrm{a}} = \boldsymbol{a}_{\mathrm{e}} + \boldsymbol{a}_{\mathrm{r}}$$

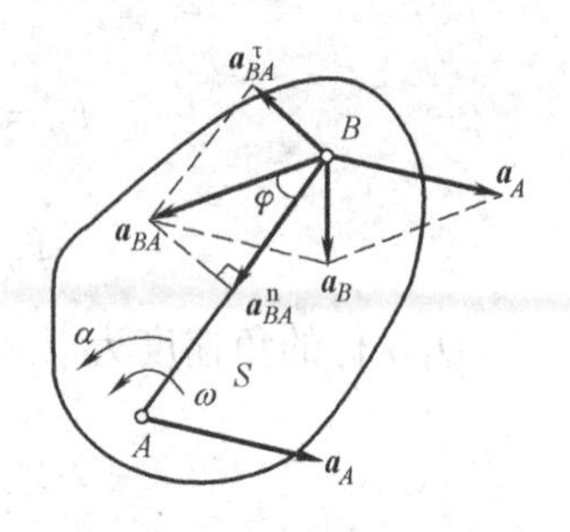

图 10-20 基点法分析平面图形内各点的加速度

由于牵连运动为平衡，点 B 的牵连加速度等于基点 A 的加速度 $\boldsymbol{a}_A$；点 B 的相对加速度 $\boldsymbol{a}_{BA}$ 是该点随图形绕基点 A 转动的加速度，可分为切向加速度与法向加速度两部分。于是用基点法求点的加速度合成公式为

$$\boldsymbol{a}_B = \boldsymbol{a}_A + \boldsymbol{a}_{BA}^{\mathrm{n}} + \boldsymbol{a}_{BA}^{\tau} \tag{10-5}$$

式（10-5）表明，平面图形内任一点的加速度等于基点的加速度与该点随图形绕基点转动的切向加速度和法向加速度的矢量和。

式（10-5）中，a_{BA}^{τ}为点 B 绕基点 A 转动的切向加速度，方向与 AB 垂直，大小为

$$a_{BA}^{\tau}=AB\cdot\alpha$$

a_{BA}^{n}为点 B 绕基点 A 转动的法向加速度，指向基点 A，大小为

$$a_{BA}^{n}=AB\cdot\omega^2$$

式（10-5）为平面内的矢量等式，通常可向两个相交的坐标轴投影，得到两个代数方程，可求解两个未知量。

例 10-8　如图 10-21 所示，半径为 r 的圆轮沿直线轨道做纯滚动。已知轮心 O 的速度为 $\boldsymbol{v}_O$，加速度为 $\boldsymbol{a}_O$。求图示瞬时轮与轨道的接触点 I 和轮缘上 A、B 两点的加速度。

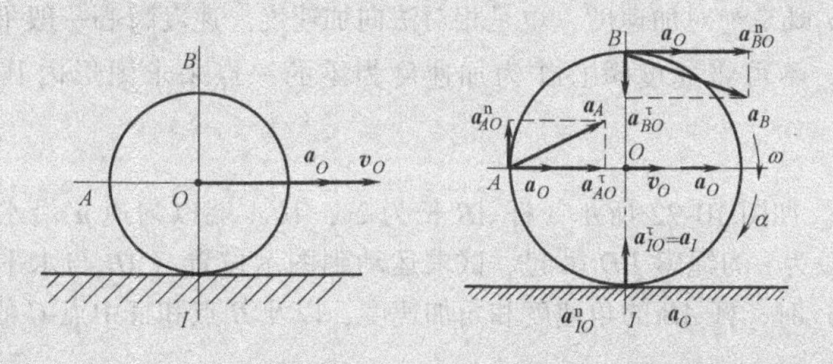

图 10-21　例 10-8 图

解：轮做平面运动，选 O 点为基点，轮做纯滚动，它与轨道的接触点 I 为速度瞬心，因此轮的角速度为

$$\omega=\frac{v_O}{r}$$

此式在任何瞬时都成立。将上式对时间 t 求导，可得轮的角加速度为

$$\alpha=\frac{\mathrm{d}\omega}{\mathrm{d}t}=\frac{1}{r}\cdot\frac{\mathrm{d}v_O}{\mathrm{d}t}=\frac{a_O}{r}$$

由速度为 v_O，加速度 a_O 的指向可知，ω 和 α 均为顺时针转向。

下面以 O 为基点，求 I、A、B 三点的加速度。由式（10-5）有

$$\boldsymbol{a}_I=\boldsymbol{a}_O+\boldsymbol{a}_{IO}^{n}+\boldsymbol{a}_{IO}^{\tau}$$

$$\boldsymbol{a}_A=\boldsymbol{a}_O+\boldsymbol{a}_{AO}^{n}+\boldsymbol{a}_{AO}^{\tau}$$

$$\boldsymbol{a}_B=\boldsymbol{a}_O+\boldsymbol{a}_{BO}^{n}+\boldsymbol{a}_{BO}^{\tau}$$

其中

$$a_{IO}^{\tau}=a_{AO}^{\tau}=a_{BO}^{\tau}=r\alpha=r\frac{a_O}{r}=a_O$$

$$a_{IO}^{n}=a_{AO}^{n}=a_{BO}^{n}=r\omega^{2}=r\left(\frac{v_{O}}{r}\right)^{2}=\frac{v_{O}^{2}}{r}$$

各加速度方向如图 10-21 所示。由图可知，各点加速度大小分别为

$$a_{I}=a_{IO}^{n}=\frac{v_{O}^{2}}{r}$$

$$a_{A}=\sqrt{(a_{O}+a_{AO}^{n})^{2}+(a_{AO}^{\tau})^{2}}=\sqrt{\left(a_{O}+\frac{v_{O}^{2}}{r}\right)^{2}+a_{O}^{2}}$$

$$a_{B}=\sqrt{(a_{O}+a_{BO}^{\tau})^{2}+(a_{BO}^{n})^{2}}=\sqrt{4a_{O}^{2}+\frac{v_{O}^{4}}{r^{2}}}$$

通过以上分析可以看出，每一瞬时，轮与轨道接触点 I 的速度为零，但加速度不为零，a_I既是绝对加速度，也是相对法向加速度。速度瞬心一般不是加速度瞬心。因此，不可将速度瞬心作为加速度为零的一点来求图形内其他点的加速度。

例 10-9 如图 10-22 所示，杆 AB 长为 $2r$，其 A 端以匀速 $\boldsymbol{u}$ 沿水平直线运动，B 端由长为 r 的绳索 BD 吊起。试求运动到图示位置（AB 与水平线夹角为 θ，BD 铅垂）时，杆 AB 的角速度和角加速度，以及 B 点和杆中点 C 的加速度。

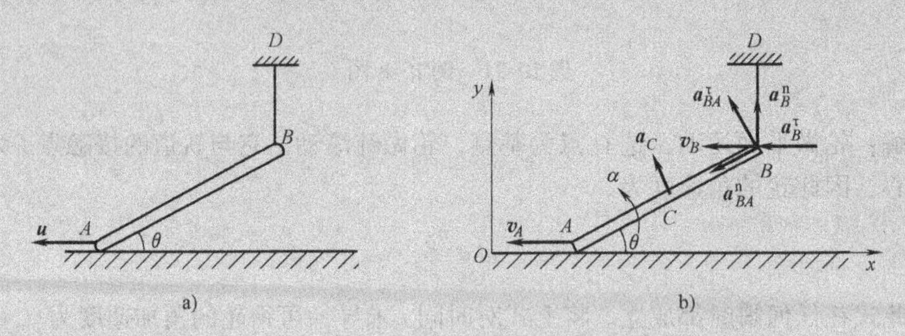

图 10-22 例 10-8 图

解：在图示位置，$\boldsymbol{v}_B$ 平行于 $\boldsymbol{v}_A$，杆 AB 做瞬时平移，有

$$\omega=0, v_B=v_A=u$$

所以 $a_A=0$，$a_{BA}^{n}=0$，取 A 为基点，B 点做圆周运动，则有

$$\boldsymbol{a}_B^{n}+\boldsymbol{a}_B^{\tau}=\boldsymbol{a}_A+\boldsymbol{a}_{BA}^{\tau}+\boldsymbol{a}_{BA}^{n}=\boldsymbol{a}_{BA}^{\tau}$$

其中 $a_B^{n}=\dfrac{v_B^2}{r}$，将上式在 y 轴上投影，得

$$a_B^{n}=a_{BA}^{\tau}\cos\theta$$

由此求出

$$a_B = a_B^{\tau} = \frac{a_B^{n}}{\cos\theta} = \frac{u^2}{r\cos\theta}, \alpha = \frac{a_{BA}^{\tau}}{AB} = \frac{a_B^{\tau}}{2r\cos\theta} = \frac{u^2}{2r^2\cos\theta}$$

以 A 为基点，可求得 C 点的加速度为

$$a_C = AC \cdot \alpha = \frac{u^2}{2r\cos\theta}$$

可以看出，杆 AB 做瞬时平移时，刚体上各点的速度相同，但加速度不同。

小　　结

1. 刚体的平面运动

刚体内任意一点在运动过程中始终与某一固定平面保持不变的距离，这种运动称为刚体的平面运动。平行于固定平面所截出的任何平面图形都可代表此刚体的运动。

平面运动分解为：随基点的平移和绕基点转动的合成。平移为牵连运动，它与基点的选择有关；转动为相对于平移参考系的运动，它与基点的选择无关。

2. 基点法

平面图形上任意两点 A 和 B 的速度和加速度的关系为

$$\boldsymbol{v}_B = \boldsymbol{v}_A + \boldsymbol{v}_{BA}$$

$$\boldsymbol{a}_B = \boldsymbol{a}_A + \boldsymbol{a}_{BA}^{n} + \boldsymbol{a}_{BA}^{\tau}$$

3. 投影法

平面图形上任意两点的速度在此两点连线上的投影相等。即

$$[\boldsymbol{v}_B]_{AB} = [\boldsymbol{v}_A]_{AB}$$

4. 瞬心法

速度瞬心法是求平面图形内任意点的速度比较简便而常用的方法，如果已知平面图形某瞬时速度瞬心的位置和角速度，平面运动问题可归结为绕瞬心的转动问题。若 P 为速度瞬心，则任一点 M 的速度为

$$v_M = v_{MP} = MP \cdot \omega$$

速度方向与 PM 垂直，指向图形转动的一方。

思　考　题

10-1　“刚体做平面运动时，若改变基点，则刚体内任意一点的牵连速度、相对速度、绝对速度都会改变。”这句话对吗？为什么？

10-2　试画出图 10-23 所示曲柄连杆机构中连杆 AB 在图示瞬时各点的速度分布图。

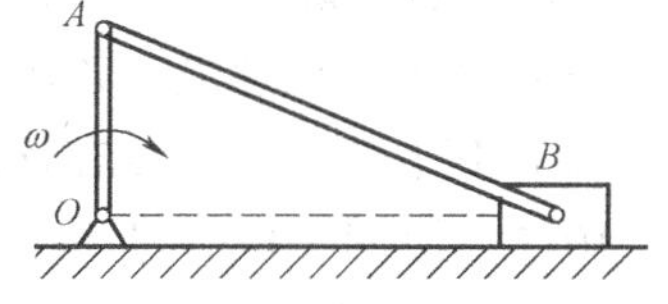

图 10-23　思考题 10-2 图

10-3　图 10-24 所示是平面图形做平面运动某

瞬时的速度分布图，试问下面哪几个图形有可能正确？为什么？

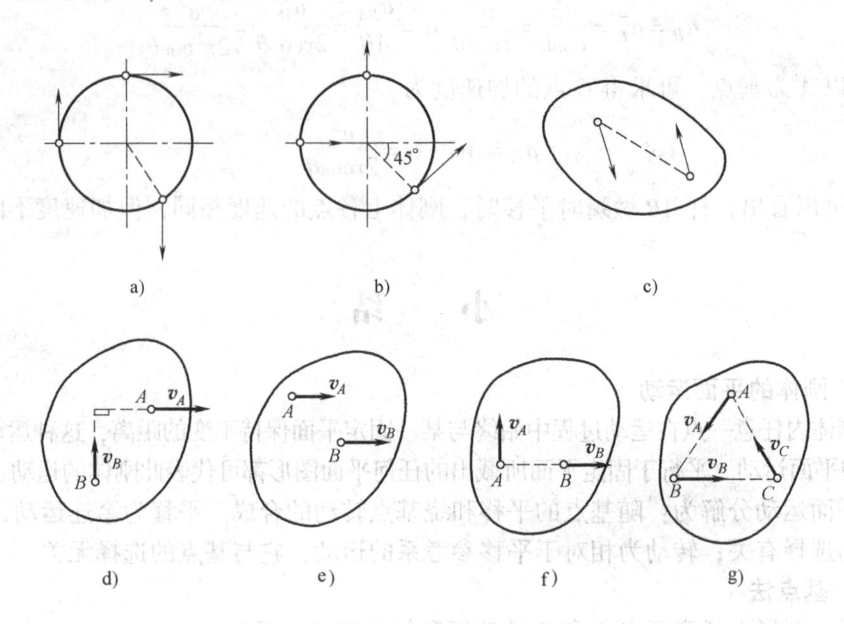

图 10-24　思考题 10-3 图

10-4　确定图 10-25 中各机构内每个平面运动构件的瞬心位置，并画出角速度的转向。图中圆轮均做纯滚动。

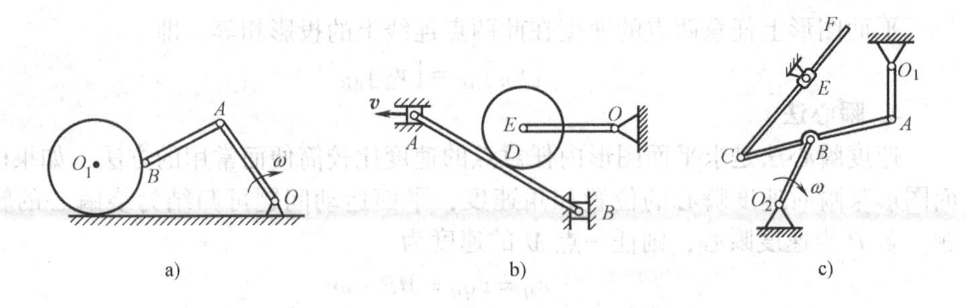

图 10-25　思考题 10-4 图

10-5　“瞬心不在平面运动刚体上，则刚体无瞬心”“瞬心 C 的速度等于零，则 C 点的加速度也等于零”。这两句话对吗？试做出正确分析。

10-6　平面图形在其平面内运动，某瞬时其上两点的加速度矢量相同。试判断下述说法是否正确：

（1）其上各点速度在该瞬时一定都相等。

（2）其上各点加速度在该瞬时一定都相等。

10-7　如图 10-26 所示，已知 $O_1A = O_2B$，当它们运动到图示位置时，有 $O_1A // O_2B$，试分析 ω_1 与 ω_2、α_1 与 α_2 是否相等？

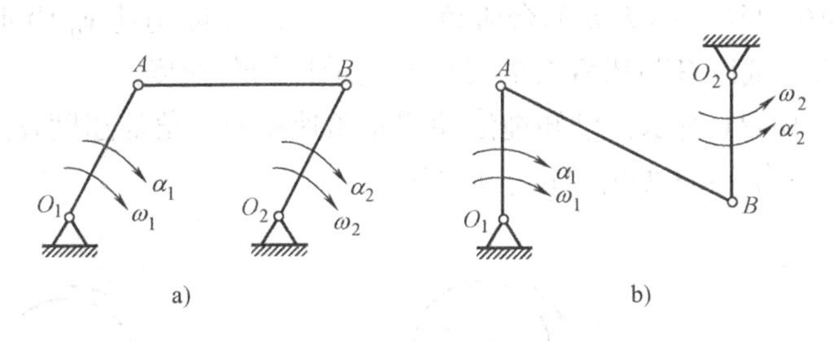

图10-26 思考题10-7图

习 题

10-1 如图10-27所示，在椭圆规机构中，曲柄 OD 以匀角速度 ω 绕 O 轴转动，$OD=AD=BD=l$，求当 $\varphi=60°$时，规尺 AB 的角速度和 A 点的速度。

10-2 铰接四边形机构如图10-28所示，$O_1A=O_2B=100\text{mm}$，$O_1O_2=AB$。O_1A 杆以等角速度 $\omega=2\text{rad/s}$ 绕 O_1 转动。杆 AB 上有一套筒 C，此筒与 CD 杆铰接。机构各构件在同一铅直面内。求 $\varphi=60°$时，CD 杆的速度和加速度。

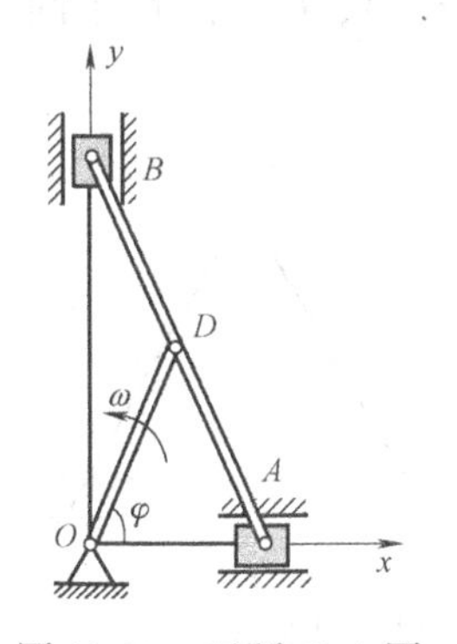

图10-27 习题10-1图

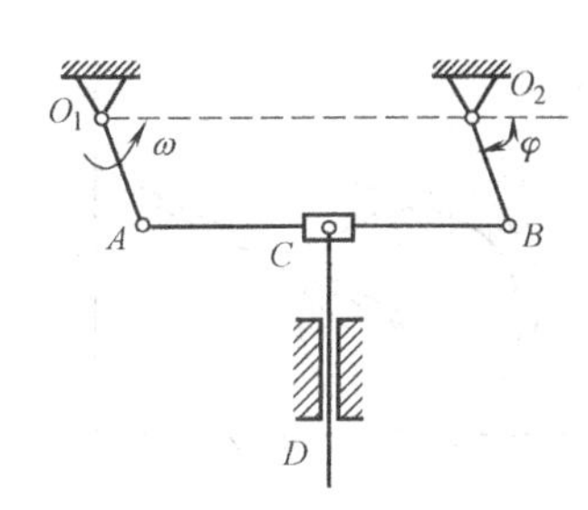

图10-28 习题10-2图

10-3 图10-29所示平面四杆机构，$OA=r=0.2\text{m}$，$AB=2r$，$\omega=4\text{rad/s}$，AB 与水平方向夹角为30°，$\angle ABC=90°$。求此瞬时 B 点的速度，AB、CB 杆的角速度。

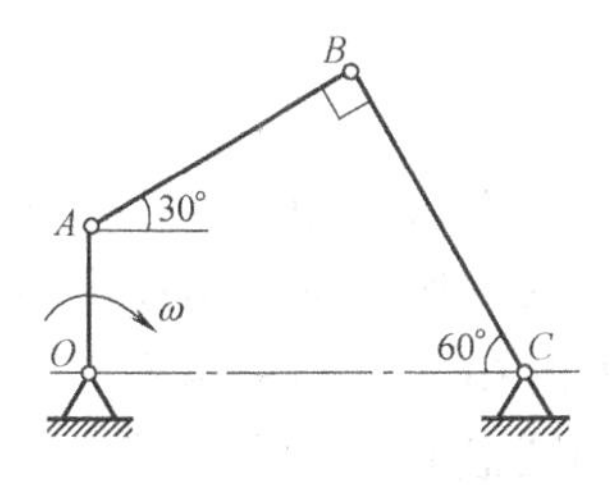

图10-29 习题10-3图

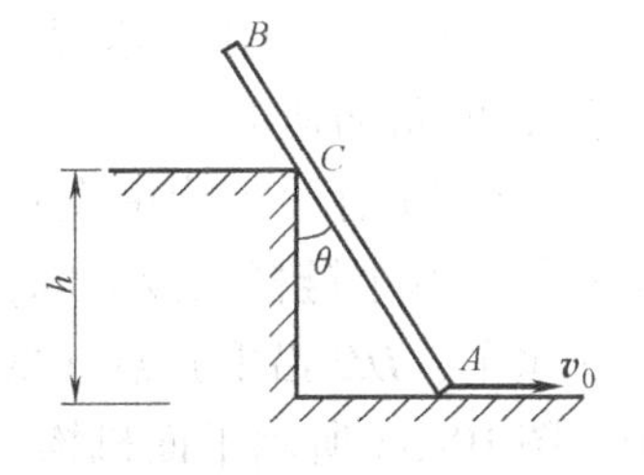

图10-30 习题10-4图

10-4　杆 AB 斜靠于高为 h 的台阶角 C 处，一端 A 以匀速 $\boldsymbol{v}_0$ 沿水平向右运动，如图 10-30 所示。试以杆与铅垂线的夹角 θ 表示杆的角速度。

10-5　如图 10-31 所示，已知纯滚动圆轮角速度 ω、角加速度 α，轮半径 r，弧形地面半径 R，求轮心 O 处的速度、加速度。

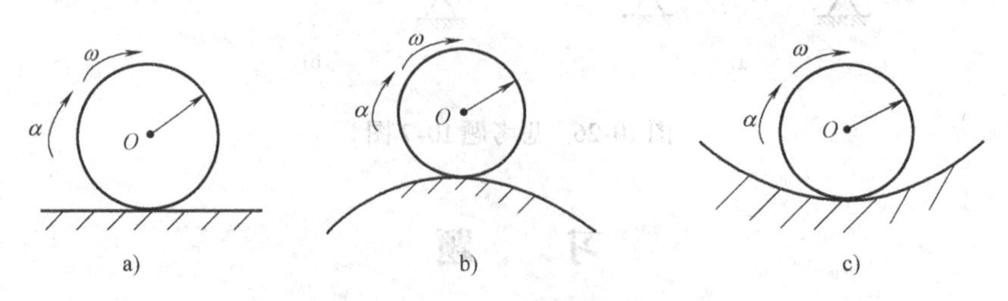

图 10-31　习题 10-5 图

10-6　半径为 R 的圆盘沿水平地面做纯滚动，细杆 AB 长为 L，杆端 B 可沿铅垂墙滑动。在图 10-32 所示瞬时，已知圆盘的角速度为 ω_0，杆与水平面的夹角为 θ。试求该瞬时杆端 B 的速度和及 AB 杆的角速度。

10-7　平面四连杆机构如图 10-33 所示。已知：$OA=10\text{cm}$，$AB=BC=24\text{cm}$，在图示位置时，OA 的角速度 $\omega=3\text{rad/s}$，$\varphi=60°$，O、A、C 三点位于同一水平线上。试求该瞬时 AB 杆和 BC 杆的角速度。

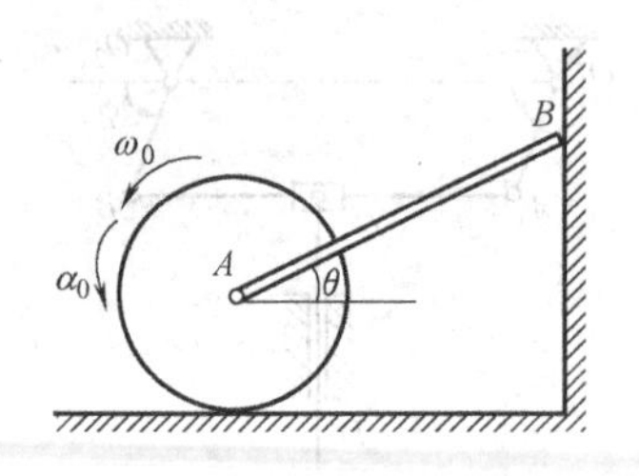

图 10-32　习题 10-6 图

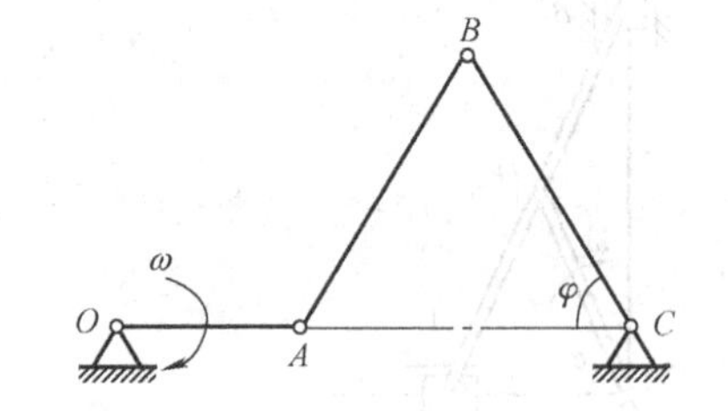

图 10-33　习题 10-7 图

10-8　平面机构如图 10-34 所示。已知：$OA=AB=20\text{cm}$，半径 $r=5\text{cm}$ 的圆轮可沿铅垂面做纯滚动。在图示位置时，OA 水平，其角速度 $\omega=2\text{rad/s}$、角加速度为零，杆 AB 处于铅垂。试求该瞬时：

（1）圆轮的角速度和角加速度；

（2）杆 AB 的角加速度。

10-9　图 10-35 所示机构由直角形曲杆 ABC、等腰直角三角形板 CEF、直杆 DE 等三个刚体和两个链杆铰接而成，DE 杆绕 D 轴匀速转动，角速度为 ω_0，求图示瞬时（AB 水平，DE 铅垂）点 A 的速度和三角板 CEF 的角加速度。

10-10　图 10-36 所示平面机构，半径为 r 的圆盘 C 以匀角速度 ω 沿水平地面向右纯滚动；杆 AB 的长度 $l=2\sqrt{3}r$，A 端与圆盘边缘铰接，B 端与可沿倾斜滑道滑

动的滑块 B 铰接；试求图示位置（此时 AB 杆水平）滑块 B 的速度和 AB 杆的角速度。

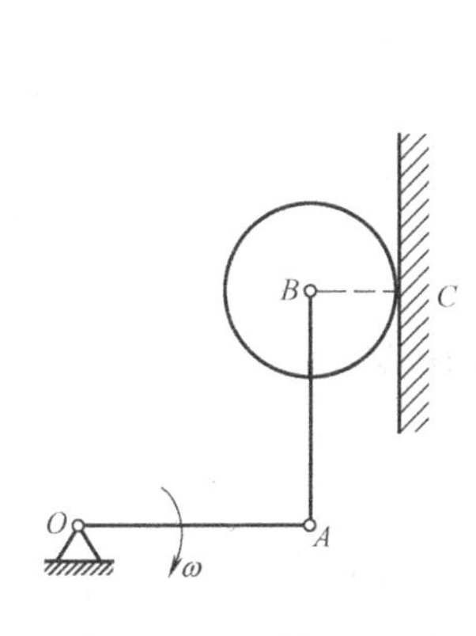

图 10-34　习题 10-8 图

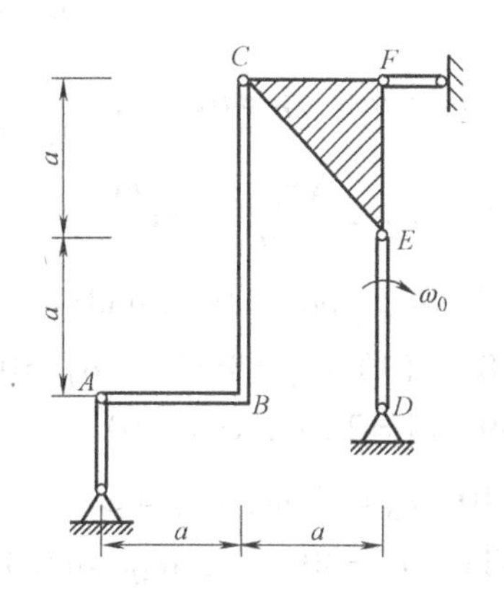

图 10-35　习题 10-9 图

10-11　如图 10-37 所示，滑块以匀速度 $v_B = 2\text{m/s}$ 沿铅垂滑槽向下滑动，通过连杆 AB 带动轮子 A 沿水平面做纯滚动。设连杆长 $l = 800\text{mm}$，轮子半径 $r = 200\text{mm}$。当 AB 与铅垂线成角 $\theta = 3°$时，求此时点 A 的加速度及连杆、轮子的角加速度。

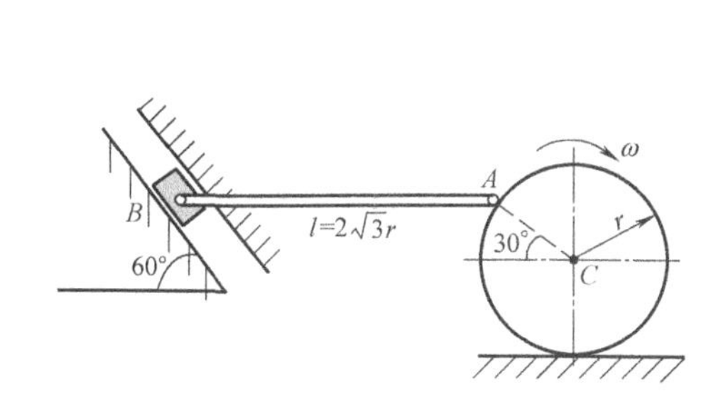

图 10-36　习题 10-10 图

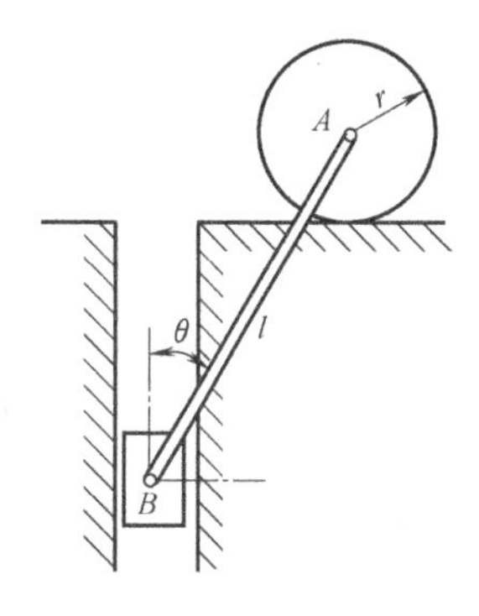

图 10-37　习题 10-11 图

习 题 答 案

10-1　$\omega_{AB} = \omega$，$v_A = \sqrt{3}l\omega$

10-2　$v = 0.1\text{m/s}$，$a = 0.346\text{m/s}^2$

10-3　$v_B = 0.69\text{m/s}$，$\omega_{AB} = 1\text{rad/s}$，$\omega_{BC} = 1.5\text{rad/s}$

10-4　$\omega_{AB} = \dfrac{v_0}{AP} = \dfrac{v_0\cos\theta}{AC} = \dfrac{v_0\cos^2\theta}{h}$

10-5 (a) $v_O = r\omega$, $a_O = r\alpha$

(b) $v_O = r\omega$, $a_O^{\tau} = r\alpha$, $a_O^{n} = \dfrac{v_O^2}{R+r}$

(c) $v_O = r\omega$, $a_O^{\tau} = r\alpha$, $a_O^{n} = \dfrac{v_O^2}{R-r}$

10-6 $\omega_{AB} = \dfrac{R\omega_0}{l\sin\theta}$, $v_B = \dfrac{R\omega_0}{\tan\theta}$

10-7 $\omega_{AB} = \omega_{BC} = 0.125\text{rad/s}$

10-8 (1) $\omega_B = 8\text{rad/s}$, $\alpha_B = 0$; (2) $\alpha_{AB} = 4\text{rad/s}^2$

10-9 $v_A = 2a\omega_0$, $\alpha_{CEF} = 0$

10-10 $v_B = \sqrt{3}r\omega$, $\omega_{AB} = \omega$

10-11 $a_A = 40\text{m/s}^2$, $\alpha_{AB} = 43.3\text{rad/s}^2$, $\alpha_A = 200\text{rad/s}^2$

第3篇

动　力　学

引　言

在静力学中，我们只研究了作用于物体上的力的性质及力系的简化和平衡问题，而没有讨论物体在不平衡力系作用下将如何运动。在运动学中，仅从几何方面分析了物体的运动，而不涉及作用于物体上的力。动力学则是对物体的机械运动进行全面的分析，即研究物体运动的变化与其上作用力之间的关系，建立物体机械运动的普遍规律。因此，**动力学是研究物体的机械运动与作用力之间的关系的科学**。

科学技术的迅猛发展和现代工业的突飞猛进，对动力学提出了更高的要求。例如：高速旋转机械的平衡、振动及稳定，高层结构受风载及地震的影响，控制系统的动态特性和稳定性，交通运输工具的操纵性、稳定性和舒适性，宇宙飞行及火箭的推进技术等，都需要应用动力学的理论。尽管在动力学中，我们不能详细研究这些问题，但学好动力学的基本理论和分析方法，将为今后解决这些问题打下良好的基础。

动力学研究的问题比较广泛，根据所研究问题的性质，可将研究对象分为**质点和质点系**。**质点是指具有一定质量但其形状和大小可以忽略不计的物体**。当忽略物体的形状和大小并不影响所研究问题的结果时，可将该物体抽象为质点。例如：研究人造地球卫星的轨道时，就可将卫星抽象为质点。**质点系是指具有某种联系的一群质点**。质点系包括刚体、弹性体、液体及几个物体组成的系统。

从研究的对象来看，动力学可分为质点动力学和质点系动力学，前者是后者的基础。

第11章 动力学基本方程

11.1 导学

以牛顿运动定律为基础的动力学称为**牛顿力学**或**古典力学**。牛顿定律是以实验为根据的，它只适用于某些参考系。凡是牛顿定律适用的参考系称为**惯性参考系**。相对于惯性参考系静止或做匀速直线运动的参考系都是惯性参考系。科学技术的进一步发展表明，只有宏观物体的速度远小于光速（3×10^5km/s）时，古典力学才是正确的。这说明古典力学的应用范围是有限的。如果物体运动的速度接近光速或研究的是微观离子的运动，则要用相对论力学或量子力学分析研究。但在一般的工程技术问题中，物体大多是宏观物体，且速度远小于光速，所以用以牛顿运动定律为基础的古典力学的理论来解决，可以得到足够精确的结果。

本章根据牛顿基本定律得出质点动力学的基本方程，运用微积分方法解决单个质点的动力学的两个基本问题。

11.2 动力学基本定律

动力学的全部理论都是以动力学的基本理论为基础的，是建立在人们长期的生产实践基础上的。牛顿在总结前人，特别是伽利略和惠更斯等人研究成果的基础上，提出了作为动力学基础的牛顿运动三定律。牛顿运动定律的内容简述如下：

牛顿第一定律（惯性定律）：质点如果不受任何力的作用，则将保持静止或匀速直线运动的状态。

第一定律说明了两个重要的概念。首先，该定律指出质点有保持其原有运动状态不变的特性，这个特性称为惯性，故该定律又称为惯性定律。惯性是质点的重要力学特性。其次，定律还指出：若质点的运动状态发生改变，必定是受到其他物体的作用，这种机械作用就是力。

牛顿第二定律（力与加速度之间的关系定律）：质点因受力作用而产生的加速度，其方向与力相同，大小与力成正比。

$$m\boldsymbol{a}=\boldsymbol{F} \tag{11-1}$$

式中，m 表示质点的质量；$\boldsymbol{a}$ 表示质点的速度；$\boldsymbol{F}$ 表示质点所受的力。

该定律说明了以下几个问题：

1）牛顿第二定律建立了质点的质量、作用于质点上的力及加速度三者之间的关系。在力 $\boldsymbol{F}$ 作用下，质点所产生的加速度 $\boldsymbol{a}$ 的方向与力 $\boldsymbol{F}$ 的方向相同。如果质点同时受到几个力的作用，则质点的加速度等于各个力单独作用时所产生的加速度的矢量和，通常称为**力的独立作用原理**。根据此原理，牛顿第二定律又可写为

$$m\boldsymbol{a} = \sum \boldsymbol{F}_i \tag{11-2}$$

即质点的质量与加速度的乘积等于作用在质点上的力系的合力。

2）力与加速度的关系是瞬时的关系，即只要某瞬时有力作用于质点，则在该瞬时质点必有确定的加速度。作用力并不直接决定质点的速度，速度方向可以完全不同于作用力的方向。

3）由式（11-1）可知，在相同力的作用下，质量越大的质点加速度越小，或者说，质点的质量越大保持惯性运动的能力越强，由此可知，**质量是物体惯性的度量**。

在地球表面，物体仅受重力作用而自由降落的加速度 $\boldsymbol{g}$ 称为重力加速度，由式（11-1），有

$$m\boldsymbol{g} = \boldsymbol{P} \text{ 或 } m = \frac{\boldsymbol{P}}{\boldsymbol{g}} \tag{11-3}$$

式中，$\boldsymbol{P}$ 为物体所受的重力。

式（11-3）建立了物体所受重力与质量之间的关系。物体的质量是不变的，但所受重力和重力加速度却随物体在地面上各处的位置略有差别，一般情况下取 $g=9.8\text{m/s}^2$。

在国际单位制（SI）中，以质量、长度和时间作为力常量的基本单位。质量的单位为 kg（千克），长度的单位为 m（米），时间的单位为 s（秒）。这样，力的单位为导出单位。规定能使质量为 1kg 的质点获得 1m/s^2 的加速度的力，作为力的单位，命名为 N（牛顿），根据牛顿第二定律，即

$$1\text{kg} \times 1\text{m/s}^2 = 1\text{N}$$

牛顿第三定律作用与反作用定律：两个质点间的作用力与反作用力总是大小相等、方向相反，沿着同一直线分别作用在这两个质点上。

本定律已在静力学公理中阐述过，这一定律不仅适用于平衡的物体，而且也适用于任何运动的物体，这一定律仍然是分析质点系各物体间相互作用关系的理论依据。

11.3 质点运动微分方程

质点运动微分方程实质上是牛顿第二定律的微分形式。设质量为 m 的质点 M，

沿某曲线轨迹运动，受到 n 个力 $\boldsymbol{F}_1$、$\boldsymbol{F}_2$、…、$\boldsymbol{F}_n$ 作用，其合力 $\boldsymbol{F}=\sum\boldsymbol{F}_i$，质点的加速度为 $\boldsymbol{a}$，如图 11-1 所示。由式（11-1）得

$$m\boldsymbol{a}=\boldsymbol{F}=\sum\boldsymbol{F}_i$$

或

$$m\frac{\mathrm{d}^2\boldsymbol{r}}{\mathrm{d}t^2}=\sum\boldsymbol{F}_i \tag{11-4}$$

这就是**矢量形式的质点运动微分方程**。具体计算时一般使用它的投影形式。

1. 质点运动微分方程在直角坐标轴上的投影

设矢径 $\boldsymbol{r}$ 和力 $\boldsymbol{F}_i$ 在直角坐标轴上的投影分别为 x、y、z 和 $\boldsymbol{F}_{xi}$、$\boldsymbol{F}_{yi}$、$\boldsymbol{F}_{zi}$，则式（11-4）在**直角坐标轴上的投影形式**为

$$\begin{cases} m\dfrac{\mathrm{d}^2x}{\mathrm{d}t^2}=\sum\limits_{i=1}^{n}F_{xi} \\ m\dfrac{\mathrm{d}^2y}{\mathrm{d}t^2}=\sum\limits_{i=1}^{n}F_{yi} \\ m\dfrac{\mathrm{d}^2z}{\mathrm{d}t^2}=\sum\limits_{i=1}^{n}F_{zi} \end{cases} \tag{11-5}$$

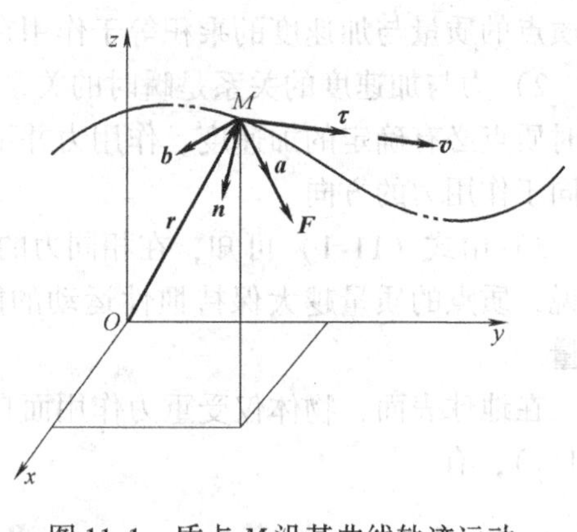

图 11-1　质点 M 沿某曲线轨迹运动

2. 质点运动微分方程在自然轴上的投影

由点的运动学可知，质点的全加速度 $\boldsymbol{a}$ 在切线与主法线构成的**密切面**内，$\boldsymbol{a}$ 在副法线 $\boldsymbol{b}$ 上的投影等于零，即

$$\boldsymbol{a}=a_\tau\boldsymbol{\tau}+a_\mathrm{n}\boldsymbol{n},a_\mathrm{b}=0$$

式中，$\boldsymbol{\tau}$ 和 $\boldsymbol{n}$ 分别是沿轨迹切线和主法线的单位向量；$a_\tau=\dfrac{\mathrm{d}v}{\mathrm{d}t}$，$a_\mathrm{n}=\dfrac{v^2}{\rho}$（$\rho$ 为轨迹的曲率半径）。

于是，**质点运动微分方程在自然轴系上的投影式**为

$$\begin{cases} m\dfrac{\mathrm{d}v}{\mathrm{d}t}=\sum\limits_{i=1}^{n}F_{\tau i} \\ m\dfrac{v^2}{\rho}=\sum\limits_{i=1}^{n}F_{\mathrm{n}i} \\ 0=\sum\limits_{i=1}^{n}F_{\mathrm{b}i} \end{cases} \tag{11-6}$$

式中，$F_{\tau i}$、$F_{\mathrm{n}i}$、$F_{\mathrm{b}i}$ 分别是作用在质点上的各力在切线、主法线和副法线上的投影。

以上三种质点运动微分方程形式是同一质点不同坐标下的表达方式。无论哪一种表达方式，其合加速度都是相同的，即

$$\boldsymbol{a}=\frac{\mathrm{d}^2\boldsymbol{r}}{\mathrm{d}t^2}=\frac{\mathrm{d}^2x}{\mathrm{d}t^2}\boldsymbol{i}+\frac{\mathrm{d}^2y}{\mathrm{d}t^2}\boldsymbol{j}+\frac{\mathrm{d}^2z}{\mathrm{d}t^2}\boldsymbol{k}=\frac{\mathrm{d}v}{\mathrm{d}t}\boldsymbol{\tau}+\frac{v^2}{\rho}\boldsymbol{n} \tag{11-7}$$

11.4　质点动力学的两类基本问题

利用质点运动微分方程，可以求解质点动力学的两类基本问题：

1）已知质点的运动，求作用在质点上的力。这类问题称为质点动力学的第一类问题。

2）已知作用在质点上的力，求质点的运动。这类问题称为质点动力学的第二类问题。

对于第一类问题，由质点运动微分方程的左侧求右侧，数学上是一个微分问题，求解比较简单；对于第二类问题，则由质点运动微分方程的右侧求左侧，数学上是根据初始条件积分或解微分方程的问题，求解难度较第一类问题大些；对于综合问题，由受力图直接建立质点运动微分方程后，应尽量设法分开求解。

各类问题求解的一般步骤为：

1）选定研究对象。

2）根据问题，将研究对象置于任意位置或某一特定位置进行受力分析，并画出相应的受力图。

3）对研究对象进行分析。判断质点的运动轨迹是否已知，质点运动方程、速度、加速度是否已知。

4）建立质点运动微分方程求解。

例 11-1　设质量为 m 的质点 M 在平面 xOy 内运动，如图 11-2 所示。其运动方程为 $x=a\cos\omega t$，$y=b\sin\omega t$，式中 a、b、ω 均为常量，求作用于质点上的力 $\boldsymbol{F}$。

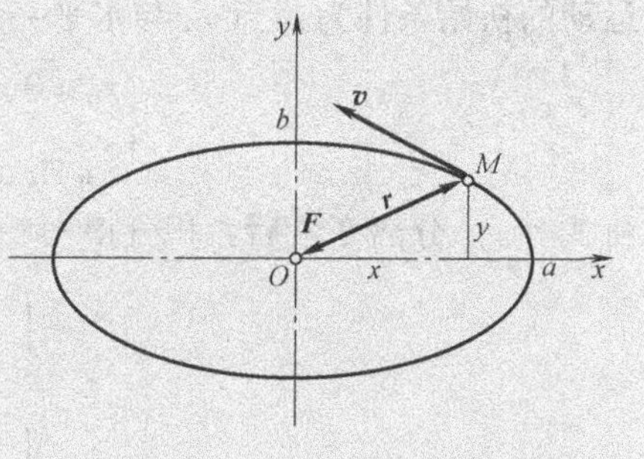

图 11-2　例 11-1 图

解：本题属于第一类问题，已知运动求力。

（1）选取研究对象：质点 M。

（2）分析受力：因主动力 $\boldsymbol{F}$ 未知，可假设它在坐标轴上的投影为 F_x 和 F_y。质点所受的重力与平面支持力是一对平衡力，图中未画出。

（3）分析运动：由质点的运动方程知，质点的运动轨迹是椭圆。将已知的质点的运动方程对时间 t 求二阶导数，就可得到质点的加速度在坐标轴上的投影，即

$$\ddot{x}=-a\omega^2\cos\omega t,\ \ddot{y}=-b\omega^2\sin\omega t$$

(4)列动力学方程求解

$$m\ddot{x}=\sum F_{ix};m(-a\omega^2\cos\omega t)=F_x,F_x=-ma\omega^2\cos\omega t$$

$$m\ddot{y}=\sum F_{iy};m(-b\omega^2\sin\omega t)=F_y,F_y=-mb\omega^2\sin\omega t$$

如果用 $\boldsymbol{i}$；$\boldsymbol{j}$ 分别表示 x、y 轴的正向单位矢量，则质点所受到的主动力 $\boldsymbol{F}$ 可表示为

$$\boldsymbol{F}=F_x\boldsymbol{i}+F_y\boldsymbol{j}=-ma\omega^2\cos\omega t\boldsymbol{i}-mb\omega^2\sin\omega t\boldsymbol{j}$$

$$=-m\omega^2(a\cos\omega t\boldsymbol{i}+b\sin\omega t\boldsymbol{j})=-m\omega^2\boldsymbol{r}$$

其中，矢径 $\boldsymbol{r}=a\cos\omega t\boldsymbol{i}+b\sin\omega t\boldsymbol{j}$。可见力 $\boldsymbol{F}$ 与矢径 $\boldsymbol{r}$ 成比例，而方向相反，说明 $\boldsymbol{F}$ 的方向恒指向椭圆中心 O，这种力称为**有心力**。例如，人造地球卫星受到的地球引力就是有心力，恒指向地心。

例 11-2 质量为 m 的小球，从某点 O 以初速度 $\boldsymbol{v}_O$ 抛出，空气阻力不计，求在 $\boldsymbol{v}_O$ 与水平成 α 角为初始条件下小球的运动，如图 11-3 所示。

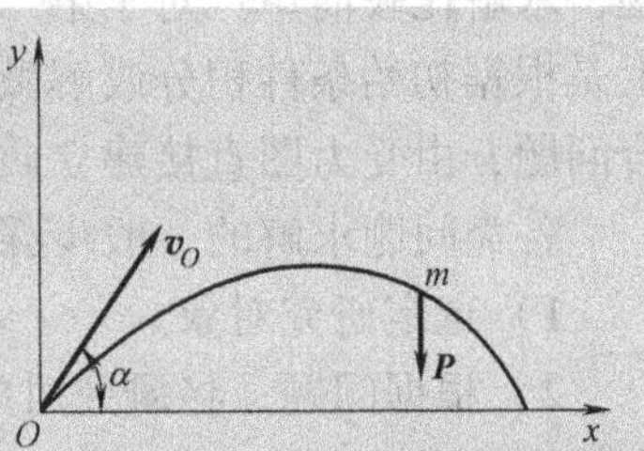

图 11-3 例 11-2 图

解：(1) 选取研究对象：小球。

(2) 分析受力：小球只受铅垂向下的重力。

(3) 分析运动：以点 O 为坐标原点建立坐标系 Oxy，如图 11-3 所示，使 v_O 在坐标平面内。

(4) 列动力学方程求解：小球的运动微分方程为

$$m\ddot{x}=0,m\ddot{y}=-mg \tag{a}$$

运动的初始条件为：当 v_O 与水平夹角为 α，$t=0$ 时，

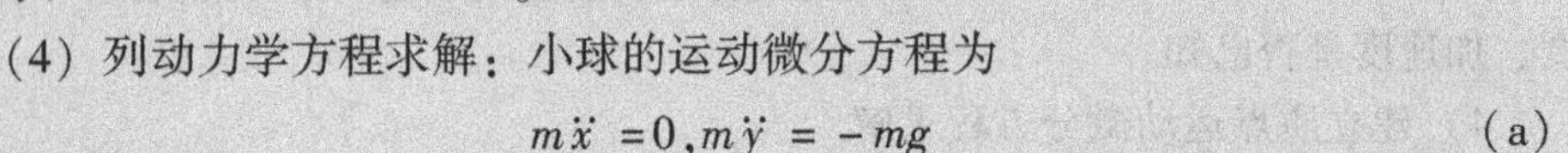

$$\begin{cases}x_0=0,y_0=0\\ \dot{x}_0=v_O\cos\alpha,\dot{y}_0=v_O\sin\alpha\end{cases} \tag{b}$$

将式 (a) 分离变量后，积分得

$$\int_{v_O\cos\alpha}^{\dot{x}}\mathrm{d}\dot{x}=0 \tag{c}$$

$$\int_{v_O\sin\alpha}^{\dot{y}}\mathrm{d}\dot{y}=-g\int_0^t\mathrm{d}t \tag{d}$$

解得

$$\dot{x}=v_O\cos\alpha \tag{e}$$

$$\dot{y}=v_O\sin\alpha-gt \tag{f}$$

将式 (e)、式 (f) 积分得

$$\int_0^x\mathrm{d}x=\int_0^t v_O\cos\alpha\mathrm{d}t \tag{g}$$

$$\int_0^y \mathrm{d}y = \int_0^t (v_O \sin\alpha - gt)\mathrm{d}t \tag{h}$$

由此求得，小球直角坐标形式的运动方程为

$$x = v_O t\cos\alpha \tag{i}$$

$$y = v_O t\sin\alpha - \frac{1}{2}gt^2 \tag{j}$$

消去式（i）、式（j）中的时间 t，得小球的轨迹方程为

$$y = x\tan\alpha - \frac{g}{2v_O^2\cos^2\alpha}x^2 \tag{k}$$

其轨迹是一条平面抛物线。

例 11-3 一圆锥如图 11-4 所示。质量 $m = 0.1\text{kg}$ 的小球系于长 $l = 30\text{cm}$ 的绳子上，绳另一端固定于 O 点。小球 M 在水平面内做匀速圆周运动，绳子与铅垂线间的夹角 $\alpha = 30°$。求小球的速度和绳子的张力。

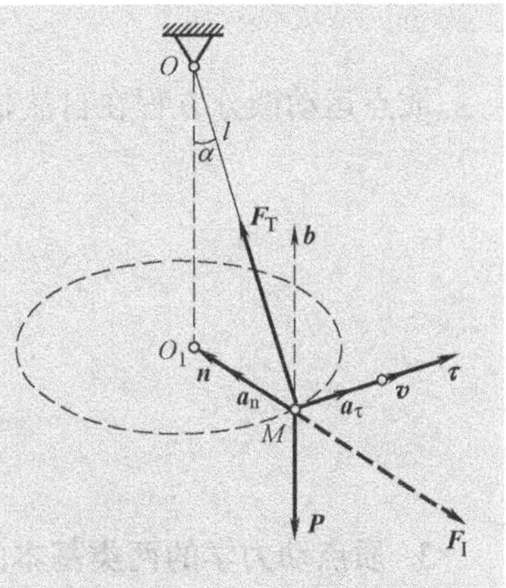

图 11-4 例 11-3 图

解：取小球 M 为研究对象。其受的力有：重力 $\boldsymbol{P}$、绳子拉力 $\boldsymbol{F}_\mathrm{T}$（大小等于绳子的张力）。由于小球做匀速圆周运动，故用质点运动微分方程的自然形式，列出 $\boldsymbol{n}$、$\boldsymbol{b}$ 方向的投影式为

$$m\frac{v^2}{\rho} = \boldsymbol{F}_\mathrm{T}\sin\alpha$$

$$0 = \boldsymbol{F}_\mathrm{T}\cos\alpha - P$$

而 $\rho = l\sin\alpha$，$P = mg$，将数据代入上式，则得

$$\boldsymbol{F}_\mathrm{T} = \frac{mg}{\cos30°} = \frac{0.1\times9.8}{0.866}\text{N} = 1.132\text{N}$$

$$v = \sqrt{\frac{F_\mathrm{T}l\sin^2 30°}{m}} = \sqrt{\frac{1.132\times0.3\times0.5^2}{0.1}}\text{m/s} = 0.92\text{m/s}$$

由例 11-3 看出，对于某些混合问题，向自然轴系投影，可使动力学两类基本问题分开求解。

小 结

1. 牛顿三定律

第一定律：惯性定律；第二定律：力与加速度之间的关系定律；第三定律：作用与反作用定律。

牛顿三定律，表明了质点运动的最基本的规律，是动力学的理论基础。

2. 质点运动微分方程

$$m\boldsymbol{a}=\boldsymbol{F}=\sum \boldsymbol{F}_i \quad 或 \quad m\frac{\mathrm{d}^2\boldsymbol{r}}{\mathrm{d}t^2}=\sum \boldsymbol{F}_i$$

质点运动微分方程在直角坐标轴上的投影

$$\begin{cases} m\dfrac{\mathrm{d}^2x}{\mathrm{d}t^2}=\sum\limits_{i=1}^{n}F_{xi} \\ m\dfrac{\mathrm{d}^2y}{\mathrm{d}t^2}=\sum\limits_{i=1}^{n}F_{yi} \\ m\dfrac{\mathrm{d}^2z}{\mathrm{d}t^2}=\sum\limits_{i=1}^{n}F_{zi} \end{cases}$$

质点运动微分方程在自然轴上的投影

$$\begin{cases} m\dfrac{\mathrm{d}v}{\mathrm{d}t}=\sum\limits_{i=1}^{n}F_{\tau i} \\ m\dfrac{v^2}{\rho}=\sum\limits_{i=1}^{n}F_{\mathrm{n}i} \\ 0=\sum\limits_{i=1}^{n}F_{\mathrm{b}i} \end{cases}$$

3. 质点动力学的两类基本问题

第一类问题：已知质点的运动，求作用在质点上的力。

第二类问题：已知作用在质点上的力，求质点的运动。

思 考 题

11-1 质点的速度越大，所受的力也就越大。这种说法是否正确？为什么？

11-2 力是使质点产生运动的原因，这种说法对吗？

11-3 质点的方向就是作用于质点上的合力方向。对吗？为什么？

11-4 汽车以匀速通过如图 11-5 所示的路面上的三点 A、B、C 时，给路面的压力是否相同？

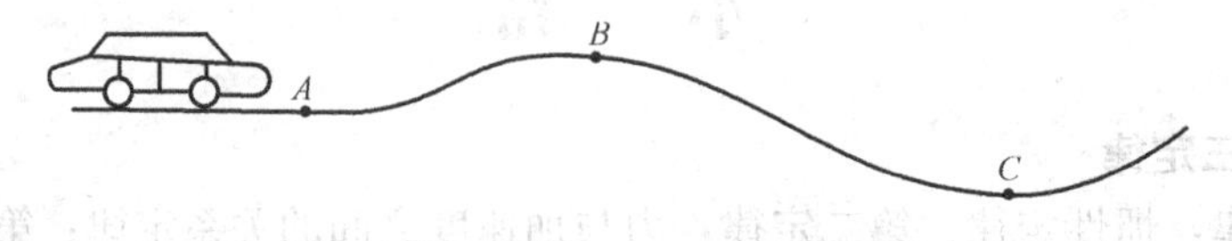

图 11-5 思考题 11-4 图

11-5　如图11-6所示，两个质量分别为 m_1 和 m_2 的物体（$m_1 < m_2$）用一不计质量、不可伸长的软绳连接并绕过一不计质量的滑轮。假设滑轮和软绳间无滑动，忽略摩擦。若有一力作用在滑轮中心并使滑轮以加速度 $\boldsymbol{a}$ 向上运动，求两物体的加速度为多少。有人认为两物体的加速度大小相等、方向相反，这种判断是否正确？我们如何认识质点动力学基本方程中的加速度？

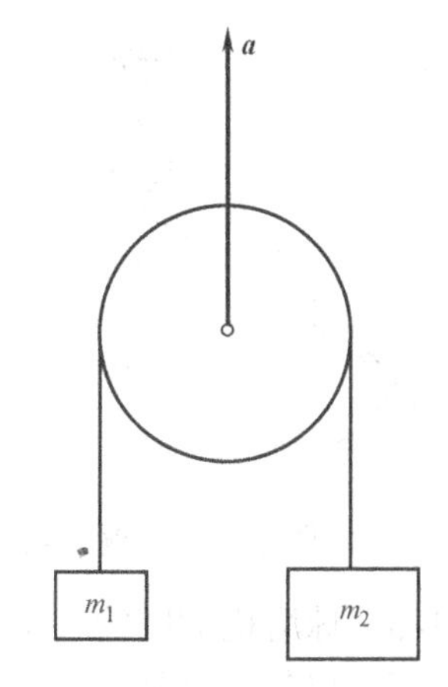

图11-6　思考题11-5图

习　题

11-1　质量皆为 m 的 A、B 两物块以无重杆光滑铰接，置于光滑的水平及铅垂面上，如图11-7所示。当 $\theta=60°$ 时，自由释放，求此瞬时杆 AB 所受的力。

11-2　已知桁车吊的重物为 G，以匀速度 v_0 前进，绳长为 l。求突然制动时，绳子所受的最大拉力 F_{max}。

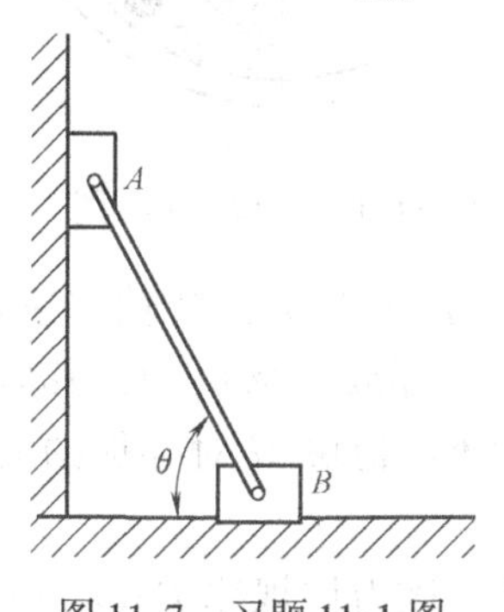

图11-7　习题11-1图

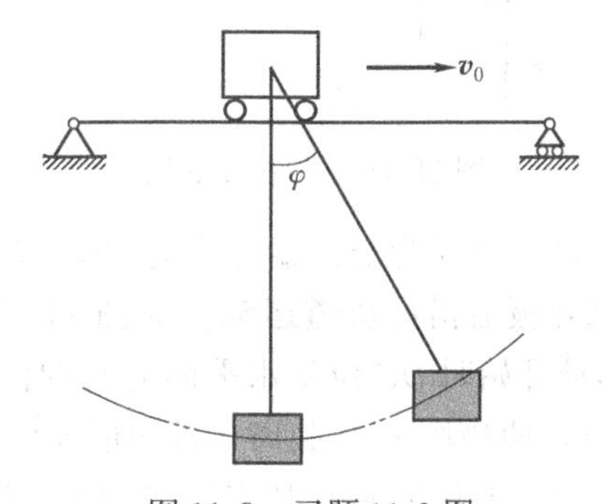

图11-8　习题11-2图

11-3　质量为1kg的小球 M，由两绳系住，两绳的另一端分别连接在固定点 A、B，如图11-9所示。已知小球以速度 $v=2.5\text{m/s}$ 在水平面内做匀速圆周运动，圆的半径 $r=0.5\text{m}$，求两绳的拉力。

11-4　如图11-10所示，用两绳悬挂的质量为 m 的小球处于静止。试问：(1) 两绳中的张力各等于多少？(2) 若将绳 A 剪断，则绳 B 在该瞬时的张力又等于多少？

11-5　将绳子的自由端以1.02m/s的恒定速度向下拉，从而使得质量为500g的套筒向左移动，求当 $l=50.8\text{cm}$ 时，绳中的拉力。图中长度单位为m。

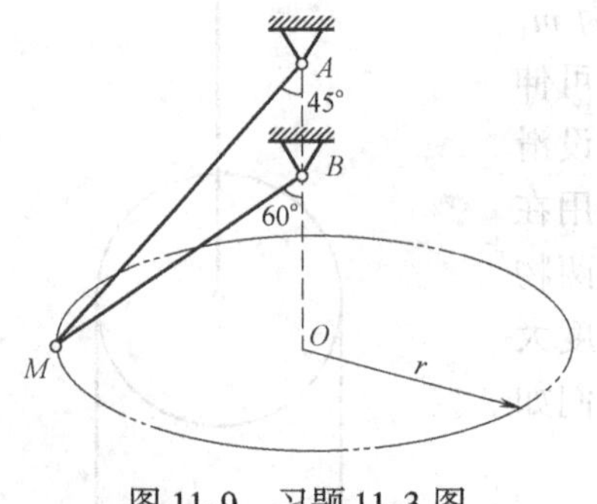

图 11-9　习题 11-3 图

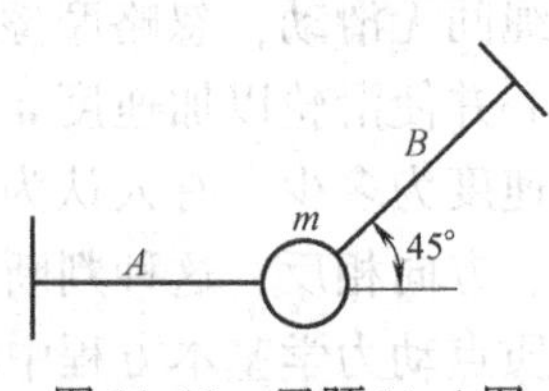

图 11-10　习题 11-4 图

11-6　球磨机的圆筒转动时，带动钢球一起运动，使球转到一定角度 α 时下落撞击矿石。已知钢球转到 $\alpha=35°20'$ 时脱离圆筒，可得到最大打击力。设圆筒内径 $d=3.2\text{m}$，求圆筒应有的转速 n。

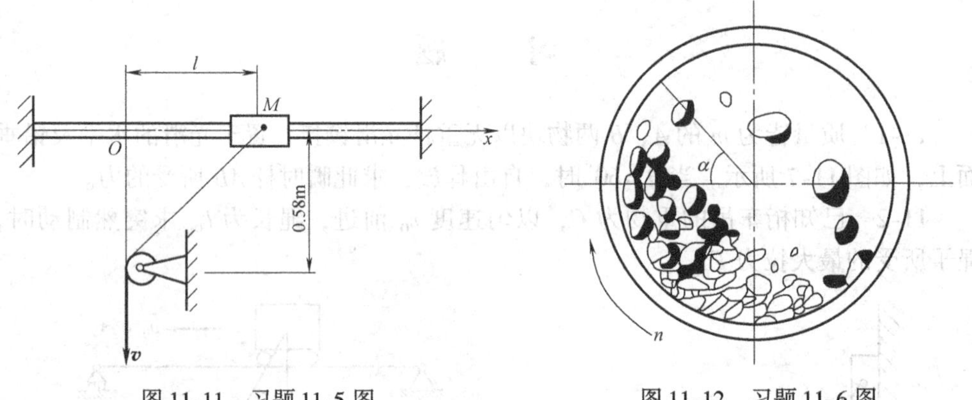

图 11-11　习题 11-5 图　　图 11-12　习题 11-6 图

11-7　半径为 R，偏心距为 $OC=d$ 的偏心轮，以角速度 ω 绕 O 轴匀速转动，并推动导板沿铅直轨道运动，如图 11-13 所示。导板顶部放一物块 M，其质量为 m。运动开始时 OC 位于水平面向右的位置。试求：（1）物块 M 对导板的最大压力；（2）使物块 M 不脱离导板的最大角速度 $\boldsymbol{\omega}_{\max}$。

11-8　质量为 m 的质点受已知力作用沿直线运动，该力按规律 $F=F_0\cos\omega t$ 而变化，其中 F_0 和 ω 均为常数，当运动开始时，质点的初位置 $x_0=0$，初速度 v_0，求此质点的运动方程。

11-9　一物体从地面以初速度 v_0 铅直上抛，假设重力不变，空气阻力的大小与物体速度的平方成正比，即 $F_R=kmv^2$，其中 k 为比例常数，m 为物体的质量，试求该物体返回地面时的速度。

11-10　胶带运动机卸料时，物料的初速度 v_0 与水平线的夹角为 α，试求物料脱离胶带后，在重力作用下的运动方程。

11-11　质量 $m=1\text{kg}$ 的小球由长 $l=0.5\text{m}$ 的细绳悬挂于固定点 O，M_0 为小球

的初位置，细绳与铅垂线成60°角，设小球在铅垂平面内有一初速度 $v_0=3.5\text{m/s}$，方向如图11-14所示。（1）求细绳的张力为零时小球的位置以及在该位置时小球的速度 v_0；（2）求此后小球的运动轨迹。

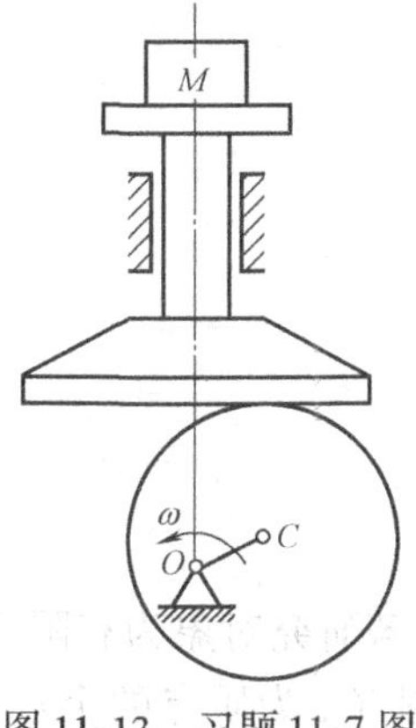

图11-13 习题11-7图

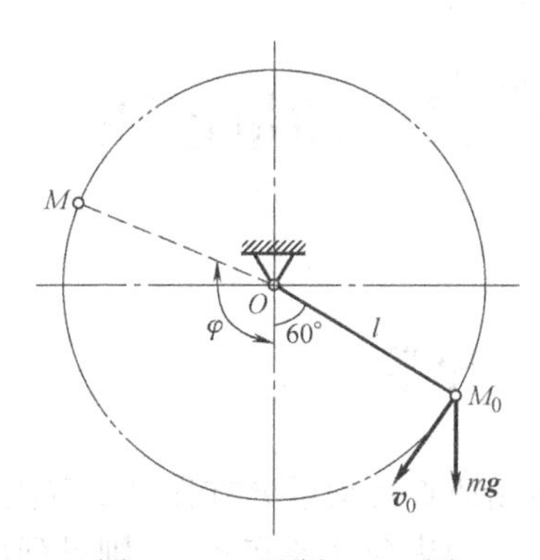

图11-14 习题11-11图

习题答案

11-1 $F_{AB}=\frac{\sqrt{3}}{2}mg$（压力）

11-2 $F_{\max}=G\left(1+\frac{v_0^2}{gl}\right)$

11-3 $F_A=\frac{\sqrt{2}}{\sqrt{3}-1}(9.8\sqrt{3}-2v^2)$，$F_B=\frac{2}{\sqrt{3}-1}(2v^2-9.8)$

11-4 （1）$F_A=mg$，$F_B=\sqrt{2}mg$；（2）$\frac{\sqrt{2}}{2}mg$

11-5 $F=2.03\text{N}$

11-6 $n=18\text{r/min}$

11-7 （1）$F_{\max}=m(g+d\omega^2)$；（2）$\omega_{\max}=\sqrt{\frac{g}{d}}$

11-8 $x=v_0t+\frac{F_0}{m\omega^2}(1-\cos\omega t)$

11-9 $v=\frac{v_0}{\sqrt{1+\frac{kv_0^2}{g}}}$

11-10 $y=\frac{g}{2}t^2+v_0t\sin\alpha$

11-11 （1）$\varphi=120°$，$v=1.57\text{m/s}$；（2）$y=1.732x-16x^2$

第12章 动量定理

12.1 导学

应用质点运动微分方程可以解决动力学的基本问题。若研究对象为有限个或无限个质点的集合（质点系），则可列出 $3n$ 个运动微分方程（n 为质点的个数），加上各质点之间相互联系的约束方程和初始条件，就可以求出各质点的运动情况，从而解决质点系的动力学问题。然而，由于求解微分方程的数学过程难度较大，所以质点动力学问题极少用运动微分方程求解，而以常用动力学普遍定理来求解。

在工程实际中，有很多技术问题不需要对每个质点的运动规律求出，只需要分析整个质点系运动的某些特征量（如动量、动量矩和动能等）。因此，我们将建立作用在质点系上的力与这些特征量之间的关系。这些关系称为质点系动力学的普遍定理。

动力学普遍定理包括动量定理、动量矩定理和动能定理。这三大定理不仅避免了数学上的麻烦，更重要的是它们从不同的角度分别建立了质点系的运动量（动量、动量矩和动能）和力的作用量（冲量、力矩和功）之间的关系，由于这些运动量和力的作用量具有明显的物理意义，因此，动力学普遍定理更深入地揭示了机械运动的基本规律以及机械运动与其他形式运动之间的关系。

本章将要学习的动量定理建立了质点系动量的变化与作用在质点系上的外力系的主矢之间的关系。应用动量定理还可以解决液体在管道中流动时对管壁的附加动压力等动力学问题。由动量定理导出的质心运动定理，在理论和实际上都有很高的价值。

12.2 动量与冲量

1. 动量

实践证明，物体之间往往有机械运动的相互传递，在传递机械运动时产生的相互作用力不仅与它的质量有关，而且还与其速度有关。例如，高速飞行的子弹虽小但其速度很大，故有很强的穿透能力；又如，轮船靠岸，虽然其速度很小，但其质量较大，这时会有较大的撞击作用；质量很大的桩锤，在打桩时，虽然它的落锤速度不大，但是它仍能将桩打入地基；球杆击球时，杆给球一个冲击力，使它获得新的运动速度，球杆也改变了原来的运动状态。

因此，为了表征物体机械运动的强弱，引入一个新的物理量，即动量。

(1) 质点的动量　质点的质量 m 与速度$\boldsymbol{v}$ 的乘积称为质点的动量，表示为 $m\boldsymbol{v}$ 。质点的动量是矢量，它的方向与质点的速度方向一致。

在国际单位制中，动量的单位是 kg · m/s。

(2) 质点系的动量　质点系中各质量的矢量和称为质点系的动量，即

$$\boldsymbol{p} = \sum_{i=1}^{n} m_i \boldsymbol{v}_i \tag{12-1}$$

式中，n 为质点系的质点数；m_i 为质点系内第 i 个质点的质量；$\boldsymbol{v}_i$为该质点的速度。若质点系中第 i 个质点的径用 $\boldsymbol{r}_i$ 表示，则$\boldsymbol{v}_i = \frac{\mathrm{d}\boldsymbol{r}_i}{\mathrm{d}t}$，将其代入式（12-1）有

$$\boldsymbol{p} = \sum m_i \boldsymbol{v}_i = \sum m_i \frac{\mathrm{d}\boldsymbol{r}_i}{\mathrm{d}t} = \frac{\mathrm{d}}{\mathrm{d}t}\sum m_i \boldsymbol{r}_i \tag{12-2}$$

根据重心公式导出的质点系**质量中心** C（简称重心）矢径 $\boldsymbol{r}_C$ 的公式为

$$\boldsymbol{r}_C = \frac{\sum m_i \boldsymbol{r}_i}{m} \tag{12-3}$$

将式（12-3）代入式（12-2）得

$$\boldsymbol{p} = \frac{\mathrm{d}}{\mathrm{d}t}(m\boldsymbol{r}_C) = m\,\boldsymbol{v}_C \tag{12-4}$$

式（12-4）表明：**质点系的动量等于质点系的全部质量与质心 C 速度的乘积**。若将质点系视为质量都集中于质心的一个质点，则该质点的动量就等于质点系的动量。因此，计算质点系的动量时，不需要分析每个质点的速度，只要知道质心的速度就可以算出整个质点系的动量。这也表明，质点系的动量描述了质点系质心的运动。

(3) 刚体的动量　刚体是由无限多个质点组成的不变质点系，质心是刚体内某一定点。对于质量均匀分布的规则刚体，质心也就是几何中心，用式（12-4）计算刚体的动量是非常方便的。

例 12-1　如图 12-1 所示，均质细杆：定轴转动，圆盘：平面运动，圆盘：定轴转动，质量均为 m，杆长为 l，圆盘半径为 R，质心均为 C，试求上述三者的动量。

解： 均质细杆绕定轴转动 $p = mv_C = \frac{1}{2}ml\omega$（方向与$\boldsymbol{v}_C$同向）

圆盘平面运动 $p = mv_C = mR\omega$（方向与$\boldsymbol{v}_C$同向）

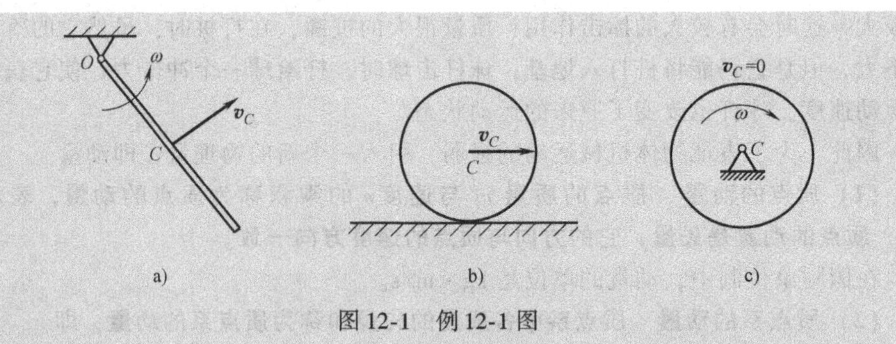

图 12-1 例 12-1 图

圆盘定轴转动 $p = mv_C = 0$

可以看出，如果刚体的质心没有发生运动，无论刚体其他部分如何运动，也无论其运动得多快，整个刚体的动量仍等于零。

例 12-2 如图 12-2 所示，椭圆规机构中，$OC = AC = CB = l$；滑块 A 和 B 的质量均为 m，曲柄 OC 和连杆 AB 的质量忽略不计；曲柄以等角速度 ω 绕 O 轴旋转，图示位置时，角度 φ 为任意值，求图示位置时系统的总动量。

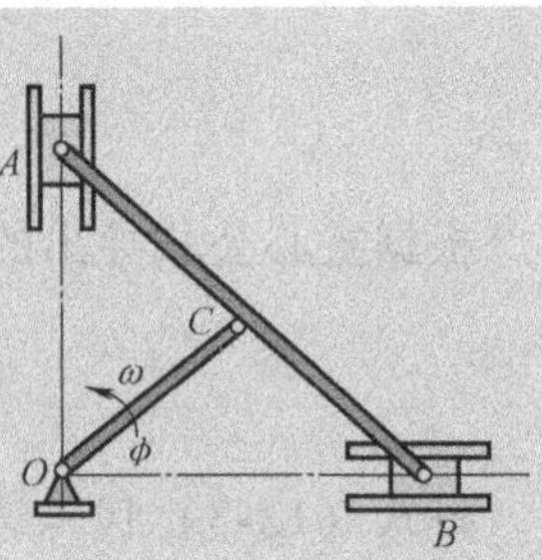

图 12-2 例 12-2 图

解：以滑块 A 和 B 组成的质点系统为研究对象。先计算各个质点的动量，再求其矢量和。

$$p = m_A v_A + m_B v_B$$

建立 Oxy 坐标系，从而有

$$y_A = 2l\sin\varphi$$

$$x_B = 2l\cos\varphi$$

$$v_A = \dot{y}_A = 2l\,\dot{\varphi}\cos\varphi = 2l\omega\cos\varphi$$

$$v_B = \dot{x}_B = -2l\,\dot{\varphi}\sin\varphi = -2l\omega\sin\varphi$$

$$\begin{aligned} p &= -2ml\omega\sin\varphi \boldsymbol{i} + 2ml\omega\cos\varphi \boldsymbol{j} \\ &= 2ml\omega(-\sin\varphi \boldsymbol{i} + \cos\varphi \boldsymbol{j}) \end{aligned}$$

第二种方法：先确定系统的质心、质心的速度，然后计算系统的动量（请读者自己求解）。

2. 冲量

从生活实践可知，物体受力后运动状态的改变，不仅与力的大小和方向有关，也与力作用的时间长短有关。力越大，力对物体作用时间越长，物体运动状态的改变就越大。例如，推动车子并使其达到一定的速度，则用较大的力可在较短时间内完成，而若力较小，就需要作用的时间长些才能达到同样的目的。因此，我们用力与作用时间的乘积来衡量力对物体作用效果在这段时间内的积累。

作用力与作用时间的乘积称为常力的冲量。以 $\boldsymbol{F}$ 表示此常力，作用的时间为 t，则此力的冲量为

$$\boldsymbol{I}=\boldsymbol{F}t \tag{12-5}$$

冲量是矢量，它的方向与力的方向一致。

如果作用力 $\boldsymbol{F}$ 不是常量，是变量，则定义在微小时间间隔 $\mathrm{d}t$ 内，力 $\boldsymbol{F}$ 的冲量称为元冲量，即

$$\mathrm{d}\boldsymbol{I}=\boldsymbol{F}\mathrm{d}t \tag{12-6}$$

则力 $\boldsymbol{F}$ 在作用时间 t 内的冲量也可用积分的方法求得，即

$$\boldsymbol{I}=\int_{t_1}^{t_2}\boldsymbol{F}\mathrm{d}t \tag{12-7}$$

可见，要计算变力的冲量，必须要知道力 $\boldsymbol{F}$ 随时间的变化规律。将式（12-7）在直角坐标轴上投影，可得到变力冲量的投影形式，即

$$I_x=\int_{t_1}^{t_2}F_x\mathrm{d}t,\ I_y=\int_{t_1}^{t_2}F_y\mathrm{d}t,\ I_z=\int_{t_1}^{t_2}F_z\mathrm{d}t$$

如果有多个力 $\boldsymbol{F}_1$、$\boldsymbol{F}_2$、…、$\boldsymbol{F}_n$ 作用在质点上，其合力为 $\boldsymbol{F}_{\mathrm{R}}=\sum\boldsymbol{F}_i$，合力的冲量等于所有各分力的冲量的矢量和，即

$$\boldsymbol{I}=\int_{t_1}^{t_2}\boldsymbol{F}_{\mathrm{R}}\mathrm{d}t=\sum\int_{t_1}^{t_2}\boldsymbol{F}_i\mathrm{d}t=\sum\boldsymbol{I}_i \tag{12-8}$$

在国际单位制中，冲量的单位是 N·s，量纲为 MLT^{-1}。

12.3 动量定理

动量定理揭示了作用于物体上的力的冲量与物体动量改变间的关系。

1. 质点的动量定理

设质点的质量为 m，作用在质点上的合力为 $\boldsymbol{F}$。根据质点动力学基本方程有

$$m\boldsymbol{a}=m\frac{\mathrm{d}\boldsymbol{v}}{\mathrm{d}t}=\boldsymbol{F} \tag{12-9}$$

若 m 不随时间变化，则式（12-9）可写为

$$\frac{\mathrm{d}}{\mathrm{d}t}(m\boldsymbol{v})=\boldsymbol{F}\quad 或\quad \mathrm{d}(m\boldsymbol{v})=\boldsymbol{F}\cdot\mathrm{d}t=\mathrm{d}\boldsymbol{I} \tag{12-10}$$

式（12-10）是质点动量定理的微分形式，即：**质点的动量对时间的导数等于作用在该质点上的合力；或质点动量的增量等于作用在质点上的力的元冲量。**

对式（12-10）积分，如时间由 t_1 到 t_2，速度则由 $\boldsymbol{v}_1$ 变为 $\boldsymbol{v}_2$，得

$$m\boldsymbol{v}_2-m\boldsymbol{v}_1=\int_{t_1}^{t_2}\boldsymbol{F}\mathrm{d}t=\boldsymbol{I} \tag{12-11}$$

式（12-11）是质点动量定理的积分形式，即质点的动量在某一时间间隔内的改变量等于作用在质点上的合力在同一时间内的冲量。

2. 质点系的动量定理

作用在质点系各质点上的力分为内力和外力。所谓内力是指同一质点系内各质点间的相互作用力；所谓外力是指质点系以外的质点或物体作用在该质点系上的力。

设质点系中的某个质点 M_i 的质量为 m_i，其速度为$\boldsymbol{v}_i$，该质点所受内力的合力为 $\boldsymbol{F}_i^{(\mathrm{i})}$，所受外力的合力为 $\boldsymbol{F}_i^{(\mathrm{e})}$。

对于质点 M_i，根据质点动量定理，有

$$\frac{\mathrm{d}}{\mathrm{d}t}(m_i\boldsymbol{v}_i)=\boldsymbol{F}_i^{(\mathrm{e})}+\boldsymbol{F}_i^{(\mathrm{i})}$$

对于质点系内的每个质点都可以写出上述方程，$i=1, 2, \cdots, n$，这样的方程共有 n 个。将这样的 n 个方程求和，则得

$$\sum_{i=1}^{n}\frac{\mathrm{d}}{\mathrm{d}t}(m_i\boldsymbol{v}_i)=\sum_{i=1}^{n}\boldsymbol{F}_i^{(\mathrm{e})}+\sum_{i=1}^{n}\boldsymbol{F}_i^{(\mathrm{i})}$$

或

$$\frac{\mathrm{d}}{\mathrm{d}t}\sum_{i=1}^{n}(m_i\boldsymbol{v}_i)=\sum_{i=1}^{n}\boldsymbol{F}_i^{(\mathrm{e})}+\sum_{i=1}^{n}\boldsymbol{F}_i^{(\mathrm{i})} \tag{12-12}$$

式中，$\sum\limits_{i=1}^{n}(m_i\boldsymbol{v}_i)$为质点系内各质点动量的矢量和，即为质点系的动量。

由于质点系的内力总是成对出现的，它的矢量和恒等于零，即 $\sum\limits_{i=1}^{n}\boldsymbol{F}_i^{(\mathrm{i})}$。于是式（12-12）简化为

$$\frac{\mathrm{d}\boldsymbol{p}}{\mathrm{d}t}=\sum_{i=1}^{n}\boldsymbol{F}_i^{(\mathrm{e})} \quad 或 \quad \mathrm{d}\boldsymbol{p}=\sum_{i=1}^{n}(\boldsymbol{F}_i^{(\mathrm{e})}\mathrm{d}t) \tag{12-13}$$

式（12-13）即为微分形式的质点系动量定理。

将式（12-13）投影到固定的直角坐标轴上，得

$$\frac{\mathrm{d}p_x}{\mathrm{d}t}=\sum F_x^{(\mathrm{e})},\ \frac{\mathrm{d}p_y}{\mathrm{d}t}=\sum F_y^{(\mathrm{e})},\ \frac{\mathrm{d}p_z}{\mathrm{d}t}=\sum F_z^{(\mathrm{e})} \tag{12-14}$$

式（12-14）即为微分形式的质点系动量定理的投影形式。

如以 $\boldsymbol{p}_1$、$\boldsymbol{p}_2$ 分别表示质点系在瞬时 t_1 和 t_2 的动量，则将式（12-13）两边积分，可得

$$\boldsymbol{p}_2-\boldsymbol{p}_1=\sum_{i=1}^{n}\int_{t_1}^{t_2}\boldsymbol{F}_i^{(\mathrm{e})}\mathrm{d}t=\sum_{i=1}^{n}\boldsymbol{I}_i^{(\mathrm{e})} \tag{12-15}$$

式（12-15）为积分形式的质点系动量定理，**即在某一段时间间隔内，质点系动量的改变等于作用在该质点系所有外力在同一时间间隔内冲量的矢量和。**

将式（12-15）投影到固定的直角坐标轴上，可得

$$\begin{cases} p_{2x} - p_{1x} = \sum_{i=1}^{n} \int_{t_1}^{t_2} \boldsymbol{F}_x^{(e)} \mathrm{d}t = \sum_{i=1}^{n} \boldsymbol{I}_x^{(e)} \\ p_{2y} - p_{1y} = \sum_{i=1}^{n} \int_{t_1}^{t_2} \boldsymbol{F}_y^{(e)} \mathrm{d}t = \sum_{i=1}^{n} \boldsymbol{I}_y^{(e)} \\ p_{2z} - p_{1z} = \sum_{i=1}^{n} \int_{t_1}^{t_2} \boldsymbol{F}_z^{(e)} \mathrm{d}t = \sum_{i=1}^{n} \boldsymbol{I}_z^{(e)} \end{cases} \tag{12-16}$$

式（12-16）即为积分形式的质点系动量定理的投影形式。

例 12-3 质量为 $m = 3000\text{kg}$ 的锻锤，从高度 $H = 1.5\text{m}$ 处自由下落到锻件上，如图12-3所示，锻件发生变形历时 $\Delta t = 0.01\text{s}$，求锻锤上的平均压力。

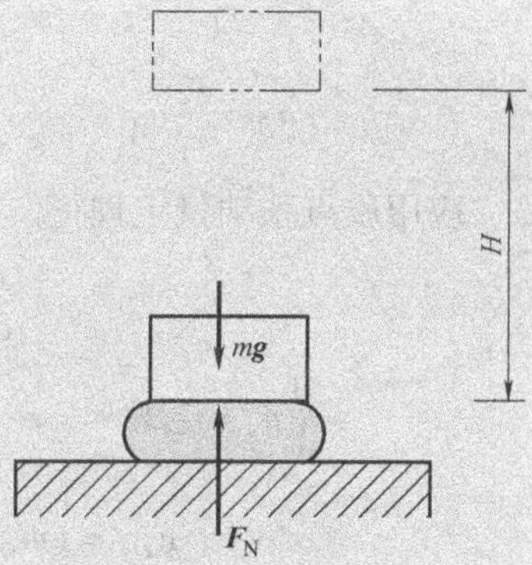

解： 取锻锤为研究对象，打击锻件时，作用在锻锤上的力有重力 $m\boldsymbol{g}$ 和锻件的反力 $\boldsymbol{F}_\mathrm{N}$。由于 $\boldsymbol{F}_\mathrm{N}$ 是变力，在极短的时间间隔 Δt 内迅速变化，所以往往用平均反力 $\boldsymbol{F}_\mathrm{N}$ 来代替。

图 12-3 锻锤

设锻锤自由下落 H 的时间为 T，由运动学知

$$T = \sqrt{\frac{2H}{g}}$$

根据动量定理有

$$m\boldsymbol{v}_2 - m\boldsymbol{v}_1 = \boldsymbol{I}$$

取铅直轴 y 向上为正，由题意知，当锻锤由静止开始自由下落到锻件完成变形的过程中，$v_1 = 0$，经过时间 $(T+\Delta t)\text{s}$ 后，$v_2 = 0$，重力 $m\boldsymbol{g}$ 的冲量为 $-m\boldsymbol{g}(T+\Delta t)$，平均反力 $\boldsymbol{F}_\mathrm{N}$ 的冲量为 $\boldsymbol{F}_\mathrm{N} \cdot \Delta t$，于是有

$$\boldsymbol{I} = -m\boldsymbol{g}(T+\Delta t) + \boldsymbol{F}_\mathrm{N} \cdot \Delta t = \boldsymbol{0}$$

即

$$\boldsymbol{F}_\mathrm{N} = m\boldsymbol{g}\left(1 + \frac{T}{\Delta t}\right) = m\boldsymbol{g}\left(1 + \frac{1}{\Delta t}\sqrt{\frac{2H}{g}}\right)$$

代入已知数据得 $\boldsymbol{F}_\mathrm{N} = 1656\text{kN}$，平均压力是锻锤自重的56倍，可见锻锤对锻件的压力是非常大的。

例 12-4 塔轮由 2 个半径分别为 r_1 和 r_2 的均质圆轮固连在一起组成，并可绕水平轴 O 转动。两轮上各绕有绳索，并挂有重物 A 和 B，如图 12-4 所示，设已知两轮的总质量为 m_O，两重物 A、B 的质量分别为 m_A 和 m_B，不计绳子的质量。试求当 A 以加速度 a_A 下降时轴承 O 的约束反力。

解：(1) 取塔轮和重物组成的系统为研究对象。

(2) 受力分析。系统除受轮 A、B 的重力外，还受 O 处的约束力作用，如图 12-4b 所示。

(3) 运动分析。塔轮的角加速度为

$$\alpha = \frac{a_A}{r_1} = \frac{a_B}{r_2}$$

$$a_B = \frac{r_2}{r_1} a_A$$

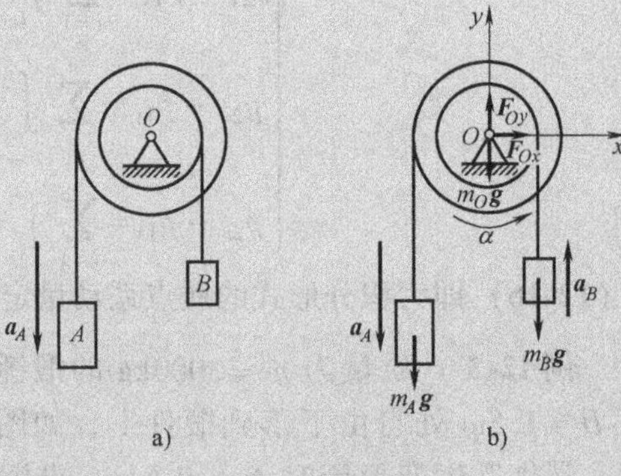

图 12-4 塔轮

应用质点系动量定理得

$$\frac{\mathrm{d}}{\mathrm{d}t} p_x = \sum F_x^{(e)}, \ 0 = F_{Ox}$$

$$\frac{\mathrm{d}}{\mathrm{d}t} p_y = \sum F_y^{(e)}, \ -m_A a_A + m_B a_B = F_{Oy} - (m_O + m_A + m_B) g$$

$$F_{Oy} = (m_O + m_A + m_B) g - \left(m_A - \frac{r_2}{r_1} m_B\right) a_A$$

当系统不动或匀速运动时的约束力，称为静约束力；当系统有了加速度运动之后产生的约束力称为动约束力。动约束力与静约束力的差值是由于系统运动而产生的，称为附加动约束力。

本例中，动约束力为 $(m_O + m_A + m_B) g - \left(m_A - \frac{r_2}{r_1} m_B\right) a_A$

静约束力为 $(m_O + m_A + m_B) g$

附加动约束力为 $\left(m_A - \frac{r_2}{r_1} m_B\right) a_A$

例 12-5 已知：图 12-5a 表示水流流经变截面弯管的示意图。设流体是不可压缩的理想流体，而且流动是定常的。求流体对管壁的作用力。

解：(1) 研究对象：取管中 a—a 截面和 b—b 截面之间的流体为研究的质点系。

(2) 受力分析：如图 12-5 所示。

设流体密度为 ρ，流量为 q_v，（流体在单位时间内流过截面的体积流量，定常流动时，q_v 是常量）在 $\mathrm{d}t$ 时间内，流过截面的质量为 $\mathrm{d}m = \rho q_v \mathrm{d}t$，其动量改变量为

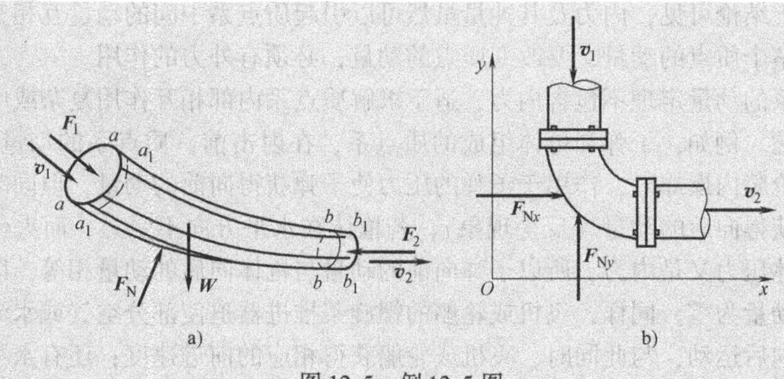

图12-5 例12-5图

$$\mathrm{d}\boldsymbol{p} = \boldsymbol{p}_{a_1b_1} - \boldsymbol{p}_{ab}$$

$$= (\boldsymbol{p}'_{a_1b} + \boldsymbol{p}_{ab}) - (\boldsymbol{p}_{aa_1} + \boldsymbol{p}_{a_1b})$$

$$= \boldsymbol{p}_{bb_1} - \boldsymbol{p}_{aa_1}$$

即

$$\mathrm{d}\boldsymbol{p} = \rho q_v(\boldsymbol{v}_2 - \boldsymbol{v}_1)\mathrm{d}t$$

由

$$\frac{\mathrm{d}\boldsymbol{p}}{\mathrm{d}t} = \sum \boldsymbol{F}_i$$

得

$$\rho q_v(\boldsymbol{v}_2 - \boldsymbol{v}_1) = \boldsymbol{W} + \boldsymbol{F}_1 + \boldsymbol{F}_2 + \boldsymbol{F}_\mathrm{N}$$

令

$$\boldsymbol{F}_\mathrm{N} = \boldsymbol{F}'_\mathrm{N} + \boldsymbol{F}''_\mathrm{N}$$

式中，$\boldsymbol{F}'_\mathrm{N}$为管子对流体的静约束力，由下式确定

$$\boldsymbol{W} + \boldsymbol{F}_1 + \boldsymbol{F}_2 + \boldsymbol{F}'_\mathrm{N} = \boldsymbol{0}$$

则有

$$\boldsymbol{F}''_\mathrm{N} = \rho q_v(\boldsymbol{v}_2 - \boldsymbol{v}_1)\begin{cases} F''_{\mathrm{N}x} = \rho q_v(v_{2x} - v_{1x}) \\ F''_{\mathrm{N}y} = \rho q_v(v_{2y} - v_{1y}) \end{cases}$$

$\boldsymbol{F}''_\mathrm{N}$为流体流动时，管子对流体的附加动约束力。可见，当流体流速很高或管子截面积很大时，流体对管子的附加动压力很大，在管子的弯头处必须安装支座（见图12-5b）。

3. 质点系动量守恒定律

在特殊情形下，质点系不受外力作用，或作用于质点系的所有外力的矢量和恒等于零，由式（12-13）可知，若$\sum F_i^{(\mathrm{e})} = 0$，则有

$$\boldsymbol{p} = \sum m_i \boldsymbol{v}_i = \text{常矢量}$$

即如果作用于质点的主矢恒为零，则质点系的动量保持不变，这就是质点系的动量守恒定律。

同样，如果作用于质点系的外力的主矢在某一轴上的投影恒为零，由式（12-14）可知，若$\sum F_x^{(\mathrm{e})} = 0$，则

$$p_x = \sum m_i v_{ix} = \text{常量}$$

由以上结论可见，内力及其冲量虽然可以引起质点系中间的动量互相交换，但不能改变整个质点的动量，要改变质点的动量，必须有外力的作用。

质点系的动量定理不包含内力，适于求解质点系内部相互作用复杂或中间过程复杂的问题。例如，子弹和枪体组成的质点系，在射击前，质点系的动量等于零，当火药在枪膛内爆炸时，作用于子弹的压力使子弹获得向前的动量，但同时气体压力又使枪获得向后的动量（反坐现象），若枪体在水平方向不受力，而火药爆炸所产生的气体压力又是内力，所以子弹向前的动量与枪体向后的动量相等，以保持水平方向的动量为零。同样，飞机或轮船的螺旋桨推进器迫使部分空气或水流沿螺旋桨轴方向向后运动，与此同时，飞机或轮船获得相应的前进速度；还有水平飞行的火箭或喷气式飞机，当其发动机向后高速喷出燃气（燃料燃烧时产生的气体）时，火箭或喷气式飞机将获得相应的前进速度。利用螺旋桨式推进器前进的飞机（或轮船）离不开空气（或水流），但采用喷气式发动机的火箭和飞机则可以不要空气。所以，在空气稀薄的空间（航空、航天）技术中，火箭是目前唯一能采用的运输工具。

例 12-6 图 12-6a 所示两辆车厢质量分别为 m_1、m_2，它们分别以速度$\boldsymbol{v}_1$、$\boldsymbol{v}_2$沿水平直线轨道做惯性运动（设 $v_1 > v_2$）。设车厢的碰撞是非弹性的，如图 12-6b 所示，求车厢碰撞后的公共速度 v。

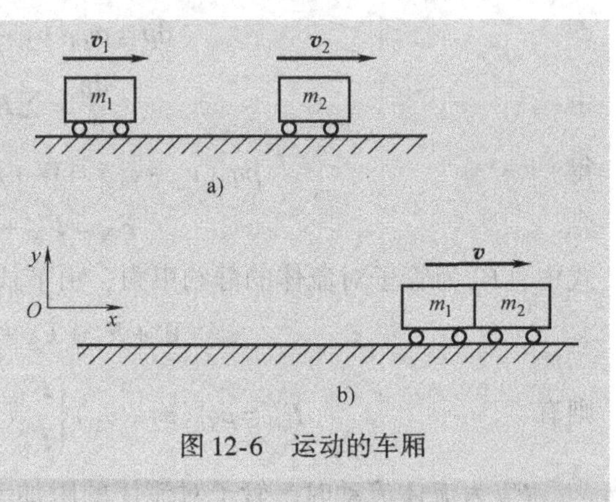

图 12-6　运动的车厢

解：取两车厢为质点系，如不计阻力，质点系只有重力和地面的法向反力，所以 $\sum F_x = 0$，则水平方向动量守恒，p_x = 常量。

在碰撞前 $$p_{1x} = m_1 v_1 + m_2 v_2$$

在碰撞后 $$p_{2x} = (m_1 + m_2)v$$

根据动量守恒有 $$m_1 v_1 + m_2 v_2 = (m_1 + m_2)v$$

解得 $$v = \frac{m_1 v_1 + m_2 v_2}{m_1 + m_2}$$

例 12-7 平台车质量 m_1 = 500kg，可沿水平轨道运动。平台车上站有一人，质量为 m_2 = 70kg，车与人以共同速度 v_0 向右运动。如人相对于平台车以速度 v_r = 2m/s 向左方跳出，不计平台车水平方向的阻力及摩擦，问平台车增加的速度为多少？

解：取平台车和人为研究对象，在不计阻力和摩擦情况下，系统在水平方向不受外力的作用，则$\sum F_x=0$，因此系统沿水平方向动量守恒，则$p_x=$常量。

人在跳出平台车前系统的动量在水平方向的投影为

$$p_{0x}=(m_1+m_2)v_0$$

设人在跳离平台车后的瞬间，平台车的速度大小为v，则平台车和人的动量在水平方向上的投影分别为

$$p_{1x}=m_1v,\ p_{2x}=m_2(v-v_r)$$

根据动量守恒条件有

$$(m_1+m_2)v_0=m_1v+m_2(v-v_r)$$

解得

$$v=\frac{(m_1+m_2)v_0+m_2v_r}{m_1+m_2}$$

因此平台车增加的速度大小为

$$\Delta v=v-v_0=\frac{m_2}{m_1+m_2}v_r=0.246\text{m/s}$$

在应用动量守恒方程时，应注意方程中所用的速度必须是绝对速度；要确定一个正方向，严格按动量投影的正负号去计算。

12.4　质心运动定理

质心运动定理是由质点系动量定理导出的另一个重要定理。推导本定理之前，首先要确定质点系的质量中心。

1. 质量中心

设由n个质点组成的质点系，如图12-7所示。质点系中任一质点M_i的质量为m_i，它对于某一固定点O的矢径$\boldsymbol{r}_i$，质点系的总质量$m=\sum m_i$，则由矢径

$$\boldsymbol{r}_C=\frac{\sum m_i\boldsymbol{r}_i}{\sum m_i}=\frac{\sum m_i\boldsymbol{r}_i}{m}\tag{12-17}$$

所确定的几何点C称为质点系的质量中心，简称质心。它表示了质点系中各质点的位置和质量的分布情况。计算质心位置时，常用式（12-17）在直角坐标系的投影形式，即

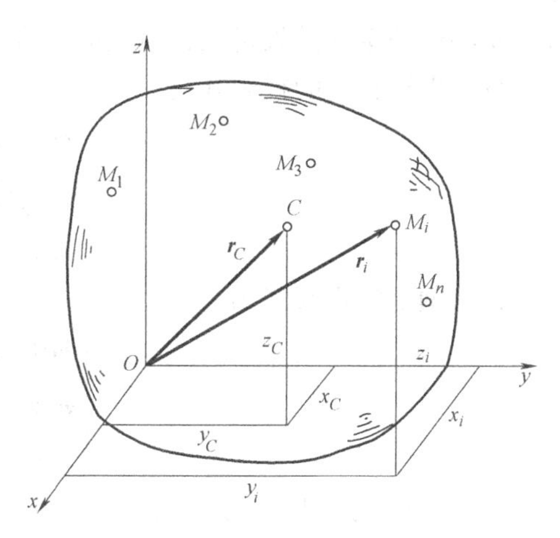

图12-7　质心的确定

$$x_C = \frac{\sum m_i x_i}{m}, y_C = \frac{\sum m_i y_i}{m}, z_C = \frac{\sum m_i z_i}{m} \tag{12-18}$$

式中，x_i、y_i、z_i为质点 M_i 的坐标。

若将式（12-18）中各式中右边的分子和分母同乘以重力加速度 g，就变成重心的坐标公式

$$x_C = \frac{\sum W_i x_i}{W}, y_C = \frac{\sum W_i y_i}{W}, z_C = \frac{\sum W_i z_i}{W} \tag{12-19}$$

可见，在均匀重力场内，质点系的质心与重心相重合，因此，可以通过静力学里求重心的方法找质心的位置坐标。但是，质心与重心是不同的概念，质心在任何情况下都存在，但重心只存在于重力场中，离开了重力的作用，质点系的重心就失去了其意义，因此，质心比重心具有更广泛的意义。

2. 质心运动定理

由于质点系的动量等于质点系的质量与质心速度的乘积，因此动量定理的微分形式可写成

$$\frac{\mathrm{d}}{\mathrm{d}t}(m\boldsymbol{v}_C) = \sum_{i=1}^{n} \boldsymbol{F}_i^{(\mathrm{e})}$$

对于质量不变的质点系，上式可改写为

$$m\frac{\mathrm{d}\boldsymbol{v}_C}{\mathrm{d}t} = \sum_{i=1}^{n} \boldsymbol{F}_i^{(\mathrm{e})}$$

或

$$m\boldsymbol{a}_C = \sum_{i=1}^{n} \boldsymbol{F}_i^{(\mathrm{e})} \tag{12-20}$$

式中，$\boldsymbol{a}_C$ 为质心的加速度。式（12-20）表明，质点系的质量与质心加速度的乘积等于作用于质点系外力的矢量和（即等于外力的主矢）。这种规律称为**质心运动定理**。

质心运动定理是矢量式，应用时取投影形式。

直角坐标轴上的投影式为

$$\begin{cases} ma_{Cx} = \sum F_{ix}^{(\mathrm{e})} \\ ma_{Cy} = \sum F_{iy}^{(\mathrm{e})} \\ ma_{Cz} = \sum F_{iz}^{(\mathrm{e})} \end{cases} \tag{12-21}$$

自然轴上的投影式为

$$\begin{cases} ma_C^{\tau} = \sum F_{\tau}^{(\mathrm{e})} \\ ma_C^{\mathrm{n}} = \sum F_n^{(\mathrm{e})} \\ \sum F_b^{(\mathrm{e})} = 0 \end{cases} \tag{12-22}$$

质心运动定理是质点系动量定理的另一重要表现形式，式（12-20）与质点的运动学基本方程 $m\boldsymbol{a} = \boldsymbol{F}$ 相似，因此质心运动定理也可叙述如下：对于任一质点系，不

论它做什么形式的运动，质点系质心的运动可以看成为一个质点的运动，并可设想把整个质点的质量都集中在质心这个点上，所有外力也集中作用于质心这个点上。

但质心运动定理与动力学基本方程又是不同的。$ma = \sum \boldsymbol{F}$ 是公理，它描述质点运动状态变化的规律。$m\boldsymbol{a}_C = \sum_{i=1}^{n} \boldsymbol{F}_i^{(e)}$ 是导出的定理，它描述质点系质心运动状态变化的规律。例如，在图 12-8 中，均质杆 AB 仅在 A 端受力 $\boldsymbol{F}$ 作用，但 $\boldsymbol{a}_A \neq \boldsymbol{F}/m$，这是由于杆 AB 不是质量集中于点 A 的质点，因此不能应用质点动力学基本方程。由质心运动定理可能确定杆 AB 的质心 C 点的加速度 $\boldsymbol{a}_C = \boldsymbol{F}/m$。尽管力 $\boldsymbol{F}$ 作用于点 A，但却直接得到点 C 的加速度。

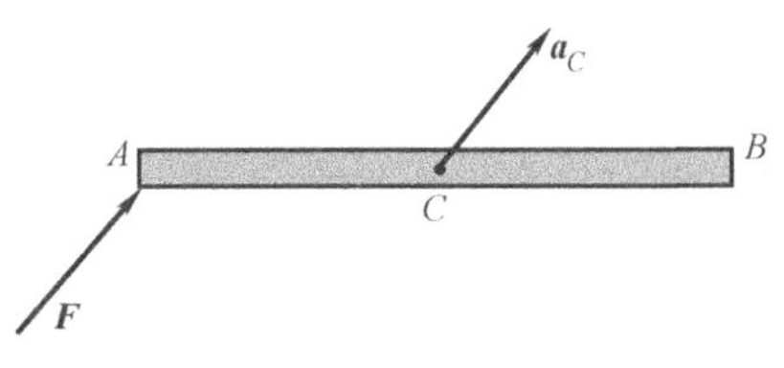

图 12-8 均质杆 AB

3. 质心运动守恒定律

由质心运动定理知，如果作用于质点系的外力系的主矢恒等于零，则质点系的质心处于静止状态或做匀速直线运动，即若 $\sum F_i^{(e)} = 0$，则有

$$\boldsymbol{v}_C = \text{常矢量}$$

如果作用于质点系 $\sum \boldsymbol{F}_x^{(e)} = 0$ 上的所有外力在某轴上投影的代数和恒等于零，则质心速度在该轴上的投影保持不变。如果 $\sum \boldsymbol{F}_x^{(e)} = 0$，则有

$$v_{Cx} = \text{常量}$$

如果，初始时，$v_{Cx_0} = 0$，则由 $v_{Cx} = \dfrac{\mathrm{d}x_C}{\mathrm{d}t}$ 得

$$x_C = \text{常量}$$

即此时质心的 x 坐标保持不变。

例如，当质点系所受外力满足 $\sum \boldsymbol{F}_x^{(e)} = 0$ 时，初始时质心的坐标 x 为 $x_{C0} = \dfrac{\sum m_i x_{i0}}{m}$，在以后任一瞬时，质心的坐标 x 为 $x_C = \dfrac{\sum m_i x_i}{m}$，根据质心运动守恒定律，$x_C = x_{C0}$ 可得 $\sum m_i x_i = \sum m_i x_{i0}$。

由质心运动定理可知，只有外力才能改变质心的运动，而内力不能影响质心的运动。例如，跳水运动员在空中完成跳水动作时，整个质点系的质心（即人的重心）是在重力作用下沿一条抛物线运动的，虽然人的内力（例如肌肉拉力等）可以改变运动员在空中的姿态，并且能够完成许多高难度动作，但却不能改变其质心的运动规律。又如在汽车的发动机中，气体的压力是内力，虽然这个力是汽车行驶的原动力，但它不能使汽车的质心运动。这种气体压力推动气缸内的活塞，经过一套机构转动主动轮（见图 12-9 中汽车的后轮），靠轮与地面的摩擦力推动汽车向前进。如果地面光滑，克服不了汽车前进的阻力，那么后轮将在原地打转，汽车不能前进。再如，在定向爆破山石时，土石碎块向各处飞落，如图 12-10 所示，在尚无碎石落地前，全部土石碎块的质心运动与一个抛射质点的运动一样，可设想这个质点的质量等于质点系的全部质量，作用在这个质点上的力是质点系中各质点的力的总和。根据质心的轨迹，可以在定向爆破时，预先估计大部分土石块堆落的地方。

如果刚体只受力偶作用，虽然力偶属于外力，但力偶中两力的矢量和等于零，因此力偶不影响刚体质心的运动状态。

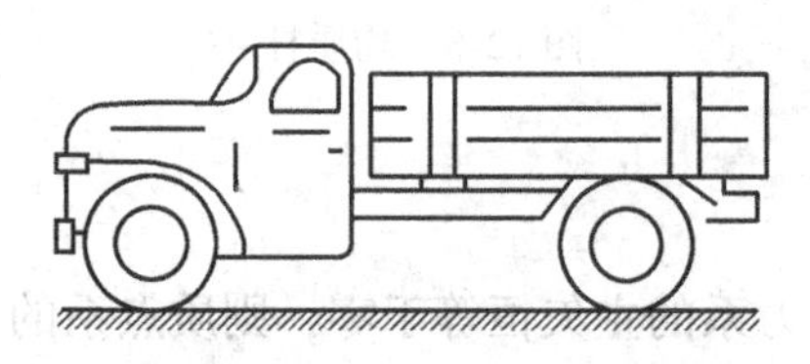

图 12-9 汽车

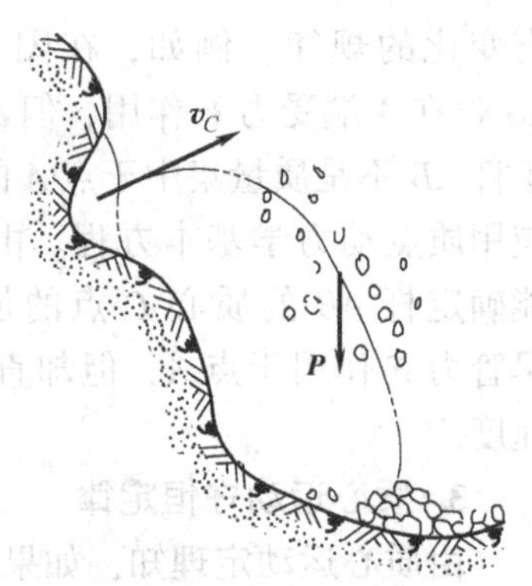

图 12-10 定向爆破山石

例 12-8 均质杆 OA 长 $2l$，重 P，可绕水平固定轴 O 在铅垂面内转动，如图 12-11 所示。设图示位置杆的角速度和角加速度分别为 ω 和 α，试求此时转轴 O 处的约束力，φ 为已知。

解：取杆为研究对象，进行受力分析，运动分析如图 12-11b 所示，取坐标系如图所示，则有 $a_C^\tau = l\alpha$，$a_C^n = l\omega^2$

则质心的加速度在两坐标轴上的投影为

$$a_{Cx} = -a_C^\tau \sin\varphi - a_C^n \cos\varphi = -l\alpha\sin\varphi - l\omega^2\cos\varphi \quad \text{(a)}$$

$$a_{Cy} = -a_C^\tau \cos\varphi + a_C^n \sin\varphi = -l\alpha\cos\varphi + l\omega^2\sin\varphi \quad \text{(b)}$$

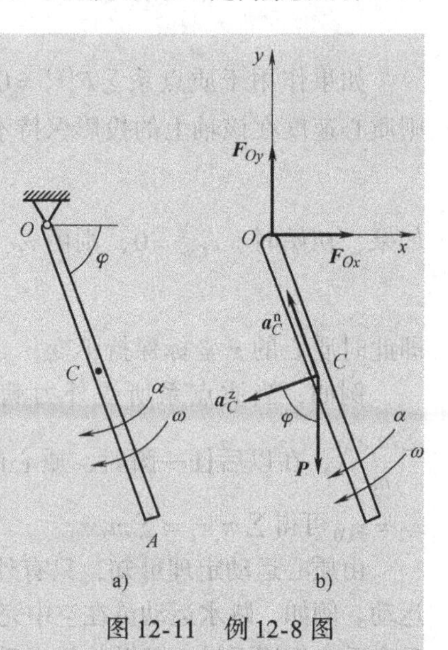

图 12-11 例 12-8 图

由质心运动定理有

$$\frac{P}{g}a_{Cx} = \sum F_x = F_{Ox}$$

$$\frac{P}{g}a_{Cy} = \sum F_y = F_{Oy} - P$$

将式（a）、式（b）代入上式可得

$$F_{Ox} = -\frac{P}{g}l(\alpha\sin\varphi + \omega^2\cos\varphi)$$

$$F_{Oy} = P - \frac{P}{g}l(\alpha\cos\varphi - \omega^2\sin\varphi)$$

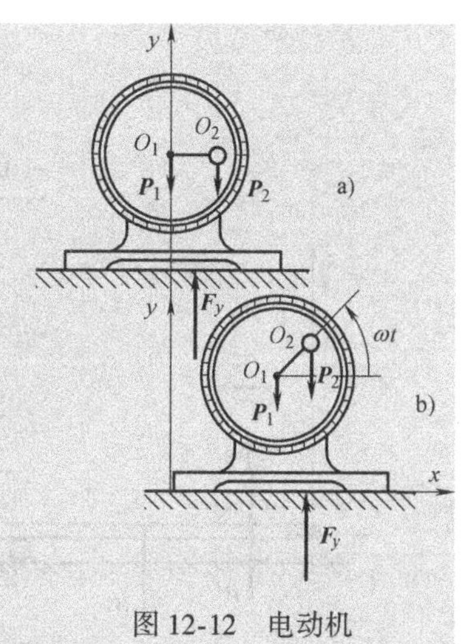

图 12-12 电动机

例 12-9 如图 12-12 所示，电动机用螺栓固定在刚性基础上，设其外壳和定子的总质量为 m_1，质心位于转子转轴的中心 O_1；转子质量为 m_2，由于制造或安装时的偏差，转子质心 O_2 不在转轴中心上，偏心距 $O_1O_2=e$。转子以等角速度 ω 转动。若电动机机座与基础之间无螺栓固定，且为光滑接触，初始时电动机静止。求转子以等角速度 ω 转动时电动机外壳的运动，并分析电动机跳起的条件。

解：（1）求电动机外壳的运动

研究电动机整体，由图示受力分析知 $\sum \boldsymbol{F}_{ix}=0$，又因为 $\dot{x}_C\big|_{t=0}=0$，故 $x_C=$ 常量。

当 $\varphi=0$ 时，由图 12-12a 知 $x_{C_1}=\dfrac{m_2e}{m_1+m_2}$

当 $\varphi=\omega t$ 时，由图 12-12b 知 $x_{C_2}=\dfrac{m_1x+m_2(x+e\cos\omega t)}{m_1+m_2}$

因为 $x_{C1}=x_{C2}$，解得 $x=\dfrac{m_2e}{m_1+m_2}(1-\cos\omega t)$

说明电动机沿水平方向做简谐振动，振幅为 $\dfrac{m_2e}{m_1+m_2}$

（2）电动机未跳起时，

$$\sum m_ia_{iy}=\sum F_{iy}, m_1\cdot O+m_2(-e\omega^2\sin\omega t)=F_y-(m_1+m_2)g$$

由此解出

$$F_y=(m_1+m_2)g-m_2e\omega^2\sin\omega t$$

令 $F_y=0$，求得电动机的角速度为 $\omega=\sqrt{\dfrac{(m_1+m_2)g}{e\sin\omega t}}$

讨论：当 $\sin\omega t=1$，即 $\varphi=\omega t=\dfrac{\pi}{2}$时，转子质心 O_2 在最高处，可求得使电动机跳起的最小角速度为 $\omega_{\min}=\sqrt{\dfrac{(m_1+m_2)\ g}{e}}$

例 12-10 在光滑轨道上有一小车，车上站立一人，开始时车与人均处于静止，如图 12-13 所示，令人在车上走动，在某一瞬时，人相对于车的速度为 0.5m/s，设车重 W_1 为 1kN，人重 W_2 为 0.6kN。求：（1）此时小车速度；（2）设人在小车上走过的距离 a 为 3m，求小车后退的距离 b。

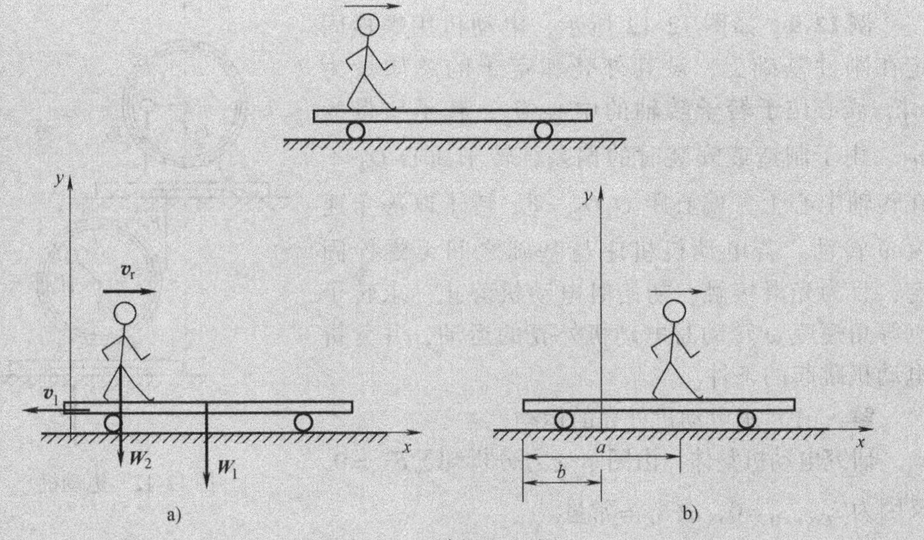

图 12-13　例 12-10 图

解：（1）以车及人组成的系统为研究对象。由于$\sum F_x=0$，x方向的动量守恒，初始动量$p_{0x}=0$。

当人在车上走动时，设某瞬时车的速度为v_1，人的速度为v_2，取x轴与人走动的方向相同，由$\sum mv_x=0$得

$$-\frac{W_1}{g}v_1+\frac{W_2}{g}v_2=0,\ v_2=v_r-v_1$$

$$\frac{W_2}{g}(v_r-v_1)=\frac{W_1}{g}\times v_1$$

所以

$$v_1=\frac{W_2v_r}{W_1+W_2}=\frac{0.6\times0.5}{1+0.6}\text{m/s}=0.19\text{m/s}$$

（2）$\sum F_x=0$，而开始时，系统处于静止，所以，当人走动时，必然要引起车子后退，由质心运动守恒，有

初始时系统质心

$$x_1=\frac{m_1x_{C1}+m_2x_{C2}}{m_1+m_2}$$

人在小车上走过距离a时，系统质心

$$x_2=\frac{m_1(x_{C1}-b)+m_2(x_{C2}-b+a)}{m_1+m_2}$$

x_{C1}、x_{C2}分别为人与船静止时的质心，x_1、x_2为初始与人走过距离a后质心的位置，系统质心由$x_1=x_2$得

$$b=\frac{9}{8}\text{m}$$

小　　结

本章研究了动量定理，它建立了物体的动量变化与作用力的冲量在数量和方向上的关系。

1. 动量与冲量

质点的动量 $m\boldsymbol{v}$

质点系的动量

$$\boldsymbol{p}=\sum_{i=1}^{n}m_i\boldsymbol{v}_i$$

冲量

$$\boldsymbol{I}=\int_{t_1}^{t_2}\boldsymbol{F}\mathrm{d}t$$

2. 动量定理

质点的动量定理

$$\frac{\mathrm{d}}{\mathrm{d}t}(m\boldsymbol{v})=\boldsymbol{F}$$

质点系的动量定理

$$\frac{\mathrm{d}\boldsymbol{p}}{\mathrm{d}t}=\sum_{i=1}^{n}\boldsymbol{F}_i^{(\mathrm{e})}$$

质点系动量守恒定律

若$\sum\boldsymbol{F}_i^{(\mathrm{e})}=0$，则有　$\boldsymbol{p}=\sum m_i\boldsymbol{v}_i=$常矢量

若$\sum\boldsymbol{F}_x^{(\mathrm{e})}=0$，则有　$p_x=\sum m_i v_{ix}=$常量

3. 质心运动定理

质量中心

$$\boldsymbol{r}_C=\frac{\sum m_i\boldsymbol{r}_i}{\sum m_i}=\frac{\sum m_i\boldsymbol{r}_i}{m}$$

质心运动定理

$$m\boldsymbol{a}_C=\sum_{i=1}^{n}\boldsymbol{F}_i^{(\mathrm{e})}$$

直角坐标系投影式

$$\begin{cases}ma_{Cx}=\sum F_{ix}^{(\mathrm{e})}\\ ma_{Cy}=\sum F_{iy}^{(\mathrm{e})}\\ ma_{Cz}=\sum F_{iz}^{(\mathrm{e})}\end{cases}$$

自然坐标系投影

$$\begin{cases}ma_C^{\tau}=\sum F_{\tau}^{(\mathrm{e})}\\ ma_C^{\mathrm{n}}=\sum F_{n}^{(\mathrm{e})}\\ \sum F_{b}^{(\mathrm{e})}=0\end{cases}$$

质心运动守恒定律

若$\sum F_i^{(\mathrm{e})}=0$，则有$\boldsymbol{v}_C=$常矢量

若$\sum F_x^{(\mathrm{e})}=0$，则有$\boldsymbol{v}_{Cx}=$常量

思 考 题

12-1 若两人在地面拔河，其结果是力大者胜，若宇航员在太空中拔河，结果会怎样？

12-2 “时间越长，力的冲量也越大。”这种说法对吗？

12-3 动量定理的微分形式和质心运动定理的公式为什么可以在任意轴上投影？动量定理的积分形式是否也可以在自然轴上投影？为什么？

12-4 刚体受有一群力作用，不论各力作用点如何，此刚体质心的加速度都一样吗？

12-5 如果有$\sum F_i^{(e)}=0$和质点系初始时静止，即满足质心坐标x_C守恒条件，试证明在任意瞬时存在关系$\sum m_i \Delta x_i=0$，其中m_i为质点系中任一质点M_i的质量，Δx_i为该质点在时间t内坐标x_i的变化。

12-6 内力能否改变质点系的动量？如果不能，那么，内力是否不起任何作用？举例说明。

12-7 炮弹飞出炮膛后，若不计空气阻力，其质心沿一条抛物线运动。由质心运动定理可知，炮弹爆炸后，质心运动规律不变。试问：若有一块碎片落地后，质心是否还沿抛物线运动？为什么？

习 题

12-1 计算下列情况下系统的动量。

（1）已知$OA=AB=l$，$\theta=45°$，ω为常量，均质连杆AB的质量为m，而曲柄OA和滑块B的质量不计（见图12-14a）。

（2）质量均为m的均质细杆AB、BC和均质圆盘CD用铰链连接在一起并支承，如图12-14b所示。已知$AB=BC=CD=2R$，图示瞬时A、B、C处于同一水平直线位置，而CD铅直，AB杆以角速度ω转动。

（3）如图12-14c所示，小球M质量为m_1，固结在长为l、质量为m_2的均质细杆OM上，杆的一端O铰接在不计质量且以速度v运动的小车上，杆OM以角速度ω绕O轴转动。

（4）如图12-14d所示，非均质圆盘质量为m，质心C距转轴$OC=e$，以角速度ω绕O轴动。

（5）如图12-14e所示，质量为m_1的平板放在质量均为m_2的两个均质轮子上，轮子的半径为r，平板的速度为$\boldsymbol{v}$，各接触没有相对滑动。

12-2 如图12-15所示，质量为1kg的物体以4m/s的速度沿与竖直方向向固定面撞去，设物体弹回的速度仅改变了方向，未改变大小，且$\theta+\beta=90°$。求作用

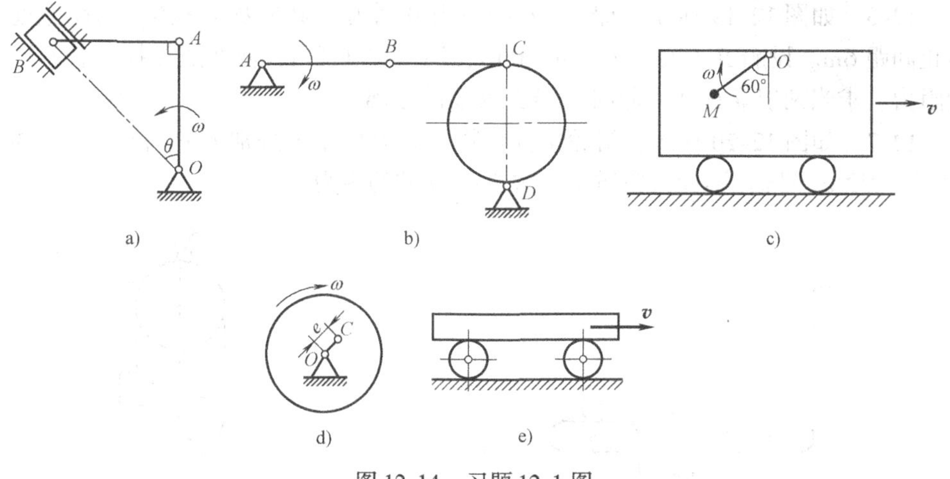

图 12-14　习题 12-1 图

于物体上的总冲量的大小。

12-3　如图 12-16 所示，带运输机单位时间内输送砂石的质量为 $m=3\text{kg/s}$，如砂石从高为 $h=5\text{m}$ 的带落在质量为 $m_1=5\text{kg}$ 的箱中，求当砂石堆积的质量 $m_1=15\text{kg}$ 时，地面对箱体的反力。

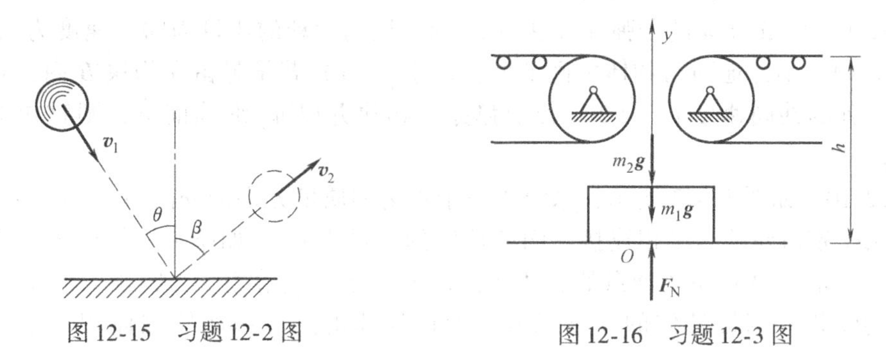

图 12-15　习题 12-2 图　　　　图 12-16　习题 12-3 图

12-4　如图 12-17 所示，均质滑轮 A 质量为 m，重物 M_1、M_2 质量分别为 m_1 和 m_2，斜面的倾角为 q，忽略摩擦。已知重物 M_2 的加速度 $\boldsymbol{a}$，试求轴承 O 处的约束力（表示成 a 的函数）。

12-5　如图 12-18 所示，匀质杆 AB 长 $2l$，B 端放置在光滑水平面上。杆在图示位置自由倒下，试求 A 点轨迹方程。

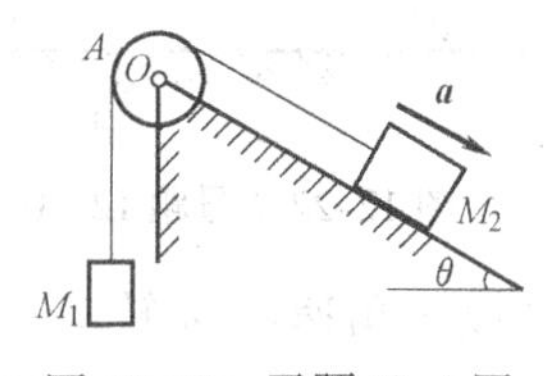

图 12-17　习题 12-4 图

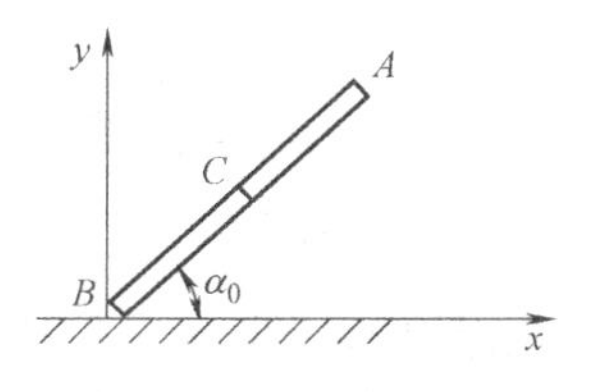

图 12-18　习题 12-5 图

12-6 如图 12-19 所示，船 A、B 的重力分别为 2.4kN 及 1.3kN，两船原处于静止间距 6m。设船 B 上有一人，重 500N，用力拉动船 A，使两船靠拢。若不计水的阻力，求当两船靠拢在一起时，船 B 移动的距离。

12-7 如图 12-20 所示，滑轮中两重物 A 和 B 的重力分别为 P_1 和 P_2。如物体 A 以加速度 $\boldsymbol{a}$ 下降，不计滑轮质量，求支座 O 的约束力。

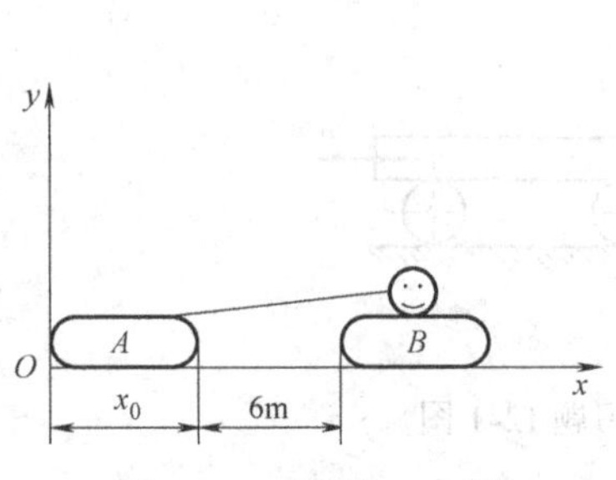

图 12-19 习题 12-6 图

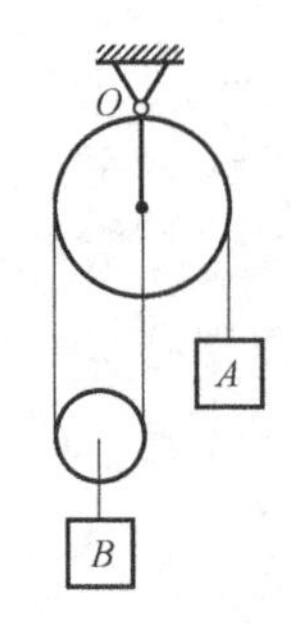

图 12-20 习题 12-7 图

12-8 如图 12-21 所示，大直角锲块 A 重 P，水平边长为 a，放置在光滑水平面上；小锲块 B 重 G，水平边长为 $b(a>b)$，放置在 A 上，当小锲块 B 完全下滑至图中虚线位置时，求大锲块的位移。假设初始时系统静止。

12-9 质量为 m 的子弹 A 以速度 v_A 射入同向运动的质量为 M、速度为 v_B 的物块 B 内，不计地面与物体之间的摩擦。求：（1）若子弹留在物块 B 内，则物块与子弹的共同速度 u；（2）若子弹穿透物块并以 u_A 继续前进，则物块的速度 u_B。

12-10 如图 12-22 所示，系统中三个重物的质量分别为 m_1、m_2、m_3，由一绕过两个定滑轮的绳子相连接，四棱柱体的质量为 m_4。如略去一切摩擦和绳子的重力。求：（1）系统动量的表达式；（2）系统初始静止，当物块 1 下降 s 时，假设物体相对四棱柱体的速度已知，四棱柱体的速度和四棱柱体相对地面的位移。

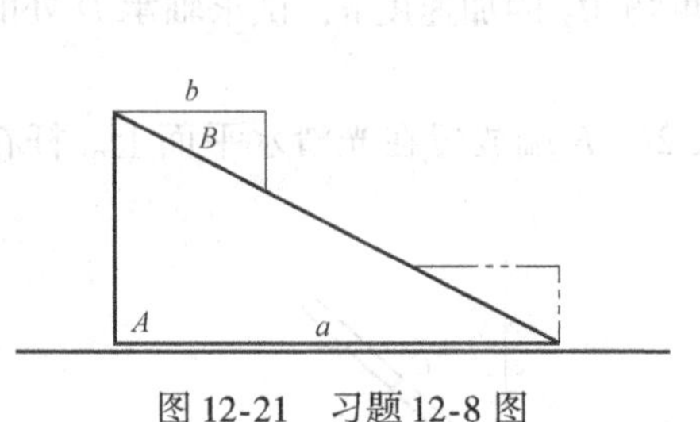

图 12-21 习题 12-8 图

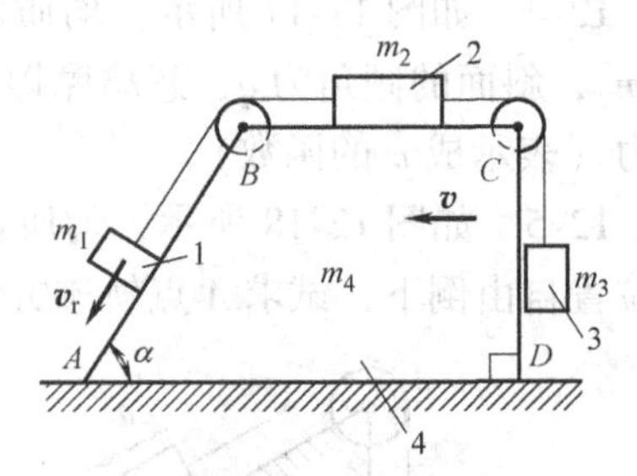

图 12-22 习题 12-10 图

12-11 如图 12-23 所示，匀质圆盘绕偏心轴 O 以匀角速度 ω 转动。重 P 的夹板借右端弹簧推压面顶在圆盘上，当圆盘转动时，夹板做往复运动。设圆盘重 W，

半径为 r，偏心距为 e，求任一瞬时作用于基础和螺栓的动反力。

12-12　如图 12-24 所示，电动机的外壳和定子的总质量为 m_1，质心 C_1 与转子转轴 O_1 重合；转子质量为 m_2，质心 O_2 与转轴不重合，偏心距 $O_1O_2=e$。若转子以等角速度 ω 旋转，求电动机底座所受的水平和铅垂约束力。

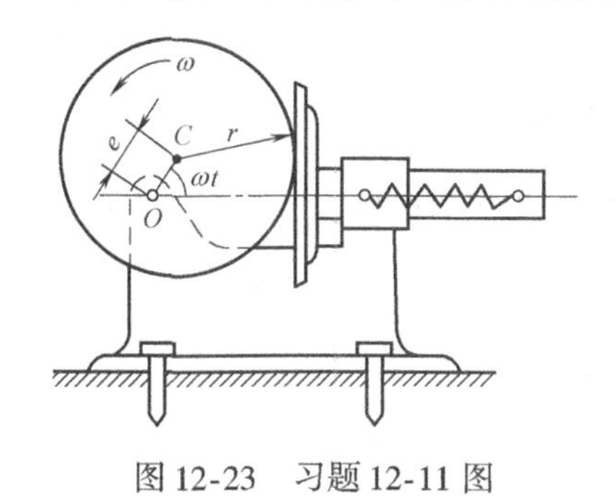

图 12-23　习题 12-11 图

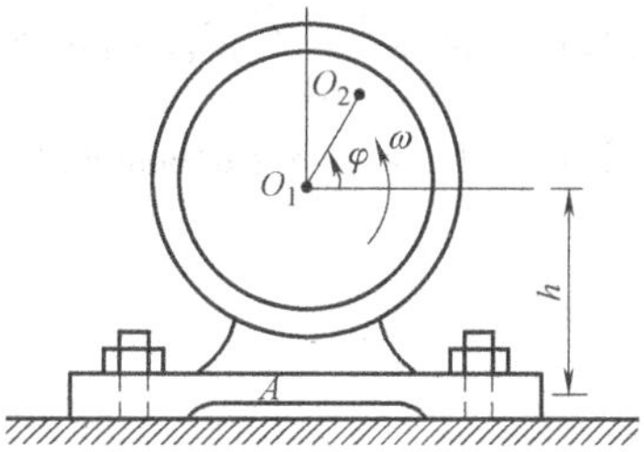

图 12-24　习题 12-12 图

习题答案

12-1　（1）$p = mv_C = \frac{\sqrt{5}}{2}ml\omega$，方向同 $\boldsymbol{v}_C$

（2）$p = mv_{C1} + mv_{C2} = mv_B = 2Rm\omega$，方向同 $\boldsymbol{v}_B$，垂直 AC

（3）$\boldsymbol{p} = [m_1(v - l\omega\cos60°) + m_2(v - \frac{l}{2}\omega\cos60°)]\boldsymbol{i} + (m_1 l\omega\sin60° + m_2\frac{l}{2}\omega\sin60°)\boldsymbol{j}$

$$= [(m_1+m_2)v - \frac{2m_1+m_2}{4}l\omega]\boldsymbol{i} + \sqrt{3}l\omega\frac{2m_1+m_2}{4}\boldsymbol{j}$$

（4）$p = me\omega$

（5）$p = (m_1+m_2)v$

12-2　$I = 5.66\text{N}\cdot\text{s}$

12-3　$F_\text{N} = 225.7\text{N}$

12-4　$F_{Ox} = m_2 a\cos\theta - m_2 g\cos\theta\sin\theta = (a - g\sin\theta)m_2\cos\theta$

$F_{Oy} = (m_1 - m_2\sin\theta)a - m_2 g\cos^2\theta + (m + m_1 + m_2)g$

12-5　$(x_A - l\cos\alpha_0)^2 + \frac{y_A^2}{4} = l^2$ 为椭圆方程

12-6　$s = 3.43\text{m}$

12-7　$F_\text{N} = P_1 + P_2 - \frac{1}{2g}(2P_1 - P_2)a$

12-8　$s = \frac{(a-b)G}{P+G}$

12-9　（1）$u=\dfrac{Mv_B+mv_A}{m+M}$（2）$u_B=\dfrac{Mv_B+mv_A-mu_A}{M}$

12-10　（1）$\boldsymbol{p}=[(m_1+m_2+m_3+m_4)v+(m_1\cos\alpha+m_2)v_{\mathrm{r}}]\boldsymbol{i}+(m_1\sin\alpha-m_3)\boldsymbol{j}$

（2）$x=-\dfrac{m_1\cos\alpha+m_2}{m_1+m_2+m_3+m_4}s$

12-11　$F_x=\dfrac{W+P}{g}\omega^2 e\cos\omega t, F_y=\dfrac{W+P}{g}\omega^2 e\cos\omega t$

12-12　$F_x=-m_2 e\omega^2\cos\omega t, F_y=(m_1+m_2)g-m_2 e\omega^2\sin\omega t$

第13章 动量矩定理

13.1 导学

在前一章我们介绍了动量定理，描述了质点在外力系作用下动量或质心运动状态的变化规律，但它不能完全描述质点系的运动，例如，一均质圆盘绕过质心且垂直于圆盘做定轴转动，不论圆盘转动快慢如何，也不论其转动快慢有何变化，因 $v_C=0$，则其动量恒等于零，质心无运动，可是质点系确实受到外力的作用。可见，质点系的动量定理不能完全描述质点系的运动与作用力之间的关系。

实际经验表明，有些质点、质点系（包括刚体）的运动，尤其是转动问题，用动量来度量机械运动量是不合适的，动量定理也不能解决问题，而必须用动量矩来表征它的运动量，并用动量矩对时间的改变率与作用在物体上外力系主矩之间的关系来解决。当外力矩为零时，动量矩守恒。例如，在舞蹈或滑冰表演中，演员常绕自身的轴旋转。略去摩擦，她所受的重力对转轴的力矩为零，动量矩守恒。如图 13-1 所示，当演员将两手合抱于胸前，旋转就加快起来；演员将两臂伸展出去，旋转就减慢。

图 13-1　芭蕾舞旋转

本章介绍的质点系的动量矩和相对于固定点（或固定轴）动量矩定理在一定程度上描述了质点系相对于定点或质心的运动状态和变化的规律。

13.2 质点和质点系动量矩

13.2.1 质点的动量矩

如图 13-2a 所示，设质点在图示瞬时 A 点的动量为 $m\boldsymbol{v}$，矢径为 $\boldsymbol{r}$，与力 $\boldsymbol{F}$ 对点 O 之矩的矢量表示类似，定义质点对固定点 O 的**动量矩**为

$$M_O(m\boldsymbol{v})=\boldsymbol{r}\times m\boldsymbol{v} \tag{13-1a}$$

需注意：质点对固定点 O 的动量矩是矢量，方向满足右手螺旋法则，如图13-2a所示，大小为固定点 O 与动量$\overrightarrow{AB}$所围成的三角形面积的两倍，即

$$M_O(m\boldsymbol{v})=2S_{\triangle OAB} \tag{13-1b}$$

质点的动量对固定轴 z 的矩与力 $\boldsymbol{F}$ 对固定轴 z 的矩类似，如图 13-2b 所示，质点的动量 $m\boldsymbol{v}$ 在 xOy 平面上的投影 $(m\boldsymbol{v})_{xy}$ 对固定点 O 的矩，定义质点对固定轴 z 的矩，质点对 z 轴的动量矩是代数量。由图 13-2b 可见

$$M_z(m\boldsymbol{v})=2S_{\triangle O'A'B'} \tag{13-2}$$

由式（13-1）、式（13-2）两式可得

$$M_z(m\boldsymbol{v})=M_O[(m\boldsymbol{v})_{xy}]=[M_O(m\boldsymbol{v})]_z \tag{13-3}$$

即：质点对 z 轴的动量矩等于质点对固定点 O 的动量矩在固定轴 z 上的投影。

国际单位制中动量矩的单位为 $\mathrm{kg\cdot m^2/s}$。

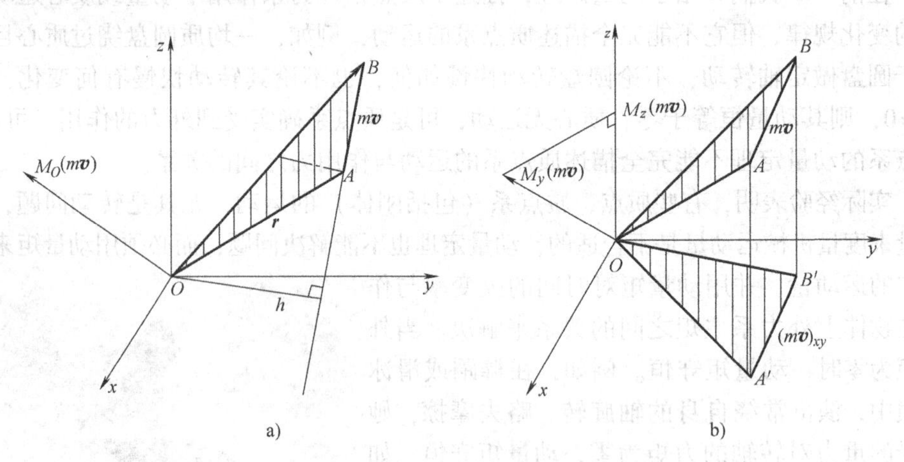

图 13-2　质点对轴的动量矩

a）质点对点的动量矩　b）质点对轴的动量矩

13.2.2　质点系的动量矩

质点系对固定点 O 的动量矩等于质点系内各质点对固定点 O 的动量矩的矢量和，即

$$\boldsymbol{L}_O=\sum_{i=1}^{n}\boldsymbol{M}_O(m_i\boldsymbol{v}_i) \tag{13-4}$$

质点系对固定轴 z 的动量矩等于质点系内各质点对同一轴 z 动量矩的代数和，即

$$L_z=\sum_{i=1}^{n}M_z(m_i\boldsymbol{v}_i)=[\boldsymbol{L}_O]_z \tag{13-5}$$

刚体做平移时，设平移刚体的质量为 m，同一瞬时刚体上各点的速度均相

等，用质心处速度$\boldsymbol{v}_C$表示，由式（13-4）可知：刚体做平移对固定点 O 的动量矩为

$$\boldsymbol{L}_O=\sum\boldsymbol{r}_i\times m_i\boldsymbol{v}_i=\sum m_i\boldsymbol{r}_i\times\boldsymbol{v}_C=\boldsymbol{r}_C\times m\boldsymbol{v}_C$$

则
$$\boldsymbol{L}_O=\boldsymbol{M}_O(m\boldsymbol{v}_C)=\boldsymbol{r}_C\times m\boldsymbol{v}_C \tag{13-6}$$

同理，刚体做平移对固定轴 z 的动量矩为

$$L_z=M_z(m\boldsymbol{v}_C) \tag{13-7}$$

刚体做平移对固定点或固定轴的动量矩，相当于将刚体的质量集中在刚体的质心上，按质点的动量矩计算。

刚体做定轴转动时动量矩的计算如下：

设定轴转动刚体如图13-3所示，其上任一质点 i 的质量为 m_i，到转轴的垂直距离为 r_i，某瞬时的角速度为 ω，由运动学可知，该点速度的大小为 $v_i=\omega r_i$，该点对轴 z 的动量矩 $L_{zi}=m_ir_i^2\omega$，所以刚体对轴 z 的动量矩由式（13-5）得

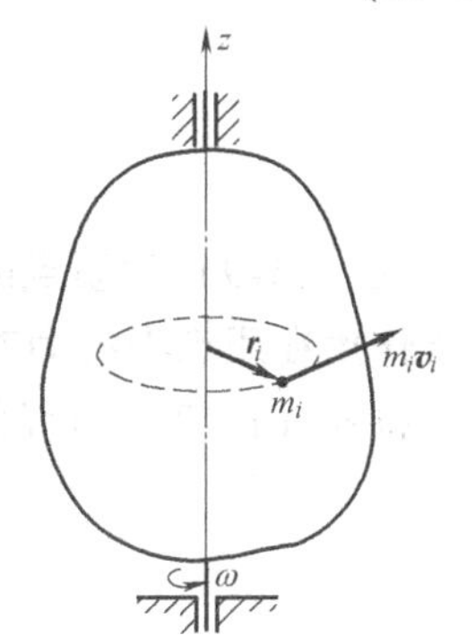

图13-3 定轴转动刚体对转轴的动量矩

$$L_z=\sum_{i=1}^{n}M_z(m_i\boldsymbol{v}_i)=\sum_{i=1}^{n}(m_iv_ir_i)=\sum_{i=1}^{n}(m_i\omega r_ir_i)$$
$$=(\sum_{i=1}^{n}m_ir_i^2)\omega=J_z\omega$$

即

$$L_z=J_z\omega \tag{13-8}$$

式中，$J_z=\sum_{i=1}^{n}m_ir_i^2$ 为刚体对转轴 z 的转动惯量。

转动惯量与刚体的运动无关，仅仅与刚体的几何形状、质量分布有关。因此，定轴转动刚体对转轴 z 的动量矩等于刚体对转轴 z 的转动惯量与角速度的乘积。$J_z\omega$ 又称为角动量。

13.3 质点和质点系动量矩定理

13.3.1 质点的动量矩定理

现在分析质点的动量矩变化与外力的关系。如图13-4所示，设质点对固定点 O 的动量矩为 $\boldsymbol{M}_O(m\boldsymbol{v})$，力 $\boldsymbol{F}$ 对同一点 O 力矩 $\boldsymbol{M}_O(\boldsymbol{F})$，将动量矩对时间求导得

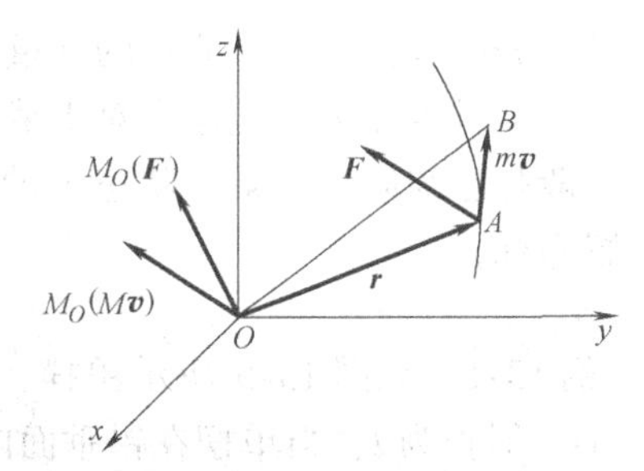

图13-4 质点的动量矩定理

$$\frac{\mathrm{d}}{\mathrm{d}t}[\boldsymbol{M}_O(m\boldsymbol{v})]=\frac{\mathrm{d}}{\mathrm{d}t}(\boldsymbol{r}\times m\boldsymbol{v})=\frac{\mathrm{d}\boldsymbol{r}}{\mathrm{d}t}\times m\boldsymbol{v}+\boldsymbol{r}\times\frac{\mathrm{d}}{\mathrm{d}t}(m\boldsymbol{v})$$

其中，

$$\frac{\mathrm{d}\boldsymbol{r}}{\mathrm{d}t}=\boldsymbol{v}$$

则上式为

$$\frac{\mathrm{d}}{\mathrm{d}t}[\boldsymbol{M}_O(m\boldsymbol{v})]=\frac{\mathrm{d}}{\mathrm{d}t}(\boldsymbol{r}\times m\boldsymbol{v})=\boldsymbol{r}\times\frac{\mathrm{d}(m\boldsymbol{v})}{\mathrm{d}t}$$

将矢径 $\boldsymbol{r}$ 叉乘动量定理 $\frac{\mathrm{d}}{\mathrm{d}t}(m\boldsymbol{v})=\boldsymbol{F}$ 得

$$\boldsymbol{r}\times\frac{\mathrm{d}(m\boldsymbol{v})}{\mathrm{d}t}=\boldsymbol{r}\times\boldsymbol{F}$$

即

$$\frac{\mathrm{d}}{\mathrm{d}t}[\boldsymbol{M}_O(m\boldsymbol{v})]=\boldsymbol{M}_O(\boldsymbol{F}) \tag{13-9}$$

式（13-9）为**质点的动量矩定理：质点对某一固定点的动量矩对时间的导数等于作用在质点上的力对同一点的矩。**

将式（13-9）向直角坐标系投影得

$$\begin{cases}\frac{\mathrm{d}}{\mathrm{d}t}[M_x(m\boldsymbol{v})]=M_x(\boldsymbol{F})\\ \frac{\mathrm{d}}{\mathrm{d}t}[M_y(m\boldsymbol{v})]=M_y(\boldsymbol{F})\\ \frac{\mathrm{d}}{\mathrm{d}t}[M_z(m\boldsymbol{v})]=M_z(\boldsymbol{F})\end{cases} \tag{13-10}$$

式（13-10）称为**质点对固定轴的动量矩定理，也称为质点动量矩定理的投影形式，即质点对任一固定轴的动量矩对时间的导数，等于作用在质点上的力对同一轴之矩。**

质点动量矩定理建立了质点的动量矩与力矩之间的关系，实际是质点的运动微分方程，因此这个定理可以处理质点动力学的两类基本问题：

1）已知作用在质点上的力矩或力求质点的运动规律，通常是在质点受有心力的作用时。

2）已知质点的运动求作用于质点上的力矩或力，通常质点绕某点（轴）转动的问题。

特殊情形：

当质点受有心力 $\boldsymbol{F}$ 的作用时，力矩 $\boldsymbol{M}_O(\boldsymbol{F})=\boldsymbol{0}$，则质点对固定点 O 的动量矩 $\boldsymbol{M}_O(m\boldsymbol{v})$ = 恒矢量，质点的动量矩守恒。

动量矩守恒只能用在对于某一点或某一轴的力矩恒为零的情况，所处理的问题一般是已知质点在某一状态下的运动要素求在另一状态下的运动要素（速度或位置坐标）

例 13-1 如图 13-5 所示单摆，由质量为 m 的小球和绳索构成。单摆悬吊于点 O，绳长为 l，当单摆在铅垂面内做微振幅摆动时，试求单摆的运动规律。

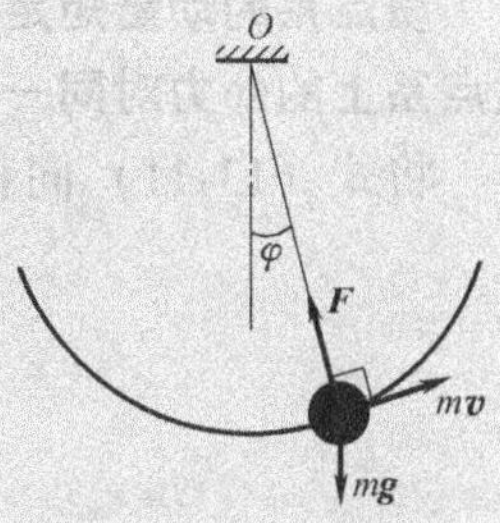

解：根据题意以小球为研究对象，小球受力为铅垂重力 mg 和绳索拉力 $\boldsymbol{F}$。单摆在铅垂平面内绕点 O 做微振幅摆动，设摆与铅垂线的夹角为 φ，φ 为逆时针时为正值，如图 13-5 所示。则质点对点 O 的动量矩为

$$M_O(mv) = mvl$$

作用在小球上的力对点 O 的矩为

$$M_O(\boldsymbol{F}) = -mgl\sin\varphi$$

由质点的动量矩定理得

$$mvl = -mgl\sin\varphi \tag{a}$$

图 13-5 单摆的运动规律

由于 $v = l\omega = l\dot{\varphi}$，则 $\dot{v} = l\ddot{\varphi}$，又由于单摆做微振幅摆动，则 $\sin\varphi \approx \varphi$ 从而由式（a）得单摆运动微分方程为

$$\frac{\mathrm{d}^2\varphi}{\mathrm{d}t^2} + \frac{g}{l}\varphi = 0 \tag{b}$$

解式（b）得单摆的运动规律为

$$\varphi = \varphi_0 \sin(\omega_n t + \theta)$$

式中，ω_n 为单摆的角频率，$\omega_n = \sqrt{\frac{g}{l}}$；$\varphi_0$ 为单摆的振幅；θ 称为单摆的初相位；φ_0 和 θ 它们由运动的初始条件确定。

单摆的周期为

$$T = \frac{2\pi}{\omega_n} = 2\pi\sqrt{\frac{l}{g}}$$

13.3.2 质点系的动量矩定理

设质点系由 n 个质点组成，每一个质点上作用着内力 $\boldsymbol{F}_i^{(i)}$ 和外力 $\boldsymbol{F}_i^{(e)}$。根据质点动量矩定理表达式（13-9），对每一个质点有

$$\frac{\mathrm{d}}{\mathrm{d}t}[\boldsymbol{M}_O(m_i\boldsymbol{v}_i)] = \boldsymbol{M}_O(\boldsymbol{F}_i^{(e)}) + \boldsymbol{M}_O(\boldsymbol{F}_i^{(i)})$$

式中，$\boldsymbol{M}_O(\boldsymbol{F}_i^{(e)})$ 为外力矩，$\boldsymbol{M}_O(\boldsymbol{F}_i^{(i)})$ 为内力矩。

上式共列 n 个方程，将这些方程进行左右连加，并考虑内力矩之和为零，得

$$\sum_{i=1}^{n}\frac{\mathrm{d}}{\mathrm{d}t}[\boldsymbol{M}_O(m_i\boldsymbol{v}_i)] = \sum_{i=1}^{n}\boldsymbol{M}_O(\boldsymbol{F}_i^{(e)})$$

$$\frac{\mathrm{d}}{\mathrm{d}t}\sum_{i=1}^{n}[\boldsymbol{M}_O(m_i\boldsymbol{v}_i)] = \sum_{i=1}^{n}\boldsymbol{M}_O(\boldsymbol{F}_i^{(e)})$$

即

$$\frac{\mathrm{d}}{\mathrm{d}t}\boldsymbol{L}_O = \sum_{i=1}^{n}\boldsymbol{M}_O(\boldsymbol{F}_i^{(e)}) \tag{13-11}$$

质点系的动量矩定理：质点系对某一固定点的动量矩对时间的导数等于作用在质点系上的外力对同一点矩的矢量和（或称外力的主矩）。

将式（13-11）向直角坐标系投影得

$$\left\{\begin{aligned}\frac{\mathrm{d}}{\mathrm{d}t}L_x &= \sum_{i=1}^{n} M_x(\boldsymbol{F}_i^{(\mathrm{e})})\\ \frac{\mathrm{d}}{\mathrm{d}t}L_y &= \sum_{i=1}^{n} M_y(\boldsymbol{F}_i^{(\mathrm{e})})\\ \frac{\mathrm{d}}{\mathrm{d}t}L_z &= \sum_{i=1}^{n} M_z(\boldsymbol{F}_i^{(\mathrm{e})})\end{aligned}\right. \tag{13-12}$$

必须指出，上述的动量矩定理的表达形式只适用于固定点或固定轴。对于一般的动点和动轴，其动量矩定理表达式较复杂。

特殊情形：

1）当作用在质点系上外力对某点的矩等于零时，即 $\sum_{i=1}^{n} M_O(\boldsymbol{F}_i^{(\mathrm{e})})=0$，由式（13-11）知，质点系动量矩 $\boldsymbol{L}_O$ = 恒矢量，则质点系对该点的动量矩守恒。

2）当作用在质点系上的外力对某一轴的矩等于零时，则质点系对该轴的动量矩守恒。例如 $\sum_{i=1}^{n} M_x(\boldsymbol{F}_i^{(\mathrm{e})})=0$，由式（13-12）可知，质点系对 x 轴的动量矩 L_x = 恒量，则质点系对 x 轴的动量矩守恒。

质点系动量矩守恒定律：当外力对于某定点或定轴的主矩等于零，质点系对于该点或该轴的动量矩保持不变。

由此可见，必须有外力的作用，才能改变质点系的动量矩。

质点系的动量矩定理适用于解决质点系的转动问题，由于其不含内力，与动量定理一样，可以应用于流体力学和碰撞问题。

例 13-2 定滑轮悬挂两个重物 A 和 B，如图 13-6 所示。已知定滑轮质量为 m，半径为 R，绕其中心且垂直于盘面轴的转动惯量为 J_O，重物 A 和 B 的质量分别为 m_A 和 m_B，且 $m_A > m_B$，如果绳重和摩擦略去不计，求定滑轮转动的角加速度。

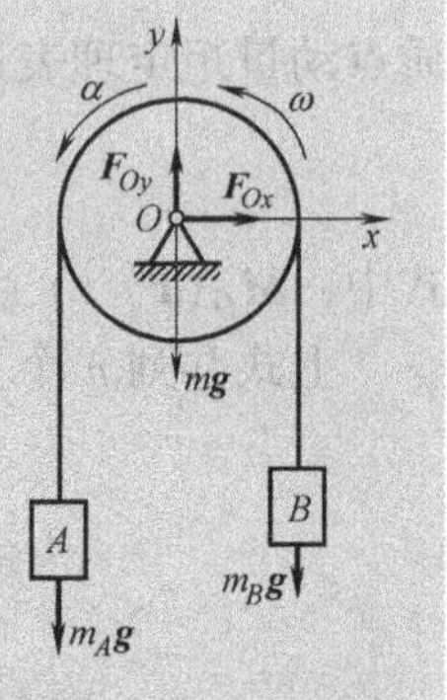

图 13-6 定滑轮转动的角加速度

解：取重物、细绳和定滑轮组成质点系为研究对象，视重物为质点。建立固定坐标系 Oxy，作用在质点系上的外力有重物 A 和 B 的重力 $m_A\boldsymbol{g}$、$m_B\boldsymbol{g}$，定滑轮的重力 $m\boldsymbol{g}$ 以及轴承 O 处的约束力 $\boldsymbol{F}_{Ox}$、$\boldsymbol{F}_{Oy}$，其中 $m\boldsymbol{g}$、$\boldsymbol{F}_{Ox}$、$\boldsymbol{F}_{Oy}$ 对通过点 O 而垂直定滑轮盘面的轴的矩为零，如图 13-6 所示。设定滑轮转动

的角速度和角加速度分别为 ω 和 α，重物 A 和 B 的速度的大小为 v。以逆时针为正，此质点系对于轴 O 的动量矩为

$$L_O = J_O\omega + m_A vR + m_B vR \tag{a}$$

由运动学关系，有

$$v = R\omega \tag{b}$$

则式（a）可写成

$$L_O = J_O\omega + (m_A + m_B)\omega R^2$$

质点系所受外力对轴 O 的矩为

$$M_O^{(e)} = (m_A g - m_B g)R$$

由质点系对轴 O 的动量矩定理，有

$$\frac{\mathrm{d}L_O}{\mathrm{d}t} = M_O^{(e)}$$

$$\frac{\mathrm{d}}{\mathrm{d}t}(J_O\omega + (m_A + m_B)\omega R^2) = (m_A g - m_B g)R$$

从上式解得

$$\alpha = \frac{\mathrm{d}\omega}{\mathrm{d}t} = \frac{(m_A g - m_B g)R}{J_O + (m_A + m_B)R^2}$$

例 13-3　在矿井提升设备中，两个鼓轮固连在一起，总质量为 m，对转轴 O 的转动惯量为 J_O，在半径为 r_1 的鼓轮上悬挂一质量为 m_1 的重物 A，而在半径为 r_2 的鼓轮上用绳牵引小车 B 沿倾角 θ 的斜面向上运动，小车的质量为 m_2。在鼓轮上作用有一不变的力偶矩 M，如图 13-7 所示。不计绳索的质量和各处的摩擦，绳索与斜面平行，试求小车上升的加速度。

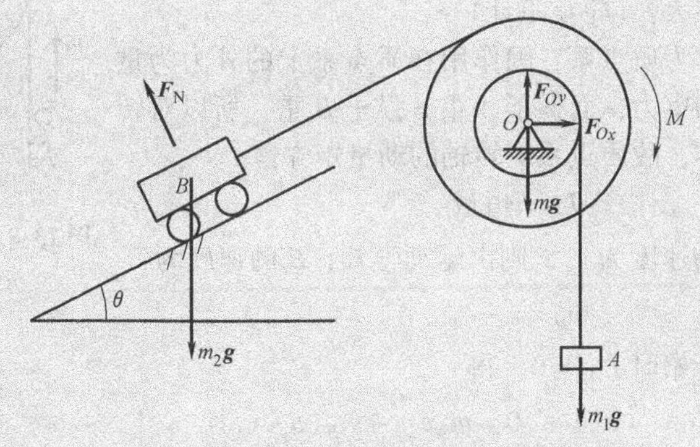

图 13-7　质点系的动量矩定理应用

解：选整体为质点系，作用在质点系上的力为三个物体的重力 $\boldsymbol{mg}$、$m_1\boldsymbol{g}$、$m_2\boldsymbol{g}$，

在鼓轮上不变的力偶矩 M，以及作用在轴 O 处和截面的约束力为 $\boldsymbol{F}_{Ox}$、$\boldsymbol{F}_{Oy}$、$\boldsymbol{F}_{\mathrm{N}}$。质点系对转轴 O 的动量矩为

$$L_O = J_O\omega + m_1v_1r_1 + m_2v_2r_2$$

其中，

$$v_1 = r_1\omega,\ v_2 = r_2\omega$$

则

$$L_O = J_O\omega + m_1r_1^2\omega + m_2r_2^2\omega$$

作用在质点系上的力对转轴 O 的矩为

$$M_O = M + m_1gr_1 - m_2gr_2\sin\theta$$

由质点系的动量矩定理

$$\frac{\mathrm{d}}{\mathrm{d}t}\boldsymbol{L}_O = \sum_{i=1}^{n}\boldsymbol{M}_O(\boldsymbol{F}_i^{(\mathrm{e})})$$

得

$$J_O\dot{\omega} + m_1r_1^2\dot{\omega} + m_2r_2^2\dot{\omega} = M + m_1gr_1 - m_2gr_2\sin\theta$$

解得鼓轮的角加速度为

$$\alpha = \frac{M + m_1gr_1 - m_2gr_2\sin\theta}{J_O + m_1r_1^2 + m_2r_2^2}$$

小车上升的加速度为

$$a = \frac{M + (m_1r_1 - m_2r_2\sin\theta)g}{J_O + m_1r_1^2 + m_2r_2^2}r_2$$

例 13-4 已知猴子 A 重 = 猴子 B 重，猴 B 以相对绳速度 v 上爬，猴 A 不动，问当猴 B 向上爬时，猴 A 将如何动？动的速度多大？（轮重不计）

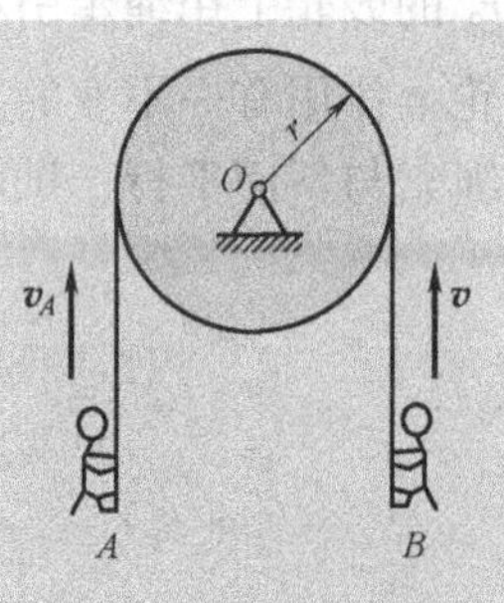

图 13-8 质点系的动量矩守恒应用

解： 以整体为质点系，因作用在质点系上的外力为重力和转轴处的约束力，而猴子 A 重 = 猴子 B 重，所以对转轴的力矩均为零，故质点系对转轴的动量矩守恒。

$$L_O = \text{恒量}$$

设 A 上升的速度为 v_A，则由运动学知，B 的速度为

$$v_B = v - v_A$$

由 $L_{O1} = L_{O2}$，开始时 $L_{O1} = 0$，得

$$0 = m_Av_Ar - m_B(v - v_A)r$$

$$v_A = \frac{v}{2}$$

猴 A 与猴 B 向上的绝对速度是一样的，均为$\frac{v}{2}$。

13.4 刚体定轴转动微分方程

13.4.1 刚体定轴转动微分方程

如图13-9所示，设定轴转动刚体某瞬时的角速度为 ω，作用在刚体上的主动力为 $\boldsymbol{F}_i$、约束力为 $\boldsymbol{F}_{\mathrm{N}i}$（$i=1$，…，$n$），这些力均为外力，设刚体对转轴的转动惯量为 J_z，刚体对转轴 z 的动量矩为

$$L_z = J_z\omega$$

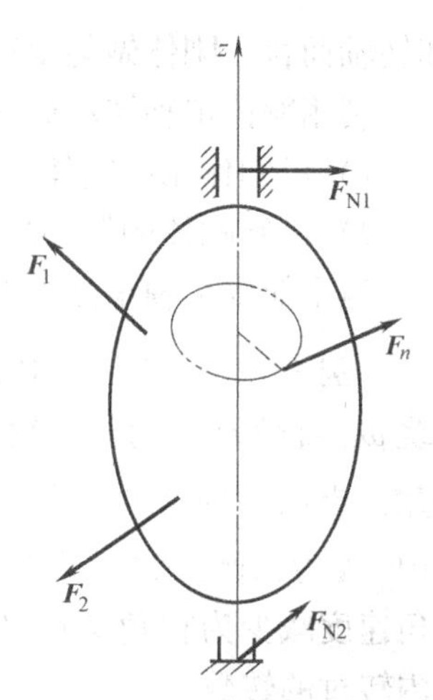

图13-9 刚体定轴转动的动量矩

将上面的动量矩代入动量矩定理式（13-12）的第三式中，得

$$\frac{\mathrm{d}}{\mathrm{d}t}(J_z\omega) = \sum_{i=1}^{n} M_z(\boldsymbol{F}_i) + \sum_{i=1}^{n} M_z(\boldsymbol{F}_{\mathrm{N}i})$$

式中，$\sum\limits_{i=1}^{n} M_z(\boldsymbol{F}_i)$ 为主动力对转轴 z 的矩。

因为约束力通过 z 轴，转轴处的约束力对转轴的矩 $\sum\limits_{i=1}^{n} M_z(\boldsymbol{F}_{\mathrm{N}i}) = 0$。于是得刚体定轴转动微分方程

$$\frac{\mathrm{d}}{\mathrm{d}t}(J_z\omega) = \sum_{i=1}^{n} M_z(\boldsymbol{F}_i)$$

$$J_z\frac{\mathrm{d}\omega}{\mathrm{d}t} = \sum_{i=1}^{n} M_z(\boldsymbol{F}_i)$$

或

$$J_z\alpha = \sum_{i=1}^{n} M_z(\boldsymbol{F}_i) \tag{13-13}$$

则刚体定轴转动微分方程：刚体对转轴 z 的转动惯量与角加速度的乘积等于作用在转动刚体上的主动力对转轴 z 的矩的代数和（或主矩）。

应用上式解题时应注意力矩的正负号。可先规定转角 φ 的正向，力矩的转向与转角正向相同时取正号，反之取负号。在不计摩擦的情况下，转轴 z 的约束力通过 z 轴，对 z 轴的矩为零，所以这些力在上式中不出现。

刚体定轴转动微分方程 $J_z\alpha = \sum\limits_{i=1}^{n} M_z(\boldsymbol{F}_i)$ 与质点运动微分方程 $m\boldsymbol{a} = \sum\limits_{i=1}^{n} \boldsymbol{F}_i$ 类似，因而，有相似的求解方法。

转动惯量表现刚体转动状态改变的难易程度。因此说：转动惯量是刚体转动时惯性的度量。

当 $\sum_{i=1}^{n} M_z(\boldsymbol{F}_i)=0$ 时，刚体转动对转轴 z 的动量矩 $L_z=J_z\omega=$ 恒量，动量矩守恒，例如花样滑冰运动员通过伸展和收缩手臂以及另一条腿，改变其转动刚体惯量，从而达到增大和减少旋转的角速度；当 $\sum_{i=1}^{n} M_z(\boldsymbol{F}_i)=$ 恒量，对于确定的刚体和转轴而言，刚体做匀变速转动。

利用刚体定轴转动微分方程求解动力学的两类问题。

1）已知作用在刚体上的外力矩，求刚体的转动规律；

2）已知刚体的转动规律，求作用于刚体的外力（矩）。

但不能求出轴承处的约束力，需用质心运动定理求解。

例 13-5 如图 13-10 所示，飞轮以角速度绕 ω_O 绕轴 O 转动，飞轮对轴 O 的转动惯量为 J_O，当制动时其摩擦阻力矩为 $M=-k\omega$，其中，k 为比例系数，试求飞轮经过多少时间后角速度减少为初角速度的 1/5，以及在此时间内转过的转数。

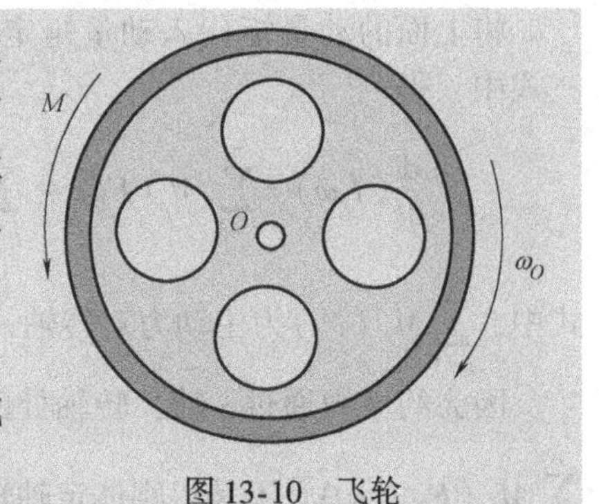

图 13-10 飞轮

解：（1）求飞轮经过多少时间后角速度减少为初角速度的 1/5

飞轮绕轴 O 转动的微分方程为

$$J_O\frac{\mathrm{d}\omega}{\mathrm{d}t}=M$$

将摩擦阻力矩 $M=-k\omega$，代入上式有

$$J_O\frac{\mathrm{d}\omega}{\mathrm{d}t}=-k\omega$$

采用解微分方程的分离变量法，并积分

$$\int_{\omega_O}^{\frac{\omega_O}{5}} J_O\frac{\mathrm{d}\omega}{\omega}=-\int_0^t k\mathrm{d}t$$

解得时间为

$$t=\frac{J_O}{k}\ln 5$$

（2）求飞轮转过的转数

飞轮绕轴 O 转动的微分方程写成为

$$J_O\frac{\mathrm{d}\omega}{\mathrm{d}t}=-k\frac{\mathrm{d}\varphi}{\mathrm{d}t}$$

方程的两边约去 $\mathrm{d}t$，并积分

$$\int_{\omega_O}^{\frac{\omega_O}{5}} J_O \mathrm{d}\omega = \int_0^{\varphi}(-k)\mathrm{d}\varphi$$

解得飞轮转过的角度为

$$\varphi = \frac{4J_O\omega_O}{5k}$$

则飞轮转过的转数为

$$n = \frac{\varphi}{2\pi} = \frac{2J_O\omega_O}{5\pi k}$$

例 13-6 传动轴系如图 13-11a 所示，主动轴Ⅰ和从动轴Ⅱ的转动惯量分别为 J_1 和 J_2，R_1 和 R_2 分别为主动轴Ⅰ和从动轴Ⅱ的半径。若在轴Ⅰ上作用主动力矩 M，各处摩擦不计，试求主动轴Ⅰ的角加速度。

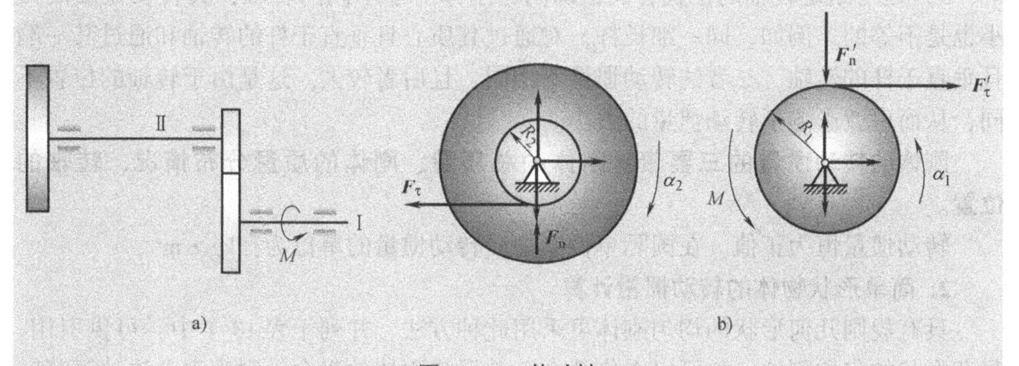

图 13-11 传动轴

解：由于主动轴Ⅰ和从动轴Ⅱ为两个转动的物体，应用动量矩定理时应分别研究。受力传动轴系如图 13-11b 所示，设沿角加速度的方向为建立动量矩方程的正方向，其定轴转动微分方程为

$$J_1\alpha_1 = M - F_\tau' R_1 \tag{a}$$

$$J_2\alpha_2 = F_\tau R_2 \tag{b}$$

因轮缘上的切向力 $F_\tau = F_\tau'$

运动学关系 $\dfrac{R_2}{R_1} = \dfrac{\alpha_1}{\alpha_2}$

得主动轴Ⅰ的角加速度为

$$\alpha_1 = \frac{M}{J_1 + \left(\frac{R_1}{R_2}\right)^2 J_2}$$

13.4.2 刚体对轴的转动惯量

1. 刚体对轴的转动惯量的定义

刚体对某轴的转动惯量，是描述刚体在绕该轴的转动过程中转动惯性的物理量。转动惯量的定义式

$$J = \sum m_i r_i^2 \tag{13-14}$$

由式（13-14）可看出，刚体的转动惯量是与下列三个因素有关的：

1）与刚体的质量有关。例如，半径相同的两个圆柱体，而它们的质量不同，显然，对于相应的转轴，质量大的转动惯量也较大。

2）在质量一定的情况下，与质量的分布有关。例如，质量相同、半径也相同的圆盘与圆环，二者的质量分布不同，圆环的质量集中分布在边缘，而圆盘的质量分布在整个圆面上，所以，圆环的转动惯量较大。

3）还与给定转轴的位置有关，即同一刚体对于不同的转轴，其转动惯量的大小也是不等的。例如，同一细长杆，对通过其质心且垂直于杆的转轴和通过其一端且垂直于杆的转轴，二者的转动惯量不相同，且后者较大。这是由于转轴的位置不同，从而也就影响了转动惯量的大小。

刚体的转动惯量的三要素：刚体的总质量、刚体的质量分布情况、转轴的位置。

转动惯量恒为正值。在国际单位制中，转动惯量的单位为：kg · m²。

2. 简单形状物体的转动惯量计算

具有规则几何形状的均匀刚体可采用此种方法，并列于表 13-1 中，可供引用。复杂形状的匀质刚体，如可以看作几个简单形状刚体的组合，则用组合法计算其转动惯量，否则需要用实验方法测定。

（1）积分法　若刚体质量连续分布，可用下列定积分表示

$$J_z = \int_M r^2 \mathrm{d}m \tag{13-15}$$

式中，M 表示积分范围遍及刚体的全部质量。

1）等截面均质细杆，长为 l，质量为 m，其对过质心 C 与杆垂直的轴的转动惯量计算如下：

建立如图 13-12 所示坐标系，取微段 $\mathrm{d}x$ 其质量为 $\mathrm{d}m = \dfrac{m}{l}\mathrm{d}x$，则此杆对轴 z 的转动惯量为

$$J_z = \int_{-\frac{l}{2}}^{\frac{l}{2}} x^2 \frac{m}{l}\mathrm{d}x = \frac{1}{12}ml^2$$

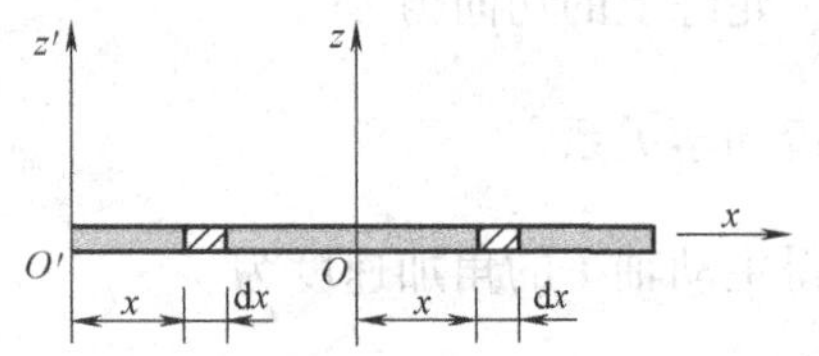

图 13-12　等截面均质细杆转动惯量

对过端点且与过质心 C 与杆垂直的轴平行的轴的转动惯量为

$$J_{z'} = \int_0^l x^2 \cdot \frac{m}{l}\mathrm{d}x = \frac{1}{3}ml^2$$

2）厚度相等的均质薄圆盘的半径为 R，质量为 m，则圆盘对过其中心，且垂直于盘面的 z 轴的转动惯量的分析如下：

将圆板分成无数同心的细圆环，任一圆环的半径为 r，宽度为 $\mathrm{d}r$，如图 13-13 所示，其中

$$\mathrm{d}m = \frac{m}{\pi R^2}(2\pi r\mathrm{d}r) = \frac{2m}{R^2}r\mathrm{d}r$$

此圆环对轴 z 的转动惯量为

$$r^2\mathrm{d}m = \frac{2m}{R^2}r^3\mathrm{d}r$$

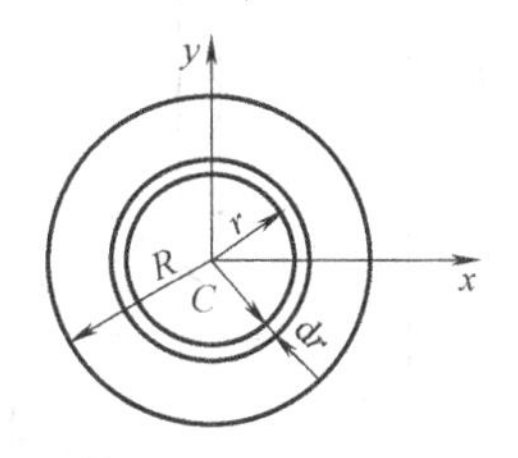

图 13-13 厚度相等的均质薄圆盘的转动惯量

则整个圆板对于轴 z 的转动惯量为

$$J_{Cz} = \int_0^R r^2\mathrm{d}m = \int_0^R \frac{2m}{R^2}r^3\mathrm{d}r = \frac{m}{2}R^2$$

（2）回转半径（或稳性半径） 回转半径定义式为

$$\rho_z = \sqrt{\frac{J_z}{m}} \tag{13-16}$$

由式（13-16）所定义的长度 ρ_z 称为刚体对 z 轴的回转半径。对于几何形状相同的均质物体，其回转半径也是一样的。例如，细长杆的回转半径为 $\rho_z = \frac{\sqrt{3}}{3}l$；均质圆盘的回转半径为 $\rho_z = \frac{\sqrt{2}}{2}R$。

物体的转动惯量也可表示为

$$J_z = m\rho_z^2 \tag{13-17}$$

即物体的转动惯量等于该物体的质量与回转半径平方的乘积。

在机械工程手册中，也列出了简单几何形状或几何形状已标准化的零件的回转半径，以供技术人员查阅，见表 13-1。

表 13-1 常见均质物体的转动惯量和回转半径

物体形状	简图	转动惯量	回转半径
细直杆	z，C，$\frac{l}{2}$，$\frac{l}{2}$	$J_z = \frac{1}{12}ml^2$	$\frac{1}{\sqrt{12}}l$

（续）

物体形状	简图	转动惯量	回转半径
矩形薄板		$J_x = \frac{1}{12}mb^2$ $J_y = \frac{1}{12}ma^2$ $J_z = \frac{1}{12}m(a^2 + b^2)$	$\frac{1}{\sqrt{12}}b$ $\frac{1}{\sqrt{12}}a$ $\sqrt{\frac{a^2 + b^2}{12}}$
细圆环		$J_x = J_y = \frac{1}{2}mr^2$ $J_z = mr^2$	$\frac{1}{\sqrt{2}}r$ r
薄圆盘		$J_x = J_y = \frac{1}{4}mr^2$ $J_z = \frac{1}{2}mr^2$	$\frac{1}{2}r$ $\frac{1}{\sqrt{12}}r$
圆柱		$J_x = J_y = m\left(\frac{r^2}{4} + \frac{l^2}{12}\right)$ $J_z = \frac{1}{2}mr^2$	$\sqrt{\frac{3r^2 + l^2}{12}}$ $\frac{1}{\sqrt{2}}r$
空心圆柱		$J_z = \frac{1}{2}m(R^2 + r^2)$	$\sqrt{\frac{1}{2}(R^2 + r^2)}$

（续）

物体形状	简图	转动惯量	回转半径
薄壁空心球	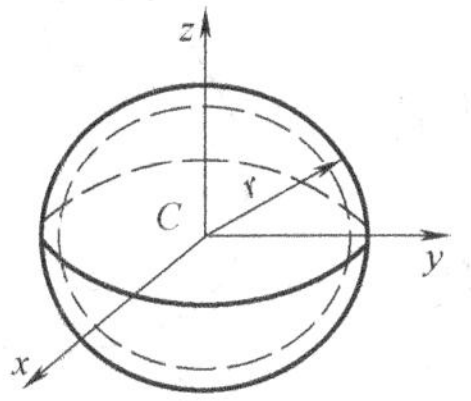	$J_x = J_y = J_z = \frac{2}{3}mr^2$	$\sqrt{\frac{2}{3}}r$
实心球	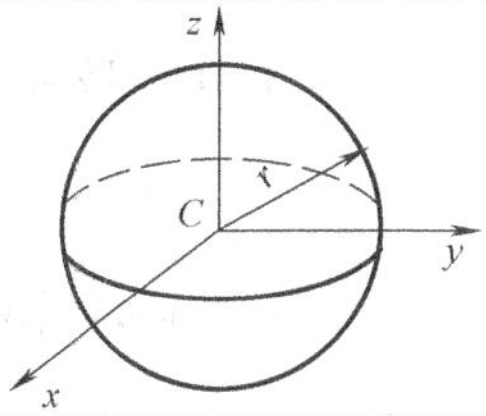	$J_x = J_y = J_z = \frac{2}{5}mr^2$	$\sqrt{\frac{2}{5}}r$
圆环	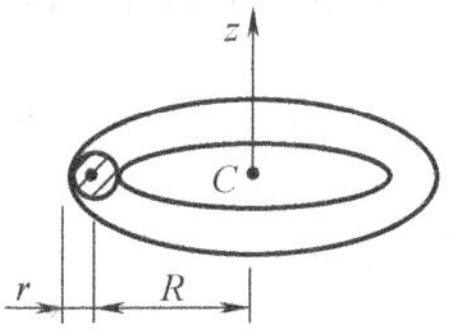	$J_z = m\left(R^2 + \frac{3}{4}r^2\right)$	$\sqrt{R^2 + \frac{3}{4}r^2}$
立方体	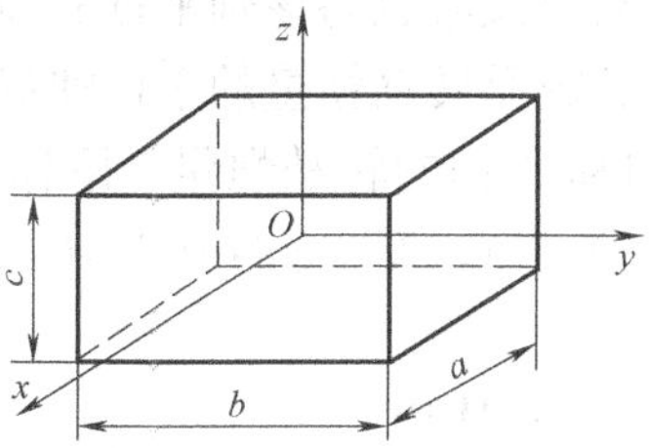	$J_x = \frac{1}{12}m(b^2 + c^2)$ $J_y = \frac{1}{12}m(a^2 + c^2)$ $J_z = \frac{1}{12}m(a^2 + b^2)$	$\sqrt{\frac{b^2 + c^2}{12}}$ $\sqrt{\frac{a^2 + c^2}{12}}$ $\sqrt{\frac{a^2 + b^2}{12}}$
正圆锥体	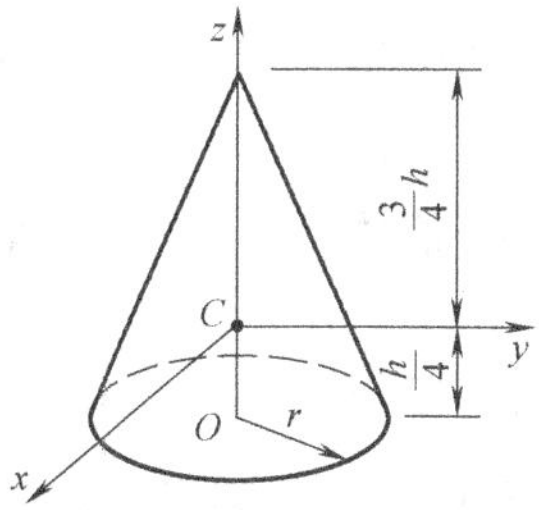	$J_z = \frac{3}{10}mr^2$ $J_z = J_y = \frac{3}{80}m(4r^2 + h^2)$	$\sqrt{\frac{3}{10}}r$ $\sqrt{\frac{3}{80}(4r^2 + h^2)}$

（3）转动惯量的平行轴定理　刚体的转动惯量与轴的位置有关，一般工程手册中所给出的都是刚体对过质心轴的转动惯量。要求出刚体对平行于质心轴的其他轴的转动惯量，需用到平行轴定理。

物体对两个平行轴的转动惯量有如下关系式

$$J_{z'} = J_{Cz} + md^2 \tag{13-18}$$

即物体对某 z' 轴的转动惯量等于物体对通过其质心并与 z' 轴平行的 Cz 轴的转动惯量加上物体的质量与两轴间距离平方之乘积。

显然，诸平行轴中以对过质心的轴的转动惯量为最小。

建立如图 13-14 所示直角坐标系 $Oxyz$，使 z 轴与需要求的转动惯量的轴重合；$Cx'y'z'$ 为质心直角坐标系，它的各轴与 $Oxyz$ 的相应轴平行，质心 C 在 $Oxyz$ 中的坐标为（a，b，c），于是有 $x = x' + a, y = y' + b$。由式（13-15）可得

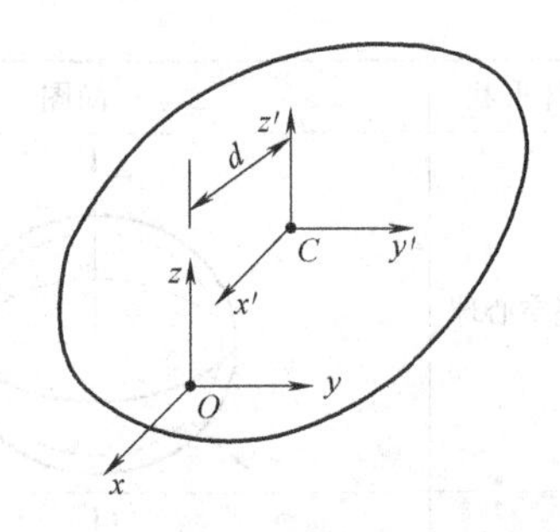

图 13-14 转动惯量的平行轴定理

$$J_z = \int(x^2 + y^2)\mathrm{d}m = \int[(x' + a)^2 + (y' + b)^2]\mathrm{d}m$$

$$= \int(x'^2 + y'^2)\mathrm{d}m + (a^2 + b^2)\int\mathrm{d}m + 2a\int x'\mathrm{d}m + 2b\int y'\mathrm{d}m$$

因为 $\int x'\mathrm{d}m = mx'_C = 0$，$\int y'\mathrm{d}m = my'_C = 0$；设 z 轴和 z' 之间的距离为 d，则 $d^2 = a^2 + b^2$，于是平行轴转动惯量之间的关系为

$$J_z = J_{Cz} + md^2$$

即刚体对任一轴的转动惯量等于刚体对过质心且与该轴平行的轴的转动惯量加上刚体质量与两轴之间距离平方的乘积，这就是**转动惯量的平行轴定理**。

注意：式（13-18）中的 J_{Cz} 必须是对质心轴的转动惯量。刚体对任意两根平行轴的转动惯量之间的关系，必须通过一根与它们平行的质心轴，由式（13-18）间接导出。

（4）计算刚体转动惯量的组合法　如果物体由几个形状简单的物体组成，计算整体的转动惯量时，可以分别计算各个部分的转动惯量，并利用平行轴定理，然后相加。若刚体有空心部分，类似于求形心的负体积法，则只要将该刚体看成是无空心整体再叠加质量为负的空心部分即可。

如图 13-15 所示钟摆，求其转动惯量：如均质直杆质量 m_1，长度 l；均质圆盘质量 m_2，半径 R。

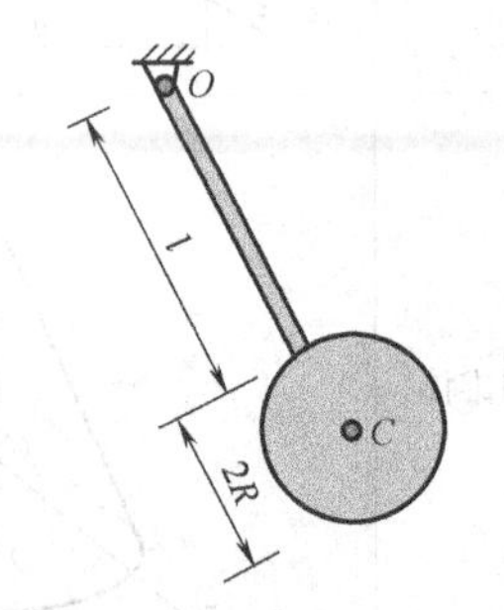

图 13-15 钟摆的转动惯量

均质细长杆对于通过杆端 O 且与杆垂直的轴的转动惯量为

$$J_{O杆} = \frac{1}{3}m_1 l^2$$

而圆盘对于杆端 O 的转动惯量要用到平行轴定理

$$J_{O盘} = J_{C盘} + m_2(l + R)^2$$

钟摆对于 O 的转动惯量

$$J_O = J_{O盘} + J_{C杆} = \frac{1}{2}m_2R^2 + m_2(l+R)^2 + \frac{1}{3}m_1l^2$$

工程中对于几何形状复杂的物体，常用实验的方法测定其转动惯量。

13.5 质点系相对质心的动量矩定理

前面我们介绍了质点系的动量矩定理它只适用于惯性参考系，对非惯性参考系一般不成立。但如果以质心为原点，做一条随质心平移的坐标系，虽然此坐标系仍是非惯性的，但质点系在相对于此坐标系的运动中对质心的动量矩的导数也等于外力对质心的主矩。下面我们来推导质点系相当于质心的动量矩定理。

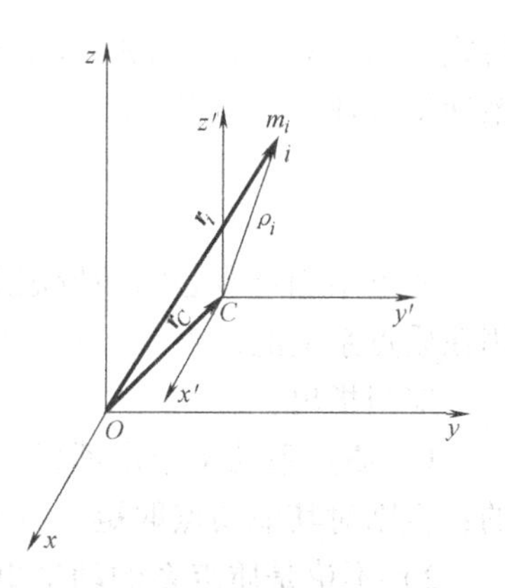

图 13-16 质点系相对质心的动量矩定量

O 为固定点，建立定系 $Oxyz$ 和以质心 C 为坐标原点的动坐标系 $Cx'y'z'$。设质点系质心 C 的矢径为 $\boldsymbol{r}_C$，任一质点 i 的质量为 m_i，对两个坐标系的矢径分别为$\boldsymbol{r}_i$、$\boldsymbol{\rho}_i$，三者的关系如图 13-16 所示。

$$\boldsymbol{r}_i = \boldsymbol{r}_C + \boldsymbol{\rho}_i$$

质点系对固定点 O 的动量矩为

$$\boldsymbol{L}_O = \sum_{i=1}^{n} \boldsymbol{r}_i \times m_i \boldsymbol{v}_i = \sum_{i=1}^{n} (\boldsymbol{r}_C + \boldsymbol{\rho}_i) \times m_i \boldsymbol{v}_i = \boldsymbol{r}_C \times \sum_{i=1}^{n} m_i \boldsymbol{v}_i + \sum_{i=1}^{n} \boldsymbol{\rho}_i \times m_i \boldsymbol{v}_i \tag{a}$$

其中，质点系对质心 C 的动量矩为

$$\boldsymbol{L}_C = \sum_{i=1}^{n} \boldsymbol{\rho}_i \times m_i \boldsymbol{v}_i \tag{b}$$

质点系相对定系的动量为

$$\boldsymbol{p} = \sum_{i=1}^{n} m_i \boldsymbol{v}_i = m\boldsymbol{v}_C \tag{c}$$

将式（b）和式（c）代入式（a）得质点系对固定点 O 的动量矩和质点系对质心 C 的动量矩间的关系为

$$\boldsymbol{L}_O = \boldsymbol{r}_C \times m\boldsymbol{v}_C + L_C = \boldsymbol{r}_C \times \boldsymbol{p} + \boldsymbol{L}_C \tag{13-19}$$

即质点系对固定点 O 的动量矩等于质点系随着质心平移时对固定点 O 的动量矩 $\boldsymbol{r}_C \times m\boldsymbol{v}_C$ 与质点系对质心 C 的动量矩 L_C 之和。

式（13-20）对时间求导得

$$\frac{\mathrm{d}\boldsymbol{L}_O}{\mathrm{d}t} = \boldsymbol{v}_C \times m\boldsymbol{v}_C + \boldsymbol{r}_C \times \frac{\mathrm{d}\boldsymbol{p}}{\mathrm{d}t} + \frac{\mathrm{d}\boldsymbol{L}_C}{\mathrm{d}t} \tag{d}$$

作用在质点系上的外力对固定点 O 的力矩为

$$\boldsymbol{M}_O = \sum_{i=1}^{n} \boldsymbol{r}_i \times \boldsymbol{F}_i^{(\mathrm{e})} = \sum_{i=1}^{n} (\boldsymbol{r}_C + \boldsymbol{\rho}_i) \times \boldsymbol{F}_i^{(\mathrm{e})} = \boldsymbol{r}_C \times \sum_{i=1}^{n} \boldsymbol{F}_i^{(\mathrm{e})} + \sum_{i=1}^{n} \boldsymbol{\rho}_i \times \boldsymbol{F}_i^{(\mathrm{e})} \tag{e}$$

作用在质点系上的外力对质心 C 的力矩为

$$\boldsymbol{M}_C = \sum_{i=1}^{n} \boldsymbol{\rho}_i \times \boldsymbol{F}_i^{(\mathrm{e})} \tag{f}$$

将式（e)、式（f）和式（d）代入质点系动量矩定理式（13-11）中，并考虑质点系动量定理，从而得

$$\frac{\mathrm{d}\boldsymbol{L}_C}{\mathrm{d}t} = \boldsymbol{M}_C \tag{13-20}$$

质点系相对质心的动量矩定理：质点系相对质心的动量矩对时间的导数等于作用在质点系上的外力对质心之矩的矢量和（或称主矩）。

应当指出：

1）质点系动量矩定理只有对固定点或质心点取矩时，其方程的形式才是一致的；否则对其他动点取矩，质点系动量矩定理将更加复杂。

2）不论是质点系的动量矩定理还是质点系相对于质心的动量矩定理，质点系动量矩的变化均与内力无关，外力是改变质点系的动量矩的根本原因。

13.6 刚体平面运动微分方程

由运动学知识得知，刚体的平面运动可以分解为随基点的平移和相对于基点转动两部分。现取质心为基点，因此刚体的平面运动可以分解为随质心的平移和相对于质心转动两部分。这两部分的运动分别由质心运动定理和相对于质心的动量矩定理来确定。

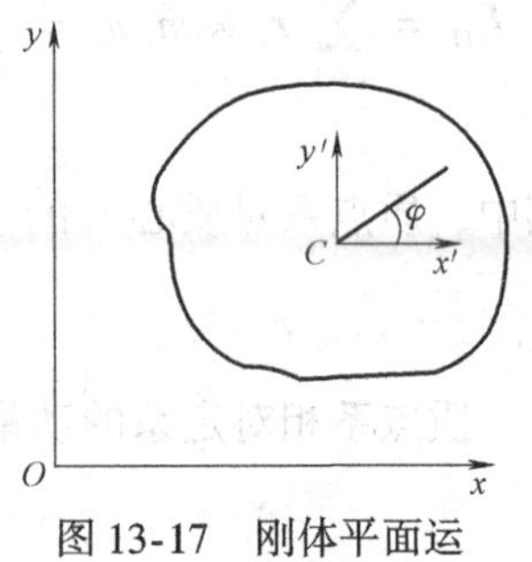

图 13-17 刚体平面运动微分方程

如图 13-17 所示，作用在刚体上的力简化为质心所在平面内一平面力系 $\boldsymbol{F}_i^{(\mathrm{e})}$（$i=1$，…，$n$），在质心 C 处建立平移坐标系 $Cx'y'$，由质心运动定理和相对于质心的动量矩定理得

$$\begin{cases} m\boldsymbol{a}_C = \sum\limits_{i=1}^{n} \boldsymbol{F}_i^{(\mathrm{e})} \\ \dfrac{\mathrm{d}}{\mathrm{d}t}(J_C\omega) = \sum\limits_{i=1}^{n} M_C(\boldsymbol{F}_i^{(\mathrm{e})}) \end{cases} \tag{13-21}$$

式（13-21）的投影形式

$$\begin{cases} ma_{Cx} = \sum_{i=1}^{n} F_{ix}^{(e)} \\ ma_{Cy} = \sum_{i=1}^{n} F_{iy}^{(e)} \\ J_C\ddot{\varphi} = \sum_{i=1}^{n} m_C(\boldsymbol{F}_i^{(e)}) \end{cases} \tag{13-22}$$

即式（13-21）或式（13-22）为刚体平面运动微分方程，利用此方程求解刚体平面运动的两类动力学问题。

例 13-7 如图 13-18 所示，均质圆柱半径为 r，重力为 G，置于墙角，初始角速度为 ω_0，墙面、地面与圆柱接触处的动滑动摩擦因数均为 f'，滚阻不计。求：使圆柱停止转动所需要的时间。

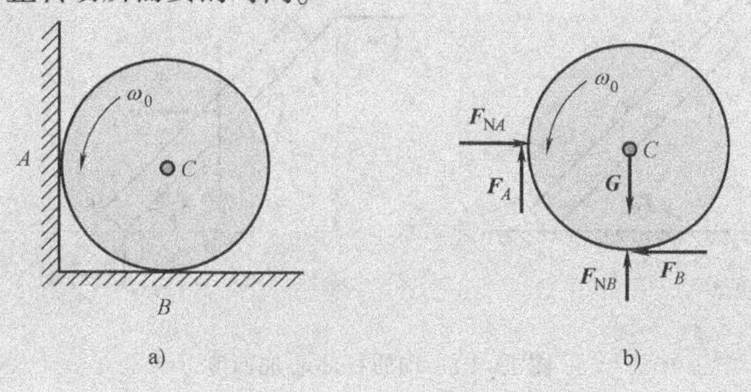

图 13-18 刚体平面运动微分方程例题

解：选取圆柱为研究对象，做平面运动。受力分析如图 13-18b 所示。

运动分析：质心 C 不动，则

$$a_{Cx} = 0,\ a_{Cy} = 0$$

刚体绕质心转动。

建立鼓轮平面运动微分方程为

$$0 = F_{NA} - F_B \tag{a}$$

$$0 = F_A + F_{NB} - G \tag{b}$$

$$\frac{1}{2}\frac{G}{g}r^2\frac{d\omega}{dt} = -F_A r - F_B r \tag{c}$$

需加补充方程，圆柱做无滑动滚动时的摩擦力为

$$F_A = f'F_{NA}, F_B = f'F_{NB} \tag{d}$$

将式（d）代入式（a）和式（b）得 $(f'^2+1)F_{NB} - G = 0$

则 $F_{NB} = \dfrac{G}{f'^2+1}$，$F_B = \dfrac{f'G}{f'^2+1}$，$F_{NA} = \dfrac{f'G}{f'^2+1}$，$F_A = \dfrac{f'^2G}{f'^2+1}$

将上述结果代入式（c），有

$$\frac{\mathrm{d}\omega}{\mathrm{d}t} = -\frac{1+f'}{1+f'^2}\cdot f'\frac{2g}{r},\ \int_{\omega_0}^{0}\mathrm{d}\omega = -\frac{2gf'}{r}\cdot\frac{1+f'}{1+f'^2}\int_0^t\mathrm{d}t$$

解得

$$t = \frac{(1+f'^2)r\omega_0}{2gf'(1+f')}$$

例 13-8 如图 13-19a 所示，均质杆 AB 质量为 m，长为 l，放在铅直平面内，杆的一端 A 靠在光滑的铅直墙壁上，杆的另一端 B 靠在光滑水平面上，初始时，杆 AB 与水平线的夹角 φ_0，设杆无初速地沿铅直墙面倒下，试求杆质心 C 的加速度和杆 AB 两端 A、B 处的约束力。

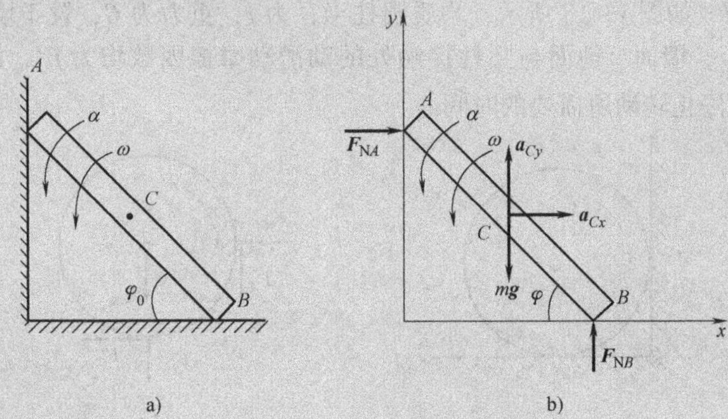

图 13-19 均质杆质心加速度

解：根据题意，杆 AB 在铅直平面内做平面运动，其受力如图 13-19b 所示。建立杆的平面运动微分方程为

$$m\ddot{x}_C = F_{NA} \tag{a}$$

$$m\ddot{y}_C = F_{NB} - mg \tag{b}$$

$$J_C\alpha = F_{NB}\frac{l}{2}\cos\varphi - F_{NA}\frac{l}{2}\sin\varphi \tag{c}$$

由几何条件得质心的坐标为

$$\begin{cases} x_C = \dfrac{l}{2}\cos\varphi \\ y_C = \dfrac{l}{2}\sin\varphi \end{cases} \tag{d}$$

并注意 $\dot{\varphi} = -\omega$（即角速度方向与夹角 φ 增大的方向相反）。

式（d）对时间求导，得

$$\begin{cases}\ddot{x}_C = \dfrac{l}{2}(\alpha\sin\varphi - \omega^2\cos\varphi) \\ \ddot{y}_C = -\dfrac{l}{2}(\alpha\cos\varphi + \omega^2\sin\varphi)\end{cases} \tag{e}$$

其中转动惯量 $J_C = \dfrac{1}{12}ml^2$ 。

将式（e）代入式（a）和式（b），并将式（a）~式（c）联立求解得杆 AB 的角加速度为

$$\alpha = \frac{3g\cos\varphi}{2l} \tag{f}$$

对角速度做如下的变换为

$$\alpha = \frac{\mathrm{d}\omega}{\mathrm{d}t} = -\frac{\mathrm{d}\omega}{\mathrm{d}\varphi}\frac{\mathrm{d}\varphi}{\mathrm{d}t}$$

代入式（f），并积分得杆 AB 的角速度为

$$\omega = \sqrt{\frac{3g}{l}(\sin\varphi_0 - \sin\varphi)} \tag{g}$$

将式（f）和式（g）代入式（e）得质心加速度为

$$\begin{cases}\ddot{x}_C = \dfrac{3g}{4}(3\sin\varphi - 2\sin\varphi_0)\cos\varphi \\ \ddot{y}_C = -\dfrac{3g}{4}(1 + \sin^2\varphi - 2\sin\varphi\sin\varphi_0)\end{cases} \tag{h}$$

则杆 AB 两端 A、B 处的约束力为

$$\begin{cases}F_{NA} = \dfrac{3mg}{4}(3\sin\varphi - 2\sin\varphi_0)\cos\varphi \\ F_{NB} = \dfrac{1}{4}mg - \dfrac{3mg}{4}(\sin^2\varphi - 2\sin\varphi\sin\varphi_0)\end{cases}$$

小　　结

1. 动量矩

（1）质点动量矩

1）质点对点的动量矩：$\boldsymbol{M}_O(m\boldsymbol{v}) = \boldsymbol{r} \times m\boldsymbol{v}$ 。它是矢量，方向按右手螺旋法则确定；大小：$M_O(mv) = mvh$ ，其中，h 称为动量臂，单位为 $\mathrm{kg \cdot m^2/s}$。

2）质点对轴的动量矩：$M_z(mv) = M_O[(m\boldsymbol{v})_{xy}]$ ，它是代数量。

（2）质点系动量矩

质点系对点的动量矩：$\boldsymbol{L}_O = \sum_{i=1}^{n} \boldsymbol{M}_O(m_i \boldsymbol{v}_i)$

质点系对轴的动量矩：$L_z = \sum_{i=1}^{n} M_z(m_i \boldsymbol{v}_i) = [\boldsymbol{L}_O]_z$

（3）质点系对点的动量矩和对轴的动量矩的关系

$$L_z = [\boldsymbol{L}_O]_z$$

刚体做平移时动量矩的计算：将刚体的质量集中在刚体的质心上，按质点的动量矩计算。

刚体做定轴转动时动量矩的计算：$L_z = J_z\omega$

2. 动量矩定理

1）质点的动量矩定理：质点对某一固定点的动量矩对时间的导数等于作用在质点上的力对同一点的矩。

$$\frac{\mathrm{d}}{\mathrm{d}t}[\boldsymbol{M}_O(m\boldsymbol{v})] = \boldsymbol{M}_O(\boldsymbol{F})$$

投影形式

$$\begin{cases} \dfrac{\mathrm{d}}{\mathrm{d}t}[M_x(mv)] = M_x(\boldsymbol{F}) \\ \dfrac{\mathrm{d}}{\mathrm{d}t}[M_y(mv)] = M_y(\boldsymbol{F}) \\ \dfrac{\mathrm{d}}{\mathrm{d}t}[M_z(mv)] = M_z(\boldsymbol{F}) \end{cases}$$

2）质点系的动量矩定理：质点系对某一固定点的动量矩对时间的导数等于作用在质点系上的外力对同一点矩的矢量和（或称外力的主矩）。

$$\frac{\mathrm{d}}{\mathrm{d}t}\boldsymbol{L}_O = \sum_{i=1}^{n} \boldsymbol{M}_O(\boldsymbol{F}_i^{(\mathrm{e})})$$

投影形式

$$\begin{cases} \dfrac{\mathrm{d}}{\mathrm{d}t}L_x = \sum\limits_{i=1}^{n} M_x(\boldsymbol{F}_i^{(\mathrm{e})}) \\ \dfrac{\mathrm{d}}{\mathrm{d}t}L_y = \sum\limits_{i=1}^{n} M_y(\boldsymbol{F}_i^{(\mathrm{e})}) \\ \dfrac{\mathrm{d}}{\mathrm{d}t}L_z = \sum\limits_{i=1}^{n} M_z(\boldsymbol{F}_i^{(\mathrm{e})}) \end{cases}$$

3）质点系动量矩守恒定律。当作用在质点系上的外力对某一点的矩等于零时，则质点系对该点的动量矩守恒。当作用在质点系上的外力对某一轴的矩等于零时，则质点系对该轴的动量矩守恒。

4）质点系相对质心的动量矩定理：质点系相对质心的动量矩对时间的导数等于作用在质点系上的外力对质心之矩的矢量和。

$$\frac{\mathrm{d}\boldsymbol{L}_C}{\mathrm{d}t} = \boldsymbol{M}_C$$

3. 刚体定轴转动微分方程

$$J_z \frac{\mathrm{d}\omega}{\mathrm{d}t} = \sum_{i=1}^{n} M_z(\boldsymbol{F}_i)$$

或

$$J_z \alpha = \sum_{i=1}^{n} M_z(\boldsymbol{F}_i)$$

刚体定轴转动微分方程与质点运动微分方程类似。

4. 刚体平面运动微分方程

$$\begin{cases} m\boldsymbol{a}_C = \sum_{i=1}^{n} \boldsymbol{F}_i^{(\mathrm{e})} \\ \dfrac{\mathrm{d}}{\mathrm{d}t}(J_C\omega) = \sum_{i=1}^{n} M_C(\boldsymbol{F}_i^{(\mathrm{e})}) \end{cases}$$

投影形式

$$\begin{cases} ma_{Cx} = \sum_{i=1}^{n} F_{ix}^{(\mathrm{e})} \\ ma_{Cy} = \sum_{i=1}^{n} F_{iy}^{(\mathrm{e})} \\ J_C\ddot{\varphi} = \sum_{i=1}^{n} M_C(\boldsymbol{F}_i^{(\mathrm{e})}) \end{cases}$$

利用刚体定轴转动微分方程和刚体平面运动微分方程，可求解动力学的两类问题。

5. 转动惯量

（1）定义　质点系对 u 轴的转动惯量 J_u 等于各质点的质量与质点到 u 轴距离的平方乘积之和，即

$$J_u = \sum m_i \rho_i{}^2$$

（2）典型刚体的转动惯量

1）等截面均质细杆，长 $\overline{AB} = l$，质量为 m，其对过质心 C 与杆垂直的轴的转动惯量为

$$J_{Cz} = \int_{-\frac{l}{2}}^{\frac{l}{2}} x^2 \gamma \mathrm{d}x = \frac{1}{12}\gamma l^3 = \frac{m}{12}l^2$$

其对过 A 端的垂直杆 AB 的轴的转动惯量为

$$J_{z'} = \int_0^l x^2 \gamma \mathrm{d}x = \frac{1}{3}\gamma l^3 = \frac{m}{3}l^2$$

2）等厚均质薄圆板，半径为 R，质量为 m，其对过质心 C 与板面垂直轴的转动惯量为

$$J_{Cz} = \int_0^R \rho^2 \gamma 2\pi\rho \mathrm{d}\rho = \frac{\pi}{2}\gamma R^4 = \frac{m}{2}R^2$$

(3) 回转半径　物体对 z 轴的转动惯量还可表示为整个物体的质量 m 与某长度 ρ 的平方之乘积，即

$$J_z = m\rho^2$$

则 $\rho = \sqrt{\frac{J_z}{m}}$，称 ρ 为该物体对 z 轴的回转半径，或称惯性半径。

(4) 转动惯量的平行轴定理　物体对两个平行轴的转动惯量有如下关系式

$$J_z' = J_{Cz} + md^2$$

表示物体对某 z' 轴的转动惯量等于物体对通过其质心并与 z' 轴平行的 Cz 轴的转动惯量加上物体的质量与两轴间距离平方之乘积。显然，平行轴中以对过质心的轴的转动惯量为最小。

思　考　题

13-1　阐明质点系动量守恒定律、动量矩守恒定律成立的条件。

13-2　如图 13-20 所示，试计算各物体对其转轴的动量矩。

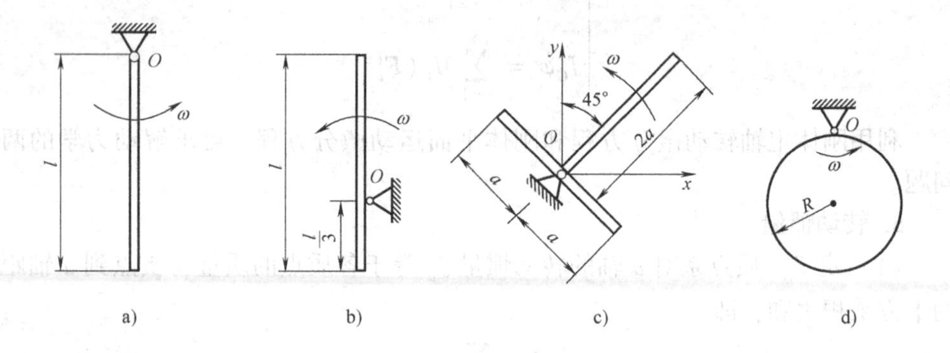

图 13-20　思考题 13-2 图

13-3　如图 13-21 所示，两轮的转动惯量相同。在图 13-21a 中绳子的一端挂一重物，重力为 W，图 13-21b 中绳子的一端受拉力 F，且 $W = F$，问两轮的角加速度是否相同？

13-4　如图 13-22 所示，已知 $J_z = \frac{1}{3}ml^2$，按照下式计算的 $J_{z'}$ 是否正确？

$$J_{z'} = J_z + m\left(\frac{2}{3}l\right)^2 = \frac{7}{9}ml^2$$

13-5　如图 13-23 所示，在铅垂面内，杆 OA 可以绕着 O 自由转动，匀质圆盘可绕着其质心轴 A 自由转动。如 OA 水平时系统静止，当自由释放后圆盘做什么

运动？

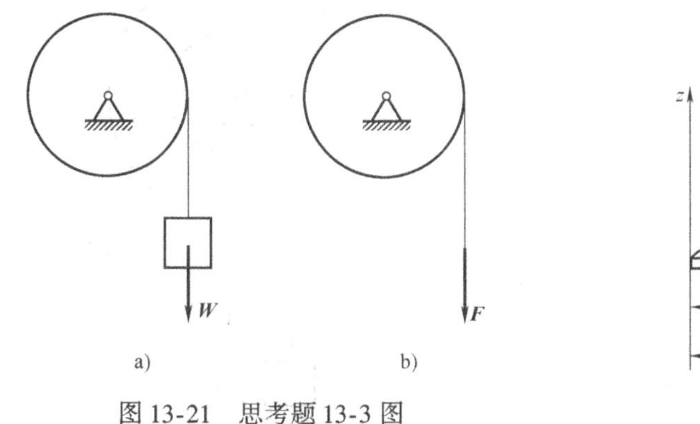

图 13-21 思考题 13-3 图

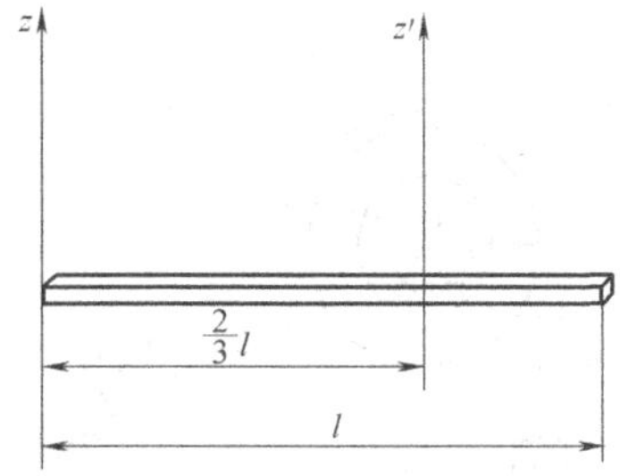

图 13-22 思考题 13-4 图

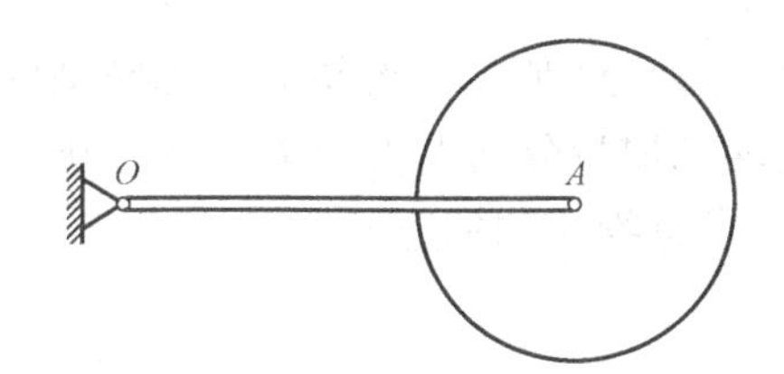

图 13-23 思考题 13-5 图

13-6 花样滑冰运动员利用手臂伸张和收拢来改变旋转速度，试说明其原因。

习 题

13-1 质量为 m 的点在平面 xOy 内运动，其运动方程为

$$x = a\cos\omega t$$
$$y = b\sin2\omega t$$

式中，a、b 和 ω 为常量。求质点对原点 O 的动量矩。

13-2 图 13-24 所示系统中，已知鼓轮以 ω 的角速度绕 O 轴转动，其大、小半径分别为 R、r，对 O 轴的转动惯量为 J_O；物块 A、B 的质量分别为 m_A 和 m_B；试求系统对 O 轴的动量矩。

13-3 如图 13-25 所示，质量为 m_1 和 m_2 的两重物 M_1 和 M_2，分别挂在两条绳子上，绳又分别绕在半径为 r_1 和 r_2 并装在同轴的两鼓轮上，已知两鼓轮对轴的转动惯量为 J，系统在重力作用下发生运动，求鼓轮的角加速度。

13-4 如图 13-26 所示装置，质量为 m 的杆 AB 可在质量为 M 的管 CD 内任意地滑动，$AB=CD=l$，CD 管绕铅直轴 z 转动，当运动初始时，杆 AB 与管 CD 重合，角速度为 ω_0，各处摩擦不计。试求杆 AB 伸出一半时此装置的角速度。

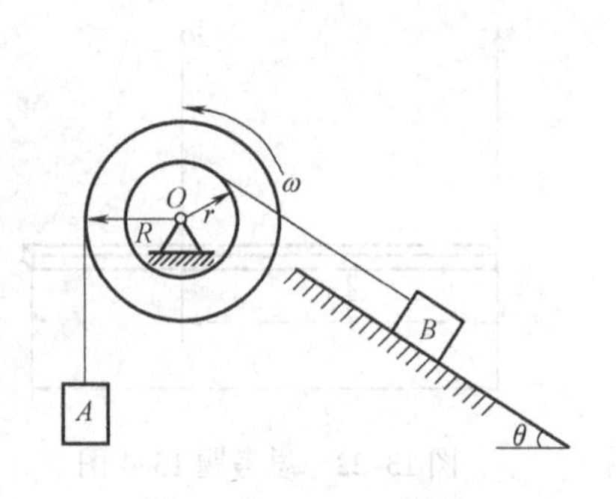

图 13-24　习题 13-2 图

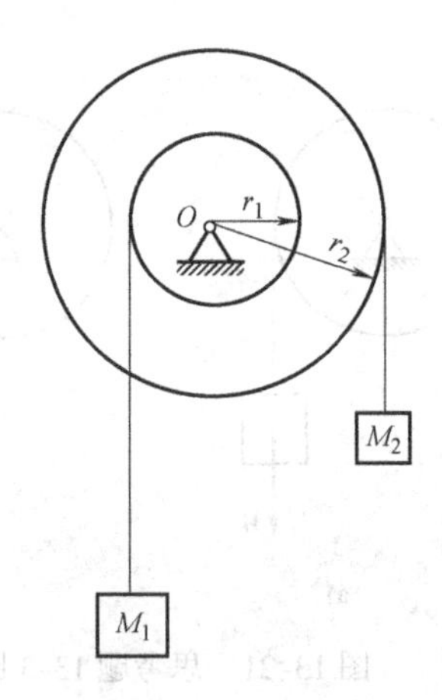

图 13-25　习题 13-3 图

13-5　卷扬机机构如图 13-27 所示。可绕固定轴转动的轮 B、C，其半径分别为 R 和 r，对自身转轴的转动惯量分别为 J_1 和 J_2。被提升重物 A 的质量为 m，作用于轮 C 的主动转矩为 M，求重物 A 的加速度。

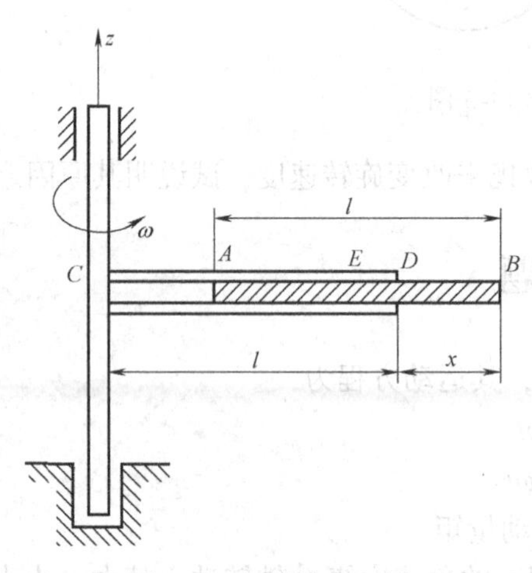

图 13-26　习题 13-4 图

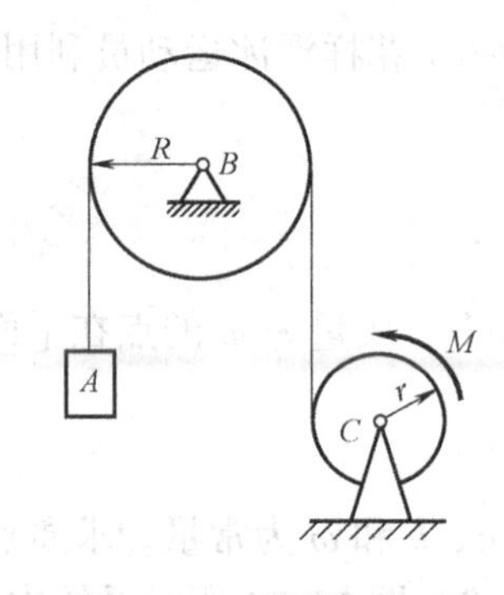

图 13-27　习题 13-5 图

13-6　图 13-28 所示两带轮的半径为 R_1 和 R_2，其质量各为 m_1 和 m_2，两轮以胶带相连接，各绕两平行的固定轴转动。如在第一个带轮上作用矩为 M 的主动力偶，在第二个带轮上作用矩为 M' 的阻力偶。带轮可视为均质圆盘，胶带与轮间无滑动，胶带质量略去不计。求第一个带轮的角加速度。

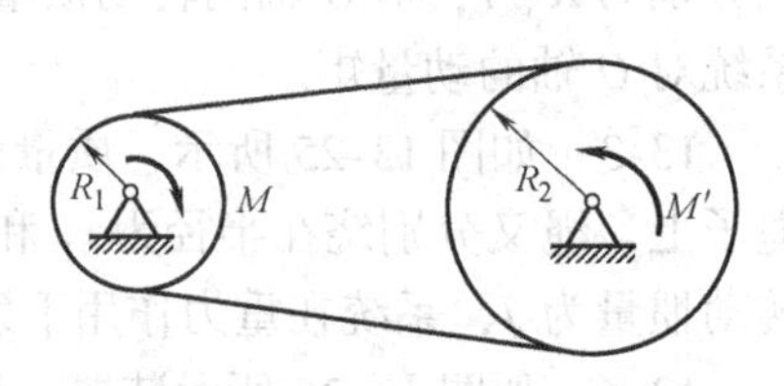

图 13-28　习题 13-6 图

13-7 已知如图 13-29 所示均质圆盘质量为 m，半径为 R，由图示位置静止释放，求此时 O 处的约束力。

13-8 如图 13-30 所示，均质实心圆柱体 A 和薄铁环 B 的质量均为 m，半径都等于 r，两者用杆 AB 铰接，无滑动地沿斜面滚下，斜面与水平面的夹角为 θ，如杆的质量忽略不计，求杆 AB 的加速度和杆的内力。

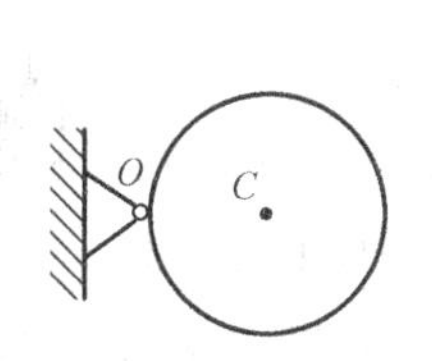

图 13-29 习题 13-7 图

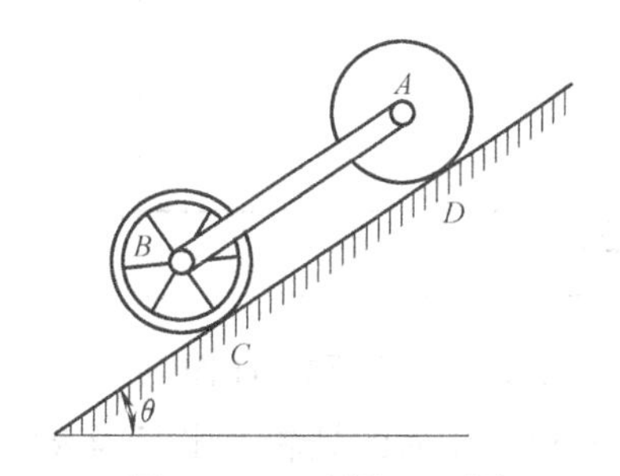

图 13-30 习题 13-8 图

13-9 如图 13-31 所示，均质圆柱体的质量为 m，半径为 r，放在倾角为 60° 的斜面上。一细绳缠绕在圆柱体上，其一端固定于点 A，此绳与 A 相连部分与斜面平行。若圆柱体与斜面间的摩擦因数为 $f=\dfrac{1}{3}$，试求其中心沿斜面落下的加速度 a_C。

13-10 如图 13-32 所示，均质圆柱体 A 和 B 的质量均为 m，半径为 r，一绳缠在绕固定轴 O 转动的圆柱 A 上，绳的另一端绕在圆柱 B 上，摩擦不计。求：(1) 圆柱体 B 下落时质心的加速度；(2) 若在圆柱体 A 上作用一逆时针转向，矩为 M 的力偶，试问在什么条件下圆柱体 B 的质心加速度将向上？

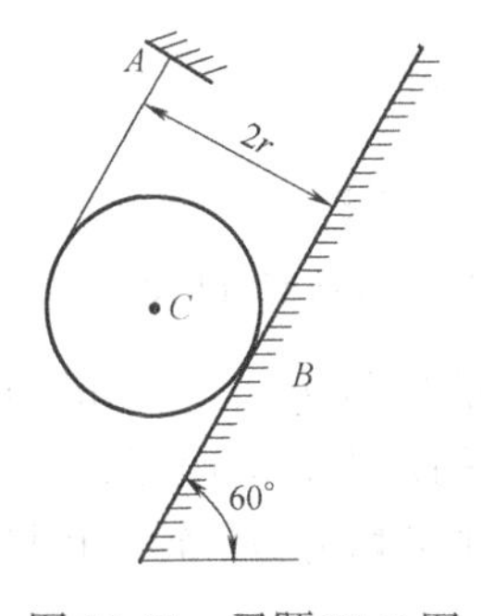

图 13-31 习题 13-9 图

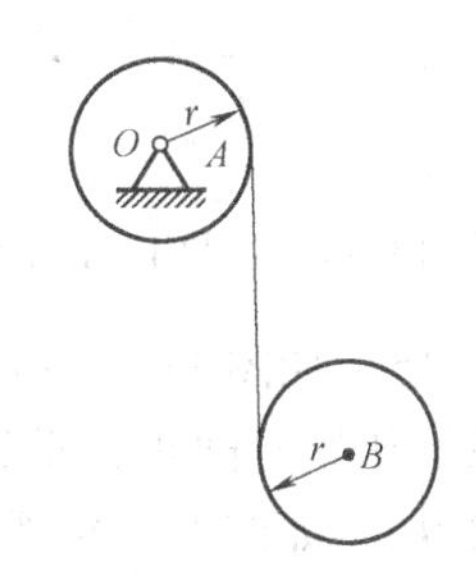

图 13-32 习题 13-10 图

13-11 如图 13-33 所示，质量为 m，长为 l 的均质杆，在某瞬时剪断右端的绳子 AB，求此瞬时 O 处的约束力。

13-12 如图 13-34 所示，重物 A 质量为 m_1，系在绳子上，绳子跨过不计质量的固定滑轮 D，并绕在鼓轮 B 上。由于重物下降带动了轮 C，使它沿水平轨道滚动而不滑动。设鼓轮半径为 r，轮 C 的半径为 R，两者固连在一起，总质量为 m_2，对于其水平轴 O 的回转半径为 ρ 。求重物 A 下降的加速度以及轮 C 与地面接触点处的静摩擦力。

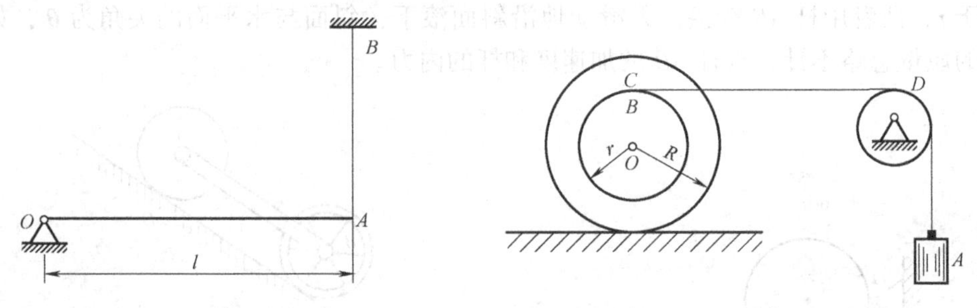

图 13-33　习题 13-11 图　　图 13-34　习题 13-12 图

13-13　均质的鼓轮，半径为 R ，质量为 m ，在半径为 r 处沿水平方向作用有力 $\boldsymbol{F}_1$ 和 $\boldsymbol{F}_2$ ，使鼓轮沿平直的轨道向右做无滑动滚动，如图 13-35 所示，试求轮心点 O 的加速度，以及使鼓轮做无滑动滚动时的摩擦力。

13-14　如图 13-36 所示，均质圆盘重 W，半径为 r，对转轴的回转半径为 ρ，以角速度 ω_0 绕轴转动。今用闸杆制动，要求在 t_0 时间内制动，问 $\boldsymbol{F}$ 需加多大？设杆与盘间的动摩擦因数为 f，轴承摩擦不计。

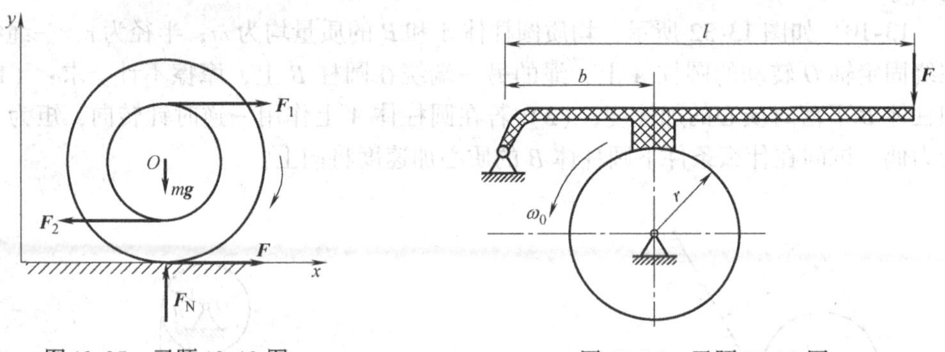

图 13-35　习题 13-13 图　　图 13-36　习题 13-14 图

13-15　如图 13-37 所示，鼓轮的质量为 m_2，重物的质量为 m_1。绳的质量不计。系统初始时静止，求鼓轮在力偶 M 作用下转过 φ 时的速度和加速度。

13-16　如图 13-38 所示，均质圆轮 B、C 和物块 A 质量均为 m，轮半径均为 r，初始时静止时，求物块下降 h 时 C 轮受到的绳的拉力。

13-17　如图 13-39 所示，电动绞车提升一重 P 的物体，在其主动轴上作用有变转矩 M，已知主动轴和从动轴连同安装在这两轴上的齿轮以及其他附属零件的转动惯量分别为 J_1 和 J_2；两轮的半径比为 $\frac{r_2}{r_1} = k$ ；吊索缠绕在半径为 R 的鼓轮上，设轴承的摩擦和吊索的质量均略去不计，求重物的加速度。

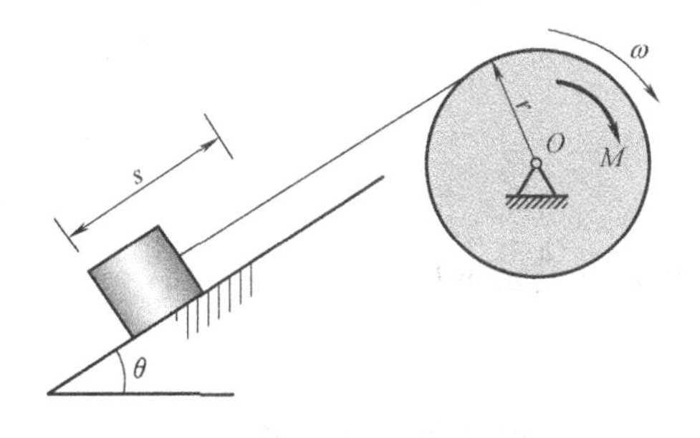

图 13-37 习题 13-15 图

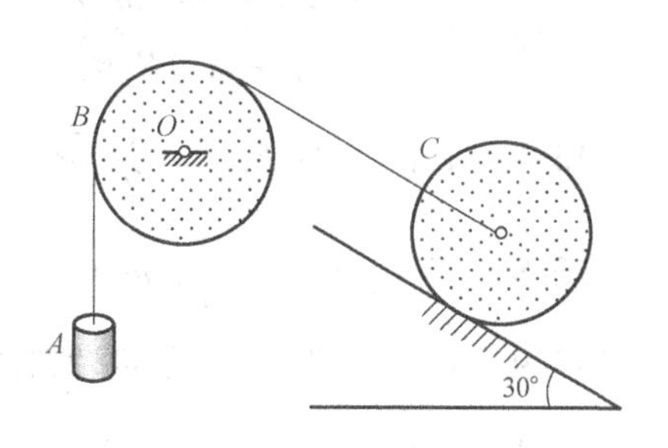

图 13-38 习题 13-16 图

13-18 如图 13-40 所示，行星齿轮机构的曲柄 OO_1 受力矩 M 作用而绕固定铅直轴 O 转动，并带动齿轮 O_1 在固定水平齿轮 O 上滚动。设曲柄 OO_1 为均质杆，长 l、重 P；齿轮 O_1 为均质圆盘，半径 r、重 G。试求曲柄的角加速度及两齿轮接触处沿切线方向的力。

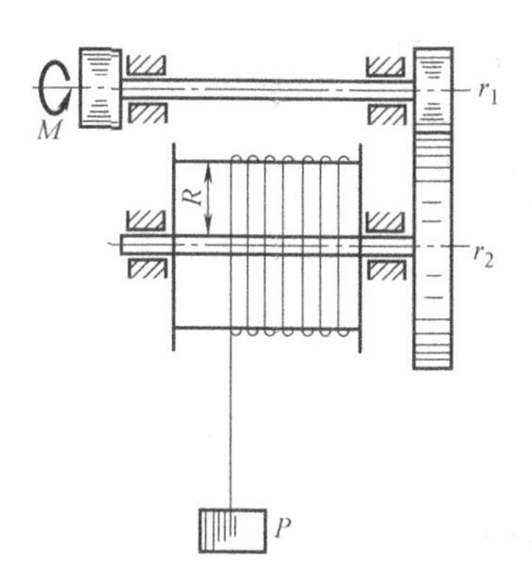

图 13-39 习题 13-17 图

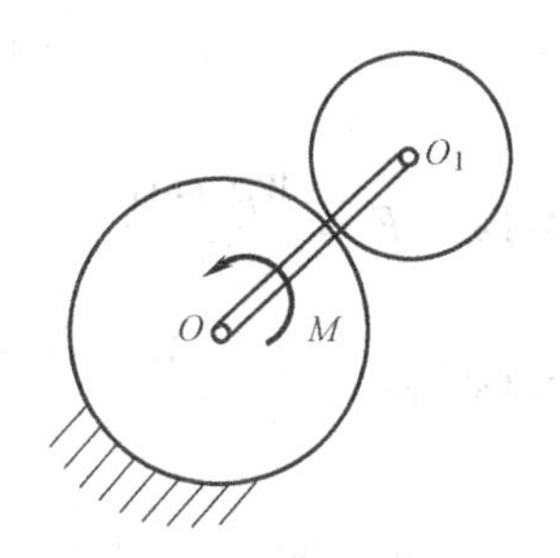

图 13-40 习题 13-18 图

习题答案

13-1 $L_O = 2mab\omega\cos^3\omega t$

13-2 $L_O = (J_O + m_A R^2 + m_B r^2)\omega$

13-3 $\alpha = \dfrac{m_1 r_1 - m_2 r_2}{J + m_1 r_1^2 + m_2 r_2^2} g$

13-4 $\omega = \dfrac{M + m}{M + \dfrac{13}{4}m}\omega_0$

13-5 $a = \dfrac{(M - mgr)rR^2}{J_1 r^2 + J_2 R^2 + mR^2 r^2}$

13-6 $\alpha_1 = \dfrac{2(R_2M - R_1M')}{(m_1 + m_2)R_2R_1^2}$

13-7 $F_{Ox} = 0$; $F_{Oy} = \dfrac{1}{2}mg$

13-8 $F_T = F'_T = \dfrac{1}{7}mg\sin\theta$（压力）及 $a = \dfrac{4}{7}g\sin\theta$

13-9 $a_C = 0.355g$（方向沿斜面向下）

13-10 （1）$a_B = \dfrac{4}{5}g$；（2）当转矩 $M > 2mgr$ 时轮 B 的质心将上升。

13-11 $F_{Ox} = 0$; $F_{Oy} = \dfrac{1}{4}mg$

13-12 $a_A = \dfrac{m_1(R+r)^2}{m_1(R+r)^2 + m_2(R^2+\rho^2)}g$，$F_s = \dfrac{(\rho^2 - Rr)m_1m_2g}{m_1(R+r)^2 + m_2(R^2+\rho^2)}$

13-13 加速度：$a = \dfrac{2[(F_1+F_2)r + (F_1-F_2)R]}{3mR}$，摩擦力：

$$F = \frac{2(F_1+F_2)r - (F_1-F_2)R}{3R}$$

13-14 $F = \dfrac{W\rho^2 b\omega_0}{gflrt_0}$

13-15 $\omega = \dfrac{2}{r}\sqrt{\dfrac{M - m_1gr(\sin\theta + f\cos\theta)}{2m_1 + m_2}\varphi}$,

$$\alpha = \dot{\omega} = \frac{2}{r^2}\cdot\frac{M - m_1gr(\sin\theta + f\cos\theta)}{2m_1 + m_2}$$

13-16 $F_T = \dfrac{3mg}{4}$

13-17 $a = \dfrac{(Mk - PR)R}{J_1k^2 + J_2 + \dfrac{P}{g}R^2}$

13-18 $\alpha = \dfrac{6Mg}{(2P+9G)l^2}$；$F_T = \dfrac{3GM}{(2P+9G)l}$

动能定理

14.1 导学

能量转换与功之间的关系是自然界中各种形式运动的普遍规律，在机械运动中则表现为动能定理。物体能量的概念以及相应的分析方法，与动量一样，都是动力学普遍定理中的基本概念与基本方法。很多科学与技术领域都要涉及能量的概念及能量方法。

动能是机械能中的一种，也是物体做功的一种能力。本章在物理学的基础上将质点的动能定理扩展到一般质点系，重点是质点系动能定理的工程应用。

动量定理、动量矩定理用矢量方程描述，动能定理则用标量方程表示。求解实际问题时，往往需要综合应用动量定理、动量矩定理和动能定理，本章的最后将做简单介绍。

14.2 力的功

1. 作用在质点上的力的功

（1）常力沿直线做功　如图 14-1 所示，质点 M 在大小和方向都不变的力 $\boldsymbol{F}$ 作用下，沿直线走过一段路程 s，力 $\boldsymbol{F}$ 在这段路程内所积累的效应用功来度量，以 W 表示，定义为

$$W = \boldsymbol{F} \cdot \boldsymbol{s} = Fs\cos\alpha \tag{14-1}$$

图 14-1　常力沿直线做功

式（14-1）中 α 为力 $\boldsymbol{F}$ 与直线的夹角。功是代数量，在国际单位制中，功的单位为 N · m，称为 J（焦耳）。

（2）变力沿曲线做功　如图 14-2 所示，将曲线分为无限多个无限小的弧段，每一小段弧长为 $\mathrm{d}s$，与它相对应的无限小位移为 $\mathrm{d}\boldsymbol{r}$，方向与切向单位矢量 $\boldsymbol{\tau}$ 同向。在每一小段弧上，变力 $\boldsymbol{F}$ 可视为常力，于是力 $\boldsymbol{F}$ 在无限小位移 $\mathrm{d}\boldsymbol{r}$ 上的元功为：

1）元功表示　$$\delta W = \boldsymbol{F} \cdot \mathrm{d}\boldsymbol{r} = F\cos\alpha \mathrm{d}s = F_{\tau}\mathrm{d}s \tag{14-2}$$

$$W = \int_{M_1}^{M_2} \boldsymbol{F} \cdot \mathrm{d}\boldsymbol{r} = \int_{M_1}^{M_2} F_\tau \mathrm{d}s$$

2）用解析式表示

$$\boldsymbol{F} = F_x\boldsymbol{i} + F_y\boldsymbol{j} + F_z\boldsymbol{k}\ ,\ \mathrm{d}\boldsymbol{r} = \mathrm{d}x\boldsymbol{i} + \mathrm{d}y\boldsymbol{j} + \mathrm{d}z\boldsymbol{k}$$

$$\delta W = F_x\mathrm{d}x + F_y\mathrm{d}y + F_z\mathrm{d}z$$

$$W = \int_{M_1}^{M_2} F_x\mathrm{d}x + F_y\mathrm{d}y + F_z\mathrm{d}z \quad (14\text{-}3)$$

2. 作用在质点系上力系的功

设质点系内任一质点 M_i 的作用力、矢径和曲线路程分别为 $\boldsymbol{F}_i$、$\boldsymbol{r}_i$ 和 s_t，则力系（$\boldsymbol{F}_1$, $\boldsymbol{F}_2$, …, $\boldsymbol{F}_n$）的总元功等于力系中所有力的元功之和，力系的总功等于力系中所有力的总功之和。

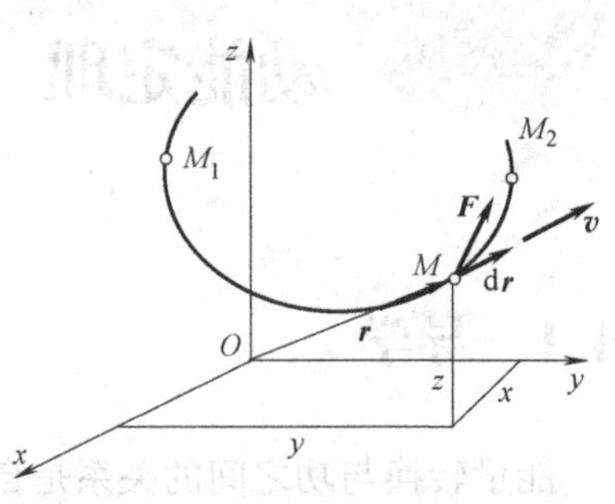

图 14-2 变力沿曲线做功

$$\delta W = \sum \boldsymbol{F}_i \cdot \mathrm{d}\boldsymbol{r}_i\ ,\ W = \sum \int_{M_{i1}}^{M_{i2}} \boldsymbol{F}_i \cdot \mathrm{d}\boldsymbol{r}_i \quad (14\text{-}4)$$

3. 几种常见力的功

（1）重力功 如图 14-3 所示，设有重为 $m\boldsymbol{g}$ 的质点 M，由 $M_1(x_1, y_1, z_1)$ 处沿曲线移至 $M_2(x_2, y_2, z_2)$，此时质点的重力在坐标轴上的投影为

$$F_x = 0\ ,\ F_y = 0\ ,\ F_z = -mg$$

所以，质点的重力在曲线路程 s 上的功为

$$W = \int_{z_1}^{z_2} (-mg)\mathrm{d}z = mg(z_1 - z_2) \quad (14\text{-}5)$$

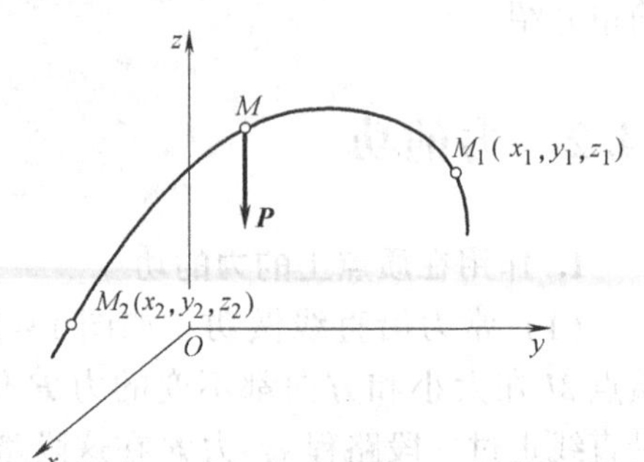

图 14-3 重力在曲线路程上的功

故重力的功仅与质点的质量及始末位置有关，而与路径无关。

（2）弹性力功 如图 14-4 所示，设原长为 r_0 的弹簧一端固定于点 O，另一端 M 沿任一空间曲线由 M_1 运动至 M_2，设弹簧的刚性系数为 k(N/m)，在弹性范围内，弹性力 $\boldsymbol{F} = -k(r - r_0) \cdot \dfrac{\boldsymbol{r}}{r}$，弹性力的元功

$$\delta W = \boldsymbol{F} \cdot \mathrm{d}\boldsymbol{r} = -k(r - r_0) \cdot \frac{\boldsymbol{r} \cdot \mathrm{d}\boldsymbol{r}}{r}\ ,\ \boldsymbol{r} \cdot \mathrm{d}\boldsymbol{r} = \mathrm{d}\left(\frac{\boldsymbol{r} \cdot \boldsymbol{r}}{2}\right) = \mathrm{d}\left(\frac{r^2}{2}\right) = r\mathrm{d}r$$

弹性力 $\boldsymbol{F}$ 在曲线路程 s 上的功为

$$W = \int_{r_1}^{r_2} [-k(r - r_0)]\mathrm{d}r = \frac{k}{2}[(r_1 - r_0)^2 - (r_2 - r_0)^2]$$

$$W = \frac{k}{2}(\lambda_1^2 - \lambda_2^2) \tag{14-6}$$

令 $\lambda_1 = r_1 - r_0, \lambda_2 = r_2 - r_0$ 分别表示弹簧在起点和终点的变形量。

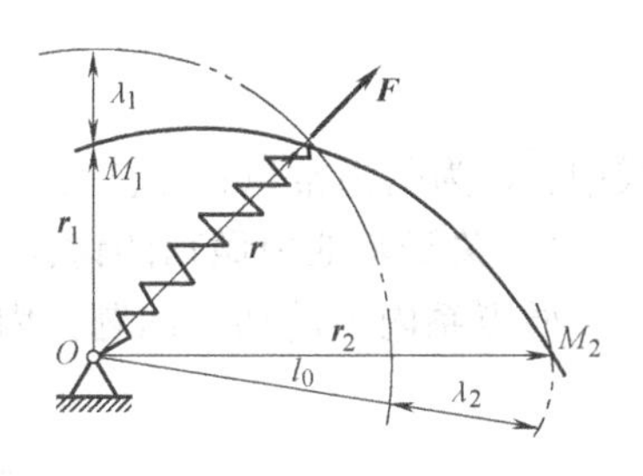

图 14-4 弹性力的功

(3) 作用在转动刚体上力的功 如图 14-5 所示，设刚体可绕固定轴 z 转动，作用在转动刚体上的力 $\boldsymbol{F}$ 可分解成相互正交的三个分力平行于轴 z 的轴向力 $\boldsymbol{F}_b$、沿半径的径向力 $\boldsymbol{F}_r$、沿轨迹切线的切向力 $\boldsymbol{F}_\tau$。当刚体有微小转角 $d\varphi$ 时，力作用点的位移为 $d\boldsymbol{r} = ds \cdot \boldsymbol{\tau} = r \cdot d\varphi \cdot \boldsymbol{\tau}$，故有

$$\delta W = \boldsymbol{F} \cdot d\boldsymbol{r} = F_\tau \cdot r \cdot d\varphi = M_z(\boldsymbol{F}) \cdot d\varphi$$

$$W = \int_{\varphi_1}^{\varphi_2} M_z(\boldsymbol{F}) \cdot d\varphi = M_z(\varphi_2 - \varphi_1) \tag{14-7}$$

(4) 摩擦力的功 如图 14-6 所示，设质量为 m 的质点 M 在粗糙面上运动，动摩擦力

$$\boldsymbol{F} = -fF_N \cdot \frac{\boldsymbol{v}}{v}$$

摩擦力的元功 $\delta W = \boldsymbol{F} \cdot dr = -f \cdot F_N \dfrac{\boldsymbol{v} \cdot d\boldsymbol{r}}{v} = -fF_N ds$

所以，摩擦力在曲线上的元功 $W = \int_{M_1}^{M_2} (-fF_N) ds = -\int_{M_1}^{M_2} fF_N ds$

可见动摩擦力的功恒为负值，它不仅取决于质点的始末位置，且与质点的运动路径有关。

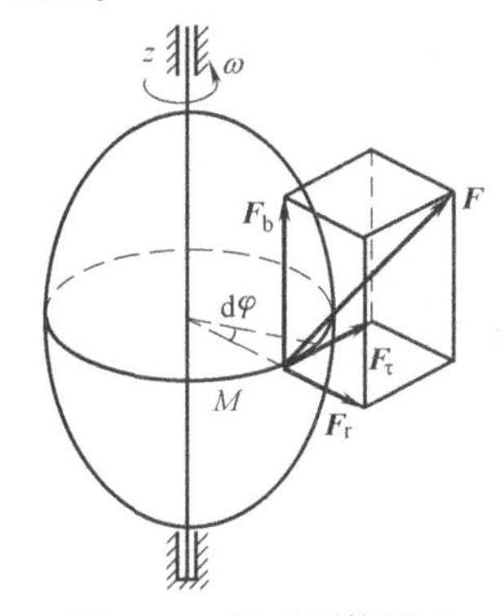

图 14-5 转动刚体做功

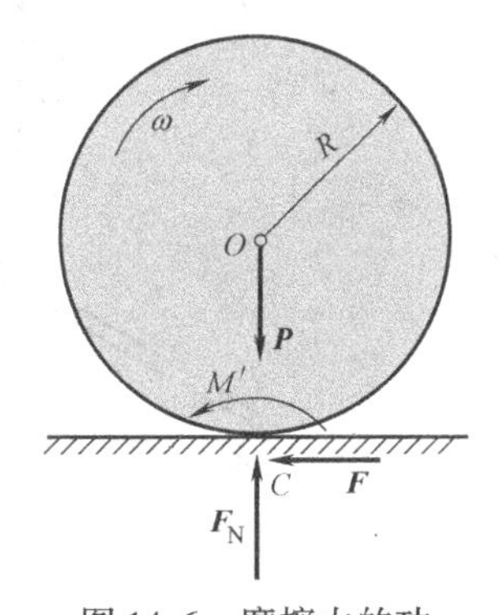

图 14-6 摩擦力的功

特别地，若 F_N = 常量时，

$$W = -fF_N s$$

其中，s 为的曲线长度。

(5) 万有引力做功 如图 14-7 所示，设有质量为 M 的质点 M' 与质量为 m 的质点 m'，则有

$$F = GMm\left(\frac{1}{r_2} - \frac{1}{r_1}\right) \tag{14-8}$$

式中，G 为引力常量；r_1、r_2 为两星体质心间初、末时距离。

4. 关于其他力做功的讨论

质点系内力的功　问题：内力做功吗？如图 14-8 所示。

$$\delta W = -F_A \mathrm{d}(\overline{AB}) \tag{14-9}$$

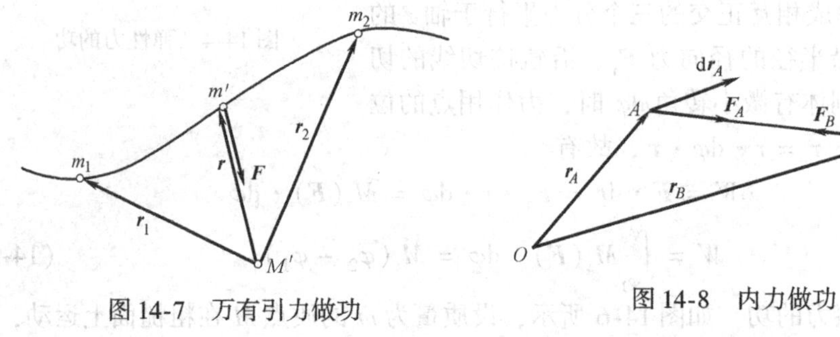

图 14-7　万有引力做功

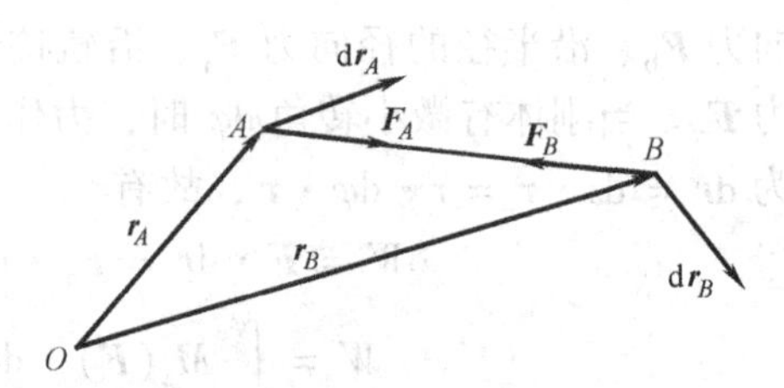

图 14-8　内力做功

结论：当质点系为刚体（或几何不变体系）时，**内力的功为零。**

5. 理想约束力的功

理想约束：约束力的元功的和等于零的约束称为理想约束。图 14-9 和图 14-10

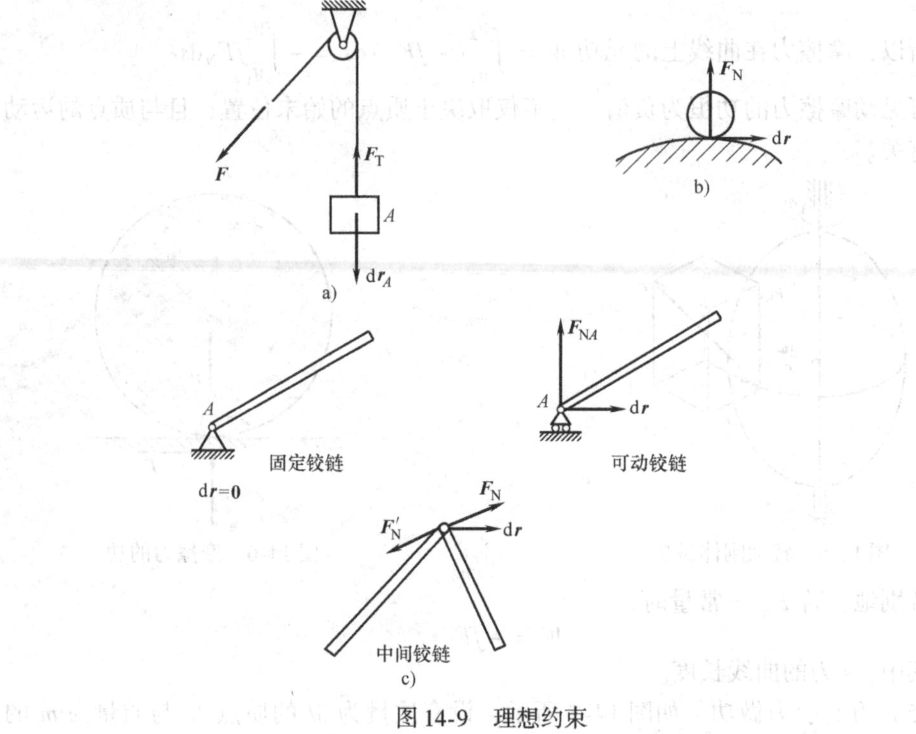

图 14-9　理想约束

a）柔性体约束　b）光滑面约束　c）铰链约束

均为理想约束。

若限定柔性体约束为质点系内部约束，则图 14-9a 变为图 14-10a。

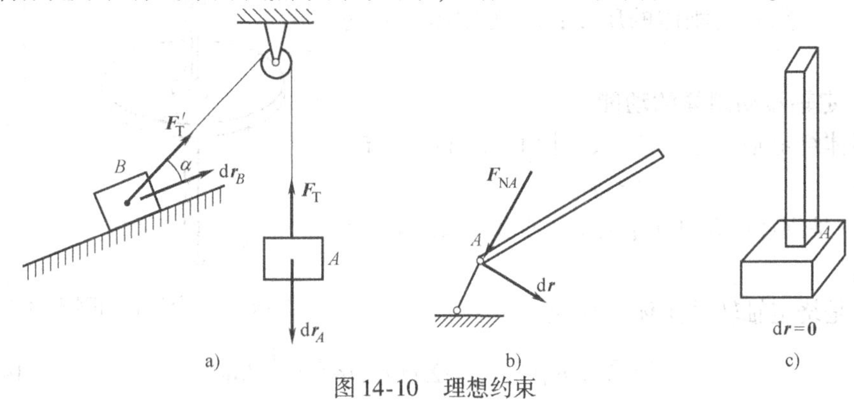

图 14-10 理想约束

a）柔性体约束 b）链杆约束 c）固定端约束

在一定意义下，理想约束力不做功，这给我们分析解决问题带来很大方便。

14.3 动能

14.3.1 质点的动能

设质点的质量为 m ，速度为 v ，则质点的动能为

$$T=\frac{1}{2}mv^2 \tag{14-10}$$

质点的动能是一个瞬时量，与速度方向无关的正标量，具有与功相同的量纲，单位是 J。

14.3.2 质点系的动能

对于质点系内任一质点 v_i 为第 i 个质点相对质心的速度，则质点系的动能为

$$T=\sum\frac{1}{2}m_iv_i^2 \tag{14-11}$$

14.3.3 刚体的动能

刚体是由无数质点组成的质点系。刚体做不同的运动时，各质点的速度分布不同，刚体的动能应按照刚体的运动形式来计算。

1. 平移刚体的动能

$$T=\sum\frac{1}{2}m_iv_i^2=\frac{1}{2}(\sum m_i)v_C^2=\frac{1}{2}Mv_C^2$$

或写为

$$T = \frac{1}{2}Mv_C^2 \qquad (14\text{-}12)$$

式中，$M = \sum m_i$ 是刚体的质量；v_C 为刚体质心的速度。

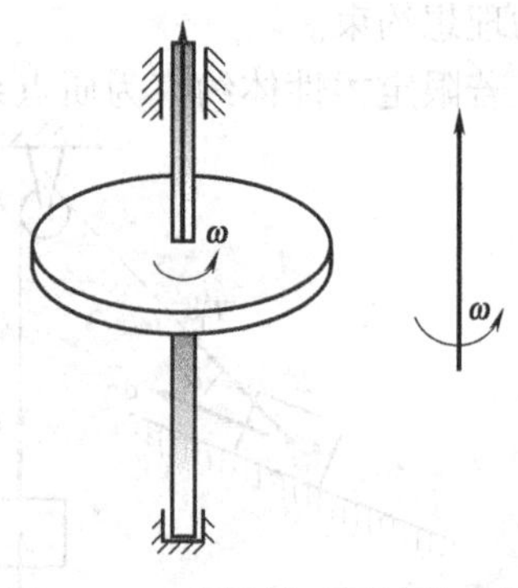

图 14-11　定轴转动刚体的动能

2. 定轴转动刚体的动能

刚体绕定轴 z 转动时，如图 14-11 所示，有

$$v_i = r_i\omega$$

式中，ω 是刚体的角速度；r_i是质点 M_i到转轴的垂直距离。

于是绕定轴转动刚体的动能为

$$T = \sum \frac{1}{2}m_i v_i^2 = \frac{1}{2}(\sum m_i r_i^2)\omega^2 = \frac{1}{2}J_z\omega^2 \qquad (14\text{-}13)$$

3. 平面运动刚体的动能

平面运动刚体的动能可以分为随质心的平移动能和绕质心的转动动能。由上述分析，立即得

$$T = \frac{1}{2}Mv_C^2 + \frac{1}{2}J_C\omega^2 \qquad (14\text{-}14)$$

图 14-12 中 C 点为形心。

如 P 点为刚体平面运动的瞬心，动能可以写为

$$T = \frac{1}{2}J_P\omega^2 \qquad (14\text{-}15)$$

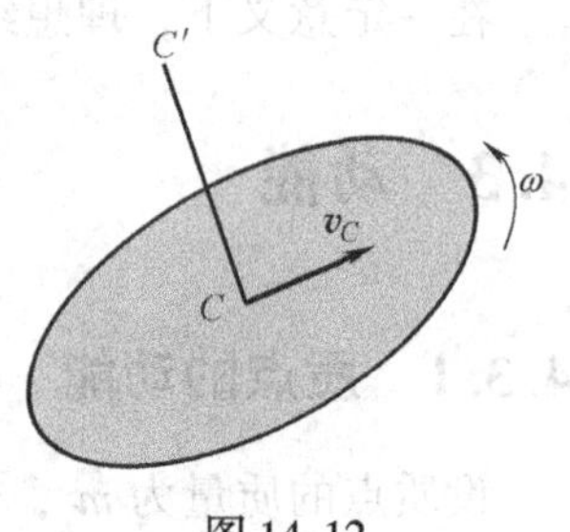

图 14-12

14.4 质点与质点系的动能定理

1. 质点的动能定理

取质点运动微分方程的矢量形式，两边点乘以 d$\boldsymbol{r}$，有

$$\mathrm{d}\boldsymbol{r} = \boldsymbol{v}\,\mathrm{d}t$$

$$\frac{\mathrm{d}}{\mathrm{d}t}(m\boldsymbol{v})\cdot\boldsymbol{v}\,\mathrm{d}t = \boldsymbol{F}\cdot\mathrm{d}\boldsymbol{r}$$

因 $m\boldsymbol{a} = \frac{\mathrm{d}}{\mathrm{d}t}(m\boldsymbol{v}) = \boldsymbol{F}$

而 $\frac{\mathrm{d}}{\mathrm{d}t}(m\boldsymbol{v})\cdot\boldsymbol{v}\mathrm{d}t = \frac{m}{2}(\boldsymbol{v}\cdot\boldsymbol{v}) = \mathrm{d}\left(\frac{1}{2}m\boldsymbol{v}^2\right)$

动能定理的微分形式

$$\mathrm{d}\left(\frac{1}{2}mv^2\right) = \delta W \qquad (14\text{-}16)$$

将式（14-16）沿路径弧 M_1M_2 积分，可得动能定理的积分形式

$$\frac{1}{2}mv_2^2 - \frac{1}{2}mv_1^2 = W \qquad (14\text{-}17)$$

2. 质点系的动能定理

对质点系中的任一质点，质量为 m_i，速度为 v_i，由质点动能定理的微分形式

$$\mathrm{d}\left(\frac{1}{2}m_i v_i{}^2\right) = \delta W_i$$

式中，δW_i 表示作用于质点的力所做的元功。对整个质点系，有质点系动能定理的微分形式

$$\sum \mathrm{d}\left(\frac{1}{2}m_i v_i^2\right) = \sum \delta W_i \Rightarrow \mathrm{d}\left(\frac{1}{2}m_i v_i^2\right) = \sum \delta W_i \tag{14-18}$$

以 T 表示动能 $\mathrm{d}T = \sum \delta W_i$

在理想约束的条件下，质点系的动能定理可写成以下的微分形式

$$\mathrm{d}T = \sum \delta W^{(F)} \tag{14-19}$$

将式（14-19）沿路径弧 M_1M_2 积分，可得质点系动能定理的积分形式

$$T_2 - T_1 = \sum W_i \tag{14-20}$$

例14-1 如图14-13所示，系统中均质圆盘 A、B 均重 P，半径均为 R，两盘中心线为水平线，盘 A 上作用矩为 M（常量）的一力偶；重物 D 重 G（绳重不计，绳不可伸长，盘 B 做纯滚动，初始时系统静止）。问下落距离 h 时重物的速度与加速度？

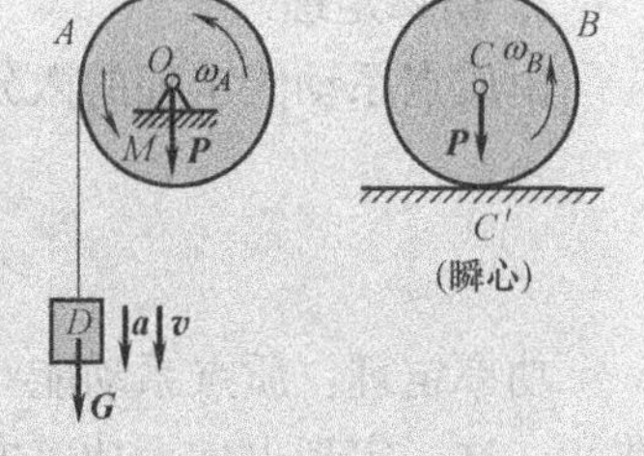

图14-13 例14-1图

解：取系统为研究对象，初始动能为

$$\sum W^{(F)} = T_1 = 0$$

$$= m\varphi + Gh(\varphi = h/R)$$

$$T_2 = \frac{1}{2}J_O\omega_A^2 + \frac{1}{2}\frac{G}{g}v^2 + \frac{1}{2}J_{C'}\omega_B^2$$

$$= \frac{1}{2}\cdot\frac{P}{2g}R^2\omega_A^2 + \frac{1}{2}\frac{G}{g}v^2 + \frac{1}{2}\cdot\frac{3}{2}\frac{P}{g}R^2\omega_B^2 \quad (v = R\omega_A = 2R\omega_B)$$

$$= \frac{v^2}{16g}(8G + 7P)$$

由

$$T_2 - T_1 = \sum W^{(F)}$$

$$\frac{v^2}{16g}(8G+7P) - 0 = \left(\frac{M}{R} + G\right)h \text{ 解得 } v = 4\sqrt{\frac{(M/R+G)hg}{8G+7P}}$$

上式求导得

$$\frac{8G+7P}{16g}\cdot 2v\frac{\mathrm{d}v}{\mathrm{d}t} = \left(\frac{M}{R} + G\right)\frac{\mathrm{d}h}{\mathrm{d}t} \quad \left(v = \frac{\mathrm{d}h}{\mathrm{d}t}\right)$$

$$a=\frac{8(M/R+G)g}{8G+7P}$$

14.5 功率定理

1. 功率

在工程中，有时需要确定机器在单位时间内能做多少功。单位时间内所做的功称为功率，用 P 表示。

$$P = \frac{\delta W}{\mathrm{d}t} \tag{14-21}$$

因为 $\delta W = F \cdot \mathrm{d}r$，所以功率可以写为

$$P = F \cdot \frac{\mathrm{d}r}{\mathrm{d}t} = F \cdot v = F_{\tau}v \tag{14-22}$$

功率等于切向力与力作用点速度的乘积。

2. 功率定理

由质点系动能定理的微分形式，两端除以 dt，得

$$\frac{\mathrm{d}T}{\mathrm{d}t}=\sum\frac{\delta W_i}{\mathrm{d}t}=\sum P_i \tag{14-23}$$

功率定理：质点系动能对时间的导数，等于作用于质点系的所有力的功率的代数和。这一定理也称为功率方程。

功率方程也常用在研究机器工作时能量的变化和转化的问题。此时功率方程可写为

$$\frac{\mathrm{d}T}{\mathrm{d}t} = P_{\text{输入}} - P_{\text{有用}} - P_{\text{无用}} \tag{14-24}$$

式中，$P_{\text{输入}}$为输入功率；$P_{\text{有用}}$为有用功率；$P_{\text{无用}}$为无用功率。

3. 机械效率

在工程中，有效功率与输入功率的比值称为**机械效率**，用 η 表示，即

$$\eta = \frac{P_{\text{有用}}}{P_{\text{输入}}} \tag{14-25}$$

14.6 势力场机械能守恒定律

1. 有势力、势力场、势能

（1）**势力场**　在力场中，如果作用于质点的场力做功只决定于质点的始末位置，与运动路径无关，这种力场称为势力场。

（2）**有势力**（保守力）　质点在势力场中受到的场力称为有势力（保守力），

如重力、弹力等。

(3) **势能** 在势力场中，质点从位置 M 运动到任选位置 M_0，有势力所做的功称为质点在位置 M 相对于位置 M_0 的势能，用 V 表示。

$$V=\int_M^{M_0}\boldsymbol{F}\cdot\mathrm{d}\boldsymbol{r}=\int_M^{M_0}F_x\mathrm{d}x+F_y\mathrm{d}y+F_z\mathrm{d}z$$

1) **重力场**

$$V=P(z-z_0)=\pm Ph$$

$$V=P(z_C-z_{C0})\pm Ph$$

2) **弹性力场**：取弹簧的自然位置为零势能点，则有

$$V=\frac{1}{2}k\delta^2$$

3) **万有引力场**：取与引力中心相距无穷远处为零势能位置

$$V=-\frac{Gm_1m_2}{V}$$

2. 机械能守恒定律

(1) **机械能** 系统的动能与势能的代数和。设质点系只受到有势力（或同时受到不做功的非有势力）作用，则机械能守恒。

(2) **机械能守恒定律**

$$T_1+V_1=T_2+V_2=常量 \tag{14-26}$$

质点系仅在有势力作用下运动时，其机械能保持不变，这类质点系统称为保守系统。

例14-2 如图14-14所示，长为 l，质量为 m 的均质直杆，初瞬时直立于光滑的桌面上。当杆无初速度地倾倒后，求质心的速度（用杆的倾角 θ 和质心的位置表达）。

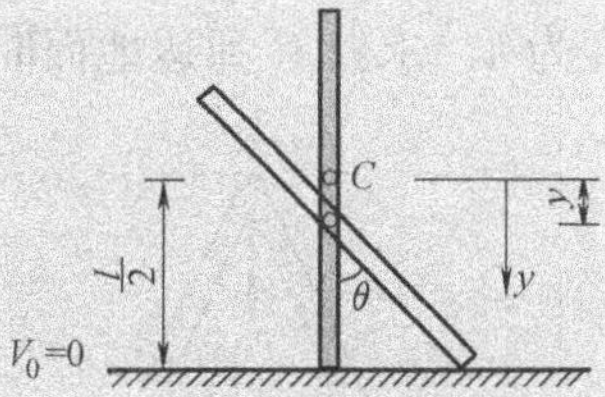

图14-14 例14-2图

解：由于水平方向不受外力，且初始静止，故质心 C 铅垂下降。

由于约束力不做功，主动力为有势力，因此可用机械能守恒定律求解。

初瞬时 $$T_1=0,V_1=\frac{l}{2}\cdot mg$$

任一瞬时 $$T_2=\frac{1}{2}J_C\dot{\theta}^2+\frac{1}{2}m\dot{y}^2=\frac{1}{24}ml^2\dot{\theta}^2+\frac{1}{2}m\dot{y}^2,\ V_2=mg\left(\frac{l}{2}-y\right)$$

又因为 $y=\frac{l}{2}(1-\cos\theta)$，即 $\dot{y}=\frac{l}{2}\sin\theta\cdot\dot{\theta}$，$\dot{\theta}=\frac{2\dot{y}}{l\sin\theta}$

由机械能守恒定律 $0+\frac{l}{2}mg=\frac{1}{24}ml^2\dot{\theta}^2+\frac{1}{2}m\dot{y}^2+mg\left(\frac{l}{2}-y\right)$

将 $\dot{\theta}=\frac{2\dot{y}}{l\sin\theta}$ 代入上式，化简后得

$$\dot{y}=\sqrt{\frac{6g\sin^2\theta}{1+3\sin^2\theta}y}$$

14.7 动力学普遍定理及综合应用

动力学普遍定理：包括质点和质点系的动量定理、动量矩定理和动能定理。动量定理和动量矩定理是矢量形式，动能定理是标量形式，它们都可用来研究机械运动，而动能定理还可以研究其他形式的运动能量转化问题。

动力学普遍定理提供了解决动力学问题的一般方法。动力学普遍定理的综合应用，大体上包括两方面的含义：一是能根据问题的已知条件和待求量，选择适当的定理求解，包括各种守恒情况的判断，相应守恒定理的应用。避开那些无关的未知量，直接求得需求的结果。二是对比较复杂的问题，能根据需要选用两三个定理联合求解。

注意：求解过程中，要正确进行运动分析，提供正确的运动学补充方程。

例 14-3 如图 14-15 所示，两根均质杆 AC 和 BC 各重为 P，长为 l，在 C 处光滑铰接，置于光滑水平面上；设两杆轴线始终在铅垂面内，初始静止，C 点高度为 h，求铰 C 到达地面时的速度。

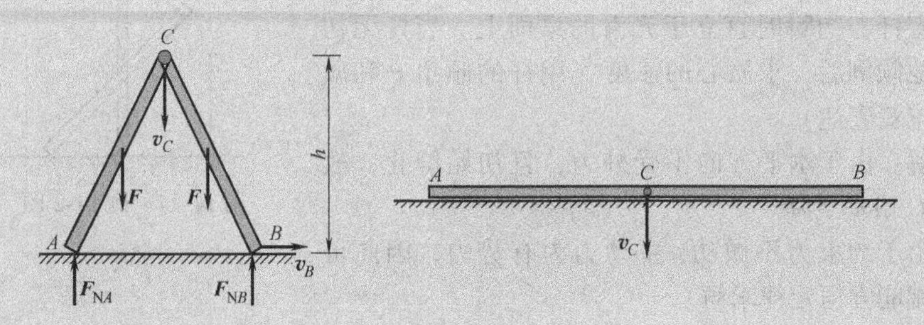

图 14-15 例 14-3 图

解：由于不求系统的内力，可以不拆开。

研究对象：整体

分析受力：$\sum F_x^{(e)}=0$，且初始静止，所以水平方向质心位置守恒。

$$\sum W^{(F)} = P \cdot \frac{h}{2} \times 2 = Ph,\ T_1 = 0$$

$$T_2 = \frac{1}{2} \cdot \frac{1}{3}\frac{P}{g} l^2 \omega^2 \times 2 = \frac{1}{3}\frac{P}{g} l^2 \omega^2$$

因为 $v_C = l\omega$，所以，$T_2 = \frac{1}{3}\frac{P}{g} v_C^2$

代入动能定理

$$\frac{1}{3}\frac{P}{g} v_C^2 - 0 = Ph,\ v_C = \sqrt{3gh}$$

例 14-4 如图 14-16 所示，均质圆盘 A：m，r；滑块 B：m；杆 AB：质量不计，平行于斜面。斜面倾角为 θ，摩擦因数为 f，圆盘做纯滚动，系统初始静止。求：滑块的加速度。

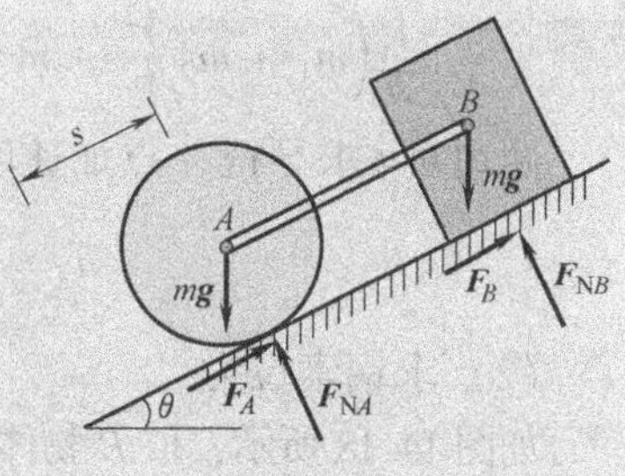

图 14-16 例 14-4 图

解：选系统为研究对象

$$\sum W^{(F)} = 2mgs\sin\theta - fmgs\cos\theta = mgs(2\sin\theta - f\cos\theta)$$

$$T_1 = 0, T_2 = \frac{1}{2}mv^2 + \frac{1}{2}mv^2 + \frac{1}{2} \cdot \frac{1}{2}mr^2\omega^2$$

由运动学关系 $v = r\omega$，则 $T_2 = \frac{5}{4}mv^2$

由动能定理

$$\frac{5}{4}mv^2 - 0 = mgs(2\sin\theta - f\cos\theta)$$

上式对 t 求导，得

$$a = \left(\frac{4}{5}\sin\theta + \frac{2}{5}f\cos\theta\right)g$$

例 14-5 一矿井提升设备如图 14-17 所示。质量为 m、回转半径为 ρ 的鼓轮装在固定轴上，鼓轮上半径为 r 的轮上用钢索吊有一平衡重量 m_2g。鼓轮上半径为 R 的轮上用钢索牵引重为 m_1g 的矿车。设车在倾角为 α 的轨道上运动。初始时系统为静止，如在鼓轮上作用一常力矩 M_O。求：

（1）矿车的加速度；

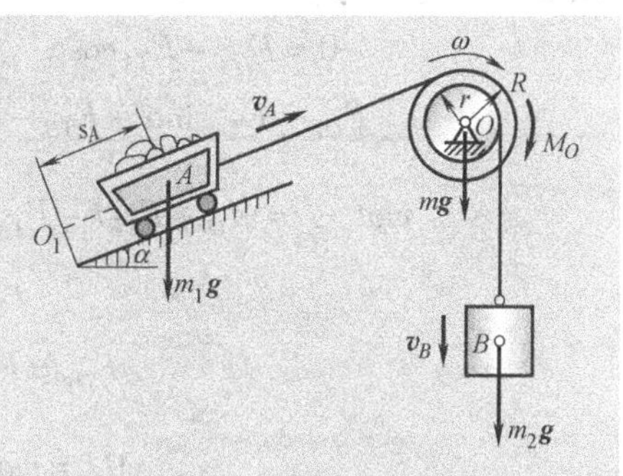

图 14-17 例 14-5 图

（2）连接平衡重物钢索中的拉力；

（3）鼓轮的轴承约束力。不计各处的摩擦及车轮的滚动摩阻。

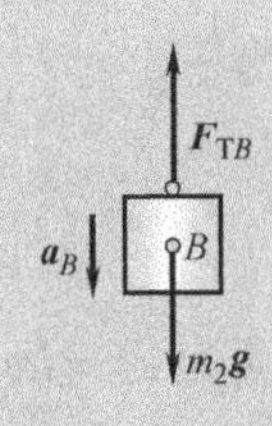

图 14-18　物体 B 的受力分析图

解：（1）由动能定理求 A 点加速度

系统的动能 $T_1=0$，$T_2 = \dfrac{1}{2}m_1v_A^2 + \dfrac{1}{2}m_2v_B^2 + \dfrac{1}{2}J_O\omega^2$

系统外力功　$W = M_O\varphi + m_2gs_B - m_1g\sin\alpha s_A$

由运动学关系　$v_B=\omega r=v_A\dfrac{r}{R}$，$s_B=\varphi r=s_A\dfrac{r}{R}$

代入动能定理有

$$\frac{1}{2}\left(m_1 + m_2\frac{r^2}{R^2} + m\frac{\rho^2}{R^2}\right)v_A^2 - 0 = \left(\frac{M_O}{R} + \frac{m_2gr}{R} - m_1g\sin\alpha\right)s_A$$

两边对 t 求导得 A 点加速度

$$a_A=\frac{M_O/g-m_1R\sin\alpha+m_2r}{m_1R^2+m_2r^2+m\rho^2}Rg$$

（2）求钢索拉力

如图 14-18 所示，取 B 物体为研究对象，重物 B 利用质点动力学基本方程，有

$$m_2g-F_{\mathrm{T}}B=m_2a_B=m_2\frac{r}{R}a_A$$

则得　$$F_{\mathrm{T}B} = m_2g - m_2\frac{r}{R}a_A$$

如图 14-19 所示，研究矿车 A，利用质点动力学基本方程，在与斜面平行方向的投影方程有

图 14-19　矿车 A 的受力分析图

$$F_{\mathrm{TA}}-m_1g\sin\alpha=m_1a_A$$

故　$$F_{\mathrm{TA}}=m_1g\sin\alpha+m_1a_A$$

（3）求轴承约束力

如图 14-20 所示，以鼓轮为研究对象，利用质心运动定理有

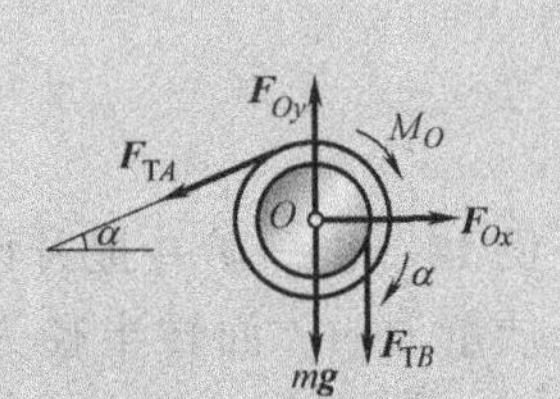

图 14-20　鼓轮的受力分析图

$$0=F_{Ox}-F_{\mathrm{TA}}\cos\alpha$$

$$0=F_{Oy}-F_{\mathrm{TA}}\sin\alpha-F_{\mathrm{T}B}-mg$$

$$m\rho^2\frac{a_A}{R}=M_O+F_{\mathrm{T}B}r-F_{\mathrm{TA}}R$$

$$F_{Ox}=F_{\mathrm{TA}}\cos\alpha$$

$$F_{Oy}=F_{\mathrm{TA}}\sin\alpha+F_{\mathrm{T}B}+mg$$

$$M_O=m\rho^2\frac{a_A}{R}+F_{\mathrm{TA}}R-F_{\mathrm{T}B}r$$

小　　结

1. 力的功

力的功是力在一段路程中对物体作用的累积效应的度量。**功和能量都是代数量**。所以学生要特别注意：**动能定理是代数方程！而动量定理和动量矩定理是矢量方程**，所以有投影式，但动能定理没有投影式。力的功及其计算见表 14-1；动能及其计算见表 14-2。

表 14-1　力的功及其计算

项目	计算公式
常力的功	$W = \boldsymbol{F} \cdot \boldsymbol{s} = Fs\cos\alpha$
重力做功	$W = \int_{z_1}^{z_2}(-mg)\mathrm{d}z = mg(z_1 - z_2)$
弹性力做功	$W = \frac{k}{2}(\lambda_1^2 - \lambda_2^2)$
摩擦力做功	$W = \int_{M_1}^{M_2}(-fF_\mathrm{N})\mathrm{d}s = -\int_{M_1}^{M_2} fF_\mathrm{N}\mathrm{d}s$
转动刚体做功	$W = \int_{\varphi_1}^{\varphi_2} M_z(\boldsymbol{F})\mathrm{d}\varphi = M_z(\varphi_2 - \varphi_1)$
万有引力做功	$W = GMm\left(\frac{1}{r_2} - \frac{1}{r_1}\right)$

2. 动能

表 14-2　动能及其计算

项目	计算公式
质点的动能	$T = \frac{1}{2}mv^2$
平动刚体	$T = \sum\frac{1}{2}m_iv_i^2 = \frac{1}{2}(\sum m_i)v^2 = \frac{1}{2}Mv^2 = \frac{1}{2}Mv_C^2$
定轴转动刚体	$T = \sum\frac{1}{2}m_iv_i^2 = \frac{1}{2}(\sum m_ir_i^2)\omega^2 = \frac{1}{2}J_z\omega^2$
平面运动刚体 （P 为速度瞬心）	$T = \frac{1}{2}J_P\omega^2$ $J_P = J_C + Md^2$ $T = \frac{1}{2}J_C\omega^2 + \frac{1}{2}M(d^2\omega^2) = \frac{1}{2}Mv_C^2 + \frac{1}{2}J_C\omega^2$

3. 动能定理

$$\mathrm{d}\left(\frac{1}{2}mv^2\right) = \delta W,\ \frac{1}{2}mv_2^2 - \frac{1}{2}mv_1^2 = W$$

4. 机械能守恒定律

$$T_1 + V_1 = T_2 + V_2 = \text{常量}$$

思 考 题

14-1 设一质点的质量为 m，其速度 v 与 x 轴的夹角为 α，其动能在 x 轴上的投影为 $\frac{1}{2}mv^2\cos^2\alpha$，问其结果对否？

14-2 机械能守恒定律是，当质点或质点系不受外力作用时，则动能与势能之和等于零？

14-3 内力既不能改变质点系的动量和动量矩，也不能改变质点系的动能。此描述对吗？

14-4 任何一个质量不变的质点，其动量发生改变时，质点的动能必有改变，对吗？

习 题

14-1 如图 14-21 所示，均质杆 AB，长为 L，质量为 m，沿墙面下滑，已知过 A 点的水平轴的转动惯量为 J_A，过质心 C 的水平轴的转动惯量为 J_C，过瞬心的水平轴的转动惯量为 J_I，则图示瞬时杆的动能为（　　）。

A. $\frac{1}{2}mv^2 + \frac{1}{2}J_A\ (v/h)^2$；　　B. $\frac{1}{2}mv^2/4 + \frac{1}{2}J_C\ (v/h)^2$；

C. $\frac{1}{2}J_I\ (v/h)^2$；　　D. $\frac{1}{2}mv^2$。

14-2 如图 14-22 所示，半径为 R 的圆盘沿倾角为 α 的斜面做纯滚动，在轮缘上绕以细绳并对轮作用水平拉力 $\boldsymbol{F}_T$。当轮心 C 有位移 d$\boldsymbol{r}$ 时，力 $\boldsymbol{F}_T$ 的元功是(　　)。

A. $\boldsymbol{F}_T \mathrm{d}r\cos\alpha$；　　B. $2\boldsymbol{F}_T \mathrm{d}r\cos\alpha$；

C. $\boldsymbol{F}_T \mathrm{d}r + \boldsymbol{F}_T \mathrm{d}r\cos\alpha$。

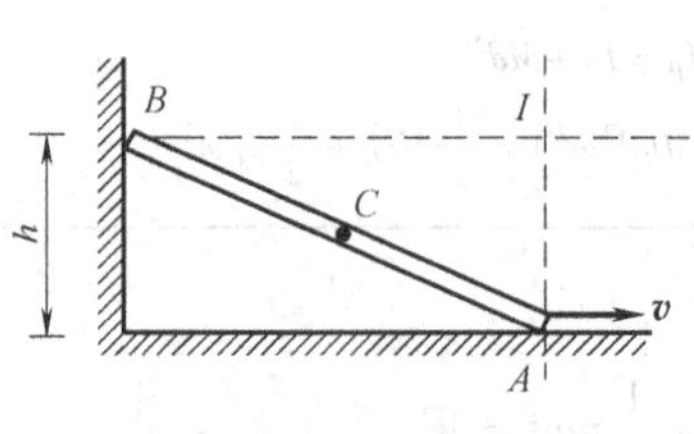

图 14-21　习题 14-1 图

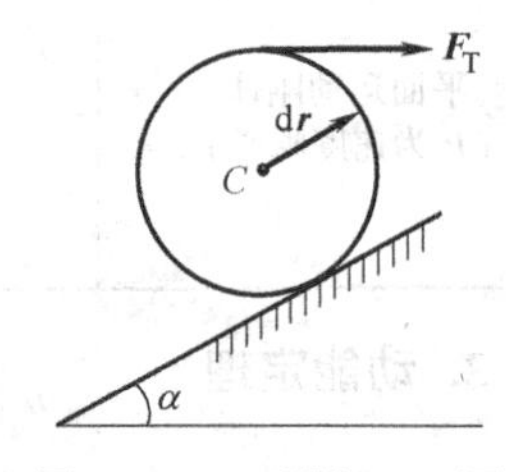

图 14-22　习题 14-2 图

14-3 如图 14-23 所示，曲柄 OA 长 r，以角速度 ω 转动，均质圆盘半径为 R，质量为 m，在固定水平面上做纯滚动。则图示瞬时圆盘的动能为（ ）。

A. $2mr^2\omega^2/3$； B. $mr^2\omega^2/3$；

C. $4mr^2\omega^2/3$； D. $mr^2\omega^2$。

14-4 如图 14-24 所示，一质量为 m 的均质细圆环，半径为 R，其上固结一个质量也为 m 的质点 A。细圆环在水平面上做纯滚动，图示瞬时角速度为 ω，则系统的动能为（ ）。

A. $R^2\omega^2/2$； B. $1.5mR^2\omega^2$；

C. $mR^2\omega^2$； D. $2mR^2\omega^2$。

14-5 如图 14-25 所示，若弹簧刚度 $k=10\text{N/cm}$，原长 $L_0=10\text{cm}$，则：（1）弹簧端点从 A 到 B 的过程中弹性力所做的功为__________。

（2）弹簧端点从 B 到 C 的过程中弹性力所做的功为__________。（图中长度单位为 cm）

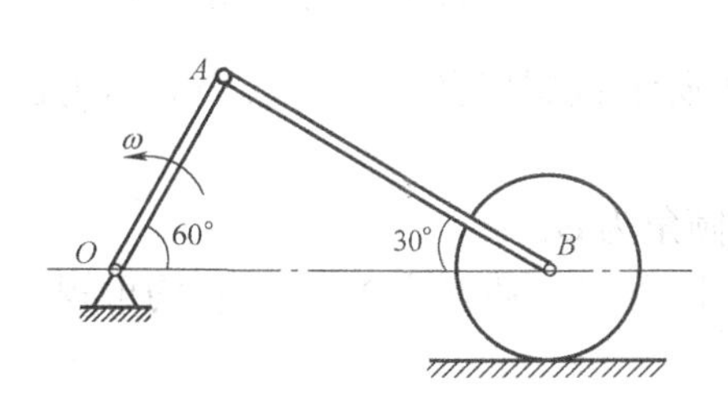

图 14-23 习题 14-3 图

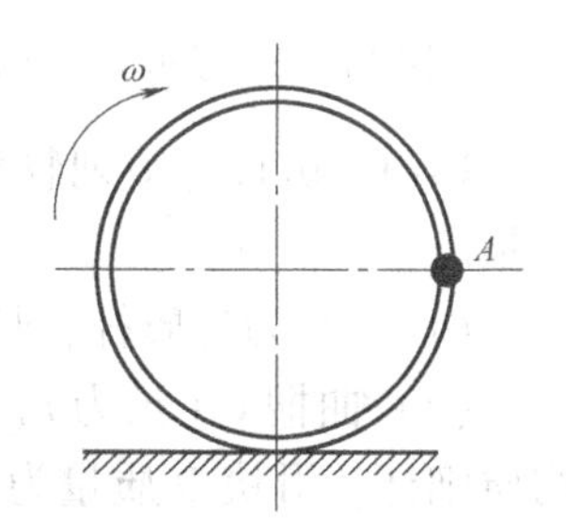

图 14-24 习题 14-4 图

14-6 如图 14-26 所示，小球 A、B 套在光滑的水平杆 MN 上，并用无重等长刚杆与球 C 铰接。开始时系统静止，且 AC、CB 与水平杆各成角，释放后 C 球铅直下落而 A、B 球相向运动，若三球质量均为 m，且大小不计。则当 A、B 两球即将相碰时（如图中虚线所示），它们的速度分别为________，方向为____________。

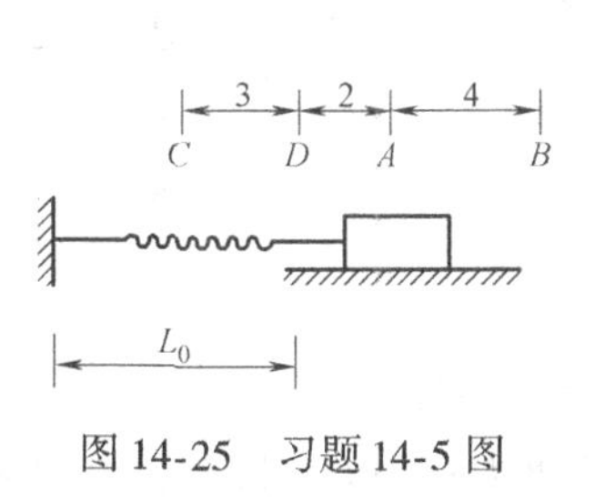

图 14-25 习题 14-5 图

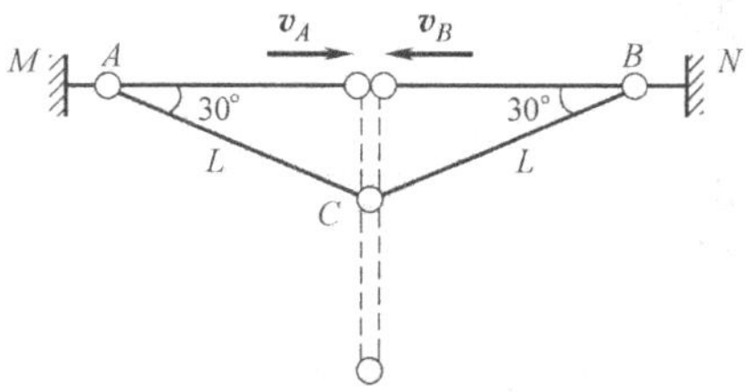

图 14-26 习题 14-6 图

14-7 如图 14-27 所示，均质杆 AB 质量为 m，长 $2a$，沿竖直墙滑下。在图 14-27 所示瞬时质心 C 的速度为 v_C，且沿 BA 杆方向，则在该瞬时：

（1）动量 $\boldsymbol{p}$ = ________；

（2）动能 T = ________；

（3）对 A 点的动量矩的大小 L_A = ________。

14-8　如图 14-28 所示，重力为 P 的小环套在铅直面内一个固定的光滑铁圈上，铁圈的半径为 R，小环 M 由 A 处在重力作用下无初速地下落，则小环 M 通过最低点 B 时的速度为________。该瞬时小环对铁圈的压力为________。

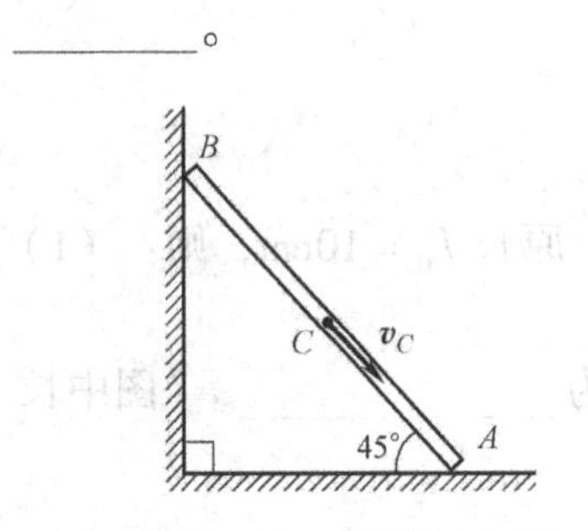

图 14-27　习题 14-7 图

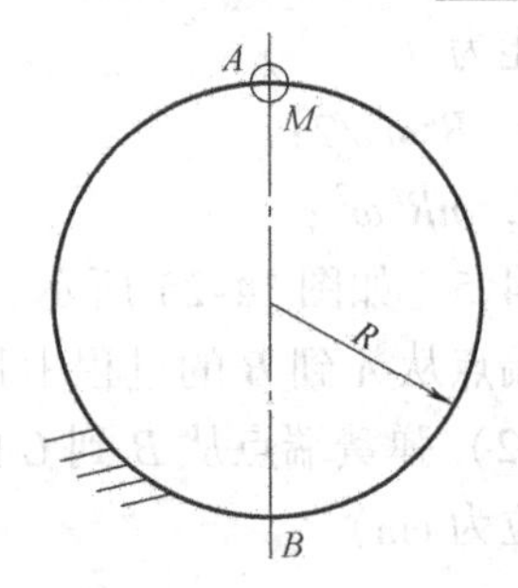

图 14-28　习题 14-8 图

14-9　试计算下列物体或系统在图 14-29 所示位置时的动能，其中 v 均为已知量。

（1）AB 为均质杆，长为 $2L$，质量为 m，倾角为 φ；

（2）曲柄 OA 长为 r，质量为 m，连杆 AB 长为 $2L$，质量为 $2m$，二者均可视为均质细杆，滑块 B 质量为 m。

14-10　如图 14-30 所示，位于铅直平面内的均质杆 AB 的质量为 5kg，在 $\theta=90°$ 的位置时，以角速度 ω_1 绕水平轴 A 沿顺时针方向转动。当杆落到 $\theta=0°$ 位置时，其角速度 $\omega_1=0$，弹簧被压缩 10cm。已知弹簧常数为 8.94kN/m。求初始角速度的大小。

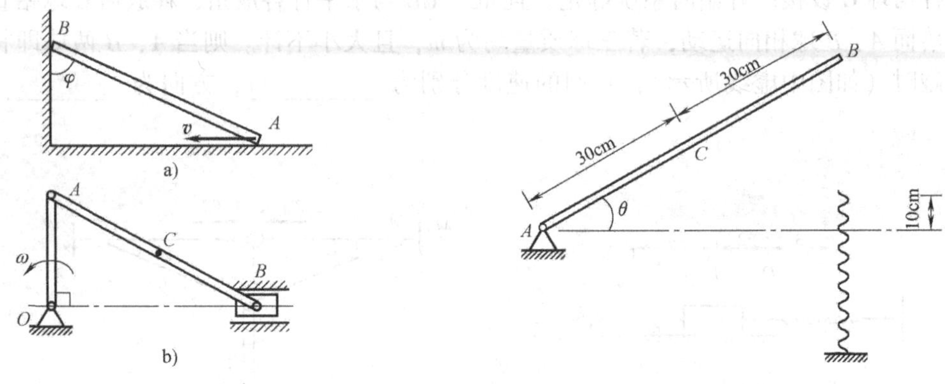

图 14-29　习题 14-9 图　　图 14-30　习题 14-10 图

14-11　如图 14-31 所示，物体 M 和滑轮 A、B 的重力均为 P，且滑轮可视为均质圆盘，弹簧的刚度为 k，绳重不计，与轮之间无滑动。当 M 离地面 h 时，处于平衡。现在给 M 以向下的初速度 v_0，使其恰能到达地面，试问初速度 v_0 应为多少？

14-12 如图14-32所示，重物A的质量为$3m$，滑轮B和圆柱O可看作均质圆柱，质量均为m，半径均为R，弹簧常数为k，初始时弹簧为原长，系统从静止释放。若圆柱O在斜面上做无滑动滚动，且绳与滑轮的倾斜段与斜面平行。试求当重物A下降距离s时重物的速度。

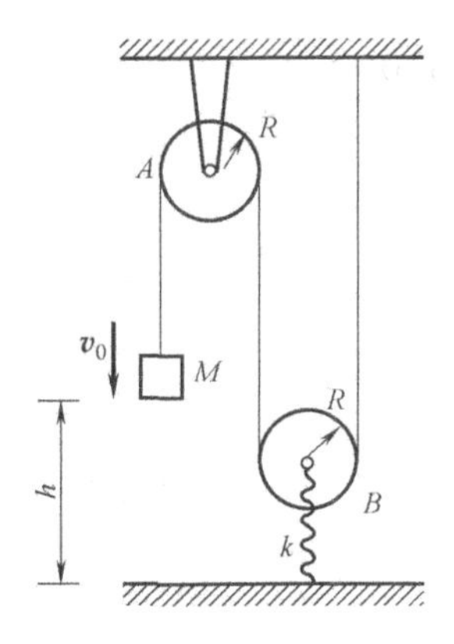

图14-31 习题14-11图

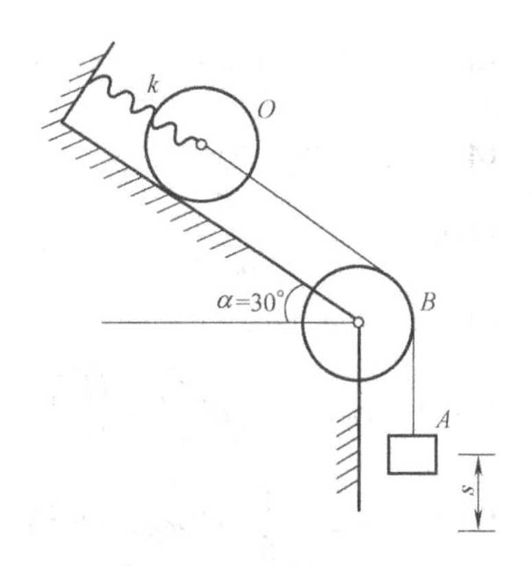

图14-32 习题14-12图

14-13 如图14-33所示，均质圆盘A重W，半径为R，固结在一半径为r，且通过圆盘中心的水平对称轴BD上，轴的两端对称地绕上细绳，圆盘在重力作用下向下运动。如不计轴BD及绳子的质量，试求质心C下落h时的速度和加速度。

14-14 如图14-34所示，均质圆柱体A和B的半径均为R，重力均为$\boldsymbol{P}$，用细绳绕连。若系统由静止开始运动，且设在运动过程中绳子始终张紧而不松弛，求圆柱体B在下降h时轮心的速度。

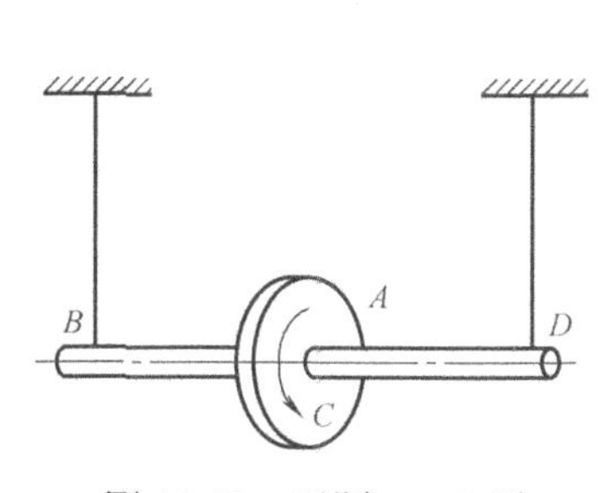

图14-33 习题14-13图

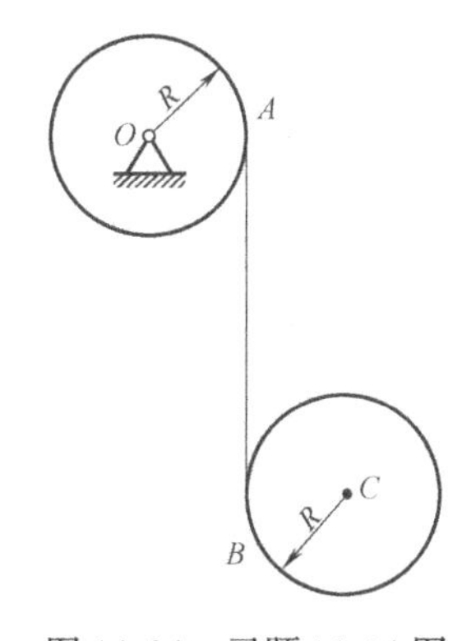

图14-34 习题14-14图

习题答案

14-1 C

14-2 A

14-3 D

14-4 D

14-5 （1） $-160\text{N}\cdot\text{cm}$；（2） $-135\text{N}\cdot\text{cm}$

14-6 略

14-7 （1） $\boldsymbol{p}=mv_C\frac{\sqrt{2}}{2}\boldsymbol{i}+mv_C\frac{\sqrt{2}}{2}\boldsymbol{j}$；（2） $\frac{2}{3}mv_C^2$；（3） 0

14-8 $2\sqrt{Rg}$，$5P$

14-9 （1） $\frac{mv^2}{6\cos^2\varphi}$；（2） $\frac{2}{3}mr^2\omega^2+\frac{4}{3}ml^2\omega^2$

14-10 9.47rad/s

14-11 $v_0=\sqrt{\frac{8}{15}gh\left(1+\frac{kh}{4P}\right)}$

14-12 $v=\sqrt{\frac{1}{5}(7mgs+ks^2)}$

14-13 $v_C=2r\sqrt{\frac{gh}{R^2+2r^2}}$，$a_C=\frac{2gr^2}{R^2+2r^2}$

14-14 $v_C=\sqrt{\frac{8gR^2h}{1+6R^2}}$

动静法

15.1 导学

动静法即达朗贝尔原理，是在 18 世纪随着机器动力学问题的发展而提出的，它提供了有别于动力学普遍定理分析和解决动力学问题的一种新的普遍方法，尤其适用于受约束质点系统求解动约束力和动应力等问题，在工程中有着广泛的应用价值。“动”代表研究对象是动力学问题；“静”代表研究问题所用的方法是静力学方法。简而言之，动静法就是用静力学的方法分析和解决动力学问题。为了将“动”与“静”联系起来，需要引入惯性力的概念。因此，惯性力系的简化是用达朗贝尔原理处理问题的关键。

在牛顿力学中所讨论的许多力学概念，如矢径、速度、加速度、角速度、角加速度、力和力偶矩等物理量都是以矢量形式出现的，因此牛顿力学又叫做矢量力学。18 世纪开始出现了另外一种力学体系，它引进标量形式的物理量，如广义坐标、能量、功等，用纯分析的方法来处理力学问题，称为分析力学。

本章通过引入惯性力的概念，将动力学问题转化为静力学的平衡问题，并给出了质点和质点系（刚体）的达朗贝尔原理。动静法与下一章的虚位移原理构成了分析力学的基础。

达朗贝尔（Jean Le Rond d'Alembert，1717—1783）是法国著名的物理学家、数学家和天文学家，是 18 世纪为牛顿力学体系的建立做出卓越贡献的科学家之一。

15.2 质点的达朗贝尔原理

如图 15-1 所示，质量为 m 的非自由质点受到主动力 $\boldsymbol{F}$ 和约束力 $\boldsymbol{F}_\mathrm{N}$ 的作用，在某瞬时获得的加速度为 $\boldsymbol{a}$，由牛顿第二定律可得

$$\boldsymbol{F}+\boldsymbol{F}_\mathrm{N}=m\boldsymbol{a} \tag{15-1}$$

由式（15-1）右端移项，可得

$$\boldsymbol{F}+\boldsymbol{F}_\mathrm{N}-m\boldsymbol{a}=\boldsymbol{0} \tag{15-2}$$

$$F_I = -ma \tag{15-3}$$

称为质点的**惯性力**，是一个假想的力，其大小等于质点的质量与加速度的乘积，方向与质点的加速度方向相反，与力的量纲相同。引入惯性力，式（15-2）可以写为

$$F + F_N + F_I = 0 \tag{15-4}$$

即作用在质点上的力 F、F_N、F_I 构成一个平衡的汇交力系。这即是质点的**达朗贝尔原理，即动静法**。式（15-4）就是形式上的平衡方程的矢量形式。

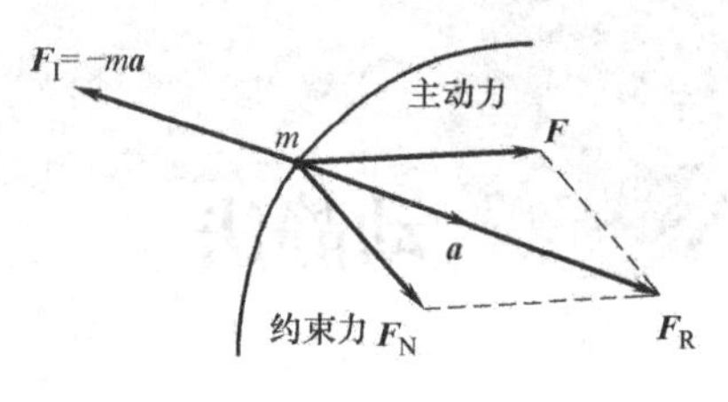

图 15-1 质点达朗贝尔原理

由于引入了惯性力，质点动力学问题转化为形式上的静力平衡问题，因为能够应用平衡方程及静力学解题的各种技巧。应用上述方程时，除了要分析主动力、约束力外，还必须分析惯性力，并假想地加在质点上。其余过程与静力学完全相同。

动静法求解步骤如下：确定研究对象，整体或部分；运动分析，得到加速度；受力分析，主动力、约束力、惯性力；由动静法求解。

例 15-1 为了测定列车的加速度，采用一种称为摆式加速度计的装置，当列车做匀加速直线平动时，摆将稳定在与铅直线成 θ 角的位置（见图 15-2a）。试求列车的加速度与偏角 θ 之间的关系。

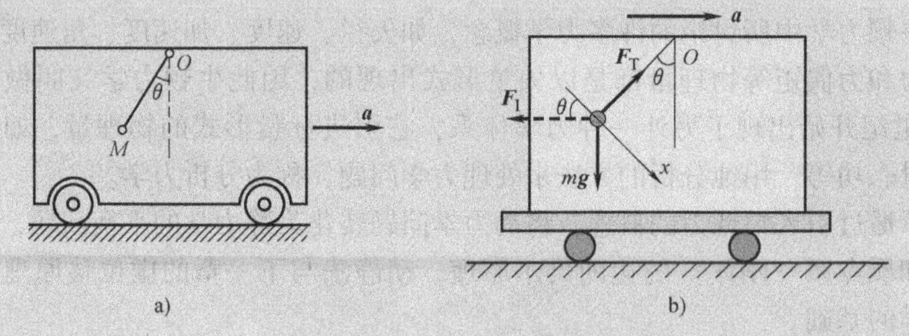

图 15-2 摆式加速度计

解：（1）以摆锤 M 为研究对象。

（2）运动分析：当摆稳定在与铅垂线成 θ 角的位置时，摆锤的加速度与列车的加速度相同，设为 $\boldsymbol{a}$。

（3）受力分析：设摆锤的质量为 m，作用在其上的主动力为重力 mg，约束力为摆线的张力 F_T，摆锤的受力如图 15-2b 所示。摆锤的惯性力

$$F_I = -ma$$

（4）由质点的达朗贝尔原理，有

$$F + F_N + F_I = 0$$

将上式向垂直于 OM 的 x 轴方向投影，可得

$$-mg\sin\theta + ma\cos\theta = 0$$

于是，求得列车的加速度与偏角 θ 之间的关系为

$$a = g\tan\theta$$

可见，只要测出偏角 θ，就可知道列车的加速度。这就是摆式加速度计的原理。

例 15-2　如图 15-3a 所示，小球重力为 G，以两绳悬挂。某瞬时，AB 绳突然断开，由于重力作用小球开始运动，求小球开始运动瞬时的加速度和 AC 绳的拉力。

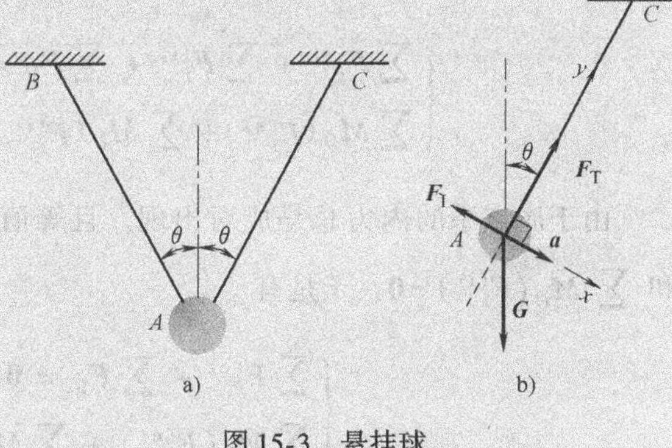

图 15-3　悬挂球

解：(1) 以小球为研究对象。

(2) 运动分析：在绳剪断的瞬时，$\boldsymbol{v} = \boldsymbol{0}$，$\boldsymbol{a} \neq \boldsymbol{0}$。

(3) 受力分析：小球受到主动力 $\boldsymbol{G}$、绳索约束力 $\boldsymbol{F}_T$、虚假惯性力 $\boldsymbol{F}_I$ 作用，受力图如图 15-3b 所示。

(4) 由达朗贝尔原理求解：建立如图 15-3b 所示坐标系，式（15-4）在 x、y 上投影得

$$\begin{cases} \sum F_x = 0,\ G\sin\theta - F_I = 0 \\ \sum F_y = 0,\ -G\cos\theta + F_T = 0 \end{cases}$$

解得

$$\begin{cases} a = g\sin\theta \\ F_T = G\cos\theta \end{cases}$$

15.3　质点系的达朗贝尔原理

设由 n 个质点组成的非自由质点系如图 15-4 所示，其中任一质点 i 的质量为 m_i，加速度为 $\boldsymbol{a}_i$，对每个质点都施加惯性力，则 n 个质点上所受的全部主动力、约束力和假想的惯性力形成空间一般力系。

对于每个质点，达朗贝尔原理均成立，即认为作用在质点上的主动力、约束力

和惯性力组成形式上的平衡力系，则由 n 个质点组成的质点系上的主动力、约束力和惯性力，也组成形式上平衡的空间一般力系。

根据静力学中力系的平衡条件和平衡方程，空间一般力系平衡时，力系的主矢和对任意一点 O 的主矩必须同时等于零。

为方便起见，如图 15-4 所示，将真实力分为内力和外力（各自包含主动力和约束力）。根据静力学中空间力系平衡的充要条件，有

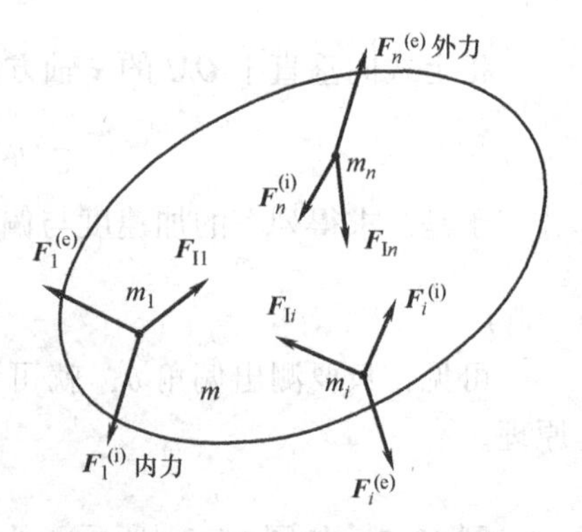

图 15-4　质点系达朗贝尔原理

$$\begin{cases} \sum \boldsymbol{F}_i^{(e)} + \sum \boldsymbol{F}_i^{(i)} + \sum \boldsymbol{F}_{Ii} = \boldsymbol{0} \\ \sum \boldsymbol{M}_O(\boldsymbol{F}_i^{(e)}) + \sum \boldsymbol{M}_O(\boldsymbol{F}_i^{(i)}) + \sum \boldsymbol{M}_O(\boldsymbol{F}_{Ii}) = \boldsymbol{0} \end{cases} \tag{15-5}$$

由于质点系的内力总是成对出现，且等值、反向、共线，因此有 $\sum \boldsymbol{F}_i^{(i)} = \boldsymbol{0}$ 和 $\sum \boldsymbol{M}_O(\boldsymbol{F}_i^{(i)}) = \boldsymbol{0}$，于是有

$$\begin{cases} \sum \boldsymbol{F}_i^{(e)} + \sum \boldsymbol{F}_{Ii} = \boldsymbol{0} \\ \sum \boldsymbol{M}_O(\boldsymbol{F}_i^{(e)}) + \sum \boldsymbol{M}_O(\boldsymbol{F}_{Ii}) = \boldsymbol{0} \end{cases} \tag{15-6}$$

式（15-6）表明，**任一瞬时，作用于质点系上的所有外力和虚加在每个质点上的惯性力在形式上组成平衡力系**，这是**质点系达朗贝尔原理**的另一表述，也是**动静法**给出的方程。

这两个矢量式可以写出六个投影方程。根据上述原理，只要在质点系上施加惯性力，就可以应用平衡方程（15-6）求解动力学问题，这就是质点系的动静法。

15.4　刚体惯性力系的简化

与一般力系一样，所有惯性力组成的力的系统，称为惯性力系。刚体是质量连续分布的物体，其惯性力系连续分布，与重力类似。应用动静法求解动力学问题时，需要在刚体上加上假想的惯性力。为了便于问题的处理，常常将刚体的惯性力系进行简化，求出与其等效的主矢和主矩，代替具体求解时对每一个质点所加的惯性力。

惯性力系中所有惯性力的矢量和称为惯性力的主矢，以 $\boldsymbol{F}_{IR}$ 表示

$$\boldsymbol{F}_{IR} = \sum \boldsymbol{F}_{Ii} = -\sum m\boldsymbol{a}_i = -m\boldsymbol{a}_C \tag{15-7}$$

惯性力系的主矢与刚体的运动形式无关，刚体做任意运动均成立。

惯性力系中所有惯性力向同一点简化，所得力偶的力偶矩矢量的矢量和以 $\boldsymbol{M}_{\mathrm{I}O}$ 表示，称为惯性力系的主矩，有

$$\boldsymbol{M}_{\mathrm{I}O}=\sum \boldsymbol{M}_O(\boldsymbol{F}_{\mathrm{I}i}) \tag{15-8}$$

惯性力系的主矩与刚体的运动形式有关。

下面对刚体做平移、定轴转动和平面运动时惯性力系的简化结果进行讨论。

1. 平移刚体惯性力系的简化

刚体平移时，由于同一瞬时刚体内各质点的加速度都相同，等于质心加速度 $\boldsymbol{a}_C$。如图 15-5 所示，各点的惯性力 $\boldsymbol{F}_{\mathrm{I}i}(i=1, 2, \cdots, n)$ 构成了平行力系，与重力类似。所以，平动刚体的惯性力系可简化为一个作用于刚体质心 C 的合力，用 $\boldsymbol{F}_{\mathrm{IR}}$ 表示

$$\boldsymbol{F}_{\mathrm{IR}}=-m\boldsymbol{a}_C \tag{15-9}$$

式中，m 为刚体的质量。

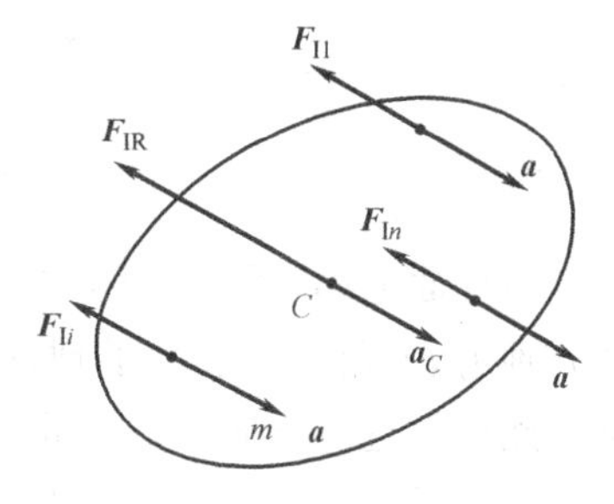

图 15-5　平移刚体惯性力简化图

由此有结论：**平移刚体的惯性力系可以简化为通过质心的合力，其大小等于刚体的质量与质心加速度的乘积，合力的方向与质心加速度的方向相反。**

2. 定轴转动刚体惯性力系的简化

仅讨论刚体有质量对称面且转轴与质量对称面垂直的情形。设刚体具有一个质量对称面，且定轴转动的转轴 z 与此平面垂直，交点为 O，如图 15-6a 所示；设刚体的质量为 m，刚体对轴 O 的转动惯量为 J_O，刚体的瞬时角速度和角加速度分别为 ω 和 α。在刚体质量对称面上任意取一点 M_i，过该点在刚体上作平行于转轴的线段 A_iB_i，其上各点加速度相同。利用对称性，A_iB_i 上各点的惯性力向 M_i 点简化，可得作用于对称面上 M_i 点的惯性力合力 $\boldsymbol{F}_{\mathrm{I}i}$，如图 15-6b 所示。由此可将惯性力系简化在质量对称面内，如图 15-6c 所示。

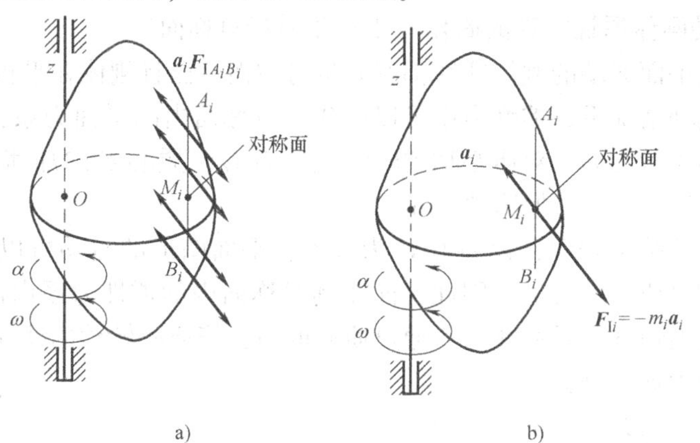

图 15-6　定轴转动

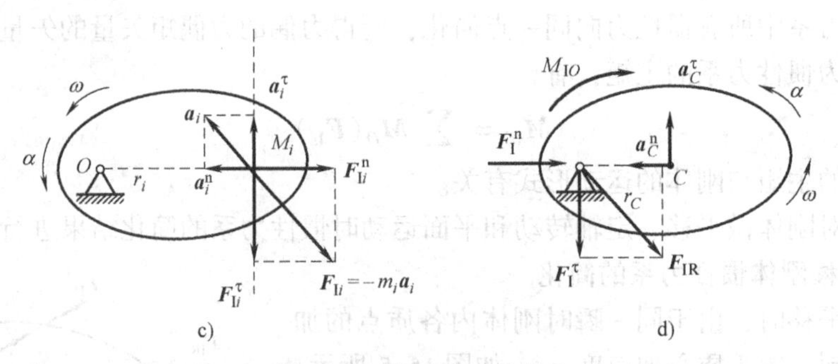

图 15-6 定轴转动（续）

对称面上第 i 个质点的质量为 m_i，至轴 O 的距离为 r_i；切向加速度和法向加速度分别为 $\boldsymbol{a}_i^{\tau}$ 和 $\boldsymbol{a}_i^{n}$，相应的惯性力分别为 $\boldsymbol{F}_{Ii}^{\tau}$ 和 $\boldsymbol{F}_{Ii}^{n}$。所有质点的惯性力组成平面力系。然后再进一步向交点 O 简化，得一主矢和主矩分别为

$$\boldsymbol{F}_{IR} = -m\boldsymbol{a}_C = -m\boldsymbol{a}_C^{\tau} - m\boldsymbol{a}_C^{n} \tag{15-10a}$$

$$M_{IO} = \sum M_O(\boldsymbol{F}_{Ii}^{\tau}) + \sum M_O(\boldsymbol{F}_{Ii}^{n}) = -\sum r_i \cdot m_i r_i \alpha = -J_O\alpha \tag{15-10b}$$

式中，负号表明 M_{IO} 的转向与 α 的转向相反；J_O 为刚体对转轴 O 的转动惯量。

于是，定轴转动刚体惯性力系向转轴与对称面交点 O 简化的结果为

$$\begin{cases} F_{I\tau} = -mr_C\alpha \\ F_{In} = -mr_C\omega^2 \\ M_{IO} = -J_O\alpha \end{cases} \tag{15-11}$$

于是得结论：**当刚体有质量对称面且绕垂直于此对称面的轴做定轴转动时，惯性力系向转轴与对称面交点简化时，得位于此平面内的一个力和一个力偶。这个力等于刚体质量与质心加速度的乘积，方向与质心加速度方向相反，作用线通过转轴；这个力偶的矩等于刚体对转轴的转动惯量与角加速度的乘积，转向与角加速度相反。**

3. 平面运动刚体惯性力系的简化（平行于质量对称面）

工程中，做平面运动的刚体往往都有质量对称面，而且刚体在平行于此平面的平面内运动。这种情况下，惯性力系可以简化为对称面内的平面力系，如图 15-7a 所示。设刚体的质量为 m，对质心轴的转动惯量为 J_C，质心 C 的加速度为 $\boldsymbol{a}_C$，绕质心转动的角速度为 ω，角加速度为 α。

运动学分析的结果表明，以质心 C 为基点，平面图形的运动可以分解为随质心的平移运动和绕质心的转动。因此，简化到对称面内的惯性力系由两部分组成：刚体随质心平移的惯性力系简化为一通过质心的力；绕质心转动的惯性力系简化为一力偶。该力和力偶分别为

$$\begin{cases} \boldsymbol{F}_{IR} = -m\boldsymbol{a}_C \\ M_{IC} = \sum M_C(\boldsymbol{F}_{Ii}^{\tau}) = -\sum m_i r_i^2 \alpha = -J_C\alpha \end{cases} \tag{15-12}$$

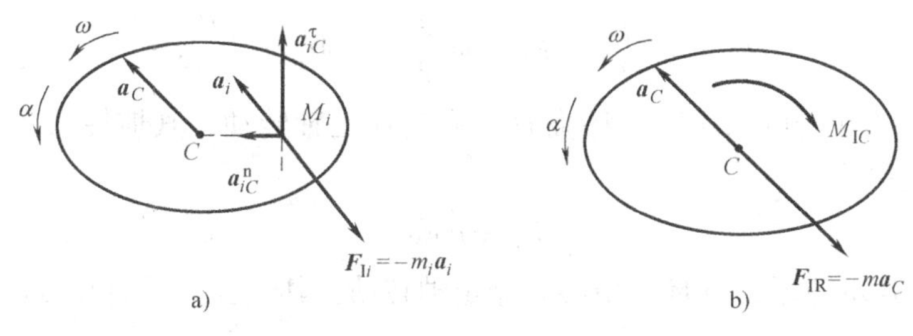

图 15-7 平面运动惯性力系简化

于是得结论：**有质量对称面的刚体，平行于此平面运动时，刚体的惯性力系简化为此平面内的一个力和一个力偶。这个力通过质心，其大小等于刚体的质量与质心加速度的乘积，其方向与质心加速度的方向相反；这个力偶的矩等于刚体对过质心且垂直于质量对称面的轴的转动惯量与角加速度的乘积，转向与角加速度相反。**

例 15-3 写出下列各图所示刚体的惯性力，并在图上表示其方向：

（1）在图 15-8a 中，设 OA 为均质杆，质量为 m，长度为 l。

（2）在图 15-8b、c、d 中，设轮 C 均为质量为 m、半径为 R 的均质圆盘。

（3）在图 15-8e 中，设杆 $O_1A//O_2B$，$O_1A=l$，AB 杆为均质杆，质量为 m，不计 O_1A、O_2B 的质量。

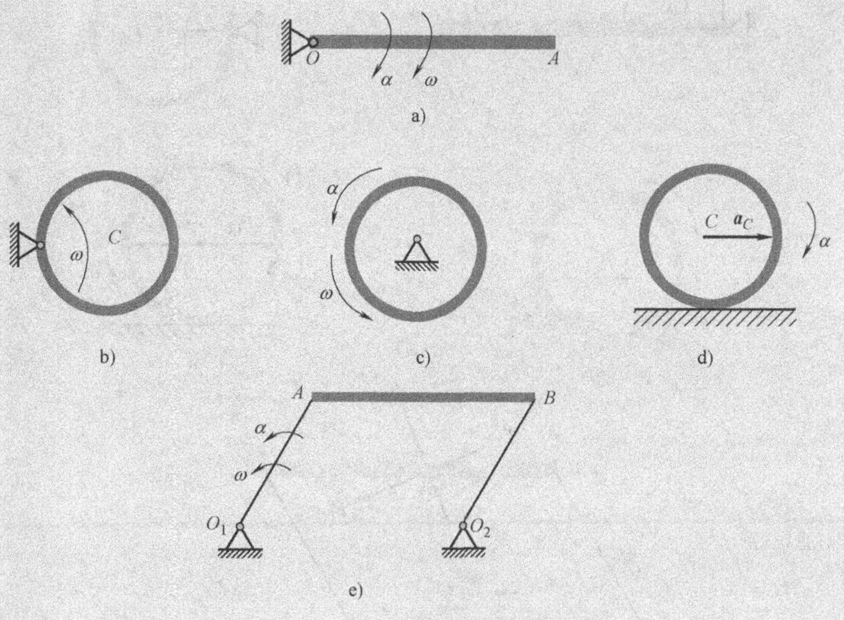

图 15-8 例 15-3 图

解：（1）如图 15-9a 所示，OA 绕 O 定轴转动，其惯性力向 O 点简化，简化结果为

$$F_{I\tau}=m\frac{l}{2}\alpha,\ F_{In}=m\frac{l}{2}\omega^2,\ M_{IO}=\frac{ml^2}{3}\alpha$$

（2）如图 15-9b 所示，圆环绕 O 点做匀速定轴转动，其惯性力系向 O 点简化，简化结果为

$$F_{In}=mR\omega^2$$

如图 15-9c 所示，圆环绕质心 C 做定轴转动，其惯性力系向 C 点简化，简化结果为

$$M_{IC}=\frac{m}{2}R^2\alpha$$

如图 15-9d 所示，轮 C 在水平面上纯滚动，为平面运动，其惯性力系向质心 C 点简化，简化结果为

$$F_{IR}=ma_C,\ M_{IC}=\frac{mR^2}{2}\cdot\frac{a_C}{R}$$

（3）如图 15-9e 所示，AC 做曲线平动，其惯性力系向质心 C 点简化，简化结果为 $F_{I\tau}=ml\alpha$，$F_{In}=ml\omega^2$

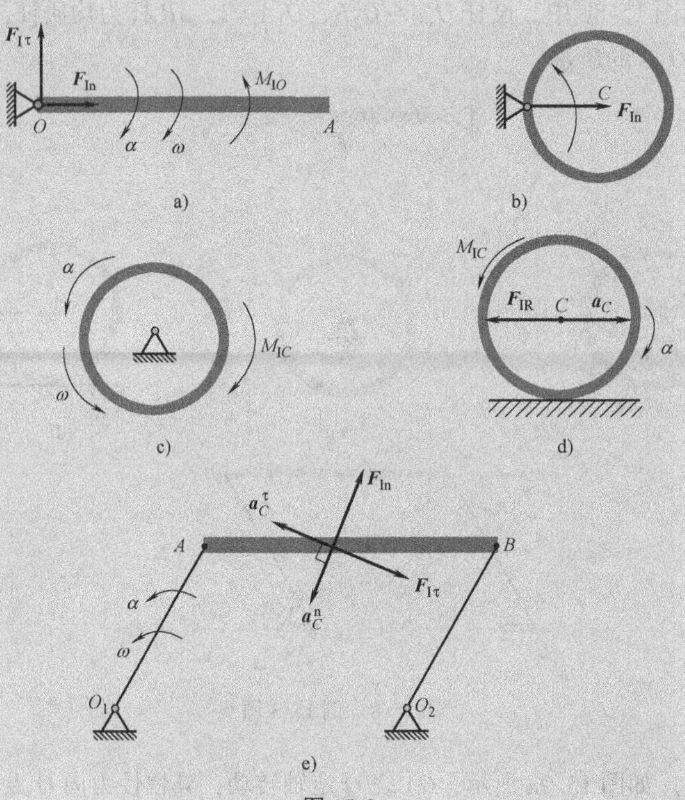

图 15-9

例 15-4 如图 15-10a 所示，均质细杆重为 P，杆长为 l，斜面倾角 $\varphi=60°$。若杆与水平面夹角为 $\theta=30°$ 的瞬时，A 端的加速度为 $\boldsymbol{a}_A$，杆的角速度为零，角加速度为 α。求此瞬时杆上惯性力系的简化结果。

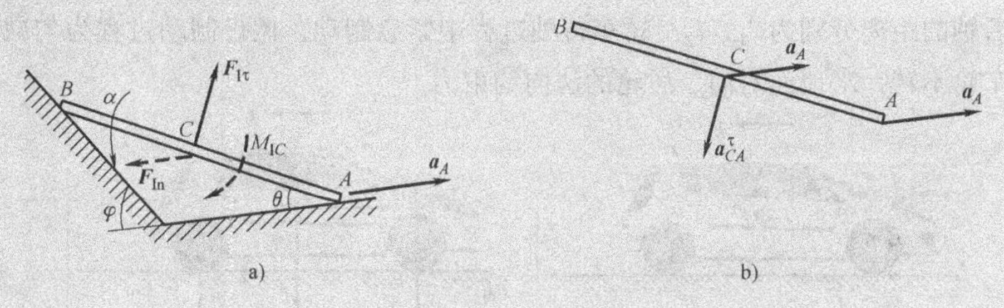

图 15-10 例 15-4 图

解： 杆 AB 做平面运动，可将惯性力系向质心 C 简化，需求质心 C 的加速度。

根据已知条件，选取杆端 A 为基点，则有

$$\boldsymbol{a}_C=\boldsymbol{a}_A+\boldsymbol{a}_{CA}^{n}+\boldsymbol{a}_{CA}^{\tau}$$

其中 $\boldsymbol{a}_{CA}^{n}=\dfrac{l}{2}\omega^2=0$，$\boldsymbol{a}_{CA}^{\tau}=\dfrac{l}{2}\alpha$，方向如图 15-10b 所示。则

$$\boldsymbol{a}_C=\boldsymbol{a}_A+\boldsymbol{a}_{CA}^{\tau}$$

可得该杆惯性力系向质心 C 简化的主矢和主矩分别为

$$\boldsymbol{F}_{IR}=\frac{P}{g}\boldsymbol{a}_C=\frac{P}{g}(\boldsymbol{a}_A+\boldsymbol{a}_{CA}^{\tau})=\boldsymbol{F}_{In}+\boldsymbol{F}_{I\tau}$$

$$M_{IC}=J_C\alpha=\frac{1}{12}\frac{P}{g}\alpha l^2$$

式中，$F_{In}=\dfrac{P}{g}a_A$，$F_{I\tau}=\dfrac{1}{2}\dfrac{P}{g}\alpha l$，方向如图 15-10a 所示。

15.5 动静法的应用举例

应用动静法，通过建立静力学平衡方程可求解非自由质点系动力学方程。当质点系运动已知时，应用动静法求未知约束力是十分方便的。应用动静法一般的步骤为：

1）明确研究对象。

2）正确地进行受力分析，画出研究对象上所有主动力和约束力。

3）分析系统的运动，主要是分析各点的加速度，特别是质心的加速度和刚体的角加速度。

4）画出达朗贝尔惯性力系的简化力系。

5）根据刚化原理，将研究对象刚化在该瞬时的位置上。

6）根据动静法，应用静力学平衡条件列写研究对象在此位置上的动态平衡方程。

7）解平衡方程，求出需求的未知量。

例 15-5 如图 15-11a 所示，轿车总质量为 m，重心离地面的高度为 h，到前后轴的距离分别为 l_1、l_2。轿车行驶过程中紧急制动，假设制动过程为匀减速且车轮不转，求地面对前、后轮的法向约束力。

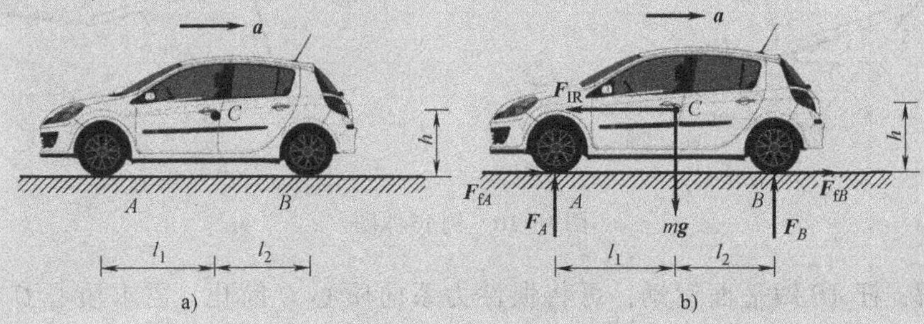

图 15-11 例 15-5 图

解：1）以轿车为研究对象，在水平地面上做平动。

2）受力分析：小车受到重力 mg，支持力 $\boldsymbol{F}_A$、$\boldsymbol{F}_B$，摩擦力 $\boldsymbol{F}_{fA}$、$\boldsymbol{F}_{fB}$，如图 15-11b 所示。

3）运动分析：轿车在做平动，各点加速度相同，惯性力系向质心简化，则有

$$F_{IR} = ma$$

4）根据动静法，应用静力学平衡条件得

$$\begin{cases} \sum F_x = 0, & -F_{IR} + F_{fA} + F_{fB} = 0 \\ \sum F_y = 0, & -mg + F_A + F_B = 0 \\ \sum M_A = 0, & F_{IR}h + F_B(l_1 + l_2) - mgl_1 = 0 \end{cases}$$

解得

$$\begin{cases} F_A = \dfrac{m}{l_1 + l_2}(gl_2 + ah) \\ F_B = \dfrac{m}{l_1 + l_2}(gl_1 - ah) \end{cases}$$

例 15-6 如图 15-12a 所示，提升机的转轮半径为 R，质量为 m_1，视为均质圆盘。轮上加力偶矩为 M 的力偶，吊起质量为 m_2的重物。求重物的加速度、轮轴的轴承反力、提升绳索的拉力。

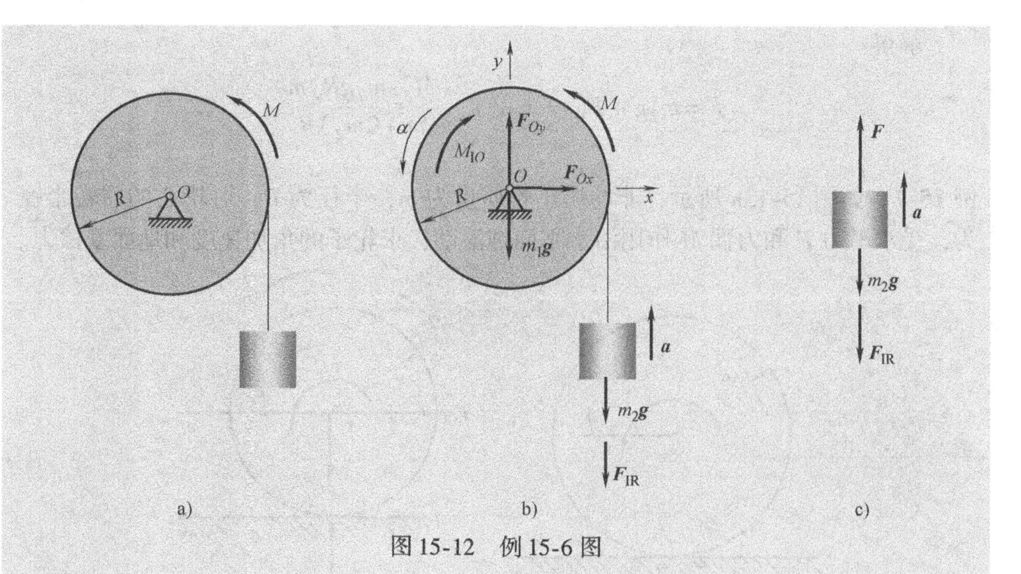

图 15-12　例 15-6 图

解：1）以整体为研究对象。

2）受力分析：圆盘和重物所受重力如图 15-12b 所示，圆盘在 O 处为固定铰支座约束，约束力如图 15-12c 所示。

3）运动分析：圆盘绕 O 定轴转动，重物做平动，$\alpha = a/R$。

圆盘做定轴转动，惯性力系向转动中心 O 简化，得

$$M_{IO} = J_O\alpha = \frac{1}{2}m_1R^2\alpha = \frac{1}{2}m_1Ra$$

重物做平动，惯性力系向重物质心简化，得

$$F_{IR} = m_2a$$

4）根据动静法，应用静力学平衡条件得

$$\begin{cases} \sum F_x = 0,\ F_{Ox} = 0 \\ \sum F_y = 0,\ F_{Oy} = m_1g - m_2g - F_{IR} = 0 \\ \sum M_O = 0,\ M - m_2gR - F_{IR}R - M_{IO} = 0 \end{cases}$$

解得

$$\begin{cases} a = \dfrac{2(M - m_2gR)}{(m_1 + 2m_2)R} \\ F_{Ox} = 0 \\ F_{Oy} = (m_1 + m_2)g + \dfrac{2(M - m_2gR)m_2}{(m_1 + 2m_2)R} \end{cases}$$

5）以重物为研究对象求绳索的拉力 $\boldsymbol{F}$，受力如图 15-12c 所示。

$$\sum F_y = 0, F - m_2g - F_{IR} = 0$$

解得

$$F = m_2 g + F_{\mathrm{IR}} = m_2 g + \frac{2(M - m_2 gR)m_2}{(m + 2m_2)R}$$

例 15-7 如图 15-13a 所示，非均质车轮质量为 m，半径为 R，对轮心的回转半径为，受水平力 $\boldsymbol{F}$ 和力偶 M 作用沿水平面纯滚动，求轮子的角加速度和地面摩擦力。

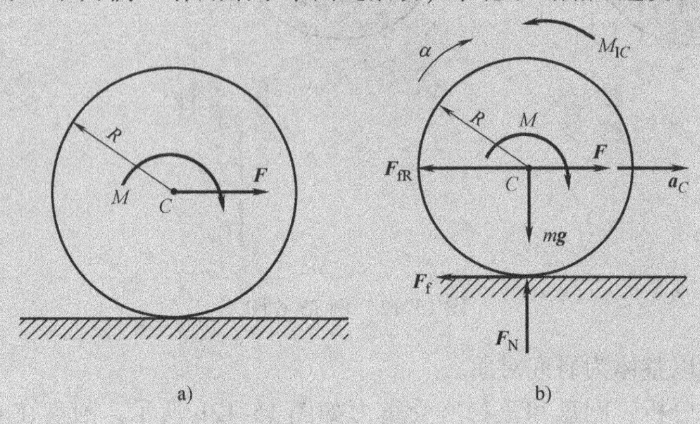

图 15-13 例 15-7 图

解：1）以轮子为研究对象。

2）受力分析：重物受到重力、支持力、摩擦力和主动力偶 M，如图 15-13b 所示。

3）运动分析：车轮做纯滚动，$a_C = \alpha R$。

纯滚动为平面运动，惯性力系向质心 C 简化，得

$$F_{\mathrm{IR}} = ma_C = m\alpha R$$

$$M_{\mathrm{IC}} = J_C \alpha = m\rho^2 \alpha$$

4）根据动静法，应用静力学平衡条件得

$$\begin{cases} \sum F_x = 0, F - F_{\mathrm{f}} - F_{\mathrm{IR}} = 0 \\ \sum F_y = 0, F_{\mathrm{N}} - mg = 0 \\ \sum M_C = 0, M_{\mathrm{IC}} - F_{\mathrm{f}} \cdot R - M = 0 \end{cases}$$

解得

$$\begin{cases} \alpha = \dfrac{1}{R^2 + \rho^2} \dfrac{M + FR}{m} \\ F_{\mathrm{f}} = \dfrac{F\rho^2 - MR}{R^2 + \rho^2} \\ F_{\mathrm{N}} = mg \end{cases}$$

例 15-8 均质圆盘质量为 m_1，半径为 R。均质细长杆长 $l=2R$，质量为 m_2。杆端 A 与轮心为光滑铰接，如图 15-14a 所示。如在 A 处加一水平拉力 F，使轮沿水平面纯滚动。问：力为多大方能使杆的 B 端刚好离开地面？又为保证纯滚动，轮与地面间的静滑动摩擦因数应为多大？

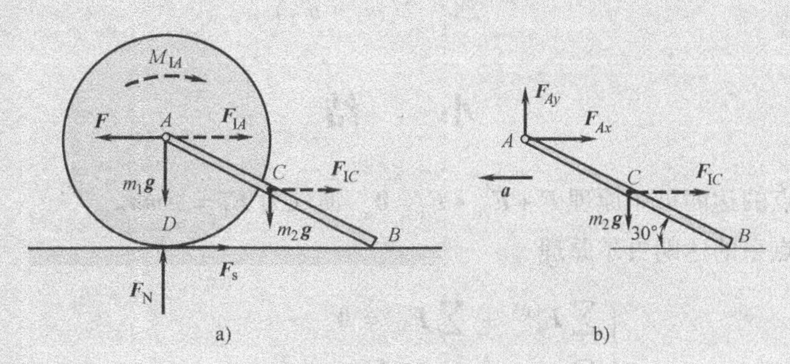

图 15-14 例 15-8 图

解：1）以整体为研究对象。

2）受力分析：系统受到地面支持力、重力，如图 15-14a 所示。

3）运动分析：细杆刚好离开地面时仍为平移，则地面约束力为零，设其加速度为 a。圆盘做纯滚动，为平面运动，惯性力系向质心 A 简化，得

$$F_{IA}=m_1a$$

$$M_{IA}=\frac{1}{2}m_1R^2\ \frac{a}{R}$$

4）根据动静法，应用静力学平衡条件得

$$\begin{cases}\sum F_x=0, F-F_s-(m_1+m_2)a=0\\ \sum F_y=0, F_N-(m_1+m_2)g=0\\ \sum M_D=0, FR-m_1aR-\dfrac{m_1R^2a}{2R}-m_2aR/2-m_2gR\cos30^\circ=0\end{cases} \tag{a}$$

四个未知量，三个方程，需要补充一个方程。

5）以 AB 为研究对象，受力如图 15-14b 所示，根据动静法，应用静力学平衡条件，对 A 点取矩可得

$$\sum M_A=0,\ m_2aR\sin30^\circ-m_2gR\cos30^\circ=0 \tag{b}$$

联立方程（a）和方程（b）可解得

$$a=\sqrt{3}g,\ F=\left(\frac{3}{2}m_1+m_2\right)\sqrt{3}g,\ F_s=\frac{\sqrt{3}}{2}m_1g,\ F_N=(m_1+m_2)g$$

而 $F_s \leqslant f_s F_N = f_s(m_1+m_2)g$，解得

$$f_s \geqslant \frac{F_s}{F_N}=\frac{\sqrt{3}m_1}{2(m_1+m_2)}$$

小　结

1. 质点的达朗贝尔原理 $\boldsymbol{F}+\boldsymbol{F}_N+\boldsymbol{F}_I=\boldsymbol{0}$。惯性力 $\boldsymbol{F}_I=-m\boldsymbol{a}$。

2. 质点系的达朗贝尔原理

$$\begin{cases}\sum \boldsymbol{F}_i^{(e)}+\sum \boldsymbol{F}_{Ii}=\boldsymbol{0}\\ \sum \boldsymbol{M}_O(\boldsymbol{F}_i^{(e)})+\sum \boldsymbol{M}_O(\boldsymbol{F}_{Ii})=\boldsymbol{0}\end{cases}$$

3. 刚体惯性力系的简化：

平移刚体的简化，简化中心为质心 $\boldsymbol{F}_{IR}=-m\boldsymbol{a}_C$

定轴转动刚体惯性力系的简化，简化中心为固定点 O

$$\begin{cases}F_{I\tau}=-mr_C\alpha\\ F_{In}=-mr_C\omega^2\\ M_{IO}=-J_O\alpha\end{cases}$$

平面运动刚体惯性力系的简化（平行于质量对称面），简化中心为质心 C

$$\begin{cases}\boldsymbol{F}_{IR}=-m\boldsymbol{a}_C\\ M_{IC}=\sum M_C(\boldsymbol{F}_{Ii}^{\tau})=-\sum m_i r_i^2\alpha=-J_C\alpha\end{cases}$$

思 考 题

15-1　运动的质点是否都有惯性力？如果两个质点的质量相同，加速度大小相等，其惯性力是否必相同？

15-2　三个质量相同的质点，一个做自由落体运动，一个做垂直上抛运动，第三个做斜抛运动，这三个质点的惯性力大小、方向是否均相同？

15-3　平动刚体的惯性力系向刚体内任意一点简化时均为一个主矢，对吗？

15-4　一列火车在起动过程中，哪节车厢的挂钩受力最大？为什么？火车沿铁轨做匀速曲线运动时是否存在惯性力？

15-5 如图15-15所示，质量为m的质点A，相对于半径为r的圆环做匀速圆周运动，速度为$\boldsymbol{v}$；圆环绕O轴转动，在图示瞬时角速度为ω，角加速度为α。则图示瞬时，求质点A的惯性力。

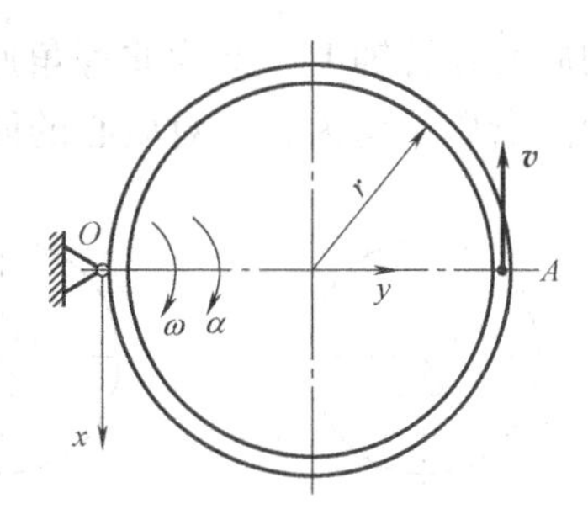

图15-15 思考题15-5图

15-6 如图15-16所示，半径为r、质量为m的均质圆盘与质量也为m、长度为l的均质杆焊在一起，并绕O轴转动。在图示瞬时，角速度为ω，角加速度为α。求惯性力系向O点的简化结果。

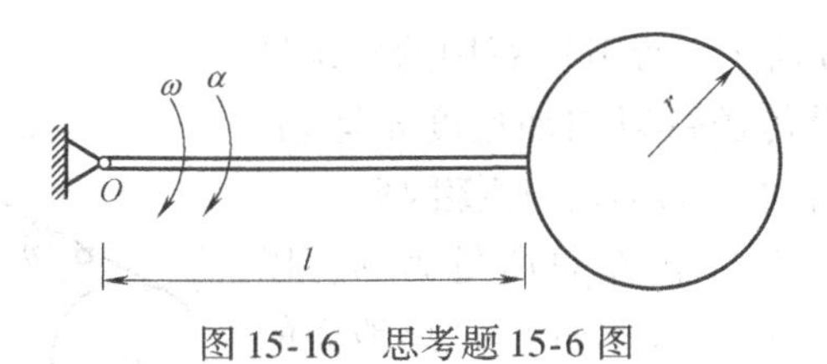

图15-16 思考题15-6图

15-7 如图15-17所示，某做平面运动的刚体的质量对称面，其角速度为ω，角加速度为α，质量为m，对通过平面上任一点A（非质心C），且垂直于对称面的轴的转动惯量为J_A。若将刚体的惯性力向该点简化，试分析图示的结果的正确性。

15-8 如图15-18所示，两种情形的定滑轮质量均为m，半径均为r，图15-18a中的绳所受拉力为W；图15-18b中块重为W。试分析两种情形下定滑轮的角加速度、绳中拉力和定滑轮轴承处的约束力是否相同。

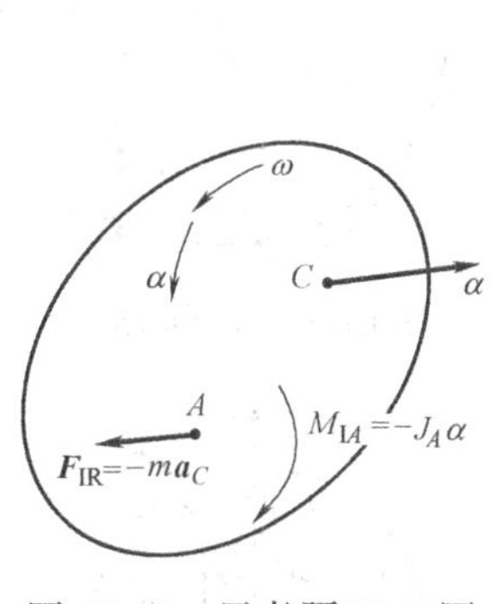

图15-17 思考题15-7图

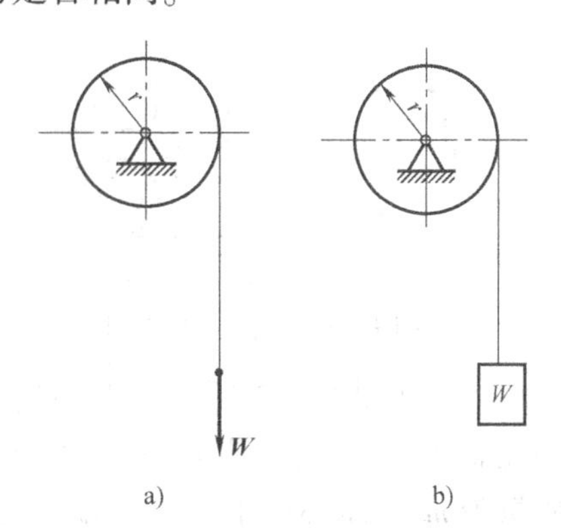

图15-18 思考题15-8图

习 题

15-1 试对图15-19所示四种情形简化惯性力：（a）匀质圆盘的质心C在转轴上，圆盘做等角速转动；（b）偏心圆盘做等角速转动，$OC=e$；（c）匀质圆盘的质心在转轴上，但为非等角速转动；（d）偏心圆盘做非等角速转动，$OC=e$。已知圆盘质量均为 m，对质心的回转半径均为 ρ_C。

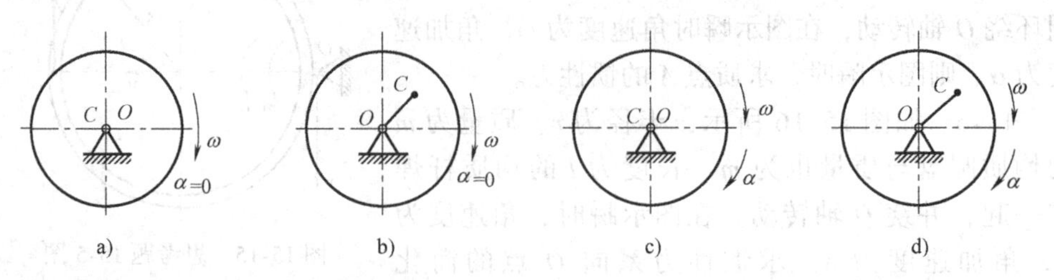

图 15-19　习题 15-1 图

15-2　如图 15-20 所示，提升矿石用的传送带与水平线成倾角 θ。设传送带以匀加速度 $\boldsymbol{a}$ 运动，为保持矿石不在带上滑动，求所需的摩擦因数。

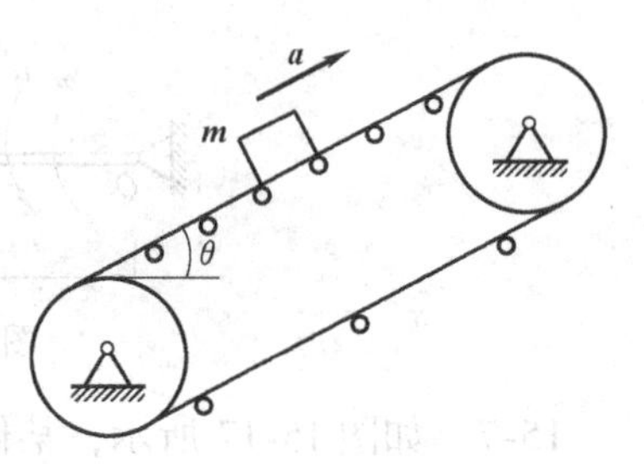

图 15-20　习题 15-2 图

15-3　如图 15-21 所示汽车总质量为 m，以加速度 $\boldsymbol{a}$ 做水平直线运动。汽车质心 C 离地面的高度为 h，汽车的前、后轴到通过质心垂线的距离分别为 c 和 b。求其前、后轮的正压力。又汽车应如何行使能使前、后轮的压力相等？

15-4　如图 15-22 所示，均质杆 AB 长 $\sqrt{2}R$，质量为 m，沿半径为 R 的光滑圆弧运动，从图示位置无初速释放，在重力作用下开始运动，求此时 AB 的角加速度和 A、B 两处的约束力。

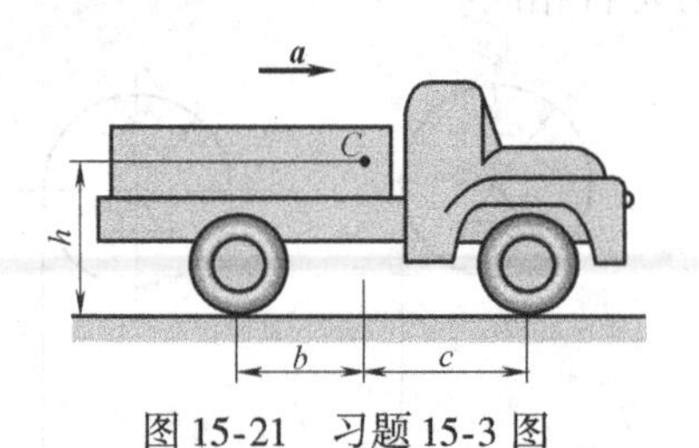

图 15-21　习题 15-3 图

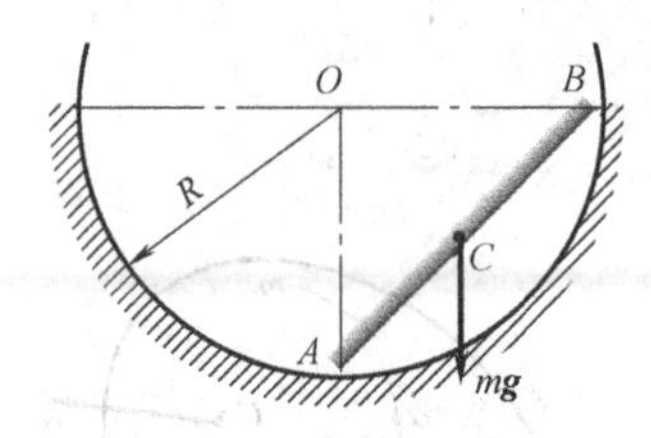

图 15-22　习题 15-4 图

15-5　如图 15-23 所示，电动机定子及其外壳总质量为 m_1，质心位于 O 处。转子的质量为 m_2，质心位于 C 处，偏心距 $OC=e$，图示平面为转子的质量对称面。电动机用地脚螺栓固定于水平基础上，转轴 O 与水平基础间的距离为 h。运动开始时，转子质心 C 位于最低位置，转子以匀角速度 ω 转动。求基础与地脚螺栓给电动机总的约束力。

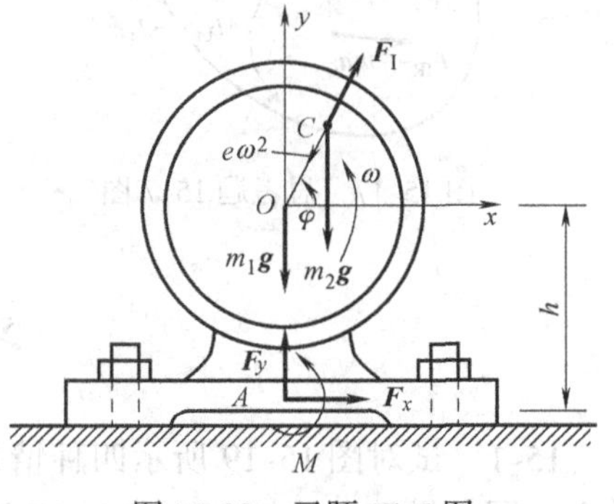

图 15-23　习题 15-5 图

15-6 如图15-24所示，调速器由两个质量为m_1的均质圆盘构成，圆盘偏心地铰接于距转轴为a的A，B两点。调速器以等角速度ω绕铅垂轴转动，圆盘中心到悬挂点的距离为l。调速器的外壳质量为m_2，并放在圆盘上。不计摩擦，求角速度ω和偏角φ之间的关系。

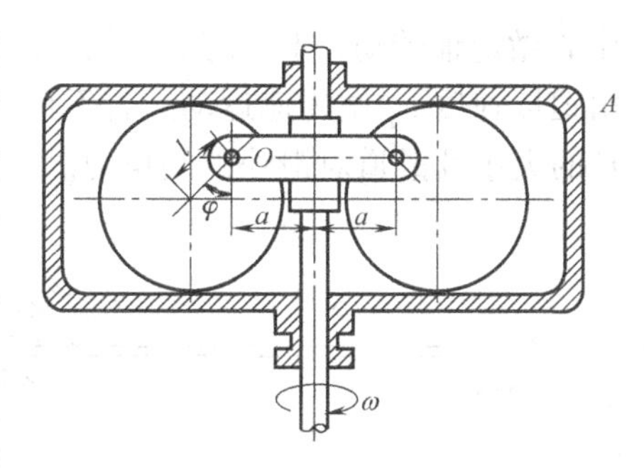

图15-24 习题15-6图

15-7 如图15-25所示，直径为1.22m、重890N的匀质圆柱以图示方式装置在卡车的箱板上，为防止运输时圆柱前后滚动，在其底部垫上高10.2cm的小木块，试求圆柱不致产生滚动时，卡车最大的加速度。

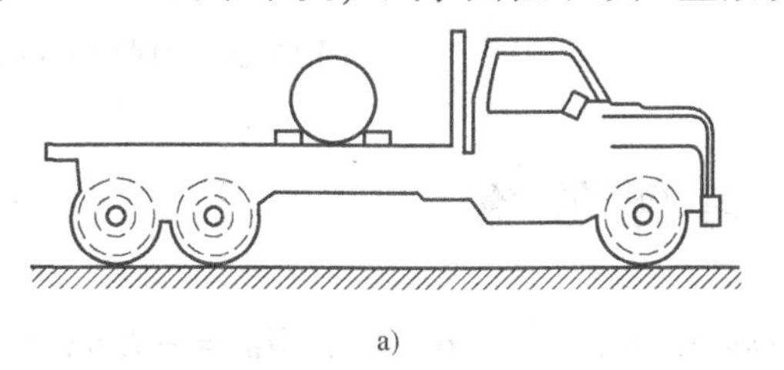

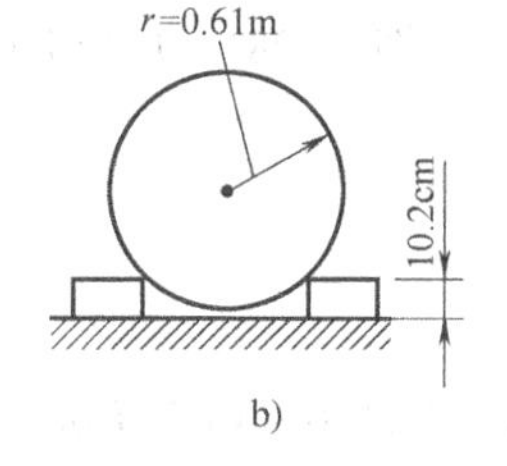

图15-25 习题15-7图

15-8 如图15-26所示，汽车以加速度a做水平直线运动，若不计车轮质量，汽车的总质量为m，质心距地面的高度为h。若汽车的前、后轮轴到过质心的铅垂线的距离分别等于d_1和d_2。试求前、后轮的铅垂压力，并分析汽车行驶加速度a为何值时其前、后轮的压力相等。

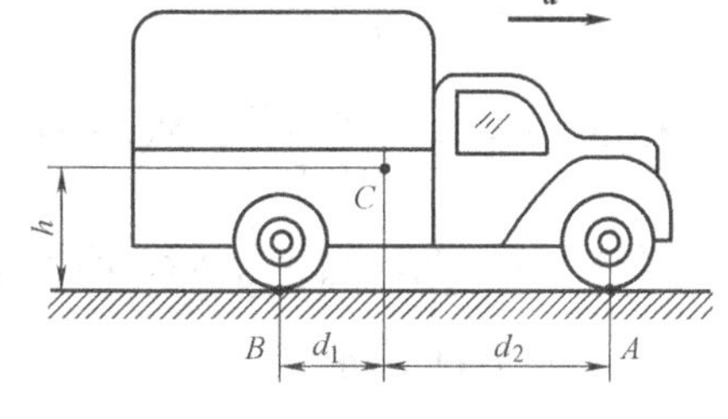

图15-26 习题15-8图

15-9 如图15-27所示，匀质杆AB，长为l，质量为m，以等角速度ω绕铅直轴z转动。试求杆与铅垂线的夹角β及铰链A处的约束力。

15-10 如图15-28所示，处于铅垂面内的平面机构，圆盘和杆AB皆为均质，质量都为m，圆盘的半径为r，OA为其直径；细长直杆AB的长度为$l=4r$，其两端分别与圆盘的盘缘和不计质量的滑块B铰接。在其矩为M（其值随时间t变化）的主动力偶的作用下使圆盘绕轴O以匀角速度ω做逆时针转动。若不计各接触处摩擦，试求系统运动至图示位置（OA与水平线的夹角为60°，杆AB处于水平位置）时，主动力偶矩M的值及倾角为30°的滑道对滑块的约束力。

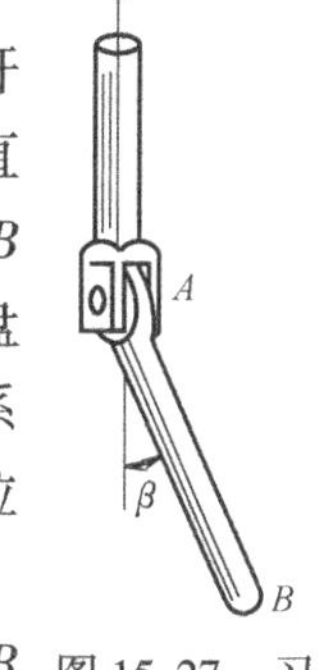

图15-27 习题15-9图

15-11 如图15-29所示，系统处于同一铅垂平面内，均质杆AB的质量为m，长度为$2r$；均质圆盘O的质量为m，半径为r，可绕其中心做定轴转动，A、B 为铰链，今在滑块 A 上作用一水平变力 $\boldsymbol{F}$，使滑块沿水平滑道以速度 v_A 做匀速运动。若不计摩擦和滑块 A 的质量，试求在图示位置时，力 $\boldsymbol{F}$ 的大小及滑道对滑块的约束力。

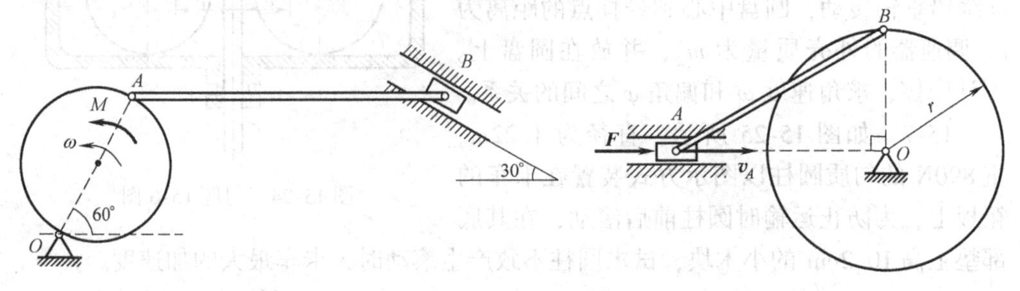

图 15-28　习题 15-10 图　　　　图 15-29　习题 15-11 图

习题答案

15-1　(a) 0；(b) $F_{IO}=-m\omega^2 e$，$M_{IO}=-J_O\alpha$；(c) $M_{IO}=-J_O\alpha$；(d) $F^{n}_{IO}=-m\omega^2 e$，$F^{\tau}_{IO}=-me\alpha$，$M_{IO}=-J_O\alpha$

15-2　$f=\dfrac{ma+mg\sin\theta}{F_N}$

15-3　$F_{NA}=m\dfrac{bg-ha}{c+b}$，$F_{NB}=m\dfrac{cg+ha}{c+b}$，$a=\dfrac{(b-c)g}{2h}$

15-4　$\alpha=\dfrac{3g}{4R}$，$F_A=\dfrac{5}{8}mg$，$F_B=\dfrac{3}{8}mg$

15-5 ~ 15-11　略

虚位移原理

16.1 导学

在静力学中，以刚体和刚体系统为研究对象，从力的角度上，研究了刚体或刚体系统处于平衡状态时，作用在刚体上的主动力系和约束力系所必须要满足的平衡条件。但是静力学的研究范围、研究方法以及所得到的结论都有一定的局限性。

1）刚体平衡的充要条件对刚体系统和变形体来说是必要的，但不是充分的。刚体平衡的充要条件不是一般质点系（含变形体）平衡的普遍规律。

2）求解刚体系统的平衡问题时，常需要取分离体，列写平衡方程求解未知量。由于方程中常有一些中间未知量，因此求解过程就会变得很复杂。而且当系统的约束越多，过程也越复杂。例如：图 16-1 所示的涡轮－蜗杆提升机构，在已知提升物体的质量 m，求施加在手柄上的力 $\boldsymbol{F}$ 的情况下，如果采用工程静力学方法建立 mg 与 $\boldsymbol{F}$ 的关系，必须将系统拆开，首先确定 mg 与涡轮、蜗杆约束力之间的关系，再确定涡轮、蜗杆约束力与力 $\boldsymbol{F}$ 之间的关系。因此，为了求解 $\boldsymbol{F}$，必须求解两个局部系统的空间力系平衡问题。

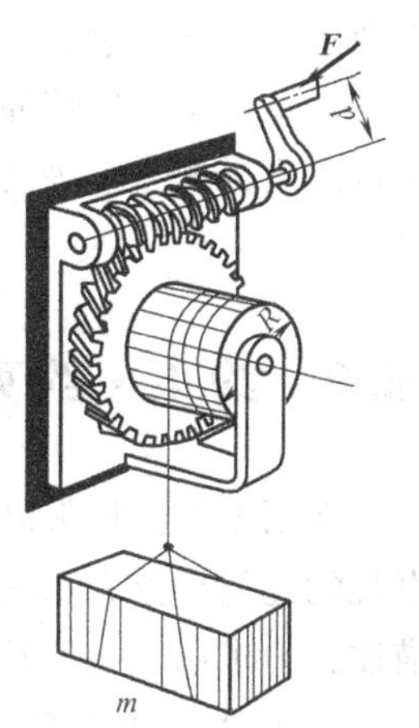

图 16-1 涡轮-蜗杆提升机构

3）刚体平衡的充要条件不能判别物体系统平衡是稳定的还是不稳定的，即平衡位置稳定性。如图 16-2 所示，放置于不同光滑约束面上的刚性圆球，图 16-2a 中圆球的平衡是稳定的；图 16-2b 中圆球的平衡是不稳定的；而图 16-2c 中圆球的平衡是随遇的。如果采用静力学的方法求解，只能求出 $\boldsymbol{F}_{\mathrm{N}} = -\boldsymbol{W}$，却无法区分三种平衡类型。

如果引入功能概念以及相关的原理研究静力学问题，则有可能避免上述问题。虚位移原理应用能量的概念研究受力物体或物体系统的平衡的普遍规律，不仅可以得到物体或物体系统的平衡条件和平衡方程，而且还能判别平衡的稳定性。本章将通过虚位移原理推导出全部的静力学，但不涉及平衡问题，有兴趣的读者，可查阅

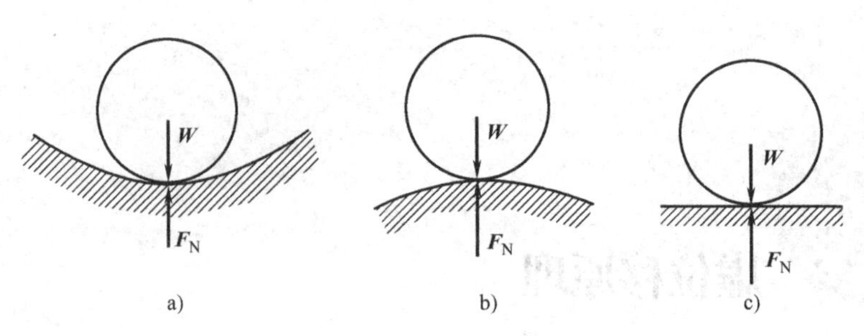

图 16-2　平衡状态

相关书籍。

虚位移是分析力学的基本原理，它以一般质点系为研究对象，从虚功的角度出发，给出了质点系平衡时作用于其上的主动力之间应满足的重要条件，为研究静力学平衡问题开辟了另一途径。由于理想约束力不做虚功，所以虚位移原理的方程中不会出现这些约束力，从而使得求解问题变得简单。

为了便于虚位移原理的推导与应用，本章首先介绍约束、约束方程、广义坐标和自由度的概念；然后给出虚位移、虚功和理想约束的概念；最后推出虚位移原理。

16.2　约束·约束方程·广义坐标·自由度

在第 1 章，将限制所研究物体位移的周围物体称为该物体的约束。约束是通过直观的几何形象表示的。在分析力学中对约束在更广泛和抽象意义上进行了概括和描述，力求用统一的数学形式来描述质点系所受的约束。

1. 约束、约束方程

受约束的系统称为非自由系统。反之，没有受约束的系统称为自由系统。在同样的主动力作用下，非自由系统与自由系统相比，加于系统上的某些约束限制了系统某些可能的运动。

为了用分析的方法研究物体的平衡规律，必须将约束分析化，也就是用数学表达式描述约束。现将约束的定义如下：**限制质点或质点系运动的强制性条件称为约束**。这些限制质点系运动的条件可以限制位置，也可以限制速度甚至于加速度。在一般情况下，约束对质点系运动的限制可以通过质点系各质点的坐标和速度以及时间的数学方程来表示，这种方程称为约束方程。约束方程的一般形式为

$$f_j(x_1, y_1, z_1, \cdots, x_n, y_n, z_n; \dot{x}_1, \dot{y}_1, \dot{z}_1, \cdots, \dot{x}_n, \dot{y}_n, \dot{z}_n; t) = 0 \quad (j = 1, 2, \cdots, s) \tag{16-1}$$

式中，n 为质点系的质点个数；s 为约束方程个数。

在具体问题中，要运用几何学和运动学知识来写出约束的数学表达式。

例 16-1　求图 16-3 所示刚性杆长为 l 的单摆，摆锤 A 的运动所受的限制条件。

解： 系统的约束方程为

$$x^2+y^2+z^2=l^2 \tag{16-2}$$

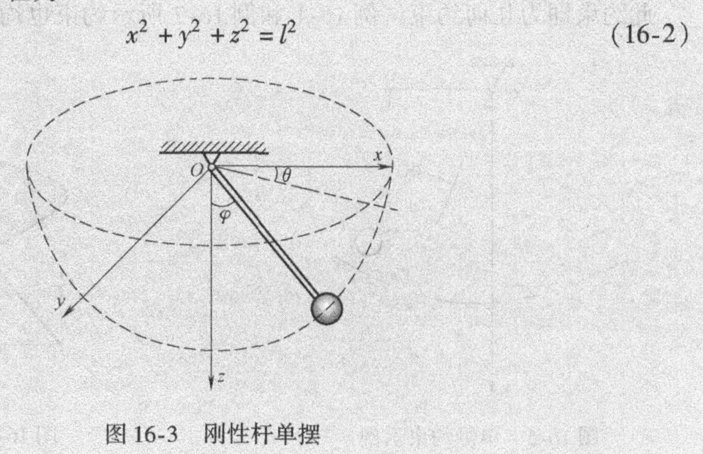

图 16-3　刚性杆单摆

例 16-2　图 16-4 所示曲柄—滑块机构，曲柄长 $OA=R$，连杆长 $AB=l$，求系统的约束方程。

解： 因为系统由三个物体组成：曲柄 OA 的约束方程与单摆的约束方程相同；滑块 B 被限制在滑道内运动，因此其约束方程为 $y_B=0$；连杆 AB 长度不变，其约束方程为

$$(x_B-x_A)^2+(y_B-y_A)^2=l^2$$

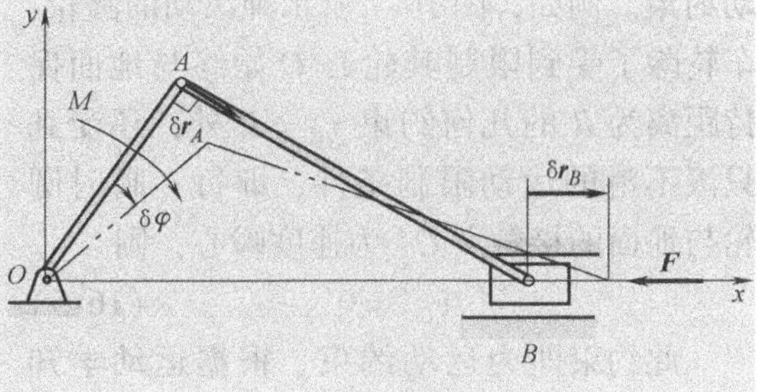

图 16-4　曲柄—滑块机构

故整个系统的约束方程有三个，即

$$\begin{cases}x_A^2+y_A^2=r^2\\(x_B-x_A)^2+(y_B-y_A)^2=l^2\\y_B=0\end{cases} \tag{16-3}$$

现从不同的角度对约束进行分类。

（1）双侧约束和单侧约束　约束方程为等式的约束称为**双侧约束**，例 16-1、例 16-2 中的约束均为双侧约束。

约束方程只能写成不等式，不能写成等式的约束称为**单侧约束**。例 16-1 中的单摆，如果把刚性杆换成不可伸长的绳索，如图 16-5 所示，则约束方程变为 $x^2+y^2+z^2\leqslant l^2$，为单侧约束。

（2）完整约束和非完整约束　限制质点或质点系在空间的几何位置的条件称

为**几何约束**。例如，如图 16-6 所示，质点 M 在固定曲面上运动，那么曲面方程就是质点 M 的约束方程，即

$$f(x,y,z)=0 \tag{16-4}$$

此约束即为几何约束。例 16-1 和例 16-2 所示约束也均为几何约束。

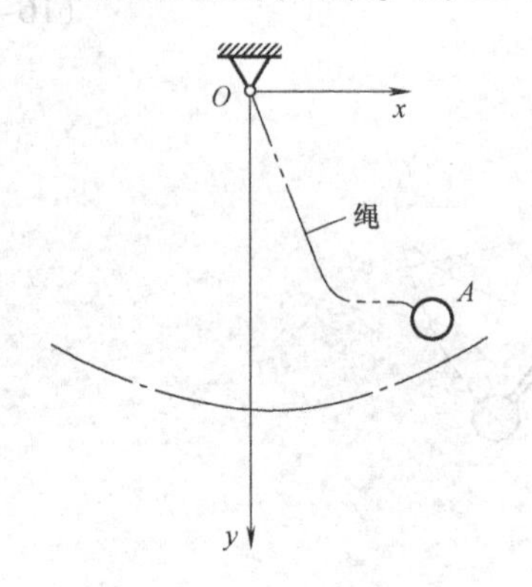

图 16-5　单侧约束示例

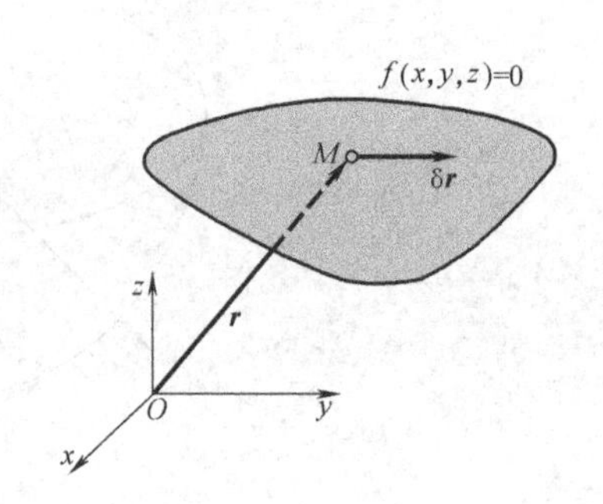

图 16-6　曲面运动

限制质点系运动情况的约束，称为**运动约束**。例如，图 16-7 所示纯滚动的圆轮，车轮除了受到限制其轮心 C 始终与地面保持距离为 R 的几何约束 $y_C=R$ 外，还受到只滚不滑的运动限制条件，即每一瞬时圆轮与地面的接触点 C^* 为速度瞬心，则

$$v_{C^*}=0 \tag{16-5}$$

此约束即为运动约束。根据运动学知识，式（16-5）也可写为

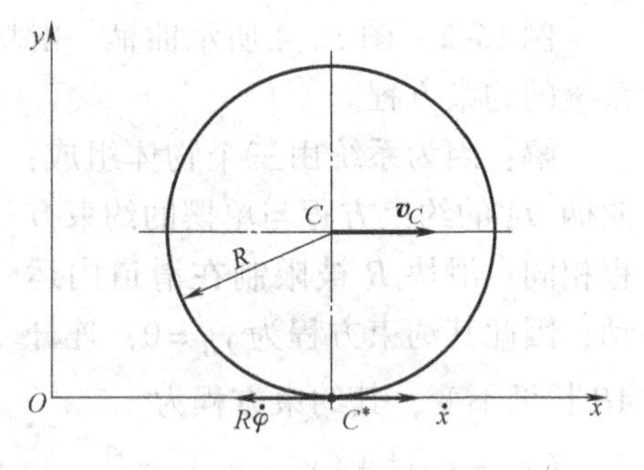

图 16-7　纯滚动的圆轮

$$v_C=\dot{x}_C=\omega R=\dot{\varphi}R \tag{16-6}$$

其中 ω 为圆轮纯滚动的角速度。

几何约束和可积分的微分约束称为**完整约束**。不可积分的微分约束称为**非完整约束**。例如，式（16-6）所示约束，其约束方程虽是微分方程的形式，但它可以积分为几何形式，即

$$x_C=\varphi R \tag{16-7}$$

所以仍是完整约束。

（3）定常约束和非定常约束　约束方程中不显含时间 t 的约束，称为**定常约束**。式（16-2）~式（16-5）所示约束均为定常约束。

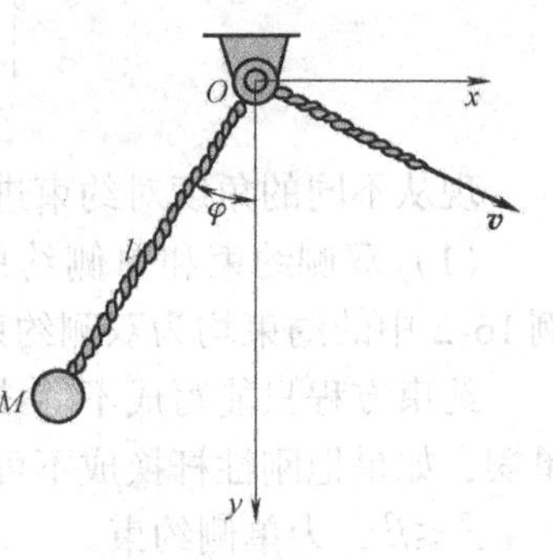

图 16-8　细绳单摆

约束方程中显含时间 t 的约束，称为**非定常约束**。例如，图 16-8 所示单摆，重物 M 由一根穿过

固定圆环 O 的细绳系住。设摆长在开始时为 l，然后以不变的速度拉动细绳的另一端，此时单摆的约束方程为

$$x^2 + y^2 = (l - vt)^2 \tag{16-8}$$

实际约束往往是上述定义的几种约束的组合。本章主要研究完整、定常和双侧约束。

2. 广义坐标

能够唯一确定质点系在空间位置或构形的独立坐标称为**广义坐标**。例如，图16-9所示单摆，只要知道摆角 θ，则单摆位置便可唯一确定，故可选择 θ 为广义坐标。广义坐标可以是距离、角度、面积以及其他的量，只要能够唯一确定质点系位置的量，都可以选为广义坐标。例如，图 16-9 所示单摆，其广义坐标也可以选为弧长 s、x 坐标或 y 坐标，故广义坐标的形式不是唯一的，需要根据问题的性质与求解问题的难易程度选取适当的广义坐标。

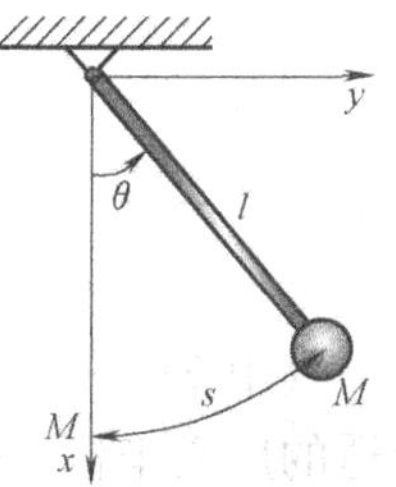

图 16-9　单摆

3. 自由度

对于具有双面、完整约束的质点系，确定其位置所需的独立坐标数目就称为该系统的**自由度**。若质点系由 n 个质点组成，要确定其在空间的位形，在直角坐标系下需要 $3n$ 个坐标，即 x_i、y_i、z_i($i = 1, 2, 3, \cdots, n$)。若质点系受到 s 个双面、完整约束，则这 $3n$ 个坐标不是完全独立的，独立的只有 $3n - s$ 个。则确定质点系的位形所需要的广义坐标个数，即质点系的自由度为

$$N = 3n - s \tag{16-9}$$

16.3　虚位移 虚功 理想约束

1. 虚位移

在某瞬时，质点（或质点系）在约束允许的条件下，可能实现的任何无限小的位移称为该质点（质点系）的**虚位移**，记作 $\delta \boldsymbol{r}_i$，$i = 1, 2, \cdots, n$。δ 为数学上的变分符号，运算法则与微分运算相类似。

虚位移 $\delta \boldsymbol{r}_i$ 是一个假想的位移，它与实位移 $\mathrm{d}\boldsymbol{r}_i$ 不同，但又有联系。虚位移是一个假想的位移，实位移是质点系在一定时间内真正实现的位移。实位移由约束条件和时间、主动力以及运动的初始条件共同确定；虚位移是指将约束在所研究的瞬时 t “凝固”，在凝固后的约束允许的情况下的无限小位移，仅与约束条件有关。在定常约束的条件下，约束条件不随时间改变，则实位移是所有虚位移中的一个，而虚位移视约束情况，可以有多个，甚至无穷多个。对于非定常约束，某个瞬时的虚位移是将时间固定后，约束所允许的虚位移，而实位移是不能固定时间的，所以这时实位移不一定是虚位移中的一个。

一般应用中，求各点虚位移关系的计算方法有以下两种：

（1）几何法（虚速度法） 假想虚位移 $\delta \boldsymbol{r}$ 是在极短的 $\mathrm{d}t$ 内发生的，$\boldsymbol{v}=\frac{\delta \boldsymbol{r}}{\mathrm{d}t}$称为该点的虚速度。质点系内各质点的虚速度关系式与各点的速度关系式类似，该方法称为几何法（虚速度法）。应用几何法时，采用点的复合运动或刚体平面运动中从几何上分析速度的方法，建立各主动力作用点的虚位移之间的关系。

（2）解析法 将各点坐标用广义坐标表示，再求变分。一般情况下，质点系中任意质点 M_i 的矢径和直角坐标与广义坐标的函数关系为

$$\boldsymbol{r}_i=\boldsymbol{r}_i(q_1,q_2,\cdots,q_k,t)\quad(i=1,2,\cdots,n)\tag{16-10}$$

$$\begin{cases}x_i=x_i(q_1,q_2,\cdots,q_k,t)\\ y_i=y_i(q_1,q_2,\cdots,q_k,t)\quad(i=1,2,\cdots,n)\\ z_i=z_i(q_1,q_2,\cdots,q_k,t)\end{cases}\tag{16-11}$$

其中 $k=3n-l$，l 为系统的完整约束个数。如果约束是定常的，那么可以选择合适的广义坐标，使得 t 不出现于式（16-11）中。

质点系的虚位移 $\delta \boldsymbol{r}$ 可以表示成广义坐标的变分 δq_j（$j=1$，2，…，n）的关系，δq_j 称为广义虚位移。对式（16-10）和式（16-11）两边取变分得

$$\delta \boldsymbol{r}_i=\sum_{j=1}^{k}\frac{\partial \boldsymbol{r}_i}{\partial q_j}\delta q_j\quad(i=1,2,\cdots,n)\tag{16-12}$$

$$\begin{cases}\delta x_i=\sum\limits_{j=1}^{k}\dfrac{\partial x_i}{\partial q_j}\delta q_j\\ \delta y_i=\sum\limits_{j=1}^{k}\dfrac{\partial y_i}{\partial q_j}\delta q_j\quad(i=1,2,\cdots,n)\\ \delta z_i=\sum\limits_{j=1}^{k}\dfrac{\partial z_i}{\partial q_j}\delta q_j\end{cases}\tag{16-13}$$

对于质点系统，广义坐标 q_j 是独立的变量。对于完整约束系统，δq_j（$j=1$，2，…，n）是独立的虚位移。

例 16-3 已知在图 16-10 中，设 $AB=l$，求 $\theta=60°$时，试建立 A、B 两点虚位移关系。

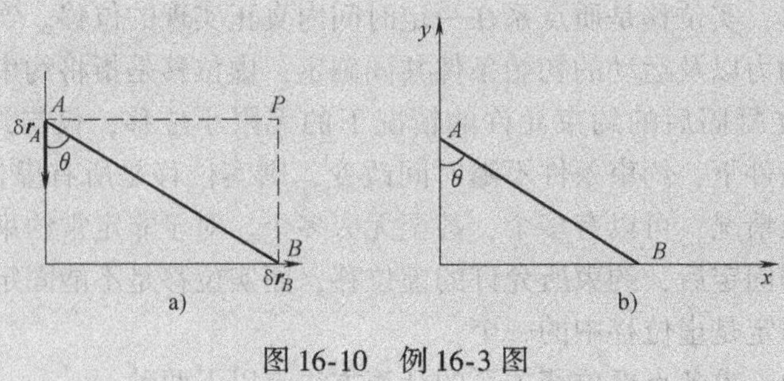

图 16-10 例 16-3 图

解：(1) 几何法。由图 16-10 所示位置，任给系统一组虚位移，由速度投影定理

$$[\delta r_A]_{AB} = [\delta r_B]_{AB} \quad \delta r_A\cos\theta = \delta r_B\sin\theta \Rightarrow \delta r_B = \cot\theta\delta r_A$$

由速度瞬心法

$$\frac{\delta r_B}{\delta r_A} = \frac{PB}{PA} = \cot\theta \Rightarrow \delta r_B = \cot\theta\delta r_A$$

当 $\theta = 60°$时，　　$\delta r_B = \sqrt{3}\cot\theta\delta r_A$

(2) 解析法：建立坐标如图 16-10b 所示。

$$y_A = l\cos\theta \Rightarrow \delta y_A = -l\sin\theta\delta\theta$$

$$x_B = l\sin\theta \Rightarrow \delta x_B = l\cos\theta\delta\theta$$

得

$$\frac{\delta y_A}{\delta x_B} = -\tan\theta \Rightarrow \delta y_A = -\tan\theta\delta x_B$$

当 $\theta = 60°$时，　　$\delta y_A = -\sqrt{3}\delta x_B$

2. 虚功

力在相应虚位移上所做的功称为**虚功**，用 δW 表示。

虚功的计算方法与实功相类似。力 $\boldsymbol{F}$ 在虚位移 $\delta\boldsymbol{r}$ 所做的虚功为 $\delta W = \boldsymbol{F}\cdot\delta\boldsymbol{r}$；与力偶 M 对应的虚位移是虚角位移，用 $d\theta$ 表示；相应的虚功 $\delta W = M\delta\theta$。

质点系内各力和力偶所做虚功的和等于各力和各力偶在各自虚位移和虚角位移上所做虚功之和。例如图 16-4 中，按图示的虚位移，力 $\boldsymbol{F}$ 的虚功为 $\boldsymbol{F}\cdot\delta\boldsymbol{r}_B$，是负功；力偶 M 的虚功为 $M\delta\varphi$，是正功，系统的虚功为

$$\delta W = \boldsymbol{F}\cdot\delta\boldsymbol{r}_B + M\delta\varphi$$

虚功与实位移中的元功虽然采用同一符号 δW，但它们之间是有本质区别的。因为虚位移只是假想的，不是真实发生的，因而虚功也是假想的，是虚的。

3. 理想约束

如果在质点系任何虚位移中，所有约束力所做虚功的和等于零，称这种约束为理想约束。若以 F_{Ni} 表示作用在某质点 i 上的约束力，δr_i 表示该质点的虚位移，δW_{Ni}表示该约束力在虚位移中所做的功，则理想约束可以用数学公式表示为

$$\delta W_N = \sum \delta W_{Ni} = \sum F_{Ni}\cdot\delta r_i = 0 \tag{16-14}$$

在动能定理一章已分析过光滑固定面约束、光滑铰链、无重刚杆、不可伸长的柔索、固定端等约束为理想约束，现从虚位移原理的角度看，这些约束也为理想约束。

16.4　虚位移原理

虚位移原理，也称为虚功原理，表述如下：在理想约束下，质点系平衡的充分

必要条件是，作用在系统上的主动力在任何虚位移上所做的虚功之和为零。

对于由 n 个质点组成的质点系，作用在第 i 个质点上的主动力的合力为 F_i，虚位移为 δr_i，则虚位移原理可以表述为

$$\sum_{i=1}^{n} \boldsymbol{F}_i \cdot \delta \boldsymbol{r}_i = 0 \tag{16-15}$$

式（16-15）也可写成解析表达式，即

$$\sum (F_{ix} \cdot \delta x_i + F_{iy} \cdot \delta y_i + F_{iz} \cdot \delta z_i) = 0 \tag{16-16}$$

式中，F_{ix}、F_{iy}、F_{iz}为作用于质点 m_i 的主动力 F_i 在直角坐标轴上的投影；δx_i、δy_i、δz_i 为虚位移 δr_i 在直角坐标轴上的投影。

虚位移原理从功的观点来研究力学系统的平衡问题，只要断定系统是理想约束的，约束力的功自然就消去了，可以避免方程中繁杂的约束力出现。因此，当系统有较多的约束时，利用虚位移原理求解静力学问题要比列静力学平衡方程的几何静力学方法来得简单。另外，虚位移原理也能用于求约束力，只需在对应点解除约束，代之以约束力，并把它看成主动力来处理就行了。虽然应用虚位移原理的条件是质点系应具有理想约束，但也可以用于有摩擦的情况，只要把摩擦力当做主动力，在虚功方程中计入摩擦力所做的虚功即可。

应用虚位移原理求解静力学问题的大致步骤如下：

1）根据问题要求，确定所研究系统的范围，并检查系统的约束情况，约束力在虚位移上不做功的时候才能采用虚位移原理。

2）确定自由度数，选择广义坐标。

3）列写虚功方程。

4）由虚位移彼此独立，且不为零，列出主动力的方程。

例 16-4 已知：曲柄连杆机构在图 16-11 所示位置（φ，ψ）平衡，设 $OA = r$。求：使机构在图示位置平衡时，主动力偶矩 M 与 F 的关系。

解：（1）假设各铰链和接触面光滑，则可采用虚位移原理来处理。取整体为研究对象。自由度数为 1。

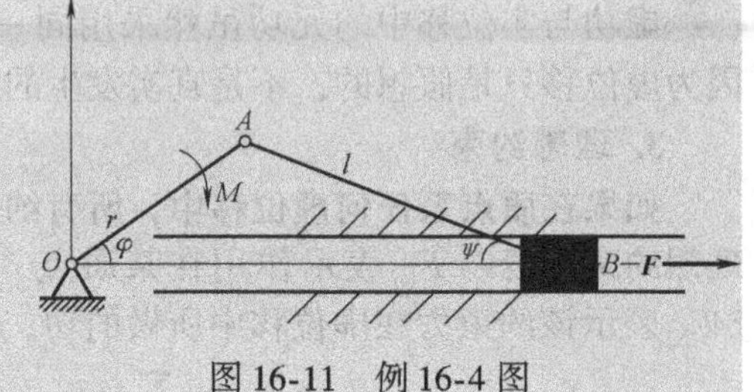

图 16-11 例 16-4 图

（2）分析主动力为（M，$\boldsymbol{F}$）。

（3）由虚位移原理知

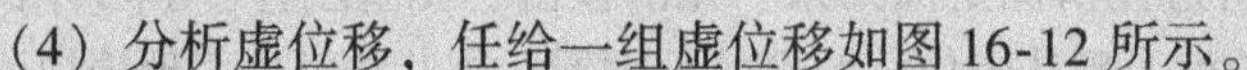

$$M\delta\varphi + F\delta r_B = 0 \tag{6-17a}$$

（4）分析虚位移，任给一组虚位移如图 16-12 所示。

OA 做定轴转动，$\delta r_A = r\delta\varphi$

AB 为平面运动，由速度投影定理可得 $\delta r_A \cos[90° - (\varphi + \psi)] = \delta r_B \cos\psi$，故

$$\delta r_B = \frac{\sin(\varphi + \psi)}{\cos\psi} r\delta\varphi \tag{6-17b}$$

将式（6-17b）代入式（6-17a），有

$$\left[-M+Fr\frac{\sin(\varphi+\psi)}{\cos\psi}\right]\delta\varphi=0$$

因为 $\delta\varphi$ 是独立的，得

$$M=Fr\frac{\sin(\varphi+\psi)}{\cos\psi}$$

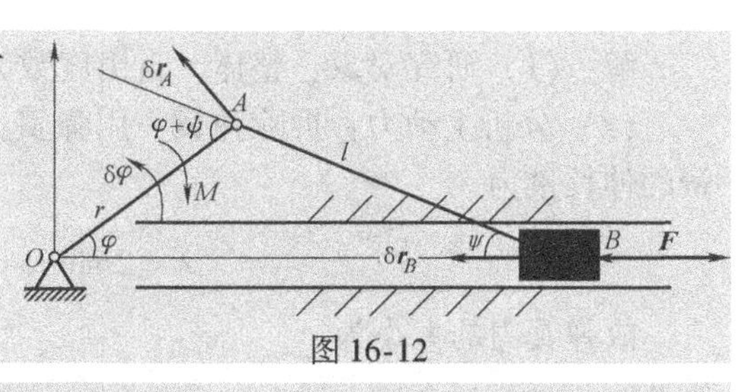

图 16-12

例 16-5 如图 16-13 所示，在螺旋压榨机的手柄 AB 上作用一在水平面内的力偶（$\boldsymbol{F}$，$\boldsymbol{F}'$），其力偶矩等于 $2Fl$。设螺杆的螺距为 h，求平衡时，作用于被压榨物体上的压力。

解：（1）取研究对象：整体，自由度数为 $k=1$。

（2）分析主动力：系统所受主动力（$\boldsymbol{F}$，$\boldsymbol{F}'$，$\boldsymbol{F}_{\mathrm{N}}$）如图 16-13 所示。

（3）分析虚位移：任给一组虚位移 $\delta\varphi$、δs，如图 16-13 所示。

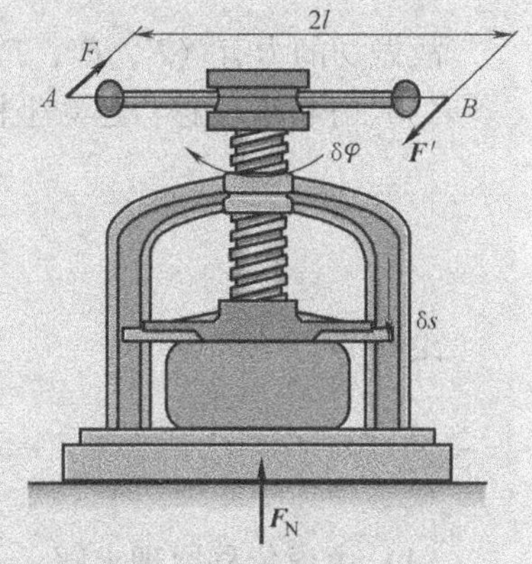

图 16-13 例 16-5 图

对于单头螺纹，有$\frac{2\pi}{h}=\frac{\delta\varphi}{\delta r}$，即

$$\delta\varphi=\frac{2\pi}{h}\delta r \qquad \text{(a)}$$

（4）由虚位移原理求解

$$\sum \boldsymbol{F}_i\cdot\delta\boldsymbol{r}_i=0,\ -F_{\mathrm{N}}\delta r+2Fl\delta\varphi=0 \qquad \text{(b)}$$

将式（b）代入式（a），有

$$\left(-F_{\mathrm{N}}+F\frac{4\pi l}{h}\right)\delta r=0$$

所以 δr 是独立的，得 $\qquad F_{\mathrm{N}}=\frac{4\pi Fl}{h}$

例 16-6 如图 16-14a 所示，杆 OD、CE、CB、DB，弹簧 AB 刚度为 k，弹簧未变形时 $\theta=\theta_0$，$OA=AE=AD=AC=CB=DB=l$，求当 θ 角为平衡位置时，F'' 的大小为多少（不计各杆自重）？

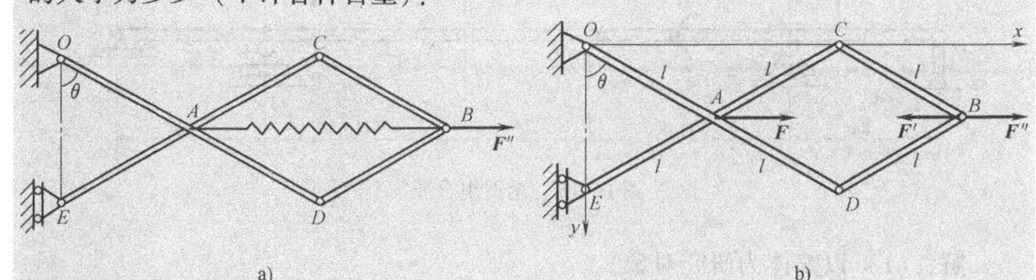

图 16-14 例 16-6 图

解：（1）研究对象：整体，自由度数为 $k=1$，选 θ 为广义坐标。

（2）分析主动力：拆除弹簧，用弹簧力 $\boldsymbol{F}$、$\boldsymbol{F}'$表示，如图 16-14b 所示。弹簧的伸长量为

$$\lambda=2l\sin\theta-2l\sin\theta_0$$

故弹簧力的大小为

$$F=F'=k\lambda=2l(\sin\theta-\sin\theta_0)k$$

故做功的力有（$\boldsymbol{F}$，$\boldsymbol{F}'$，$\boldsymbol{F}''$）。

（3）分析虚位移：建立坐标系 Oxy，利用解析法建立虚位移的关系

$$\begin{cases}x_A=l\sin\theta\\x_B=3l\sin\theta\end{cases}$$

求变分

$$\begin{cases}\delta x_A=l\cos\theta\delta\theta\\\delta x_B=3l\cos\theta\delta\theta\end{cases}\tag{16-18a}$$

（4）由虚位移原理求解

$$\sum\boldsymbol{F}_i\cdot\delta\boldsymbol{r}_i=0,\ F''\delta x_B-F'\delta x_B+F\delta x_A=0\tag{16-18b}$$

将式（16-18a）代入式（16-18b），有

$$[F''3l\cos\theta-2l(\sin\theta-\sin\theta_0)k3l\cos\theta+2l(\sin\theta-\sin\theta_0)kl\cos\theta]\delta\theta=0$$

由于 $\delta\theta$ 是独立的，得

$$F''=\frac{4l(\sin\theta-\sin\theta_0)k}{3}$$

例 16-7 求图 16-15 所示无重组合梁支座 A 的约束力。

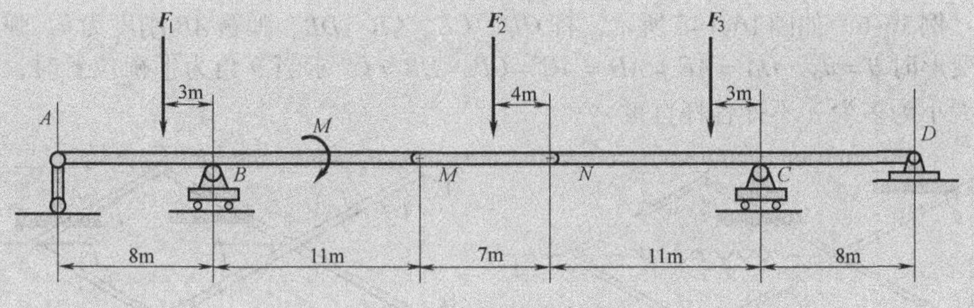

图 16-15 无重组合梁

解：（1）以整体为研究对象。

（2）受力分析：解除 A 处约束，代之 $\boldsymbol{F}_A$，给虚位移，如图 16-16 所示。

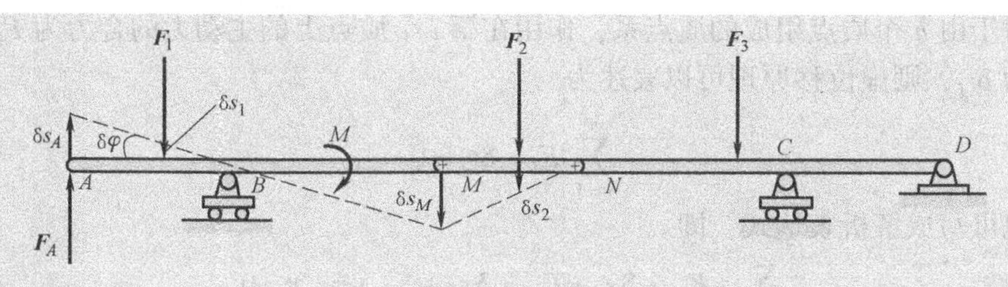

图 16-16　例 16-7 图

（3）分析虚位移：图 16-16 所示各主动力作用处的虚位移之间的关系式如下

$$\delta\varphi=\frac{\delta s_A}{8},\ \delta s_1=3\delta\varphi=\frac{3}{8}\delta s_A,\ \delta s_M=11\delta\varphi=\frac{11}{8}\delta s_A$$

$$\delta s_2=\frac{4}{7}\delta s_M=\frac{4}{7}\times\frac{11}{8}\delta s_A=\frac{11}{14}\delta s_A$$

（4）由虚位移原理得

$$\delta W_F=F_A\delta s_A-F_1\delta s_1+M\delta\varphi+F_2\delta s_2=0$$

解得

$$F_A=\frac{3}{8}F_1-\frac{11}{14}F_2-\frac{1}{8}M$$

由上例可以看出，应用虚位移原理求结构物的内、外约束力时，由于系统无自由度，因而无法给出符合约束的虚位移。为此，需要解除约束，代之以相应的约束力，然后将此约束力视为“主动力”，将结构化为机构求解。

需要注意的是，因为虚功方程只有一个，所以每次只能解除一个约束，并代之以一个相应的约束力。若有些约束具有两个方向以上的约束分力，应每次只解除一个方向上的约束求解。

小　　结

1. 本章讨论了分析力学的基本概念，包括约束、约束方程、广义坐标、自由度、虚位移和理想约束等。虚位移原理将整个静力学概括为一个原理，是静力学的普遍方程，它与达朗贝尔原理结合为动力学普遍方程，构成整个分析力学的基础。

2. 利用虚位移原理求解静力学的关键是适当地找出主动力作用点的虚位移之间的关系，通常有几何法（虚速度法）和解析法。

3. 实位移与虚位移既相关又不同，实位移由约束条件、主动力和初始条件共同确定，而虚位移仅取决于约束条件，当约束为定常约束时，实位移为众多虚位移中的一种。

4. 虚位移原理：在理想约束下，质点系平衡的充分必要条件是，作用在系统上的主动力在任何虚位移上所做的虚功之和为零。

对于由 n 个质点组成的质点系，作用在第 i 个质点上的主动力的合力为 F_i，虚位移为 δr_i，则虚位移原理可以表述为

$$\sum_{i=1}^{n} \boldsymbol{F}_i \cdot \delta \boldsymbol{r}_i = 0$$

也可写成解析表达式，即

$$\sum (F_{ix} \cdot \delta x_i + F_{iy} \cdot \delta y_i + F_{iz} \cdot \delta z_i) = 0$$

思　考　题

16-1　如图 16-17 所示，机构均处于静止平衡状态，试判断图中给出的虚位移有无错误，如果有误，应如何改正？

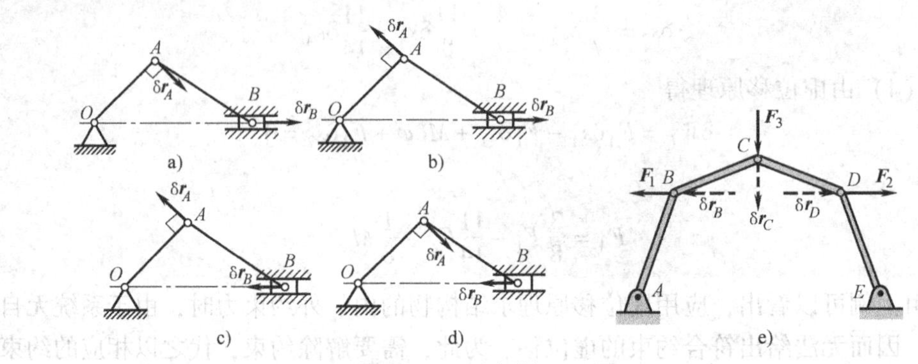

图 16-17　思考题 16-1 图

16-2　如图 16-18 所示，要确定结构中各力作用点处的虚位移之间的关系，应

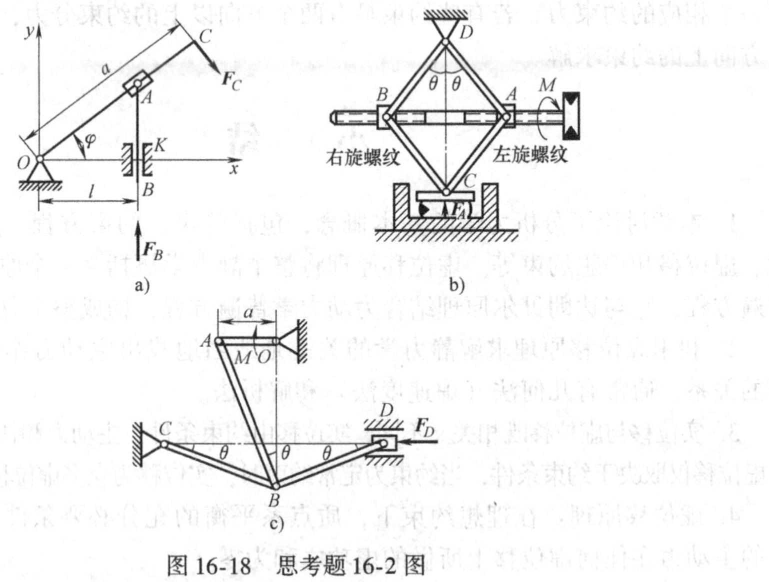

图 16-18　思考题 16-2 图

有哪些方法？

16-3 用虚位移原理可以推导出作用在刚体上的平面力系的平衡方程，试推导之。

习 题

16-1 如图16-19所示，椭圆规机构的连杆AB长为l，滑块A、B与杆重均不计，忽略各处摩擦，机构在图示位置平衡。求主动力之间的关系。

16-2 图16-20所示为一医疗用的辐射器支架，C为固定铰链，B为活动螺母，调节螺杆上BC的距离可改变辐射器A的位置高低。已知辐射器的质量为m，各杆等长均为$2b$，螺杆的螺距为h，忽略杆的质量和各接触点的摩擦。试求该系统在任意角度q位置处于平衡时加在螺杆手轮上的力偶矩值M。

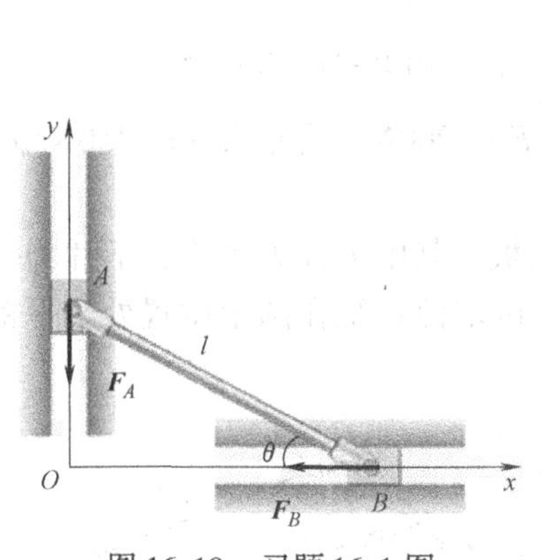

图16-19 习题16-1图

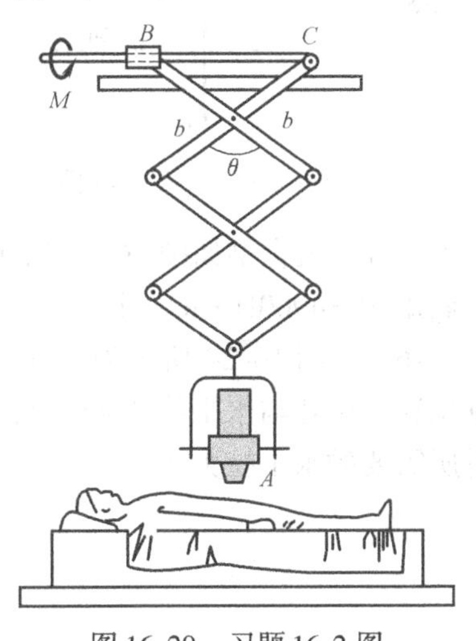

图16-20 习题16-2图

16-3 如图16-21所示，不计各构件自重与各处摩擦，求机构在图示位置平衡时，主动力偶矩M与主动力F之间的关系。

16-4 三铰刚架受力如图16-22所示，求C端的约束力。

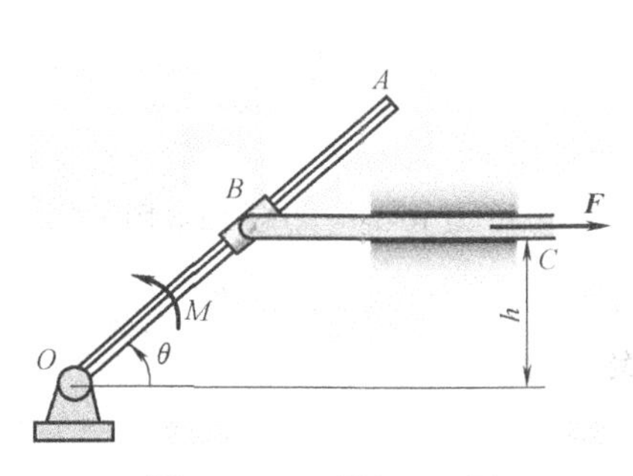

图16-21 习题16-3图

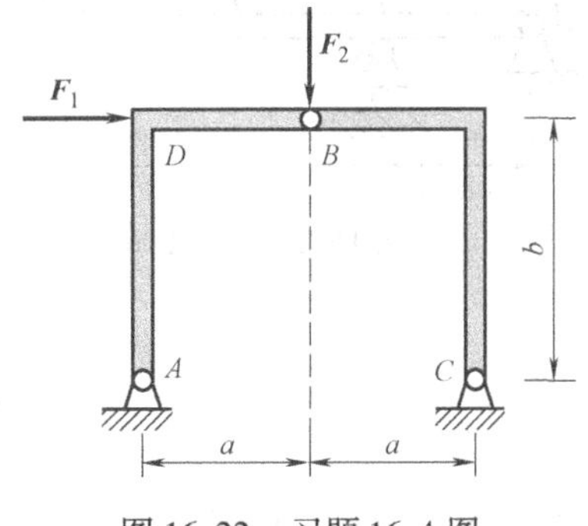

图16-22 习题16-4图

16-5　已知：桁架结构如图 16-23 所示，D 节点作用集中力 $\boldsymbol{F}$，求 2 杆的内力。

16-6　已知：如图 16-24 所示，长度均为 l 的杆 AB 和 BC 在 B 点用铰链连接，又在杆的 D 和 E 两点连一弹簧，设 $BD=BE=b$。弹簧的刚性系数为 k，当 $AC=a$ 时，弹簧拉力为零，杆重不计。求：在 C 点作用一水平力 $\boldsymbol{F}$，杆系处于平衡时，$AC=$？

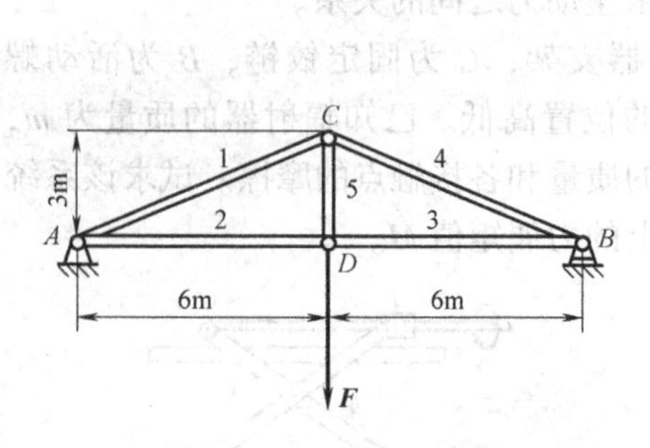

图 16-23　习题 16-5 图

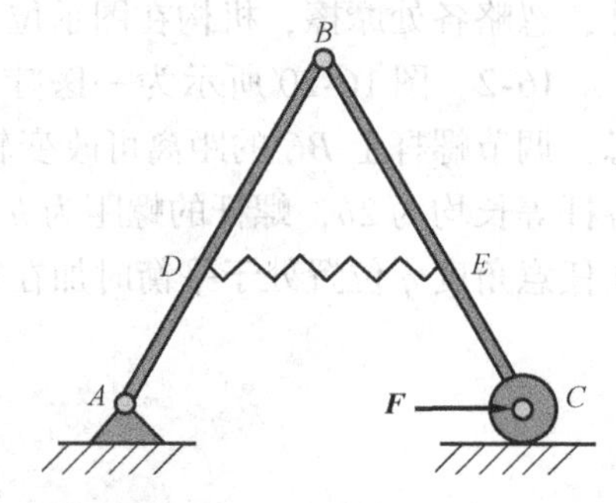

图 16-24　习题 16-6 图

16-7　组合梁如图 16-25 所示：已知 $l=8\text{m}$，$F=4900\text{N}$，均布力 $q=2450\text{N/m}$，力偶矩 $M=4900\text{N}\cdot\text{m}$。求 D 处支座反力。

16-8　图 16-26 所示为相互铰接的三片拉门门板，其中上片为水平，下片为铅垂位置，中片与水平线成45°角，每片拉门重 W。试求使系统在图示位置处于平衡时所需要的水平拉力 F。

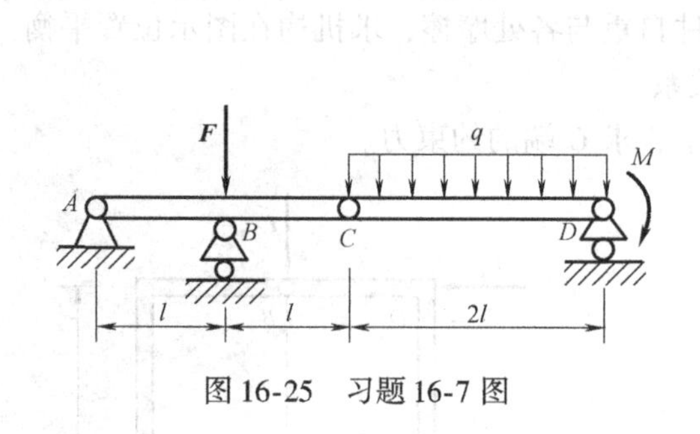

图 16-25　习题 16-7 图

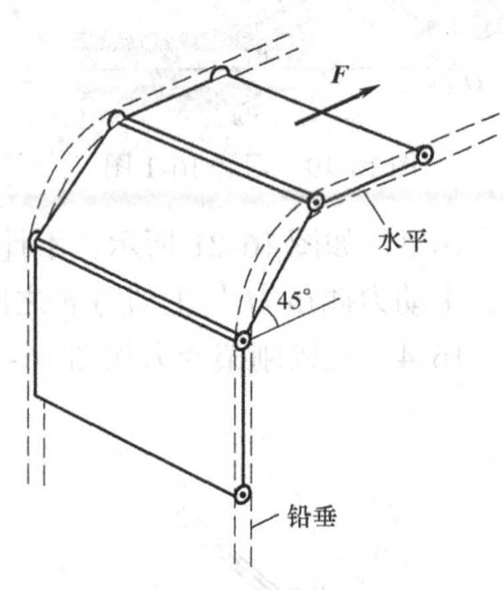

图 16-26　习题 16-8 图

习题答案

16-1　$F_A=F_B\tan\theta$

16-2　$\frac{5mgh}{4\pi}\tan\frac{\theta}{2}$

16-3　$M=\frac{Fh}{\sin^2\theta}$

16-4　$F_{Cy}=\frac{b}{2a}F_1+\frac{F_2}{2}$，$F_{Cx}=-\left(\frac{F_1}{2}+\frac{aF_2}{2b}\right)$

16-5　$F_2=F$

16-6　$AC=d=a+\frac{F}{k}\left(\frac{l}{b}\right)^2$

16-7　22050N

16-8　$3W/2$

第17章 机械振动基础

17.1 导学

振动是工程中经常遇到的一类动力学问题。系统在平衡位置附近的往返运动，称其为**振动**。振动有机械振动、电磁振荡、光的波动等不同的形式。本书只研究机械振动，如钟摆的摆动、汽车的颠簸、混凝土振动捣实、电动机和机床工作时的振动以及地震等，都是机械振动。振动有利有弊，如图 17-1 所示的振动给料机、振动筛和振动拔桩机，都是利用振动实现给料、筛选和拔桩的目的，这是利的一方面。而另一方面，如电动机、机床等机械，在工作时会产生振动，从而引起机械磨

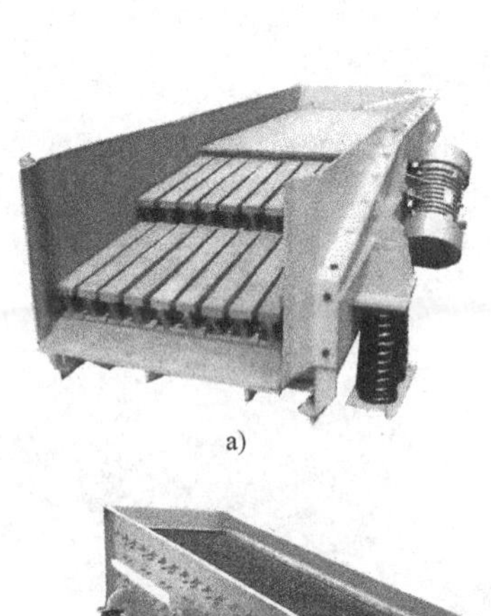

a)

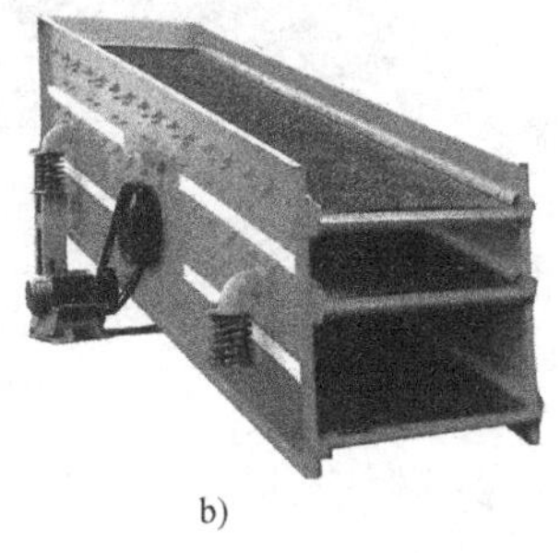

b)

c)

图 17-1

a）振动给料机　b）振动筛　c）振动拔桩机

损，减少使用寿命，影响强度，引起噪声，恶化劳动条件、消耗能量、降低精度等危害。

因此掌握机械振动的基本规律，可以更好地利用有益的振动而减少振动的危害，另外，也有助于了解其他形式的振动。

机械系统的振动往往是很复杂的，应根据具体情况及要求，简化为单自由度系统、多自由度系统以及连续体等物理模型，再运用力学原理及数学工具进行分析。从振动产生的原因振动又分为：自由振动、强迫振动、自激振动。系统在外激励下的振动称为**强迫振动**；激励撤除后的振动称**自由振动**；**自激振动**又称为负阻尼振动，也就是说由振动本身运动所产生的阻尼力非但不阻止运动，反而将进一步加剧这种振动，因此一旦有一个初始振动，不需要外界向振动系统输送能量，振动即能保持下去。根据振动过程中有无阻尼，振动又分为有阻尼振动和无阻尼振动。

本章只研究单自由度系统的自由振动。单自由度系统的振动反映了振动的一些最基本的规律。

17.2　振动的基本概念

1. 振动的概念

任何一个物理量（物体的位置、电流、电场强度、磁场强度等）在某一定值附近的反复变化，称为**振动**。

2. 机械振动

物体在一定位置（中心）附近做来回往复的运动，叫作**机械振动**。

3. 回复力

机械振动过程中，总指向物体平衡位置的力称为**回复力**。

4. 无阻尼自由振动

物体受到初干扰后，仅在系统的回复力作用下在其平衡位置附近的振动称为**无阻尼自由振动**。

5. 周期振动

所谓**周期振动**，是指对任何瞬时 t，其运动规律 $x(t)$ 总可以写为

$$x(t)=x(t+T)$$

式中，T 为常数，称为周期，单位为 s。

这种振动经过时间 T 后又重复原来的运动。

6. 振动简化模型

工程中许多振动可简化为一个简单的弹簧-质量系统。如图 17-2a 所示的电动机，只能在铅垂方向振动。地基对电动机的作用和一根无质量的弹簧相当。因此，电动机所组成的振动系统可用图 17-2b 所示的弹簧-质量系统来代替。系统只在铅垂方向上运动，具有一个自由度。图 17-3a 所示汽车行驶过程中在铅垂方向发生振

动，前后两个车轮与地面的作用可以看成两根无质量的弹簧，因此该系统的振动问题可用图 17-3b 所示的双弹簧振子模型来代替。

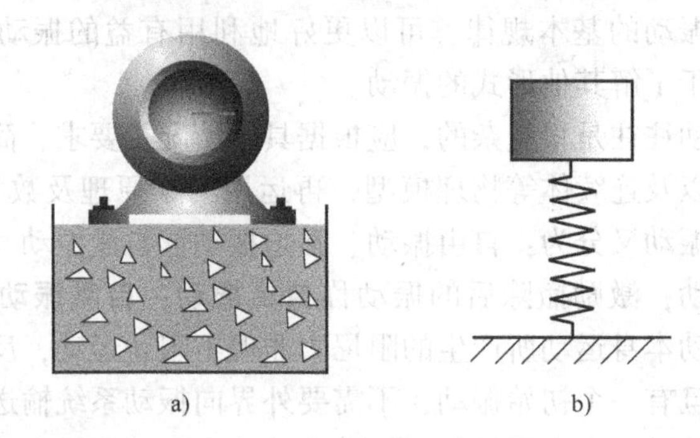

图 17-2

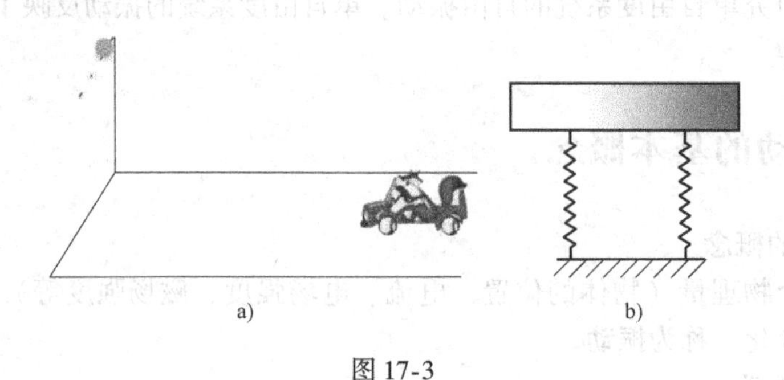

图 17-3

17.3 单自由度系统的自由振动

1. 自由振动微分方程

以图 17-4 所示的单弹簧-质量系统为例，建立单自由度系统自由振动微分方程。

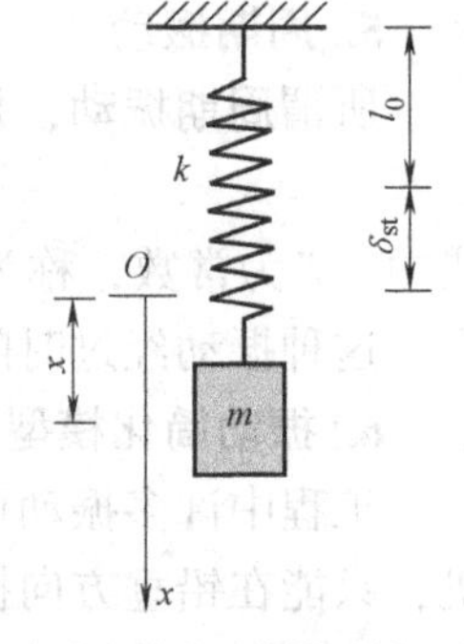

图 17-4 单弹簧-质量系统

设弹簧原长为 l_0，刚度系数为 k。在重力 $P=mg$ 作用下弹簧的变形为 δ_{st}，称为静变形，这一位置为平衡位置。平衡时重力 P 和弹性力 F 大小相等，即 $P=k\delta_{st}$，由此有

$$\delta_{st}=P/k \tag{17-1}$$

为研究方便，取重物的平衡位置点 O 为坐标原点，取 x 轴的正向铅垂向下。此时，由质点运动微分方程给出

$$m\ddot{x}=-k(x+\delta_{st})+P \tag{17-2}$$

由式（17-1），式（17-2）可写为

$$m\ddot{x}=-kx \tag{17-3}$$

式（17-3）表明，物体偏离平衡位置于坐标 x 处，将受

到与偏离距离成正比而与偏离方向相反的合力，此力即为回复力。只在回复力作用下维持的振动为无阻尼自由振动。

令

$$\omega_0=\sqrt{\frac{k}{m}} \tag{17-4}$$

称为系统的**固有频率**，只与表征系统本身特性的质量 m 和刚度系数 k 有关，而与运动的初始条件无关，它是振动系统固有的特性。

将式（17-3）两端除以质量 m，并移项可得

$$m\ddot{x}+\omega_0^2x=0 \tag{17-5}$$

式（17-5）称为无阻尼自由振动微分方程的标准形式，其通解为

$$x=A\sin(\omega_0t+\theta) \tag{17-6}$$

其中，A、θ 为积分常数，可由初始条件来确定。

式（17-6）表示无阻尼自由振动是简谐振动，其运动图形如图 17-5 所示。

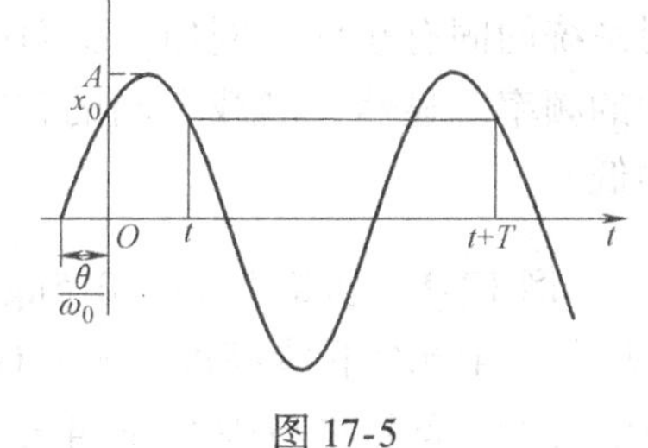

图 17-5

2. 无阻尼自由振动的特点

（1）振幅和初相角 假设初始条件为

$$t=0, x=x_0, \dot{x}=\dot{x}_0 \tag{17-7}$$

将式（17-7）代入式（17-6）得

$$x_0=A\sin\theta \tag{17-8}$$

将式（17-6）对时间 t 求导，并代入式（17-7）可得

$$\dot{x}_0=A\omega_0\cos\theta \tag{17-9}$$

由式（17-8）和式（17-9）解得

$$A=\sqrt{x_0^2+\left(\frac{\dot{x}_0}{\omega_0}\right)^2} \tag{17-10}$$

$$\theta=\arctan\left(\frac{\omega_0x_0}{\dot{x}_0}\right) \tag{17-11}$$

分别称为自由振动的**振幅和初相角**。从式（17-10）、式（17-11）可以看到，自由振动的振幅和初相角都与初始条件有关。

式（17-6）可写为

$$x=\sqrt{x_0^2+\left(\frac{\dot{x}_0}{\omega_0}\right)^2}\sin\left(\omega_0t+\arctan\left(\frac{\omega_0x_0}{\dot{x}_0}\right)\right) \tag{17-12}$$

（2）周期和频率 由式（17-6）可知，自由振动的周期为

$$T=\frac{2\pi}{\omega_0}=2\pi\sqrt{\frac{m}{k}} \tag{17-13}$$

其单位为 s。

频率为

$$f=\frac{1}{T}=\frac{1}{2\pi}\sqrt{\frac{k}{m}} \tag{17-14}$$

表示每秒钟的振动次数，其单位符号为 1/s 或 Hz（赫兹）。

由式（17-1）和式（17-4）可得

$$\omega_0=\sqrt{\frac{g}{\delta_{st}}} \tag{17-15}$$

式（17-15）表明：对上述振动系统，只要知道重力作用下的静变形，就可求得系统的固有频率。例如，我们可以根据车厢下面弹簧的压缩量来估算车厢上下振动的频率。显然，满载车厢的弹簧静变形比空载车厢大，则其振动频率比空载车厢低。

例 17-1 质量为 $m=0.5\text{kg}$ 的物块，沿光滑斜面无初速度滑下，如图 17-6 所示。当物块下落高度 $h=0.1\text{m}$ 时撞于无质量的弹簧上并与弹簧不再分离。弹簧刚度系数 $k=0.8\ \text{kN/m}$，倾角 $\beta=30°$，求此系统振动的固有频率和振幅，并给出物块的运动方程。

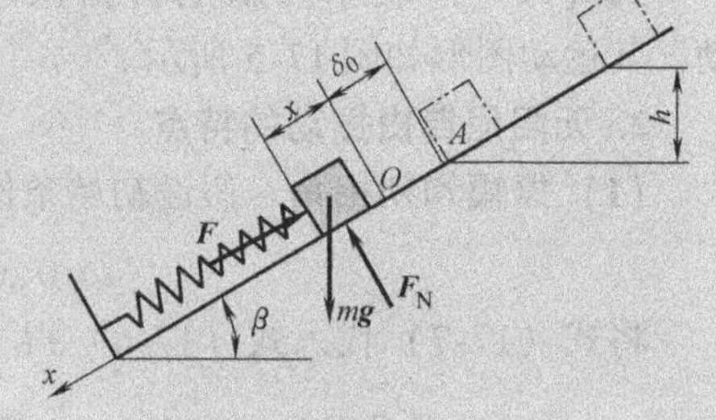

图 17-6 例 17-1 图

解：物块于弹簧的自然位置 A 处碰上弹簧。若物块平衡时，由于斜面的影响，弹簧应有变形量

$$\delta_0=\frac{mg\sin\beta}{k} \tag{17-16a}$$

以物块平衡位置 O 为原点，取 x 轴如图 17-6 所示。物块在任意位置 x 处受重力 mg、斜面约束力 $\boldsymbol{F}_N$ 和弹性力 $\boldsymbol{F}$ 作用，物块沿 x 轴的运动微分方程为

$$m\ddot{x}=mg\sin\beta-k(\delta_0+x) \tag{17-16b}$$

将式（17-16a）代入式（17-16b）得

$$m\ddot{x}+kx=0$$

此系统的通解为

$$x=A\sin(\omega_0+\theta)$$

固有频率

$$\omega_0=\sqrt{\frac{k}{m}}=\sqrt{\frac{0.8\text{N/m}\times1000}{0.5\text{kg}}}=40\text{rad/s}$$

固有频率与斜面倾角 β 无关。

当物块碰上弹簧时，取时间 $t=0$，作为振动的起点，物块的初位移

$$x_0 = -\delta_0 = -\frac{0.5\text{kg} \times 9.8\text{m/s}^2 \times \sin 30°}{0.8\text{N/m} \times 1000} = -3.06 \times 10^{-3}\text{m}$$

初始速度

$$v_0 = \sqrt{2gh} = \sqrt{2 \times 9.8\text{m/s}^2 \times 0.1\text{m}} = 1.4\text{m/s}$$

得振幅及初相角

$$A = \sqrt{x_0^2 + \frac{v_0^2}{\omega_0^2}} = 35.1\text{mm}$$

$$\theta = \arctan \frac{\omega_0 x_0}{v_0} = -0.087\text{rad}$$

则此物块的运动方程为 $x = 35.1\sin(40t - 0.087)$（式中 t 以 s 计，x 以 mm 计）。

3. 其他类型的单自由度振动系统

除弹簧与质量组成的振动系统外，工程中还有很多振动系统，如扭振系统、单摆系统等。这些系统形式上虽然不同，但它们的运动微分方程却具有相同的形式。

（1）扭振系统　图 17-7 所示为一扭振系统，其中圆盘对于中心轴 O 的转动惯量为 J_O，刚性固结在扭杆的一端。扭杆另一端固定，圆盘相对于固定端的扭转角度用 φ 表示，扭杆的扭转刚度系数为 k_t，它表示使圆盘产生单位扭角所需的力矩。根据刚体转动微分方程可建立圆盘转动的运动微分方程为

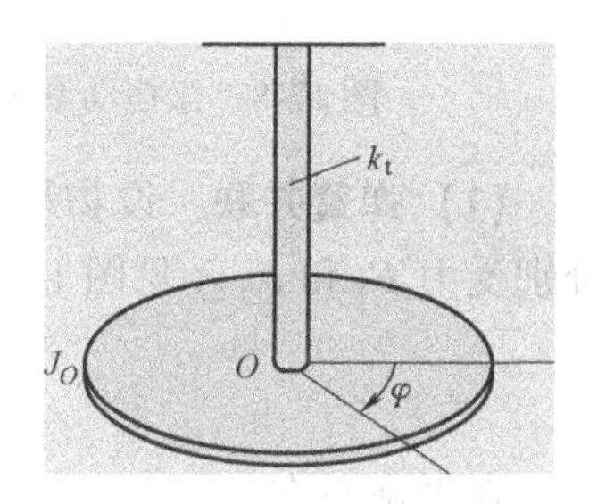

图 17-7　扭振系统

$$J_O \ddot{\varphi} = -k_t \varphi \tag{17-17}$$

令

$$\omega_0^2 = \frac{k_t}{J_O} \tag{17-18}$$

代入式（17-17）得

$$\ddot{\varphi} + \omega_0^2 \varphi = 0 \tag{17-19}$$

（2）微摆动系统　如图 17-8 所示，设复摆的质量为 m，对转轴的转动惯量为 J_O，$OC = l$，则

$$J_O \ddot{\theta} = -mgl\sin\theta \tag{17-20}$$

单摆在小幅摆动的情况下，有 $\sin\theta \approx \theta$，代入式（17-20）得

$$\ddot{\theta} + \frac{mgl}{J_O}\theta = 0$$

令

$$\omega_0 = \sqrt{\frac{mgl}{J_O}} \tag{17-21}$$

得

$$\ddot{\theta}+\omega_0^2\theta=0 \tag{17-22}$$

4. 弹簧的并联与串联

如图 17-9 所示，两个弹簧的刚度系数分别为 k_1、k_2，图 17-9a 表示两弹簧并联系统，图 17-9b 表示两弹簧串联系统。下面分别对这两个系统的固有频率和等效弹簧刚度系数进行研究。

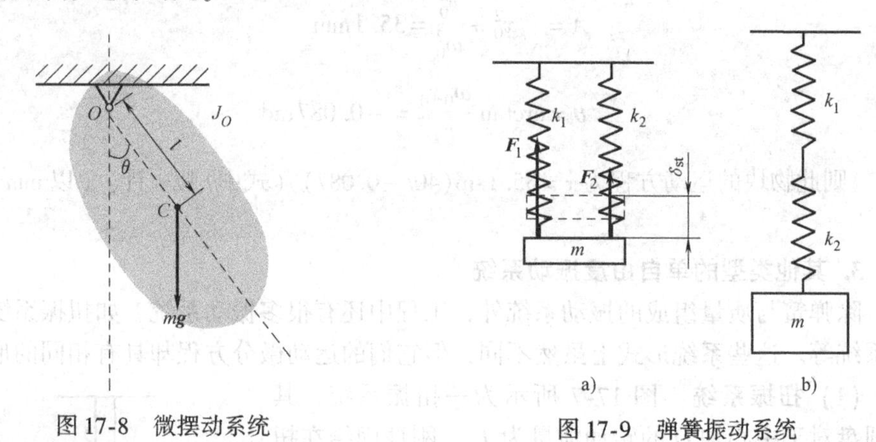

图 17-8 微摆动系统　　图 17-9 弹簧振动系统

(1) 弹簧并联 设物块在重力 mg 作用下做平移，其静变形为 δ_{st}，两个弹簧分别受力 $\boldsymbol{F}_1$ 和 $\boldsymbol{F}_2$（见图 17-9a），由弹簧变形量相同，有

$$\delta_{st}=\frac{F_1}{k_1}=\frac{F_2}{k_2} \tag{17-23}$$

在平衡时有

$$mg=F_1+F_2=(k_1+k_2)\delta_{st}$$

因此，上述并联系统的固有频率为

$$\omega_0=\sqrt{\frac{k_1+k_2}{m}} \tag{17-24}$$

当两个弹簧并联时，系统相当于一个等效弹簧，其等效弹簧刚度系数等于两个弹簧刚度系数的和。这一结论也可以推广到多个弹簧并联的情形。

(2) 弹簧串联 如图 17-9b 所示，两个弹簧串联，平衡时每个弹簧受的力都等于物块的重力 mg，有

$$\delta_{st1}=\frac{mg}{k_1},\ \delta_{st2}=\frac{mg}{k_2}$$

两个弹簧总的静伸长

$$\delta_{st}=\delta_{st1}+\delta_{st2}=\frac{mg}{k_1}+\frac{mg}{k_2}=mg\left(\frac{k_1k_2}{k_1+k_2}\right) \tag{17-25}$$

则串联弹簧系统相当于一个等效弹簧，其等效弹簧刚度系数的倒数等于两个弹簧刚

度系数倒数的和。这一结论也可以推广到多个弹簧串联的情形。

上述串联弹簧系统的固有频率为

$$\omega_0 = \sqrt{\frac{k_1 k_2}{m(k_1 + k_2)}} \tag{17-26}$$

小　　结

1. 单自由度自由振动的微分方程

$$m\ddot{x} = -kx$$

固有频率

$$\omega_0 = \sqrt{\frac{k}{m}}$$

振幅及初相位

$$A = \sqrt{x_0^2 + \frac{v_0^2}{\omega_0^2}}$$

$$\theta = \arctan\frac{\omega_0 x_0}{v_0}$$

解为

$$x = A\sin(\omega_0 t + \theta)$$

2. 扭振系统　$$\omega_0^2 = \frac{k_t}{J_O}$$

微摆动系统　$$\omega_0 = \sqrt{\frac{mgl}{J_O}}$$

3. 弹簧并联：当两个弹簧并联时，系统相当于一个等效弹簧，其等效弹簧刚度系数等于两个弹簧刚度系数的和。

弹簧串联：串联弹簧系统相当于一个等效弹簧，其等效弹簧刚度系数的倒数等于两个弹簧刚度系数倒数的和。这一结论也可以推广到多个弹簧串联的情形。

思　考　题

17-1　如图 17-10 所示，重物 M 可在螺杆上上下滑动，重物的上方和下方都装有弹簧。问是否可以通过螺帽调节弹簧的压缩量来调节系统的固有频率？

17-2　假如地球引力增加一倍，下列几种振动系统的固有频率有变化吗？

（1）单摆；

（2）弹簧-质量系统；

（3）扭摆。

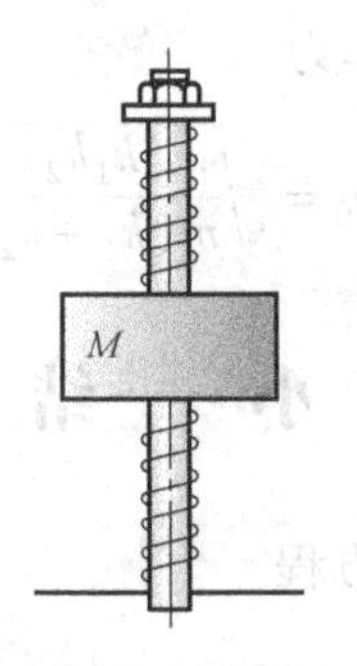

图 17-10　思考题 17-1 图

习　题

17-1　如图 17-11 所示，两个弹簧的刚度系数分别为 $k_1=5\text{kN/m}$，$k_2=3\text{kN/m}$，物块质量 $m=4\text{kg}$。求物体自由振动的周期。

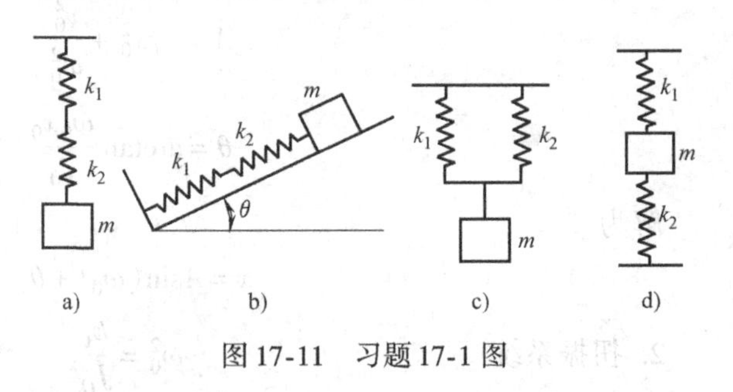

图 17-11　习题 17-1 图

17-2　图 17-12 所示无重弹簧梁，当其中部放置质量为 m 的重物时，其静挠度为 $\delta_{st}=2\text{mm}$，若将重物在梁未变形位置上无初速释放。求系统的固有频率和振动规律。

17-3　一盘悬挂在弹簧上，如图 17-13 所示。当盘上放置质量为 m_1 的物体时，做微幅振动，测得的周期为 T_1；如盘上换一质量为 m_2的物体时，测得振动周期为 T_2。求弹簧的刚度系数 k。

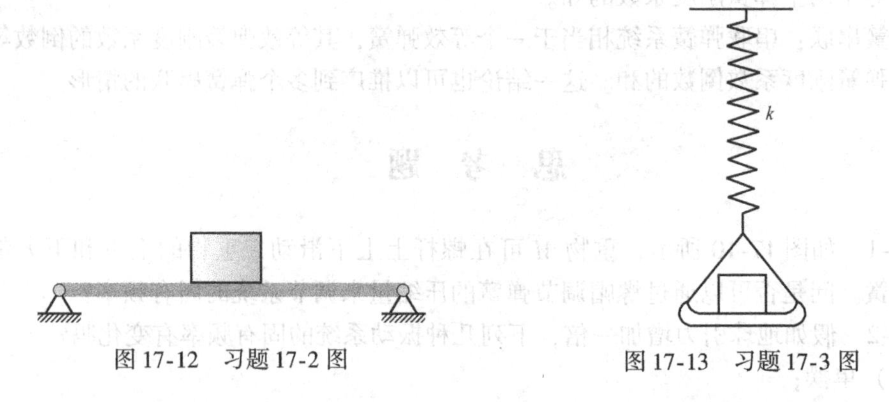

图 17-12　习题 17-2 图　　　　图 17-13　习题 17-3 图

17-4　如图 17-14 所示，摆杆 OA 质量为 m，长为 l，两弹簧的刚度系数分别为

k_1 和 k_2。杆在水平位置时受力平衡。求系统微振动时的固有频率。

17-5　如图 17-15 所示，均质圆柱质量为 m，半径为 r，在水平面上滚而不滑。连在柱心的两根水平弹簧的刚度系数各为 k。求系统自由振动的周期。

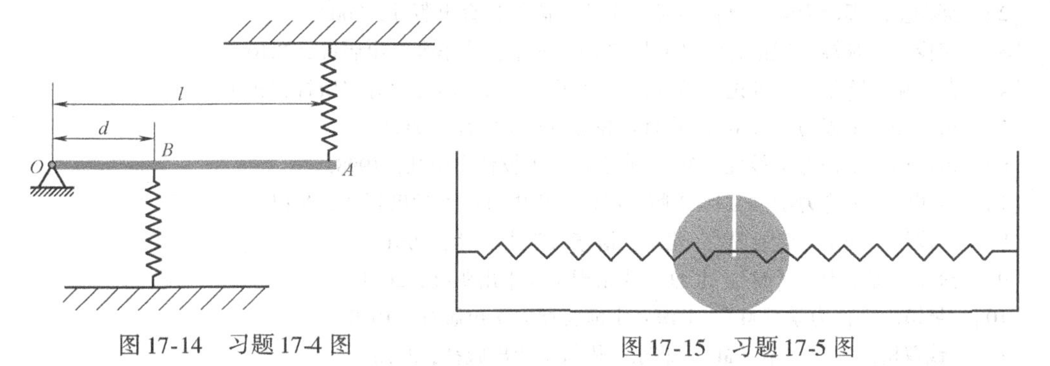

图 17-14　习题 17-4 图　　图 17-15　习题 17-5 图

习 题 答 案

17-1　a)、b)：$T=0.290\text{s}$；c)、d)：$T=0.140\text{s}$

17-2　$\omega_0=70\text{rad/s}$，$x=-2\cos(70t)$

17-3　$k=\dfrac{4\pi^2(m_1-m_2)}{T_1^2-T_2^2}$

17-4　$\omega_0=\sqrt{\dfrac{k_1l^2+k_2d^2}{\frac{1}{3}ml^2}}$

17-5　$T=2\pi\sqrt{\dfrac{3m}{4k}}$

参 考 文 献

[1] 哈尔滨工业大学理论力学教研组. 理论力学 [M]. 7 版. 北京：高等教育出版社，2009.
[2] 郝桐生. 理论力学 [M]. 3 版. 北京：高等教育出版社，2003.
[3] 李俊峰，张雄. 理论力学 [M]. 2 版. 北京：清华大学出版社，2010.
[4] 范钦珊，陈建平. 理论力学 [M]. 2 版. 北京：高等教育出版社，2010.
[5] 梅凤翔. 工程力学 [M]. 北京：高等教育出版社，2003.
[6] 范钦珊. 工程力学教程 [M]. 北京：高等教育出版社，1998.
[7] 李明宝. 理论力学 [M]. 2 版. 武汉：华中科技大学出版社，2014.
[8] 李俊峰. 理论力学 [M]. 北京：清华大学出版社，2001.
[9] 涂斌. 理论力学 [M]. 北京：北京理工大学出版社，2011.
[10] 吴镇. 理论力学 [M]. 上海：上海交通大学出版社，1990.
[11] 钱双彬. 工程力学 [M]. 北京：机械工业出版社，2013.
[12] 武清玺，冯奇. 理论力学 [M]. 北京：高等教育出版社，2003.
[13] 刘又文，彭献. 理论力学 [M]. 长沙：湖南大学出版社，2002.